过程控制系统

主　编　纪振平
副主编　张艳珠　李　妍　吴东升

北京理工大学出版社
BEIJING INSTITUTE OF TECHNOLOGY PRESS

内 容 提 要

本书全面地论述了过程控制系统的要求、组成、性能指标和发展；工业生产过程数学模型的一般表示形式和建模方法；控制系统常用仪器仪表的选型和应用；控制器的调节规律、选型与参数整定；简单控制系统的结构、特点、分析、设计和调试等；数字化控制系统的采样、数据处理、基本PID及改进算法的数字化实现；常用的复杂控制系统，如串级控制、前馈控制、比值控制、均匀控制、分程控制等系统的结构、分析、设计和实施等；多变量解耦控制系统的分析和解耦设计方法；典型的工业过程控制。本书强调理论与实际的结合，重在培养学生分析问题和解决问题的能力。

本书可作为高等院校自动化和电子信息类等相关专业研究生和本科生的教材，也可供从事自动控制研究、设计和应用的技术人员参考。

图书在版编目（CIP）数据

过程控制系统／纪振平主编. —北京：北京理工大学出版社，2021.6
ISBN 978－7－5682－9814－8

Ⅰ.①过…　Ⅱ.①纪…　Ⅲ.①过程控制－自动控制系统－高等学校－教材
Ⅳ.①TP273

中国版本图书馆CIP数据核字（2021）第086941号

出版发行／北京理工大学出版社有限责任公司
社　　址／北京市海淀区中关村南大街5号
邮　　编／100081
电　　话／（010）68914775（总编室）
　　　　　（010）82562903（教材售后服务热线）
　　　　　（010）68948351（其他图书服务热线）
网　　址／http：//www.bitpress.com.cn
经　　销／全国各地新华书店
印　　刷／河北盛世彩捷印刷有限公司
开　　本／787毫米×1092毫米　1/16
印　　张／17.25
字　　数／405千字
版　　次／2021年6月第1版　2021年6月第1次印刷
定　　价／72.00元

责任编辑／江　立
责任校对／刘亚男
责任印制／李志强

前　　言

“过程控制系统”是自动化专业的核心课程之一，是一门理论与生产实际密切联系的技术性课程。通过本课程的学习，使学生能够了解过程控制系统的概念，掌握过程控制系统的分析、设计和工程实施能力。

本书主要讲述了如何将计算机技术、检测技术、仿真技术及自动控制理论知识应用于实际工业生产过程控制系统，体现了自动化专业多学科交叉的特点。本书主要面向的是自动化专业的本科生，因此在课程内容的编排上减少了烦琐的理论推导，并删减了实际工程中不常用的内容，更加详细地介绍实际应用中经常面对和需要掌握的工程技术。本书的内容符合高等院校自动化专业培养目标，反映了自动化专业教育改革方向，满足自动化专业教学需要和多学科交叉背景下的教学需求。

本书系统地论述了如下内容：第 1 章介绍过程控制系统的组成、要求、性能指标和发展；第 2 章介绍被控对象的数学模型及其获取方法，包括被控对象数学模型动态特性的基本描述形式及获取方法；第 3 章介绍常用的仪器仪表，重点介绍执行器的种类、选型以及结构特性和流量特性；第 4 章介绍 PID 控制器的控制原理、特点，包括模拟 PID 控制器控制规律的选择；第 5 章介绍简单控制系统的基本概念、分析和设计，包括被控变量与控制变量的选择，控制器的选型，控制器参数整定的常用方法与控制系统投运；第 6 章介绍了数字控制系统的基础知识，数字 PID 及改进算法、参数整定方法、手动/自动切换和积分饱和算法及相应的程序设计流程；第 7 章介绍串级控制系统的结构组成、工作原理和方案设计，包括主、副被控变量和操作变量的选择，主回路和副回路的设计，主控制器和副控制器的选择，常用的串级控制系统的参数整定方法；第 8 章介绍前馈控制系统的原理和前馈控制的几种结构形式，包括静态前馈控制、动态前馈控制、复合前馈控制等各种前馈控制系统的设计，前馈补偿器的设计与实现，常用的工程整定方法；第 9 章介绍比值控制系统、均匀控制系统、分程控制系统的基本概念，系统设计与实现和参数整定；第 10 章介绍解耦控制系统，包括多变量系统的分析（相对增益的概念与计算、耦合系统中的变量匹配）、控制器参数整定和常用的解耦控制系统设计方法等；第 11 章介绍 2 种典型工业装置的控制。

本书内容有如下特点：注重应用，强调系统性、理论联系实际，突出理论方法的实用性、可操作性与有效性；为加强读者对过程控制系统的理论知识和设计方法的理解，在相关章节编写了 MATLAB/Simulink 仿真和应用实例。

本书由纪振平担任主编，由张艳珠、李妍、吴东升担任副主编。全书共 11 章，各章后面附有习题。本书参考教学时数为 32 ~ 56，各章节的编排具有相对独立性，便于授课教师根据学时要求进行取舍。在本书的编写过程中，编者参考了各种有关书刊及资料，同时得到沈阳理工大学、北京理工大学出版社的大力支持和帮助，在此表示衷心的感谢！

由于编者水平有限，书中难免存在错误和不足之处，敬请读者批评指正。

编者

2020 年 5 月

目　　录

第 1 章

绪　　论

工业自动化技术是运用控制理论、仪器仪表、计算机和其他信息技术令工业生产过程实现自动检测、控制、优化、调度、管理和决策，达到增加产量、提高质量、降低消耗、确保安全等目的的综合性技术。对应的控制系统有多种分类方法，按应用场合可以将其分为运动控制系统和过程控制系统两大类。运动控制系统主要是指那些以位置、速度和加速度为被控变量的一类控制系统，如以控制电动机的转速、转角和位置为主的机床控制和机器人等系统；过程控制系统则是指以温度、压力、流量、液位（或物位）、成分和物性等为被控变量的流程工业中的一类控制系统。两类控制系统因被控对象特性、控制目标和控制要求等的不同，导致控制思路、控制策略和控制方法也不同；但随着控制系统的规模越来越大，系统越来越复杂，要求越来越高，目前二者相互融合的趋势也越来越明显。本书仅讨论与过程控制系统有关的内容。

1.1　过程控制系统的组成与特点

1.1.1　过程控制系统的组成

过程控制是指根据工业生产过程的特点，结合产品生产要求，采用测量仪表、执行机构和控制装置等自动化工具，应用控制理论设计工业生产过程控制系统，实现工业生产过程自动控制。

过程控制系统由被控对象、检测变送装置、控制器（调节器）、执行器等部分组成。在研究自动控制系统时，为了更清楚地说明系统各环节的组成、特性和相互间的信号联系，一般采用方框图来表示自动控制系统的原理。图 1－1 为通用的单回路反馈控制系统方框图。

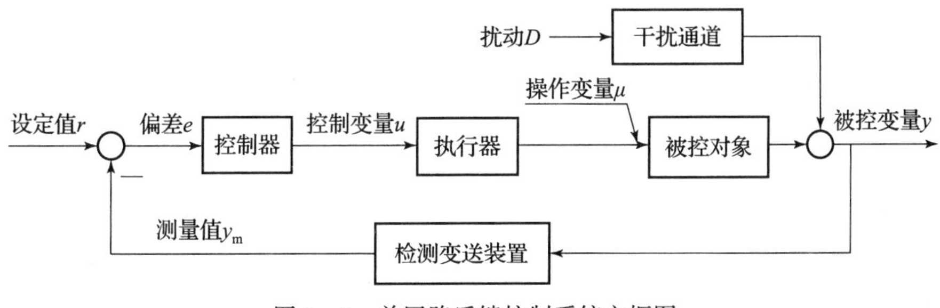

图 1－1　单回路反馈控制系统方框图

1. 过程控制系统中的主要变量

（1）设定值：又称给定值（SV），用来指定被控变量的设定值，时域信号一般用$r(t)$表示。

（2）被控变量：又称过程变量（PV），用来反映被控过程内根据生产或工艺要求，需要保持设定值的工艺参数，一般用 $y(t)$ 表示。

（3）控制变量：控制器输出的变量，用来操纵执行器的动作，一般用 $u(t)$ 表示。

（4）操作变量：受控制器输出操纵，用来克服扰动的影响，使被控变量保持在设定值的物料量或能量，一般用 $\mu(t)$ 表示。

（5）偏差：被控变量的设定值与测量值之差，一般用 $e(t)$ 表示。

（6）测量值：被控变量经检测变送装置得到的实际测量值，一般用 $y_m(t)$ 表示。

（7）扰动：在生产过程中，凡是影响被控变量的各种外来因素都称为扰动，一般用 $D(t)$ 表示。

2. 过程控制系统中的主要环节

1）控制器

控制器也称调节器，它将被控变量的测量值与设定值进行比较得出偏差信号，并将偏差信号按某种预定的控制规律进行运算，给出控制信号去操纵执行器。

2）执行器

在过程控制系统中，常用的执行器有电动调节阀和气动调节阀等。另外，在某些应用中，调功装置和变频器等也常作为执行器的执行部件。执行器接收控制器输出的控制信号，直接改变操作变量；操作变量是被控对象的输入变量，用于控制被控变量的变化，通常是执行器控制的某一工艺变量。

3）被控对象

被控对象也称被控过程，是指被控制的生产设备或装置。工业生产中的各种反应器、换热器、泵、塔、压缩机及各种容器、储槽都是常见的被控对象，甚至一段管道也可以是被控对象。在复杂的生产设备中，经常有多个变量需要控制，如锅炉系统中的液位、压力和温度等均可作为被控变量；反应塔系统中的液位、进出流量和某一层塔板的温度等也均可作为被控变量，这时装置中就存在多个被控对象和多个控制系统。这样的复杂系统的被控对象，就不一定是生产设备的整个装置，而是该装置的某一个与控制有关的部分。

4）检测变送装置

检测变送装置（又称检测变送仪表或测量变送器）一般由测量元件和变送单元组成，其作用是测量被控变量，并按一定算法将其转换为标准信号输出作为测量值，即把被控变量转换为其测量值。例如，用热电阻或热电偶测量温度，并将其测量信号通过变送器转换为统一的气压信号（0.02～0.1 MPa）、直流电流信号（4～20 mA）或直流电压信号（1～5 V）。

在过程控制系统中，通常把被控对象、检测变送装置和执行器三部分串联在一起统称为广义被控对象。

5）报警、保护和联锁等其他环节

在过程控制系统中，为防止由某些部件故障或者其他原因引起控制失常，通常还要采用必要的报警及保护装置。对于正常的开、停车及为了避免事故扩大，系统还需要设置必要的联锁保护环节。

1.1.2 过程控制系统的特点

1）被控对象的多样性

工业生产过程涉及各种工业部门，这些工业部门的物料加工成的产品是多样的。同时，不同工业部门的生产工艺也各不相同，如石油化工过程、冶金工业的冶炼过程、工业窑炉的加热过程等，这些过程的机理不同，执行机构也不同。

2）被控对象的连续性

大多数被控对象都是以长期或间歇的形式连续运行，工业生产过程更强调实时性和整体性。

3）控制方案的多样性

由于工业生产过程的特点和被控对象的多样性，决定了过程控制系统的控制方案必然是多样的。这种多样性包含系统硬件组成、控制算法及软件设计等，如从硬件组成角度看，有常规仪表控制和计算机过程控制等；从控制算法角度看，有比例积分微分（PID）控制、复杂控制、先进控制和智能控制等；从软件设计角度看，有用 PLC 控制梯形图语言，也有用 C、VB 等高级语言进行软件设计。

4）被控对象属于慢过程，且多属于参数控制

过程控制系统中，为了实现连续、稳定的生产，经常涉及大量的物质和能量的转换，尤其随着生产规模的日益扩大，许多工业设备的体积也不断变大，工艺反应过程缓慢，因此具有大惯性和大滞后的特点。另外，通常被控对象是物流变化的过程，伴随物流变化的信息，如温度、压力、流量、液位等，常被用来表征被控对象的运行状态，因此常需要对上述参数进行检测和控制，即过程控制大多为参数控制。

5）定值控制是过程控制的主要形式

在多数工业生产过程中，被控变量的设定值是一个定值。定值控制的主要任务在于如何减小或消除外界各种扰动，使被控变量尽量保持接近或等于设定值，使生产稳定。

1.2 过程控制的任务及要求

生产过程是指物料经过若干加工步骤而成为产品的过程，该过程中通常会发生物理化学反应、生物化学反应、物质能量的转换与传递等，或者说生产过程是表现物流变化的过程。伴随物流变化的信息包括体现物流性质（物理特性和化学成分）的信息和操作条件（温度、压力、流量、液位等）的信息。生产过程的总目标应该是在可能获得的原料和能源条件下，以最经济的途径将原料加工成预期的合格产品。为了达到该目标，必须对生产过程进行监视与控制。

工业自动化涉及的范围非常宽广，过程控制是其中最重要的一个分支。过程控制一般是指连续或按一定周期进行的工业生产过程的自动控制，它涉及许多工业部门，如电力、石油、化工、冶金、炼焦、造纸、建材、轻工、纺织、陶瓷及食品等。因而，过程控制在国民经济中占有重要的地位。早期的过程控制主要针对六大参数，即温度、压力、流量、液位（或物位）、成分和物性等的控制问题。但 20 世纪 90 年代以后，随着工业和相关科学技术的发展，过程控制已经发展到多变量控制，控制的目标也不再局限于传统的六大参数，尤其

是复杂工业控制系统，它们往往把生产中最关心的产品质量、生产效益、能量消耗、废物排放等综合参数作为控制指标来进行控制。

为了实现过程控制，以控制理论和生产要求为依据，采用模拟仪表、数字仪表或计算机等构成的控制总体，称为过程控制系统。其控制目标是人们对品质、效益、环境和能耗的总体要求。

工业生产对过程控制的要求是多方面的，最终可以归纳为安全性、稳定性和经济性。

1）安全性

安全性是指在整个工业生产过程中，确保设备和人身的安全，这是最重要的也是最基本的要求。在过程控制系统中通常采用参数越限报警、事故报警和联锁保护等措施来保证生产过程的安全。随着工业生产过程向着高度连续化、大型化、多参数的趋势发展，安全性被提到了更高的高度。为此，针对控制系统本身可能发生的故障，可采用在线故障预测与诊断、容错控制等措施来进一步提高生产过程的安全性。

另外，随着环境污染日趋严重，生态平衡屡遭破坏，现代企业必须将国家制定的环境保护法视为生产安全性的重要组成部分，控制三废（废气、废水、废渣）排放指标在允许范围内，确保环境的安全。

2）稳定性

稳定性指的是系统抑制外部扰动，保持生产过程长期稳定运行的能力。不断变化的工业运行环境、原料成分的变化、能源系统的波动等均有可能影响生产过程的稳定运行。存在外部扰动时，过程控制系统应该使生产过程参数与状态产生的变化尽可能小，以消除或减小外部扰动可能造成的不良影响。

3）经济性

在满足以上两个基本要求的基础上，低成本、高效益是对过程控制的另一个要求。为了满足这个要求，不仅需要对过程控制系统进行优化设计，还需要实现管控一体化，即以经济效益为目标的整体优化。

因此，过程控制的任务是在充分了解、掌握生产过程的工艺流程和动、稳态特性的基础上，根据上述 3 项要求，应用理论对控制系统进行分析与综合，以生产过程中表现出来的各种状态信息作为被控变量，选用适宜的技术手段，实现生产过程的控制目标。

需要指出的是，随着生产的发展，安全性、稳定性和经济性的具体内容也在不断改变，要求也越来越高。为适应当前生产对控制的要求越来越高的趋势，必须充分注意现代控制技术在工业生产过程中的应用。其中，过程对象建模的研究和新型控制算法的研究对推动现代控制技术进步起着重要的作用，因为现代控制技术的应用在很大程度上取决于对过程稳态和动态特性认识的深度。因此可以说，过程控制是控制理论、工艺知识、计算机技术、仿真技术和仪器仪表等知识相结合而构成的一门应用科学。

工业生产过程通常分为连续过程、间隙过程和离散过程。连续过程是指整个生产过程是连续不间断进行的，一方面原料连续供应；另一方面产品源源不断地输出。例如，电力工业中电能的生产，石油工业中汽油等石化产品的生产等。至于间歇过程，无论其原料还是产品都是一批一批地加入或输出，所以又称为批量生产。例如，食品、酿造中的发酵，某些制药企业的微生物培养，油脂企业的酯化等。间歇过程的特点是中转环节多、切换频繁，也就是在生产过程中需要不断地切换操作，而且利用同一个装置可生产出多种产品。所以，间歇过程的控制不仅需要不同的控制策略，也需要一系列逻辑操作工序来加以保证。离散过程是将不同的现成元器件及子系统装配加工成较大型系统，如电脑、汽车及工业用品制造等。过程控制中连续过程所占的比重最大，涉及石油、化工、冶金、电力、轻工、纺织、制药、建材和食品等工业部门。本书主要讨论连续过程的控制。

1.3 过程控制系统的分类及控制性能指标

1.3.1 过程控制系统的分类

1. 按系统结构特点划分

1）反馈控制系统

如图1－1所示，反馈是过程控制的核心内容，只有通过反馈才能实现对被控变量的闭环控制，所以这类系统是过程控制中使用最为普遍的。

反馈控制是根据系统被控变量与设定值的偏差进行工作的，偏差是控制的依据，最后目的是减小或消除偏差。反馈信号也可能有多个，从而可以构成串级等多回路控制系统。

2）前馈控制系统

前馈控制系统是根据扰动量的大小进行工作的，扰动是控制的依据，属于开环控制。前馈控制系统方框图如图1－2所示。前馈控制的种种局限性，使其在实际生产中不能单独采用。

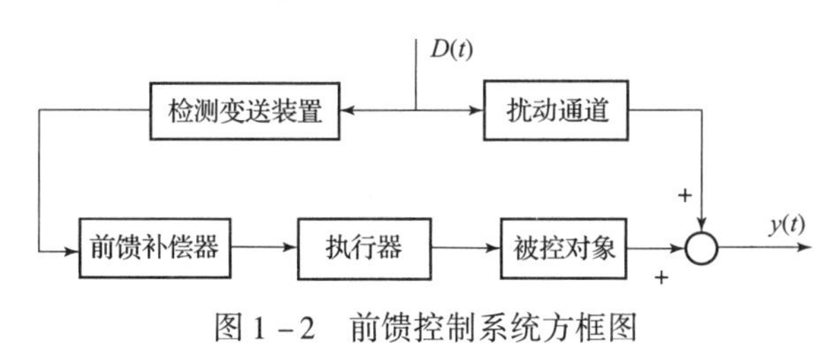

图1－2 前馈控制系统方框图

3）前馈－反馈复合控制系统

为了充分发挥前馈和反馈的各自优势，可将两者结合起来，构成前馈－反馈复合控制系统，如图1－3所示。这样可以提高控制系统的动态和稳态特性。

2. 按设定值划分

1）定值控制系统

定值控制系统是工业生产过程中应用最多的过程控制系统。在运行时，系统被控变量的设定值是不变的。有时根据生产工艺要求，可使被控变量的设定值在规定的小范围内波动。定值控制系统的特点在于恒定，要求克服扰动，使系统的被控变量能稳、准、快地保持接近或等于设定值。

2）随动（伺服）控制系统

随动（伺服）控制系统是一种被控变量的设定值随时间变化的控制系统，其主要特点是能够克服一切扰动，使被控变量稳、准、快地跟踪设定值。

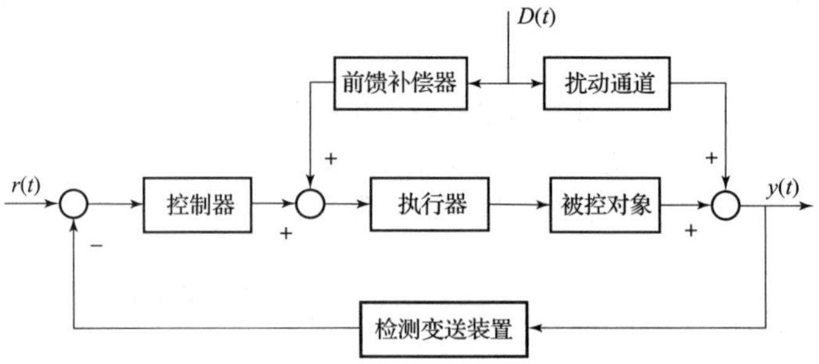

图 1－3 前馈－反馈复合控制系统方框图

3）程序控制系统

程序控制系统的设定值按预定的时间程序来变化，如机械工业中退火炉的温度控制系统，其设定值是按升温、保温、逐次降温等程序变化的。家用电器中应用程序控制系统的也很多，如电脑控制的洗衣机、电饭煲等。

3. 按被控变量类型划分

工业生产过程的被控变量种类不一样，有温度、压力、流量、物位、成分等参数，根据对参数的控制要求，过程控制系统可以划分为温度控制系统、压力控制系统、流量控制系统、物位控制系统、成分控制系统等。

4. 按被控变量数目划分

有的生产过程只需要控制某一参数，有的则需要同时控制彼此联系的多个参数，相应的过程控制系统则划分为单变量控制系统和多变量控制系统。若将被控变量数对应于控制回路数，则可理解为单回路控制系统和多回路控制系统。

5. 按参数性质划分

就生产过程中某一参数的变化来说，其分布性质不尽相同。通过这个特点可以把过程控制系统划分为集中参数控制系统、分布参数控制系统。

6. 按控制算法划分

就控制器的算法实现来说，需要根据被控对象的特点来设计。当被控对象的特点并不复杂，工作机理比较简单时，常常采用常规控制算法，如 PID 控制器就可以满足要求；当被控对象过于复杂，控制要求比较高时，就需要采用预测控制、人工智能等先进控制算法来实现控制目标。根据控制算法的不同，可以将过程控制系统划分为简单控制系统、复杂控制系统、先进控制系统。

7. 按控制器形式划分

根据控制器形式的不同，可以把过程控制系统划分为计算机过程控制系统、常规仪表过程控制系统等。计算机过程控制系统包含的范围比较广，除了上述提到的基于可编程逻辑控制器（PLC）的控制系统外，还有直接数字控制系统、计算机监督控制系统、分布式控制系统和现场总线控制系统等。

1.3.2 过程控制系统的控制性能指标

过程控制系统的性能是由组成系统的结构、被控对象、检测变送装置、执行器和控制器等各个环节特性所共同决定的。在运行中系统有两种状态：一种是稳态，此时系统没有受到任何外来扰动，同时设定值保持不变，因而被控变量不会随着时间而变化，整个系统处于平稳的工况；另一种是动态，当系统受到外来扰动的影响或者设定值发生改变时，使得原来的稳态遭到破坏，系统中各组成部分的输入、输出量都相继发生变化，被控变量也将偏离原来的稳态值而随时间变化，这时就称系统处于动态过程。经过一段调整时间后，如果系统是稳定的，被控变量将会重新回到稳态值，或者到达新的稳态值，系统又恢复到稳定平衡工况。这种从一个稳态到达另一个稳态的历程称为过渡过程。过程控制系统的过渡过程，实质上就是控制作用不断克服扰动作用的过程。当扰动作用与控制作用这一对矛盾得到统一时，过渡过程也就结束了，系统又达到了新的平衡状态。

过程控制系统的稳态是暂时的、相对的、有条件的，而动态才是普遍的、绝对的、无条件的。扰动作用会不断地产生，控制作用就要不断克服扰动的影响，从而使控制系统经常处于动态过程中。显然，要评价一个过程控制系统的工作质量，只看稳态是不够的，还应该考核动态过程中其被控变量随时间变化的情况。因此，研究系统的动态过程对分析和改进控制系统具有很重要的意义，因为它直接反映控制系统质量的优劣，与生产过程中的安全及产品的产量、质量有着密切的联系。过程控制系统性能的评价指标可概括如下：

（1）系统必须是稳定的；

（2）系统应能提供尽可能好的稳态调节（稳态指标）；

（3）系统应能提供尽可能好的过渡过程（动态指标）。

稳定是系统性能中最重要、最根本的指标，只有在稳定的前提下，才能讨论系统稳态和动态指标。控制系统性能指标是根据生产工艺过程的实际需要来确定的，特别需要注意的是，不能不切实际地提出过高的控制性能指标要求。

过程控制系统的控制性能指标是衡量系统控制品质优劣的依据，又称为质量指标（或品质指标）。根据分析方法的不同，控制性能指标也有很多形式，通常主要采用两类性能指标：单项性能指标和综合控制指标。

1. 单项性能指标

由上述分析可知，过程控制系统在受到外来扰动作用时，被控变量应平稳、迅速和准确地趋近或恢复到设定值。图1-4是满足此要求的定值控制系统和随动控制系统在扰动或设定值 r 阶跃输入作用下的典型过渡过程响应曲线。

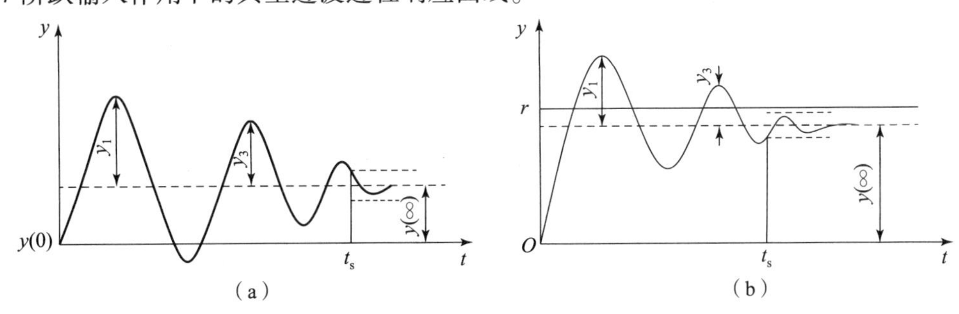

图1-4 扰动或设定值 r 阶跃输入作用下典型过渡过程响应曲线

（a）扰动作用；（b）设定值改变作用

单项性能指标是在时间域上从满足稳定性、快速性和准确性的基本要求出发，来评价一个原处于稳态的过程控制系统在单位阶跃输入作用下的过渡过程，即单项性能指标是以原处于稳态的系统在单位阶跃输入作用下被控变量的衰减振荡曲线来定义的。通常用如下 4 个指标来评定，这些控制指标仅适用于衰减振荡过程。

1）衰减比 n 和衰减率 ψ

衰减比是控制系统的稳定性指标，用于表示振荡过程的衰减程度，其定义是过渡过程曲线上相邻同方向 2 个波峰的幅值之比。在图 1－4 中，若用 y_1 表示第一个波的振幅，y_3 表示同方向第二个波的振幅，则衰减比为

$$n = \frac{y_1}{y_3} \tag{1-1}$$

衡量振荡过程衰减程度的另一个指标是衰减率，它是指经过 1 个周期后，波动幅度衰减的百分数。以图 1－4 为例，衰减率可表示为

$$\psi = \frac{y_1 - y_3}{y_1} \times 100\% \tag{1-2}$$

习惯上用 $n:1$ 表示衰减比，若 $n<1$，表明过渡过程是发散振荡，系统处于不稳定状态；若 $n=1$，则过渡过程是等幅振荡，系统处于临界稳定状态；若 $n>1$，则过渡过程是衰减振荡，n 越大，系统越稳定。为保持足够的稳定裕度，衰减比一般取 4：1～10：1，这样，大约经过 2 个周期，系统就能趋近于新的稳态值，对应的衰减率为 75%～90%。通常，希望随动控制系统的衰减比为 10：1，定值控制系统的衰减比为 4：1。而对于少数不希望有振荡的过渡过程，则需要采用非周期的形式，因此，其衰减比要视具体被控对象的不同来选取。

2）超调量 σ 与最大动态偏差 e_{max}

超调量和最大动态偏差表征在控制过程中被控变量偏离参比变量的超调程度，是衡量过渡过程动态精确度（即准确性）的动态指标，同时也反映了控制系统的稳定性。

作为衡量过渡过程最大偏离程度的一项指标。对于图 1－4（a）所示的定值控制系统，过渡过程的最大动态偏差是指在阶跃扰动下，被控变量第一个波的峰值与新稳态值 $y(\infty)$ 之差，即 $e_{max}=y_1$。

最大动态偏差占新稳态值的百分数称为超调量。对于二阶振荡过程，超调量与衰减率有严格的对应关系。以图 1－4 为例，超调量可表示为

$$\sigma = \frac{y_1}{y(\infty)} \times 100\% \tag{1-3}$$

在实际工作中，最大动态偏差不能超过工艺所允许的最大值。例如，对于某些工艺要求比较高的生产过程（如存在爆炸极限的化学反应），就需要限制最大动态偏差的允许值；同时考虑到扰动会不断出现，偏差有可能是叠加的，就更需要限制最大动态偏差的允许值。因此，必须根据工艺条件确定最大动态偏差或超调量的允许值。

3）稳态误差 e_{ss}

稳态误差也称为余差，是指过渡过程结束后，被控变量新稳态值与设定值之间的差值，它是衡量控制系统稳态准确性的指标。以图 1－4 为例，稳态误差可表示为

$$e_{ss} = r - y(\infty) \tag{1-4}$$

4）调节时间 t_s 和振荡频率 f

调节时间又称为过渡过程时间，表示控制系统过渡过程的长短，也就是控制系统在受到阶跃外作用后，被控变量从原稳态值达到新稳态值所需要的时间。严格地讲，控制系统在受到外作用后，被控变量完全达到新的稳态值需要无限长的时间，但是这个时间在工程上是没有意义的。因此，工程上用"被控变量从过渡过程开始到进入稳态值附近 ±5% 或 ±2% 范围内并且不再超出此范围时所需要的最小时间"作为过渡过程的调节时间 t_s。调节时间越短，表示控制系统的过渡过程越快，即使扰动频繁出现，系统也能适应。

振荡频率是反映系统调节快速性的指标，相同衰减率条件下，振荡频率 f 与调节时间 t_s 成反比。

必须说明，以上这些性能指标在不同的控制系统中，其重要性是不同的，而且相互之间又有着内在的联系，其中有些指标相互制约，要求同时严格满足这几个控制指标是很困难的。因此，应根据工艺生产的具体要求分清主次，区别轻重，优先保证主要的控制指标。

2. 综合控制指标

以上介绍的单项性能指标分别代表了系统某一个方面的性能。衰减比是描述系统稳定性的，最大动态偏差和稳态误差是分别描述动态和稳态的精确度（即准确性）的，调节时间则反映了系统的控制速度（即快速性）。这些指标往往相互影响、相互制约，难以同时满足要求。要对整个过程控制系统的过渡过程作出全面评价，一般采用综合控制指标。

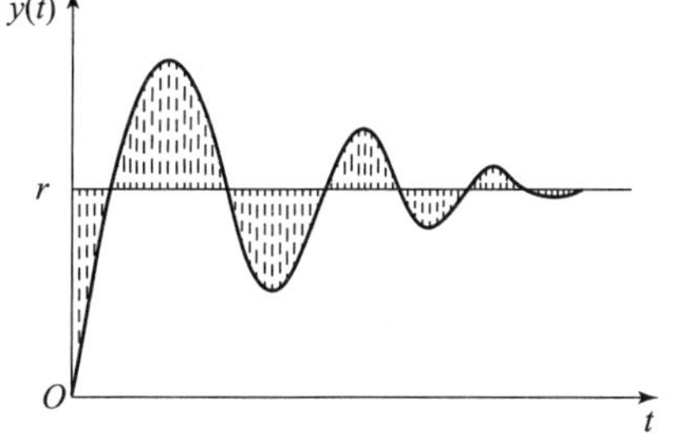

图 1－5　误差积分示意图

综合控制指标又称为偏差的积分性能指标，常用于分析系统的动态响应性能，越小说明系统的动态响应性能越好。图 1－5 为误差积分示意图。常用的积分表达式有以下 4 种。

（1）误差积分表达式为

$$\int_0^{\infty} e(t)\,\mathrm{d}t \tag{1-5}$$

（2）绝对误差积分表达式为

$$\int_0^{\infty} |e(t)|\,\mathrm{d}t \tag{1-6}$$

（3）平方误差积分表达式为

$$\int_0^{\infty} e^2(t)\,\mathrm{d}t \tag{1-7}$$

（4）时间与绝对误差乘积积分表达式为

$$\int_0^{\infty} t|e(t)|\,\mathrm{d}t \tag{1-8}$$

选用不同的积分表达式作为目标函数则意味着控制的侧重点不同。例如，平方误差积分着重于抑制过渡过程中的大误差；而时间与绝对误差乘积积分则着重惩罚过渡过程拖得时间太长。人们可以根据生产过程的要求加以选用。

综合控制指标有一个缺点，它不能保证控制系统具有合适的衰减率，而这是人们首先关注的指标。所以综合控制指标往往不单独使用，要结合单项性能指标一起使用，作为衡量控制系统性能的指标。

过程控制系统控制品质的好坏，取决于组成控制系统的各个环节，特别是被控对象（过程）的特性。自动控制装置应按被控对象的特性加以选择和调整，才能达到预期的控制品质。如果被控对象和自动控制装置两者配合不当，或在过程控制系统运行过程中自动控制装置的性能或被控对象特性发生变化，都会影响到过程控制系统的控制品质，这些问题在控制系统的设计运行过程中应该充分注意。

1.4 过程控制系统的发展阶段与发展趋势

多年以来，随着科学技术的大力发展，工业自动化也在突飞猛进地发生着变化。工业自动化的发展与工业生产过程的发展有着密切联系，生产过程自动化的程度已经成为衡量工业企业现代化水平的重要标志。过程控制技术是自动化技术的重要应用领域，伴随生产技术水平的提高和生产规模的不断扩大，其对控制算法与控制策略的要求逐步提高，促使过程控制理论得到不断深入的研究。

1.4.1 过程控制系统的发展阶段

过程控制系统的发展可以分为如下 5 个阶段。

1. 仪表化与局部自动化系统

仪表化与局部自动化系统的主要特点是过程检测控制仪表为基地式仪表和部分单元组合式仪表，其结构方案大多数是单输入－单输出的单回路定值系统。仪表化与局部自动化系统运行、设计、分析的理论基础是以频域法和根轨迹法为主体的经典控制理论，一般只能实现简单参数的 PID 调节和简单的串级、前馈控制，主要任务是稳定系统，实现定值控制；无法实现如自适应控制、最优化控制等复杂的控制形式。

2. 计算机集中式数字控制系统

对于强化的生产过程、复杂和多样的被控对象（即高维、大时滞、严重非线性、耦合及严重不确定性对象），上述简单的控制系统已经无能为力。随着计算机技术的发展，人们试图用计算机控制系统替代全部模拟控制仪表，即模拟技术由数字技术来替代。计算机集中式数字控制系统主要经历了 2 个阶段：直接数字控制系统（Direct Digital Control System，DDCS）和计算机集中监督控制系统（Supervisory Computer Control System，SCCS）。计算机集中式数字控制系统所采用的主要理论基础是现代控制理论。各种改进或者复合 PID 算法大大提高了传统 PID 控制的性能与效果。多输入－多输出的多变量控制理论、克服对象特性时变和环境扰动等不确定影响的自适应控制、消除因模型失配而产生不良影响的预测控制，以及保证系统稳定的鲁棒控制等新理论与策略的应用，为计算机集中控制奠定了坚实的理论基础。

3. 集散式控制系统（Distributed Control System，DCS）

计算机集中式数字控制系统在将控制集中的同时，也将危险集中，因此可靠性不高，抗扰动能力较差。并且，随着现代工业生产的迅速发展，不仅要求系统能够完成生产过程的在线控制任务，还要求系统能够实现现代化集中式管理。DCS既有计算机集中式数字控制系统控制算式先进、精度高、响应速度快的优点，又有仪表与局部自动化系统安全可靠、维护方便的特点。DCS的数据通信网络是连接分级递阶结构的纽带，是典型的局域网。该数据通信网络传递的信息以引起物质、能量的运动为最终目的，因而它强调的是其可靠性、安全性、实时性和广泛的适用性。

4. 现场总线控制系统（Field Control System，FCS）

DCS大多采用网络通信体系结构，采用专用的标准和协议，加之受到现场仪表在数字化、智能化方面的限制，它没能将控制功能彻底地分散到现场。而FCS是计算机技术、通信技术、控制技术的综合与集成，它通过现场总线，将工业现场具有通信特点的智能化仪器仪表、控制器、执行器等设备和通信设备连接成网络系统。连接在总线上的设备，彼此之间可直接进行数控传输和信息交换。同时，现场设备和远程监控计算机也可实现信息传输。这样，将现场控制站中的控制功能下移到连接网络的现场智能设备中，构成了虚拟控制站，通过现场仪表就可构成控制回路，从而实现了彻底的分散控制。FCS较好地解决了过程控制的两大基本问题，即现场设备的实时控制和现场信号的网络通信。它不仅实现了智能下移，数据传输从“点到点”发展到采用“总线”方式，而且用大系统的概念来看整个过程控制系统，即整个控制系统可以看作一台巨大的按总线方式运行的计算机。因此，全数字化、全分散式、全开放、可互操作和开放式互联网络是FCS的主要特点和发展方向。基于人工神经网络、模式识别、模糊理论基础而开发的软测量技术，为FCS提供了强大的信息监测功能。过程优化（即稳态优化）和最优控制等各种先进控制理论，以及多学科和技术的交叉与融合，为FCS提供了坚实的理论基础；计算机网络技术的发展和成熟为FCS的实现提供了技术基础。

5. 计算机集成过程系统（Computer Integrated Process System，CIPS）

尽管各种先进的控制系统能明显提高控制品质和经济效益，但是它们仍然只是相互孤立的控制系统。从发展的必要性和可能性来看，过程控制系统必将向综合化、智能化的方向发展。因此，CIPS作为全集成自动化系统，既是对设备的集成，也是对信息的集成。

当前，过程控制已进入全新的、基于网络的计算机综合自动化系统时代。CIPS以综合生产指标（包括产品质量、产量、能耗等）为性能指标，以计算机和网络技术为手段，以生产流程的控制过程和管理过程为主要对象，实现生产过程控制、运行和管理的优化集成，从而实现管理的扁平化和综合生产指标的优化。

CIPS覆盖操作层、管理层、决策层，涉及企业生产全过程的计算机优化，其最大特点是多重技术的综合与全企业信息的集成。

CIPS的实现与发展依赖于计算机网络技术、数据库管理系统、各种接口技术、过程操作优化技术、先进控制技术、远距离测量技术等的发展，分布式控制系统、先进过程控制及网络技术、数据库技术是实现CIPS的重要技术和理论基础。

1.4.2 过程控制系统的发展趋势

近年来，过程控制技术在多方面取得了快速发展，未来的发展方向和趋势概括起来主要有以下 9 点。

（1）检测技术与仪表的进步，包括高精度化、网络化、智能化、鲁棒化、机电一体化以及全球卫星定位技术的应用等。

（2）过程控制装备使 PLC 向微型化、网络化方向发展；DCS 开始向基于现场总线的 FCS 方向发展，并采用冗余技术提高系统可靠性等，这个方向的特点是全离散化和全数字化，并且尽可能地实现全开放和互操作的生产过程自动化系统。

（3）控制策略向先进控制技术发展，包括复合或改进 PID 算法、H^{∞}控制、预测控制、自适应控制、协调控制、多输入多输出控制、智能控制等。

（4）数学模型的发展方向是多种模型的集成应用以及实现复杂工业系统模型结构优化和参数高精度化等。

（5）设备诊断技术的发展方向是大规模故障监视信息网络、远距离监控与诊断、使用各类模型进行故障诊断与预报、过程诊断技术的研究与应用等。

（6）机器人的广泛应用。

（7）综合管理控制系统的发展与制造执行系统 MES（Manufacturing Execution System）的广泛化。

（8）可视化技术的出现和监控系统的革新。

（9）无人化与准无人化工厂的推广。

纵观过程控制系统的发展，从仪表化与局部自动化系统到刚刚形成的计算机集成过程系统，过程控制系统无论在结构组成上，还是在控制策略上都有了飞跃。过程控制系统的最新发展呈现出多种学科交叉、多种技术相互融合的特点，如人工智能技术、移动互联技术、物联网技术等的应用，代表着信息时代自动化的发展方向，它的发展必将带动各种学科理论的交叉、综合与发展，大大促进自动化水平和生产技术的进步。

1.5 本章小结

本章主要介绍了过程控制系统的组成与特点、过程控制的任务及要求、过程控制系统的分类及性能指标，以及过程控制系统的发展阶段与发展趋势。

过程控制主要是指连续或按一定周期进行的工业生产过程的自动控制，其被控变量主要是温度、压力、流量、液位（或物位）、成分和物性。工业生产对过程控制的要求是多方面的，最终可以归纳为安全性、稳定性和经济性。

过程控制的任务是在充分了解、掌握生产过程的工艺流程和动、稳态特性的基础上，根据上述 3 项要求，以反映生产过程关键状态的信息作为被控变量，选用适宜的控制手段，实现生产过程的控制目标。

被控对象的多样性、控制方案的多样性、慢过程、参数控制及定值控制是过程控制系统的主要特点。

过程控制系统的性能指标包括单项性能指标和综合控制指标，性能指标是衡量控制系统是否满足控制要求的关键参数，是反映系统快速性、准确性和稳定性的量化指标。其中，衰减比或衰减率是主要指标。综合控制指标考核不全面，往往要结合单项性能指标一起使用。

本章最后介绍了过程控制系统的发展阶段和发展趋势。

习　　题

1.1　常用的评价过程控制系统动态性能的单项性能指标有哪些？它与误差积分指标各有何特点？

1.2　简单过程控制系统由哪几部分组成？各部分的作用是什么？

1.3　衰减比和衰减率可以表征过程控制系统的什么性能？

1.4　什么是被控对象的稳态特性？什么是被控对象的动态特性？二者之间有什么关系？

1.5　为什么分析过程控制系统的性能时更关注其动态特性？

1.6　最大动态偏差和超调量有什么异同之处？

1.7　过程控制系统中的主要变量有哪些？

1.8　简述过程控制系统的特点与发展。

1.9　某温度控制系统的设定值为 300 ℃，在单位阶跃扰动下的过渡过程曲线如题图 1－1 所示，试分别求出该过程的最大动态偏差、衰减比、稳态误差、调节时间（按被控变量进入新稳态值的 ±2% 为准）和振荡周期。

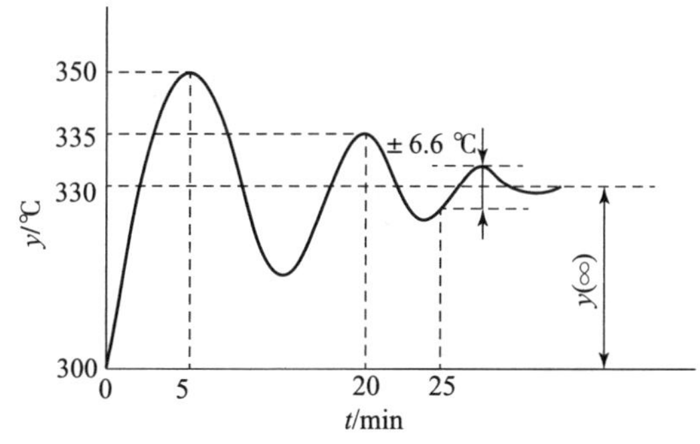

题图 1－1　阶跃响应曲线

1.10　请简述过程控制系统的发展概况以及各个发展阶段的特点。

第 2 章

被控对象的数学模型

研究控制系统的主要目的是控制生产过程，以满足生产要求。在对过程控制系统进行分析、设计之前，首先应该掌握构成控制系统的各个环节的特性，尤其是被控对象（被控过程）的特性。被控对象特性的数学描述称为被控对象的数学模型。被控对象的数学模型有稳态和动态之分，稳态数学模型是指过程输出变量与输入变量之间不随时间变化的数学关系描述，也称之为稳态特性；动态数学模型是指过程输出变量与输入变量之间随时间变化的动态关系的数学描述，也称之为动态特性。过程控制中只关注被控对象的稳态特性是不够的，通常更关注被控对象的动态特性。

2.1　被控对象的动态特性

2.1.1　基本概念

在实现生产过程自动化时，一般是由设计人员或工艺人员提出对被控对象的控制要求。控制人员的任务则是设计出合理的控制系统以满足这些要求。此时，他考虑问题的主要依据就是被控对象的动态特性，因为它是决定控制系统过渡过程的关键因素。

被控对象动态特性的重要性是不难理解的。例如，人们知道有些被控对象很容易控制而有些又很难控制，为什么会有这些差别？为什么有些调节过程进行得很快而有些又进行得非常慢？归根结底，这些问题的关键都在于被控对象本身，在于它们的动态特性。控制系统中的其他环节（如控制器等）当然都起作用，但是它们的存在和特性在很大程度上取决于被控对象的特性和控制要求。控制系统的设计方案都是依据被控对象的控制要求和动态特性进行的。而且，控制器参数的整定也是根据被控对象的动态特性进行的。

在过程控制中，被控对象是工业生产过程中的各种装置和设备，如换热器、工业加热炉、蒸汽锅炉、精馏塔、反应器等；被控变量通常是温度、压力、液位、流量、成分等。被控对象内部所进行的物理、化学过程可以是各式各样的，但是从控制的观点看，它们在本质上是相同的，即可以用相似的数学方程来表达，这一点将在后面详细讨论。

过程控制中所涉及的被控对象，它们所进行的过程几乎都离不开物质或能量的流动，可以把被控对象视为一个独立的隔离体，从外部流入被控对象内部的物质或能量流量称为流入量，从被控对象内部流出的物质或能量流量称为流出量。显然，只有流入量与流出量保持平衡时，被控对象才会处于稳定平衡的工况。平衡关系一旦遭到破坏，就必然会反映在某一个量的变化上。例如，液位变化就反映流入和流出物质的平衡关系遭到破坏，温度变化则反映流入和流出热量的平衡遭到破坏，转速变化可以反映流入和流出动量的平衡遭到破坏，等等。在工业生产中，这种平衡关系的破坏是经常发生、难以避免的。如果生产工艺要求把那些诸如温度、压力、液位等标志平衡关系的量保持在它们的设定值上，就必须随时对流入量或流出量进行控制。在通常情况下，实施这种控制的执行器（见图1－1）就是调节阀，它不但适用于流入、流出量等属于物质流的情况，也适用于流入、流出量属于能量流的情况。这是因为能量往往以某种流体作为载体，改变了作为载体的物质流也就改变了能量流。因此，在过程控制系统中，调节阀是作为主要的执行器来控制某种流体的流量。

过程控制系统中被控对象的另一个特点是，它们大多属于慢过程，就是说被控变量的变化十分缓慢，时间尺度往往以若干分钟甚至若干小时计。这是因为过程控制系统中的被控对象往往具有很大的储蓄容积，而流入、流出量的差额只能是有限值。例如，对于一个被控变量为温度的对象，流入、流出的热流量差额累积起来可以储存在对象中，表现为对象平均温度水平的升高（如果流入量大于流出量），此时，对象的储蓄容积就是它的热容量。储蓄容积很大就意味着温度的变化过程不可能很快。对于其他以压力、液位、成分等为被控变量的对象，也可以进行类似的分析，当然，压力和流量的变化速度要比温度快。

由此可见，在过程控制系统中，流入量和流出量是非常重要的概念，通过这些概念才能正确理解被控对象动态特性的实质。同时要注意，不要把流入、流出量的概念与输入、输出量混淆。在控制系统方框图中，无论是流入量还是流出量，它们作为引起被控变量变化的原因，大多应看作被控对象的输入量。

被控对象动态特性的另一个因素是纯迟延（即传输迟延），它是信号传输途中出现的迟延。例如，在物料输送中，当要求增加（或减小）物料的信号到达后，尽管物料已经增加（或减小），但要通过很长的管道才能影响到对象的输入或输出。也就是说，从信号产生到实际物理量的变化需要一段时间，这就是过程控制中的纯迟延现象。纯迟延的存在往往会使控制作用不及时，而使系统性能变坏，有时甚至会引起系统的不稳定。当然，在可能的条件下人们应该设法尽可能地减少纯迟延，以改善控制系统的性能。例如，在设计温度控制系统时，如果将温度测量装置安装在紧靠换热器的出口，就可以减少不必要的纯迟延。

2.1.2 典型被控对象的动态特性

1. 自平衡非振荡过程

自平衡非振荡过程是工业生产过程中最常见的过程，该类过程在阶跃输入信号作用下的输出响应曲线能够没有振荡地从一个稳态趋向于另一个稳态。也就是说，被控对象受到扰动作用后平衡状态被破坏，无须施加任何控制作用，依靠被控对象本身自动地趋于新稳态值，这种特性称为自平衡特性，这类过程称为自平衡非振荡过程。例如，传递函数可描述为具有时滞的一阶惯性特性的单容水箱就是这类过程。

2. 非自平衡非振荡过程

非自平衡非振荡过程没有自平衡能力，它在阶跃输入信号作用下的输出响应曲线只能无振荡地从一个稳态一直上升或下降，不能达到新的稳态。这类过程通常含有积分环节，如后续讲到的单容积分水槽就是典型的非自平衡非振荡过程。

3. 衰减振荡过程

衰减振荡过程具有自平衡能力，在阶跃输入信号作用下的输出响应曲线呈现衰减振荡特性，最终会趋于新的稳态值。这类过程在工业生产过程中并不多见，其传递函数为

$$G(s)=\frac{K}{s^2+2\xi\omega s+\omega^2}e^{-\tau s}\quad ,0<\xi<1$$

式中：ξ 是阻尼比；ω 是频率；K 是过程增益；τ 是过程的时滞时间。

4. 具有反向特性的过程

具有反向特性的过程在阶跃输入信号作用下，输出响应在开始和终止时呈现反向变化的特性，其传递函数分别为

自平衡型 $$G(s)=\frac{K(1-T_d s)}{(T_1 s+1)(T_2 s+1)}e^{-\tau s}$$

非自平衡型 $$G(s)=\frac{K(1-T_d s)}{(T_1 s+1)s}e^{-\tau s}$$

这类过程的典型例子就是锅炉汽包水位。其中，K 为过程增益，T_1、T_2、T_d 是与过程有关的时间常数，τ 是时滞时间。当蒸汽用量突然增加时，压力突然下降，会出现水位先上升、后稳定下降这种虚假水位现象，使控制难度增加。

2.1.3 被控对象动态特性的特点

1. 被控对象的动态特性大多是不振荡的

被控对象的阶跃响应曲线通常是单调曲线，被控变量的变化比较缓慢（与机械系统、电系统相比）。工业被控对象的幅频特性和相频特性随着频率的增加都向下倾斜。

2. 被控对象的动态特性大多具有迟延特性

因为调节阀动作的效果往往需要经过一段迟延时间后才会在被控变量上表现出来。迟延的主要来源是多个容积的存在，容积的数目可能有几个甚至几十个。分布参数系统具有无穷多个微分容积。容积越大或数目越多，容积迟延时间越长；有些被控对象还具有传输迟延。

3. 被控对象本身是稳定的或中性稳定的

有些被控对象，如图 2－1 所示的单容水槽，当调节阀开度改变致使原来的物质或能量平衡关系遭到破坏后，随着被控变量的变化不平衡量越来越小，因而被控变量能够自动地稳定在新的水平。这种特性称为自平衡，具有这种特性的被控对象称为自平衡过程，其阶跃响应曲线如图 2－2 所示。

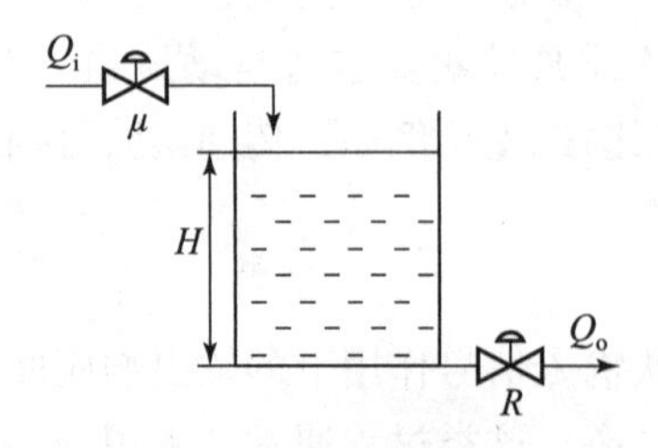

图 2－1 自平衡特性单容水槽

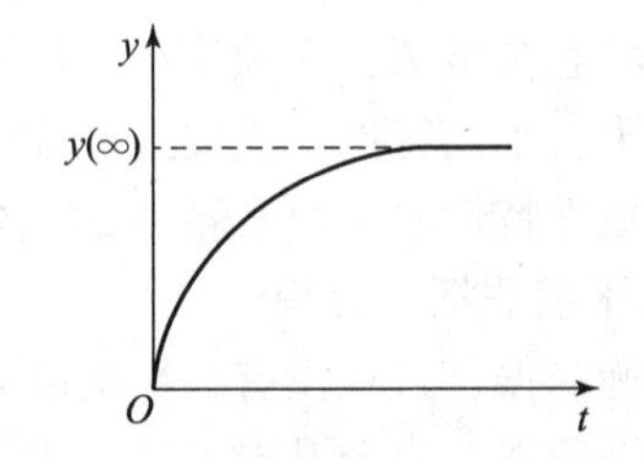

图 2－2 自平衡过程阶跃响应曲线

具有时间滞后的一阶自平衡过程的传递函数可表示为

$$G(s) = \frac{K}{Ts+1}e^{-\tau s} \tag{2-1}$$

式中：K 为增益；T 为惯性时间常数；τ 为迟延时间。

如果对于同样大的调节阀开度变化，被控变量只需稍改变一点就能重新恢复平衡，就称该过程的自平衡能力强。自平衡能力的大小用对象稳态增益 K 的倒数衡量，称为自平衡率，即

$$\rho = \frac{1}{K} \tag{2-2}$$

也有一些被控对象，如单容积分水槽，当进水调节阀开度改变致使物质或能量平衡关系破坏后，不平衡量不因被控变量的变化而改变，被控变量将以固定的速度一直变化下去而不会自动地在新的水平上恢复平衡。这种对象不具有自平衡特性，称为非自平衡过程，它是中性稳定的，就是说，其被控变量需要很长的时间才会有很大的变化。具有时间滞后的一阶非自平衡过程的传递函数可表示为

$$G(s) = \frac{K}{Ts}e^{-\tau s} \tag{2-3}$$

不稳定的过程是指原来的平衡一旦被破坏后，被控变量在很短的时间内就发生很大的变化。这一类过程是比较少见的，某些化学反应器就属于这一类。

4. 被控对象的动态特性往往具有非线性特性

严格来说，几乎所有被控对象的动态特性都呈现非线性特性，只是程度上不同而已，如许多被控对象的增益就不是常数。除存在于被控对象内部的连续非线性特性外，在控制系统中还存在另一类非线性特性，如调节阀、继电器等元件的饱和、死区和滞环等典型的非线性特性。虽然这类非线性特性通常并不是被控对象本身所固有的，但考虑到在过程控制系统中，往往把被控对象、检测变送装置和调节阀串联在一起统称为广义被控对象，因而它包含了这部分非线性特性。

对于被控对象的非线性特性，如果控制精度要求不高或负荷变化不大，则可用线性化方法进行处理。但是，如果非线性不可忽略，则必须采用其他方法，如分段线性的方法、非线性补偿器的方法或利用非线性控制理论来进行系统的分析和设计。

2.2　被控对象数学模型及其建立方法

2.2.1　被控对象数学模型的表达形式及要求

从最广泛的意义上说，数学模型乃是事物行为规律的数学描述。根据所描述的是事物在稳态还是在动态下的行为规律，数学模型有稳态模型和动态模型之分。一般来说，稳态模型较易得到，动态特性往往成为建模的关键所在。这里只限于讨论工业生产过程的数学模型，特别是它们的动态模型。

工业生产过程动态数学模型的表达方式很多，其复杂程度相差悬殊，要求也是各式各样的，这主要取决于建立数学模型的目的，以及它们将以何种方式加以利用。

1. 建立数学模型的目的

在过程控制中，建立被控对象数学模型的目的主要有以下 6 个：

(1) 制订工业生产过程优化操作方案；

(2) 制订控制系统的设计方案，为此，有时还需要利用数学模型进行仿真研究；

(3) 进行控制系统的调试和控制器参数的整定；

(4) 设计工业生产过程的故障检测与诊断系统；

(5) 制订大型设备起动和停车的操作方案；

(6) 设计工业生产过程运行人员培训系统。

2. 被控对象数学模型的表达形式

众所周知，被控对象的数学模型可以采取各种不同的表达形式，主要可以从以下 3 个观点加以划分。

(1) 按系统的连续性划分为连续系统模型、离散系统模型和混杂系统模型。

(2) 按模型的结构划分为输入输出模型和状态空间模型。

(3) 输入输出模型又可按论域划分为时域表达——阶跃响应，脉冲响应；频域表达——传递函数。

在控制系统的设计中，所需的被控对象数学模型在表达方式上是因情况而异的。各种控制算法无不要求数学模型以某种特定形式表达出来。例如，一般的 PID 控制要求数学模型用传递函数表达；最优控制要求用状态空间表达式表达；基于参数估计的自适应控制通常要求用脉冲传递函数表达；预测控制要求用阶跃响应或脉冲响应表达，等等。

3. 被控对象数学模型的利用方式

被控对象数学模型的利用有离线和在线方式。

以往，被控对象数学模型只是在进行控制系统的设计研究时或在控制系统的调试整定阶段中发挥作用。这种利用方式一般是离线的。

近年来，由于微电子技术的快速发展，使得计算速度大幅度提高，相继推出一类新型控制系统，其特点是要求把被控对象的数学模型作为一个组成部分嵌入控制系统中，预测控制系统就是个例子。这种利用方式是在线的，它要求数学模型具有实时性。

4. 对被控对象数学模型的要求

作为数学模型，首先要准确可靠，但这并不意味着越准确越好。应根据实际应用情况提出适当的要求，超过实际需要的准确性要求必然造成不必要的浪费。在线运用的数学模型还有实时性的要求，它与准确性要求往往是矛盾的。

一般来说，用于控制的数学模型并不要求非常准确。闭环控制本身具有一定的鲁棒性，因为模型的误差可以视为扰动，而闭环控制在某种程度上具有自动消除扰动影响的能力。

实际生产过程的动态特性是非常复杂的，控制人员在建立其数学模型时，不得不突出主要因素，忽略次要因素，否则就得不到可用的模型。为此，往往需要做很多近似处理，如线性化、分布参数系统集总化和模型降阶处理等。在这方面有时很难得到工艺人员的理解。在工艺人员看来，有些近似处理简直是难以接受的，但它确实能满足控制的要求。

5. 被控对象传递函数的一般形式

在常规过程控制系统中，被控对象的数学模型通常用传递函数来表示，根据被控对象动态特性的特点，典型过程控制所涉及被控对象的传递函数一般具有以下 4 种形式。

（1）具有纯迟延的一阶惯性环节

$$G(s) = \frac{K}{Ts+1}e^{-\tau s} \tag{2-4}$$

（2）具有纯迟延的二阶惯性环节

$$G(s) = \frac{K}{(T_2 s+1)(T_1 s+1)}e^{-\tau s} \tag{2-5}$$

（3）具有纯迟延的 n 阶惯性环节

$$G(s) = \frac{K}{(Ts+1)^n}e^{-\tau s} \tag{2-6}$$

（4）用有理分式表示的传递函数

$$G(s) = \frac{b_m s^m + \cdots + b_1 s + b_0}{a_n s^n + \cdots + a_1 s + a_0}e^{-\tau s}\ ,\ n > m \tag{2-7}$$

上述 4 个公式适用于自平衡过程，对于非自平衡过程应该包含积分环节，即

$$G(s) = \frac{1}{Ts}e^{-\tau s} \tag{2-8}$$

和

$$G(s) = \frac{1}{T_1 s(T_2 s+1)}e^{-\tau s} \tag{2-9}$$

2.2.2　被控对象数学模型建立方法

通常建立一个被控对象的数学模型有 3 种基本方法：（1）机理法，称为“白箱”模型；（2）实验法，称为“黑箱”模型；（3）机理法和实验法的结合，称为“灰箱”模型。一般建立被控对象数学模型的这些方法可以单独使用，也可混合使用，视被控对象的复杂程度和建模目的而定。不管采用哪种建模方法，都必须首先弄清待辨识被控对象的层次及其周围的环境条件，明确模型应包含的变量。一个被控对象的变量可能很多，它包括输入变量（控制变量、扰动变量）和输出变量（观测变量、状态变量）。模型中应该包括哪些变量完全取决于建模的目的。一般来说，只应包括对建模目的影响比较显著的变量，影响不大的变量则不应该包括在内，以免模型过于复杂，失去其实用价值。

1. 机理法建模

机理法建模就是根据生产过程中实际发生的变化机理，写出各种有关的平衡方程，如物质平衡方程，能量平衡方程，动量平衡方程，相平衡方程，反映物体运动、传热、传质、化学反应等基本规律的运动方程，物性参数方程和某些设备的特性方程等，从中获得所需的数学模型。

由此可见，机理法建模的首要条件是生产过程的机理必须已经为人们充分掌握，并且可以比较确切地用数学模型加以描述。其次，很显然，除非是非常简单的被控对象，否则很难得到以紧凑的数学形式表达的模型。正因如此，在计算机尚未得到普及应用以前，几乎无法用机理法建立实际工业生产过程的数学模型。

近几十年来，随着电子计算机的广泛应用和数值分析方法的发展，工业生产过程数学模

型的研究有了迅速的发展。可以说，只要机理清楚，就可以利用计算机求解几乎任何复杂系统的数学模型。根据对模型的要求，合理的近似假定总是必不可少的。模型应该尽量简单，同时保证达到合理的精度，有时还需考虑实时性的问题。

用机理法建模时，有时也会出现模型中某些系数或参数难以确定的情况。这时，可以用实验拟合方法或过程辨识方法把这些未知量估计出来。

2. 实验法建模

实验法一般只用于建立输入输出模型，它是根据工业生产过程的输入和输出的实测数据进行某种数学处理后得到的模型。实验法的主要特点是把被研究的工业生产过程视为一个黑匣子，完全从外特性上测试和描述它的动态性质，因此不需要深入掌握其内部机理。然而，这并不意味着可以对其内部机理毫无所知。

被控对象的动态特性只有当它处于变动状态下才会表现出来，在稳态下是表现不出来的。因此，为了获得动态特性，必须使被研究的被控对象处于被激励的状态，如人为施加一个阶跃扰动或脉冲扰动等。为了有效地进行这种动态特性测试，仍然有必要对被控对象内部的机理有明确的定性了解。例如，究竟有哪些主要因素在起作用，它们之间的因果关系如何，等等。丰富的验前知识无疑会有助于成功地用实验法建立数学模型。那些内部机理尚未被人们充分了解的被控对象是难以用实验法建立其准确动态数学模型的。

用实验法建模一般比用机理法要简单和省力，尤其是对于那些复杂的工业生产过程更为明显。如果两者都能达到同样的目的，一般都采用实验法建模。

实验法建模又可分为经典辨识法和现代辨识法两大类，它们大致可以按是否必须利用计算机进行数学处理为界限。

经典辨识法不考虑测试数据中偶然性误差的影响，它只需对少量的测试数据进行比较简单的数学处理，计算工作量一般很小，可以不用计算机。

现代辨识法的特点是可以消除测试数据中的偶然性误差即噪声的影响，为此就需要处理大量的测试数据，计算机是不可缺少的工具。现代辨识法所涉及的内容很丰富，已形成一个专门的学科分支。

3. 灰箱建模

就某种意义上来说，实验法较机理法有一定的优越性，因为它无须深入了解被控对象的机理。但是，这又不是绝对的。实验法的关键之一是必须设计一个合理的实验，以获得被控对象所含的最大信息量，这点往往又是非常困难的。因此，2 种建模方法在不同的应用场合可能各有千秋。实际使用时，2 种方法应该是相互补充而不能互相代替的。瑞典学者 Åström 把机理法建模问题称作“白箱”（White－box）问题；又把实验法建模问题称作“黑箱”（Black－box）问题。同时，Åström 还提出一种“灰箱”（Grey－box）理论，即机理法建模和实验法建模 2 种方法结合起来使用，机理已知的部分采用机理法建模，机理未知的部分采用实验法建模，这样可以充分发挥两种方法各自的优点，使系统辨识问题简化。一般情况下，由机理法确定模型结构，实验法估计模型参数。随着被控对象越来越复杂，对模型准确性要求越来越高，“灰箱”建模方法必将受到越来越多的重视和推广应用。本书只介绍机理法建模和实验法建模。

2.3　机理法建模

本节主要介绍几个经典被控对象的机理法建模过程。

2.3.1　机理法建模的一般步骤

机理法建模一般有以下 5 个步骤。

(1) 列写基本方程。列写基本方程主要依据的是物料平衡和能量平衡方程，一般用下式表示：单位时间内进入系统的物料（或能量）－单位时间内流出系统的物料（或能量）＝系统内物料（或能量）储存量的变化率。

(2) 消去中间变量，建立输出变量和输入变量之间的关系。输出变量和输入变量可用 3 种不同的形式表示，即绝对值 Y 和 U，增量 ΔY 和 ΔU，或无量纲形式的 y 和 u。在控制理论中，增量形式得到广泛的应用。

(3) 增量化。在工作点处对方程进行增量化，获得增量方程。对于线性系统，增量方程式的列写很方便，只要将原方程中的变量用它的增量代替即可。对于非线性系统，则需要进行线性化处理。

(4) 线性化。在系统输入和输出工作范围内，把非线性关系近似为线性关系。这是因为非线性微分方程求解困难，一般无解析解。而通过近似线性化，将绝对量转化为基于稳态值的增量，可以将稳态工作点移动到坐标原点。在定值控制系统中，各变量不会偏离平衡状态太远，近似线性化模型的精度可以满足要求。

(5) 列写输出变量和输入变量的关系方程。将关系方程简化为控制要求的某种形式，如高阶微分（差分）方程或传递函数等。

2.3.2　单容对象的数学模型建立

虽然不同企业中的被控对象千差万别，但大部分都是可以由微分方程来表示的，微分方程阶次的高低是由被控对象中储能部件的多少决定的。最简单的被控对象是仅有一个储能部件的单容对象（如单容水槽）。

1. 单容水槽

单容水槽如图 2－1 所示。不断有水流入槽内，同时也有水不断由槽中流出。水的流入量 Q_i 由调节阀开度 μ 加以控制，流出量 Q_o 则由用户根据需要通过负载阀 R 来改变。被控变量为液位（水位）H，它反映水的流入量与流出量之间的平衡关系。下面分析水位在调节阀开度扰动下的动态特性。

在过程控制中，描述各种对象动态特性最常用的方式是阶跃响应，这意味着在扰动发生前，该对象原处于稳定平衡工况。

对于上述水槽，在起始稳定平衡工况下，有 $H=H_0$，$Q_{i0}=Q_{o0}$。在流出侧负载阀开度不变的情况下，当调节阀开度发生阶跃变化 $\Delta\mu$ 时，若水的流入量和流出量的变化量分别为 $\Delta Q_i=Q_i-Q_{i0}$，$\Delta Q_o=Q_o-Q_{o0}$，则在任何时刻液位的变化 $\Delta H=H-H_0$ 均满足下述物料平衡方程为

$$\frac{d\Delta H}{dt}=\frac{1}{F}(Q_i-Q_o)=\frac{1}{F}(\Delta Q_i-\Delta Q_o) \tag{2-10}$$

式中：F 为水槽横截面积。

当调节阀前后压差不变时，ΔQ_i与 $\Delta\mu$ 成正比关系，即

$$\Delta Q_i=k_\mu\Delta\mu \tag{2-11}$$

式中：k_μ为取决于调节阀特性的系数，可以假定它是常数。

对于流出侧的负载阀，其流出量与水槽的液位高度有关，即

$$\Delta Q_o=k\sqrt{H} \tag{2-12}$$

式中：k 为与负载阀开度有关的系数，在开度固定不变的情况下，k 可视为常数。

由于式（2－12）是非线性方程，给下一步的分析带来困难，因此应该在条件允许的情况下尽量避免。如果液位始终保持在其稳态值附近很小的范围内变化，那就可以将式（2－12）加以线性化，即

式（2－12）可以近似为

$$Q_o=Q_{o0}+\frac{k}{2\sqrt{H_0}}(H-H_0)+\cdots=Q_{o0}+\frac{k}{2\sqrt{H_0}}\Delta H+\cdots$$

则

$$\Delta Q_o\approx\frac{k}{2\sqrt{H_0}}\Delta H \tag{2-13}$$

将式（2－11）和式（2－13）代入式（2－10）中得

$$\frac{d\Delta H}{dt}=\frac{1}{F}\left(k_\mu\Delta\mu-\frac{k}{2\sqrt{H_0}}\Delta H\right)$$

或

$$\left(\frac{2\sqrt{H_0}}{k}F\right)\frac{d\Delta H}{dt}+\Delta H=\left(\frac{2\sqrt{H_0}}{k}k_\mu\right)\Delta\mu \tag{2-14}$$

如果假设系统的稳定平衡工况在原点，即各变量都以各自的0值（$H_0=0$，$\mu_0=0$）为平衡点，则可去掉式（2－14）中的增量符号，直接写成

$$\left(\frac{2\sqrt{H_0}}{k}F\right)\frac{dH}{dt}+H=\left(\frac{2\sqrt{H_0}}{k}k_\mu\right)\mu \tag{2-15}$$

根据式（2－15）可得液位变化与调节阀开度变化之间的传递函数为

$$G(s)=\frac{H(s)}{\mu(s)}=\frac{\dfrac{2\sqrt{H_0}}{k}k_\mu}{\dfrac{2\sqrt{H_0}}{k}Fs+1}=\frac{K}{Ts+1} \tag{2-16}$$

定义 $R=\dfrac{2\sqrt{H_0}}{k}$，则有：$T=RF=\dfrac{2\sqrt{H_0}}{k}F$；$K=k_\mu R=k_\mu\dfrac{2\sqrt{H_0}}{k}$。

式（2－16）是最常见的一阶惯性系统，它的阶跃响应曲线是指数曲线，如图 2－3所示。

单容水槽液位变化与阻容充电回路的电容充电过程相同。实际上，如果把水槽的充水过

程与 RC 回路的充电过程加以比较，就会发现两者虽不完全相似，但在物理概念上具有可类比之处。由图 2-4 可得 RC 充电回路的传递函数为

$$G(s) = \frac{U_o(s)}{U_i(s)} = \frac{1}{RCs+1} \tag{2-17}$$

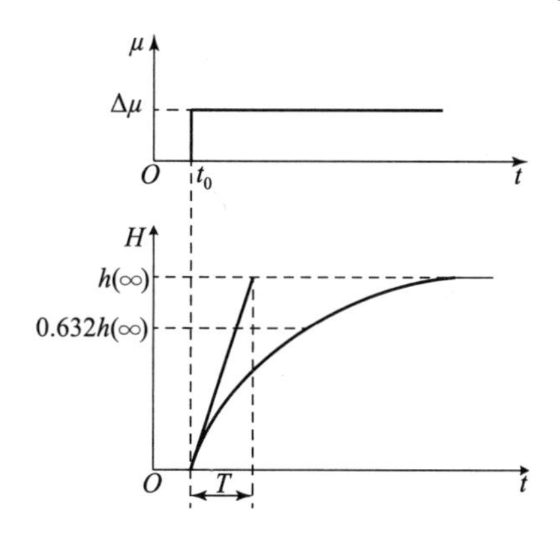

图 2-3 单容水槽的阶跃响应曲线

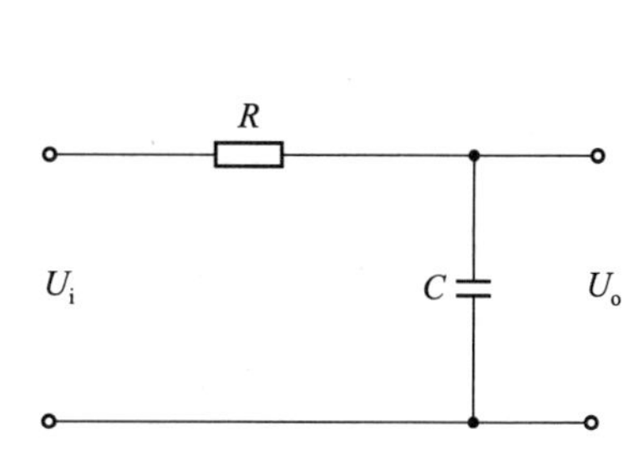

图 2-4 RC 充电回路

根据类比关系，由式（2-16）和（2-17）看出，对于水槽而言，水容（类比电容）$C=F$，水阻（类比电阻）$R=2\sqrt{H_0}/k$。

凡是只具有一个储蓄容积，同时有阻力的被控对象（简称单容对象）都具有相似的动态特性，单容水槽只是典型的代表。图 2-5 都属于这一类被控对象。

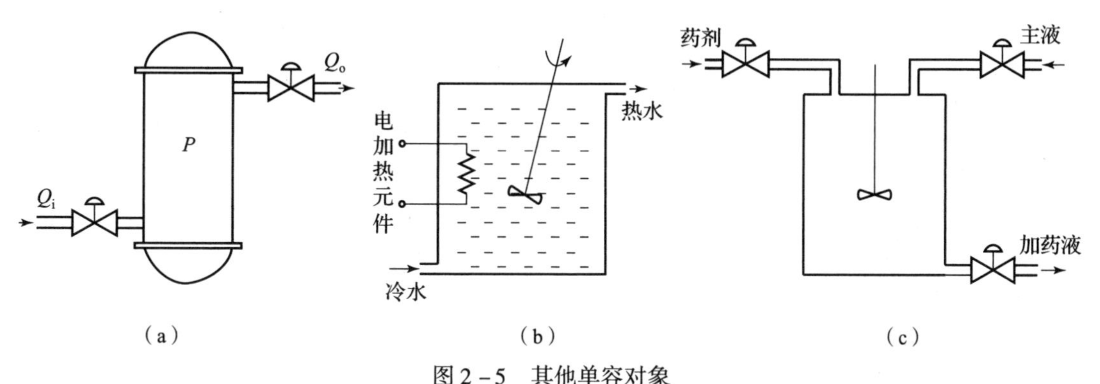

图 2-5 其他单容对象

(a) 储气罐；(b) 电加热槽；(c) 混合槽

2. 具有纯迟延的单容水槽

对于如图 2-1 所示的单容水槽，如果进料调节阀流出的物料要经过一段较长距离管道传送才能到达水槽，即该调节阀开度 μ 变化所引起的流入量变化 ΔQ_i，需要经过一段传输时间 T 才能对水槽液位产生影响。

参照式（2-14），可得具有纯迟延的单容水槽的微分方程为

$$T\frac{d\Delta H}{dt} + \Delta H = K\Delta\mu(t-\tau) \tag{2-18}$$

式中：τ 为纯迟延时间；其余参数定义同上。

对应式（2－18）的传递函数为

$$G(s)=\frac{\Delta H(s)}{\Delta \mu(s)}=\frac{K}{Ts+1}e^{-\tau s} \tag{2-19}$$

与式（2－16）相比，式（2－19）多了一纯迟延环节 $e^{-\tau s}$。

在生产过程的自动控制中，除某些特殊的纯迟延对象外，大多纯迟延是由于测量元器件、执行器安装位置引起的，在设计中应尽量减小这种纯迟延时间。

3. 单容积分水槽

单容积分水槽如图 2－6 所示，与图 2－1 所示的单容水槽只有一个区别，即在它的流出侧装有一排水泵。

在图 2－6 中，水泵的排水量仍然可以用负载阀 R 来改变，但排水量并不随液位高低而变化。这样，当负载阀开度固定不变时，水槽的流出量也不变，因而在式（2－10）中有 $\Delta Q_o=0$。由此可以得到液位在调节阀开度扰动下的变化规律为

$$\frac{d\Delta H}{dt}=\frac{1}{F}k_\mu \Delta\mu \quad 或 \quad \frac{dH}{dt}=\frac{1}{F}k_\mu \mu \tag{2-20}$$

根据式（2－20）可得液位变化与调节阀开度变化之间的传递函数为

$$G(s)=\frac{H(s)}{\mu(s)}=\frac{k_\mu}{Fs}=\frac{1}{Ts} \tag{2-21}$$

式（2－21）是一积分环节，积分时间 $T=F/k_\mu$，阶跃响应曲线为一条直线，如图 2－7 所示。

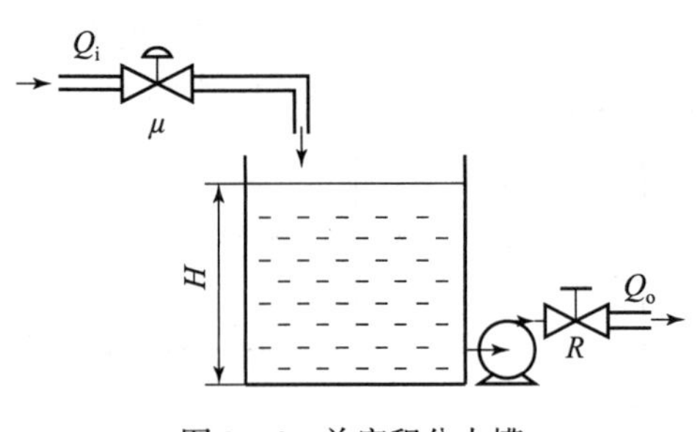

图 2－6　单容积分水槽

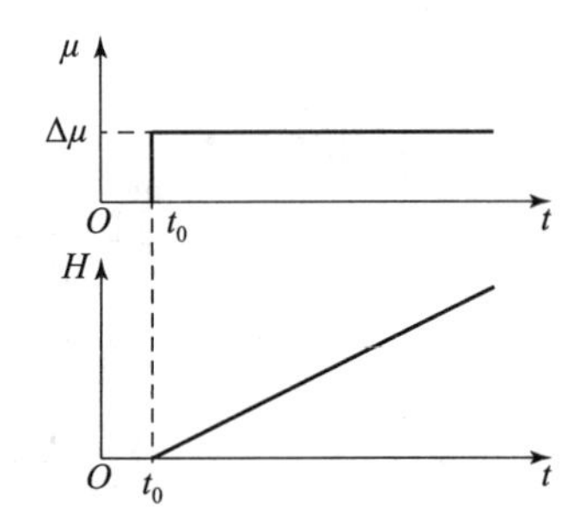

图 2－7　单容积分水槽的阶跃响应曲线

2.3.3 双容对象的数学模型建立

以上讨论的是只有一个储能元件的对象，实际被控对象往往要复杂一些，即具有一个以上的储能元件。

1. 串联型双容水槽

对于图 2－8 所示的双容水槽。水首先进入水槽 1，然后通过底部的负载阀 R_1 流入水槽 2。水流入量 Q_i 由进入水槽 1 的调节阀开度 μ 加以控制，流出量 Q_o 由用户根据需要通过负载阀 R_2 来改变，被控变量为水槽 2 的液位 H_2。现在分析水槽 2 的液位 H_2 在调节阀开度 μ 扰动下的动态特性。

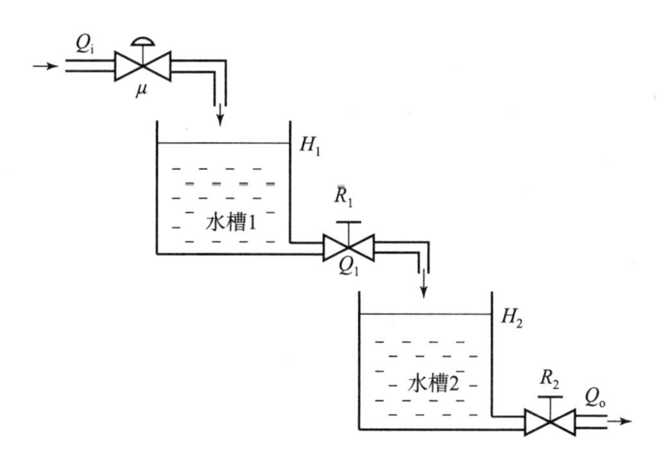

图 2-8　串联型双容水槽

根据图 2-8 可知，水槽 1 和水槽 2 的物料平衡方程分别为

水槽 1
$$\frac{\mathrm{d}\Delta H_1}{\mathrm{d}t}=\frac{1}{F_1}(\Delta Q_i-\Delta Q_1) \tag{2-22}$$

水槽 2
$$\frac{\mathrm{d}\Delta H_2}{\mathrm{d}t}=\frac{1}{F_2}(\Delta Q_1-\Delta Q_o) \tag{2-23}$$

假设调节阀均采用线性阀，则有

$$\Delta Q_i=k_\mu\Delta\mu,\quad \Delta Q_1=\frac{1}{R_1}\Delta H_1,\quad \Delta Q_o=\frac{1}{R_2}\Delta H_2 \tag{2-24}$$

式中：F_1、F_2分别为水槽 1 和水槽 2 的横截面积；R_1和 R_2为负载阀的线性化水阻。

将式（2-24）代入式（2-22）和式（2-23）中，消去中间变量后可得

$$T_1T_2\frac{\mathrm{d}^2\Delta H_2}{\mathrm{d}t^2}+(T_1+T_2)\frac{\mathrm{d}\Delta H_2}{\mathrm{d}t}+\Delta H_2=K\Delta\mu \tag{2-25}$$

式中：$T_1=R_1F_1$；$T_2=R_2F_2$；$K=k_\mu R_2$。

对应式（2-25）的传递函数为

$$G(s)=\frac{\Delta H_2(s)}{\Delta\mu(s)}=\frac{K}{T_1T_2s^2+(T_1+T_2)s+1} \tag{2-26}$$

由式（2-26）可知，双容水槽为二阶系统，其阶跃响应曲线如图 2-9 所示。由图可知，双容水槽的阶跃响应曲线不是指数曲线，而是呈“S”形，它在起始阶段与单容水槽的阶跃响应曲线有很大的差别。对于双容水槽，在调节阀突然开大后的瞬间，液位 H_1只有一定的变化速度，而其变化量本身为 0，因此 Q_1暂无变化，这时 H_2的起始变化速度为 0。每增加一个容积对象，会使得阶跃响应曲线相应向后推迟，推迟的时间称为容量迟延，图 2-11（b）中用 τ_q表示。

若双容水槽存在纯迟延 τ_0，容量迟延 τ_q，则总的迟延时间 $\tau=\tau_0+\tau_q$，对应的传递函数为

$$G(s)=\frac{\Delta H_2(s)}{\Delta\mu(s)}=\frac{K}{T_1T_2s^2+(T_1+T_2)s+1}\mathrm{e}^{-\tau s} \tag{2-27}$$

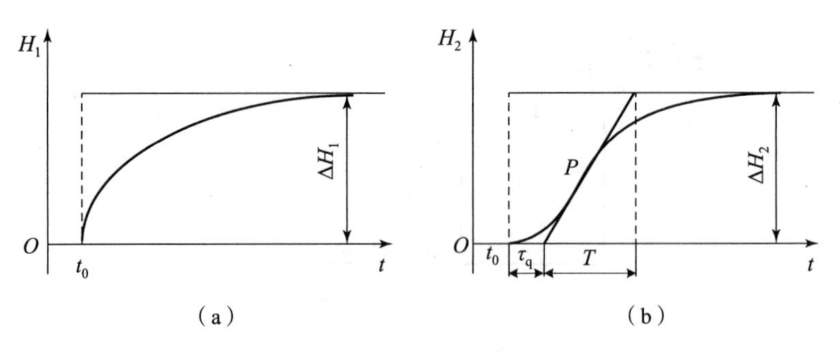

图 2-9　双容水槽的阶跃响应曲线

2. 串联型双容积分水槽

串联型双容积分水槽无自平衡能力，如图 2-10 所示，它与图 2-8 所示的有自平衡能力的双容水槽只有一个区别，即在水槽 2 的流出侧装有一个排水泵，并取消了负载阀。此水槽 1 和水槽 2 的物料平衡方程分别为

水槽 1
$$\frac{d\Delta H_1}{\mathrm{d}t} = \frac{1}{F_1}(\Delta Q_i - \Delta Q_1) \tag{2-28}$$

水槽 2
$$\frac{\mathrm{d}\Delta H_2}{\mathrm{d}t} = \frac{1}{F_2}\Delta Q_1 \tag{2-29}$$

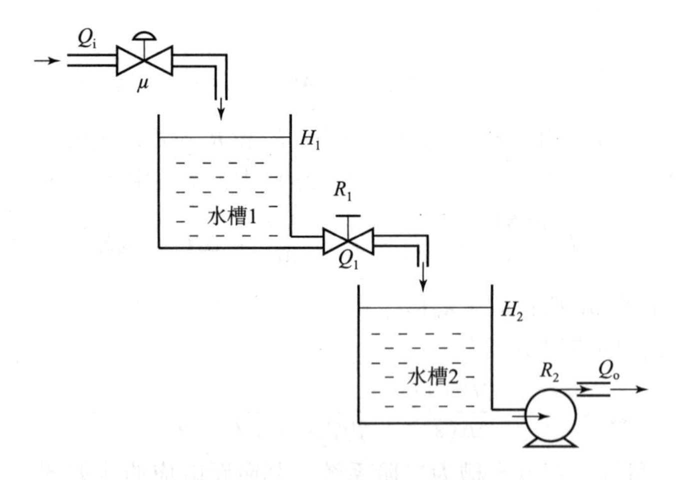

图 2-10　串联型双容积分水槽

假设调节阀均采用线性阀，则有

$$\Delta Q_i = k_\mu \Delta\mu, \quad \Delta Q_1 = \frac{1}{R_1}\Delta H_1 \tag{2-30}$$

式中：F_1 和 F_2 分别为水槽 1 和水槽 2 的横截面积；k_μ 为调节阀的线性化系数；R_1 为负载阀的线性化水阻。

将式（2-30）代入式（2-28）和式（2-29）中，整理后可得

$$T_1\frac{\mathrm{d}^2\Delta H_2}{\mathrm{d}t^2} + \frac{\mathrm{d}\Delta H_2}{\mathrm{d}t} = K\Delta\mu \tag{2-31}$$

对应式（2－31）的传递函数为

$$G(s)=\frac{\Delta H_2(s)}{\Delta\mu(s)}=\frac{1}{T_2 s(T_1 s+1)} \tag{2-32}$$

式中：$T_1=R_1F_1$；$T_2=F_2/k_\mu$。

式（2－32）对应的阶跃响应曲线如图 2－11 所示。

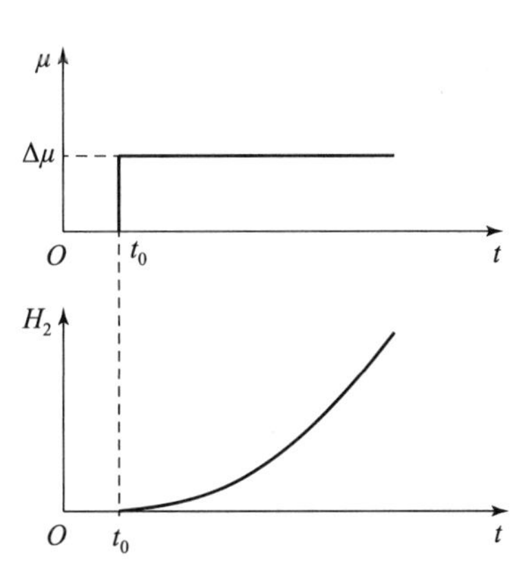

图 2－11 串联型双容积分水槽的阶跃响应曲线

3. 并联型双容水槽

对于图 2－12 所示的双容水槽，2 个水槽串联在一起，每个水槽的液位变化都会影响另一个水槽的液位。另外，由于水槽之间的连通管路具有一定的阻力，因此两者的液位可能是不同的。水首先进入水槽 1，然后通过连通管进入水槽 2，最后由水槽 2 流出。水流入量 Q_i 由进入水槽 1 的调节阀开度 μ 加以控制，流出量 Q_o 由用户根据需要通过负载阀 R_2 来改变，被控变量为水槽 2 的液位 H_2。下面分析水槽 2 的液位 H_2 在调节阀开度 μ 扰动下的动态特性。

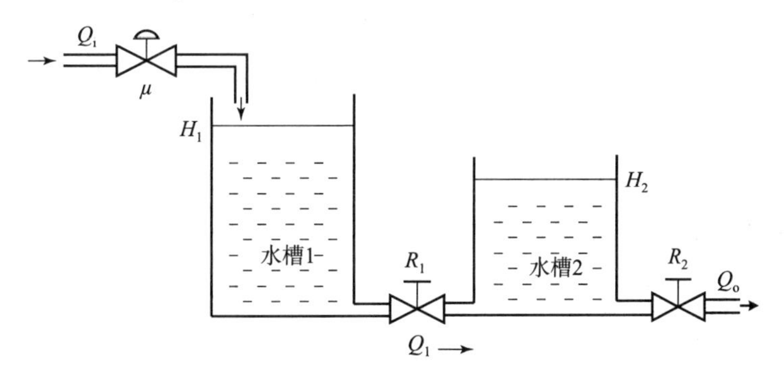

图 2－12 并联型双容水槽

根据图 2－12 可知，水槽 1 和水槽 2 的物料平衡方程分别为

水槽 1
$$\frac{\mathrm{d}\Delta H_1}{\mathrm{d}t}=\frac{1}{F_1}(\Delta Q_i-\Delta Q_1) \tag{2-33}$$

水槽 2
$$\frac{\mathrm{d}\Delta H_2}{\mathrm{d}t}=\frac{1}{F_2}(\Delta Q_1-\Delta Q_o) \tag{2-34}$$

假设调节阀均采用线性阀，则有

$$\Delta Q_i=k_\mu\Delta\mu,\quad \Delta Q_1=\frac{1}{R_1}(\Delta H_1-\Delta H_2),\quad \Delta Q_o=\frac{1}{R_2}\Delta H_2 \tag{2-35}$$

式中：F_1 和 F_2 分别为水槽 1 和水槽 2 的横截面积；k_μ 为调节阀的线性化系数；R_1 和 R_2 为负载阀的线性化水阻。

将式（2－35）代入式（2－33）和式（2－34）中，整理后可得

$$T_1T_2\frac{\mathrm{d}^2\Delta H_2}{\mathrm{d}t^2}+(T_1+T_2)\frac{\mathrm{d}\Delta H_2}{\mathrm{d}t}+(1-r)\Delta H_2=K\Delta\mu \tag{2-36}$$

式中：$r = \dfrac{R_2}{R_1 + R_2}$；$T_1 = R_1 F_1$；$T_2 = rR_1 F_2$；$K = rk_{\mu} R_1$。

对应式（2-36）的传递函数为

$$G(s) = \frac{\Delta H_2(s)}{\Delta\mu(s)} = \frac{K}{T_1 T_2 s^2 + (T_1 + T_2)s + 1 - r} e^{-\tau s} \tag{2-37}$$

2.4 实验法建模

上节采用机理法对一些简单的典型被控对象建立了数学模型，它们是通过分析过程的机理、物料或能量关系，求取被控对象的微分方程。但实际上，许多被控对象内部的工艺过程十分复杂，使得按被控对象内部的物理、化学过程寻求其微分方程很困难，同时此类被控对象通常是由高阶非线性微分方程来描述，因此对这些方程也较难求解。另外，采用机理法在推导和估算时，常用一些假设和近似。在复杂被控对象中，错综复杂的相互作用可能会对结果产生估计不到的影响。因此，即使能在得到数学模型的情况下，也仍希望通过实验来验证。

当然，在无法采用机理法得到数学模型的情况下，就只有依靠实验和测试来取得。因此，用实验法测定运行中的被控对象的动态特性时，尽管有些方法所得结果颇显粗略，而且对生产也有些影响，但仍不失为了解被控对象的一种简单途径，在工程实践中应用较广。对于某些生产过程的机理，人们往往还未充分掌握，或者出现模型中有些参数难以确定的情况，这时就需要用实验法把数学模型估计出来。

2.4.1 对象特性的实验测定方法

对于被控对象的动态特性，只有当它处于变动状态下才会表现出来。因此为了获得动态特性，必须使被研究的被控对象处于被激励的状态。根据加入的激励信号和结果的分析方法不同，测试被控对象动态特性的实验方法也不同，主要有以下 3 种。

1）时域法

时域法是对被控对象施加阶跃输入，测绘出被控对象输出变量随时间变化的响应曲线；或施加脉冲输入，测绘出输出的脉冲响应曲线，由响应曲线的结果分析、确定出被控对象的传递函数。由于这种方法的测试设备简单，测试工作量小，因此应用广泛，其缺点是测试精度不高。

2）频域法

频域法是对被控对象施加不同频率的正弦波，测出输入量与输出量的幅值比和相位差，从而获得被控对象的频率特性，来确定被控对象的传递函数。这种方法在原理和数据处理上都比较简单，且测试精度比时域法高，但需要用专门的超低频测试设备，测试工作量较大。

3）统计相关法

统计相关法是对被控对象施加某种随机信号或直接利用被控对象输入端本身存在的随机噪声进行观察和记录，并根据这些随机信号和噪声引起被控对象各参数的变化来研究被控对象的动态特性。这种方法可在生产过程正常状态下进行，可以在线辨识，精度也较高，但要求积累大量数据，并要用相关仪表和计算机对这些数据进行计算和处理。

上述 3 种方法测试的动态特性，表现形式是以时间或频率为自变量的实验曲线，称为非参数模型。其建立数学模型的方法称为非参数模型辨识方法或经典辨识法。它假定被控对象为线性的，不必事先确定模型的具体结构，因而这类方法可适用于任意复杂的被控对象，应用也较广泛。

此外，还有一种参数模型辨识方法，也称为现代辨识法。该方法必须假定一种模型结构，通过极小化模型与被控对象之间的误差准则函数来确定模型的参数。这类辨识方法根据不同的基本原理又分为最小二乘法、梯度校正法、极大似然法 3 种类型。

非参数模型（如阶跃响应和频率响应）经过适当的数学处理可转变成参数模型（如传递函数）的形式。

下面重点介绍两种常用的经典辨识法。

2.4.2　测定动态特性的时域法

时域法是在被控对象上，人为地加非周期信号后，测定被控对象的响应曲线，然后再根据响应曲线，求出被控对象的传递函数，测试原理如图 2－13 所示。

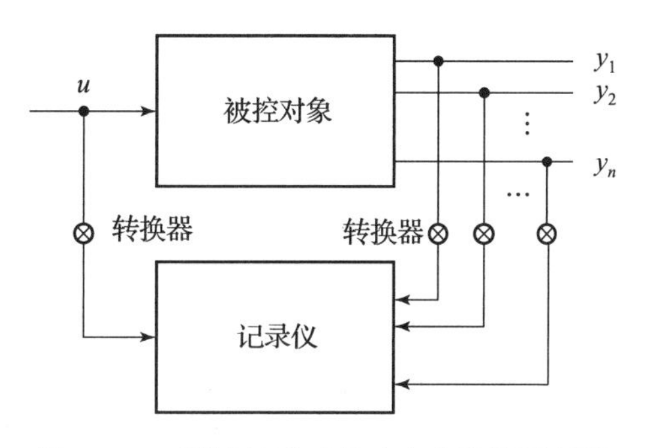

图 2－13　测试被控对象响应曲线的原理图

1. 输入信号选择及试验注意事项

被控对象的阶跃响应曲线比较直观地反映了被控对象的动态特性，由于直接来自原始的记录曲线而无须转换，试验也比较简单，且从响应曲线中也易于直接求出其对应的传递函数，因此阶跃输入信号是时域法首选的输入信号。但有时生产现场运行条件受到限制，不允许被控对象的被控参数有较大幅度变化，或无法测出一条完整的阶跃响应曲线，则可改用矩形脉冲作为输入信号，得到脉冲响应后，再将其转换成一条阶跃响应曲线。

2. 阶跃响应曲线的获取

获取阶跃响应曲线的原理很简单，但在实际工业生产过程中进行这种测试会遇到许多实际问题。例如，不能因测试使正常生产受到严重扰动，还要尽量设法减少其余随机扰动的影响及系统中非线性因素的考虑等。

1）阶跃响应法

阶跃响应法是实际中常用的方法。其基本步骤是，通过手动操作使被控对象工作在所需测试的稳态条件下，稳定运行一段时间后，快速改变被控对象的输入量，并用记录仪或数据采集系统同时记录被控对象输入和输出的变化曲线，经过一段时间后，被控对象进入新的稳态，本次试验结束后，得到的记录曲线就是被控对象的阶跃响应曲线。

为了能够得到可靠的测试结果，输入信号选择及试验应注意以下事项：

① 测试前，被控对象应处于相对稳定的工作状态，否则会使被控对象的其他变化与试验所得的阶跃响应混淆在一起而影响辨识结果；

② 在相同条件下应重复做多次试验，以便能从几次测试结果中选取比较接近的两条响应曲线作为分析依据，以减少随机扰动的影响；

③ 分别用正、反方向的阶跃输入信号进行试验，并将两次试验结果进行比较，以衡量过程的非线性程度；

④ 每完成一次试验，应将被控对象恢复到原来的工作状况并稳定一段时间后再做第二次试验；

⑤ 输入的阶跃信号幅度不能过大，以免对生产的正常进行产生不利影响，但也不能过小，以防其他扰动影响的比重相对较大而影响试验结果，阶跃变化的幅值一般取正常输入信号最大幅值的10%左右。

2）由矩形脉冲响应获得阶跃响应

为了能够施加比较大的扰动幅度而又不至于严重扰动正常生产，可以用矩形脉冲输入代替通常的阶跃输入，即大幅度的阶跃扰动施加一小段时间后立即切除。这样得到的矩形脉冲响应当然不同于正规的阶跃响应，但两者之间有密切关系，且可以利用矩形脉冲响应求取阶跃响应。

矩形脉冲响应的测试及曲线转换方法如下。

首先在对象上加一阶跃扰动，待被控变量继续上升（或下降）到将要超过允许变化范围时，立即去掉扰动，即将调节阀恢复到原来的位置上，这就变成了矩形脉冲扰动形式，如图2－14所示。

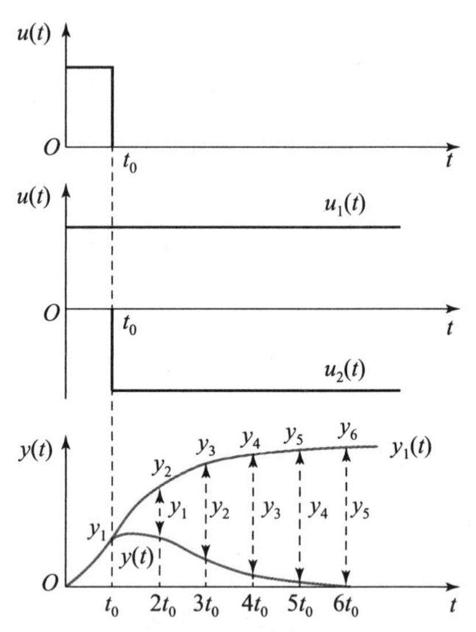

图2－14　由矩形脉冲响应确定阶跃响应

从图2－14中可看出，矩形脉冲输入$u(t)$可视为2个阶跃扰动$u_1(t)$和$u_2(t)$的叠加，其幅度相等但方向相反，且开始作用的时间不同，即

$$u(t) = u_1(t) + u_2(t) \qquad (2-38)$$

式中：$u_2(t) = -u_1(t-\Delta t)$。

而阶跃扰动$u_1(t)$和$u_2(t)$所产生的阶跃响应分别为$y_1(t)$和$y_2(t)$，且$y_2(t) = -y_1(t-\Delta t)$。则矩形脉冲响应$y(t)$是$y_1(t)$和$y_2(t)$之和，即$y(t) = y_1(t) + y_2(t) = y_1(t) - y_1(t-\Delta t)$。所需的阶跃响应为

$$y_1(t) = y(t) + y_1(t-\Delta t) \qquad (2-39)$$

根据式（2－39）可以用逐段递推的方法获得阶跃响应$y_1(t)$，如图2－14所示。

需要注意的是，此方法应用的前提是对象近似满足线性特性。

3. 由阶跃响应曲线确定传递函数

由阶跃响应曲线确定被控对象的数学模型，首先要根据曲线的形状，选定模型的结构形式。大多数工业过程的动态特性是不振荡的，具有自平衡能力。因此，可假定被控对象的动态特性近似为一阶或二阶惯性加纯迟延的形式。被控对象的传递函数形式的选用取决于对被控对象的先验知识掌握的多少和个人的经验。通常，可将测试的阶跃响应曲线与标准的一阶、二阶响应曲线进行比较，来确定其相近曲线对应的传递函数形式作为其数据处理的模

型。确定了传递函数的形式后，下一步的问题就是如何确定其中的各个参数，使之能拟合测试出的阶跃响应曲线。各种不同形式的传递函数中所包含的参数数目不同。一般来说，模型的阶数越高，参数就越多，可以拟合得更完美，但计算工作量也越大。所幸的是，闭环控制尤其是最常用的 PID 控制并不要求非常准确的被控对象数学模型。因此，在满足精度要求的情况下应尽量使用低阶传递函数来拟合。一般来说，简单的被控对象采用一阶、二阶惯性加纯迟延的传递函数来拟合。下面介绍几种确定一阶、二阶或 n 阶惯性加纯迟延的传递函数参数的方法。

1）一阶惯性加纯迟延传递函数的确定

（1）作图法。

如果被控对象的阶跃响应曲线是一条如图 2－15 所示的起始速度较慢，呈“S”形的单调曲线，就可以用式（2－4）所示的一阶惯性加纯迟延的传递函数去拟合。增益 K 可由输入输出的稳态值直接计算出，即

$$K=\frac{y(\infty)-y(0)}{\Delta u(t)} \tag{2-40}$$

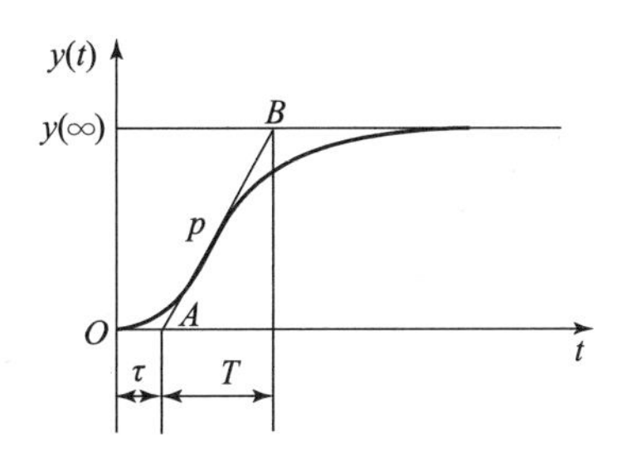

图 2－15　用作图法确定一阶对象参数

式中：$\Delta u(t)$ 为阶跃输入的变化值；$y(0)$、$y(\infty)$ 为输出 $y(t)$ 的起始值和稳态值。

而 τ 和 T 则可以用作图法确定。在阶跃响应曲线的拐点 P 处作一切线，它与时间轴交于点 A，与曲线的稳态渐近线交于点 B，这样就可以根据点 A、B 处的时间值确定参数值，如图 2－15 所示。

显然，这种作图法的拟合程度一般是很差的。首先，与式（2－4）所对应的阶跃响应曲线是一条向后平移了 τ 时刻的指数曲线，它不可能完美地拟合一条 S 形曲线。其次，在作图中，切线的画法也有较大的随意性，这直接关系到 τ 和 T 的取值。然而，作图法十分简单，而且实践证明它已成功地应用于 PID 控制器的参数整定，它是 J. G. Ziegler 和 N. B. Nichols 在 1942 年提出的，至今仍然得到广泛的应用。

【例 2－1】 已知某液位控制对象，在阶跃扰动 $\Delta\mu=20\%$ 时，其输出响应实验数据如表 2－1 所示。

表 2－1　例 2－1 输出响应实验数据

t/s	0	10	20	40	60	80	100	140	180	250	300	400	500	600	700	800
H/mm	0.0	0.0	0.2	0.8	2.0	3.6	5.4	8.8	11.8	14.4	16.5	18.4	19.2	19.6	19.8	20.0

试利用 MATLAB 绘出系统的阶跃响应曲线，并根据作图法建立系统的一阶惯性加纯迟延的数学模型。

解： ① 首先根据输出稳态值和阶跃输入的变化幅值可得增益 $K=20\ \text{mm}/20\%=1\ \text{mm}/\%$。

② 利用以下 MATLAB 程序 ex2_1_1. m，可得图 2－16 所示的阶跃响应曲线。

```
% ex2_1_1.m
t=[ 0 10 20 40 60 80 100 140 180 250 300 400 500 600 700 800] ;
                                                            % 时间
H=[0 0 0.2 0.8 2.0 3.6 5.4 8.8 11.8 14.4 16.5 18.4 19.2 19.6 19.8 20];
                                                            % 与时间对应的液位值
plot(t,H);
                                                            % 绘制阶跃响应曲线
```

③ 按照“S”形响应曲线的参数求法，由图 2-16 得系统的时间常数分别为：$\tau=40$ s，$T=260-40=220$ s。

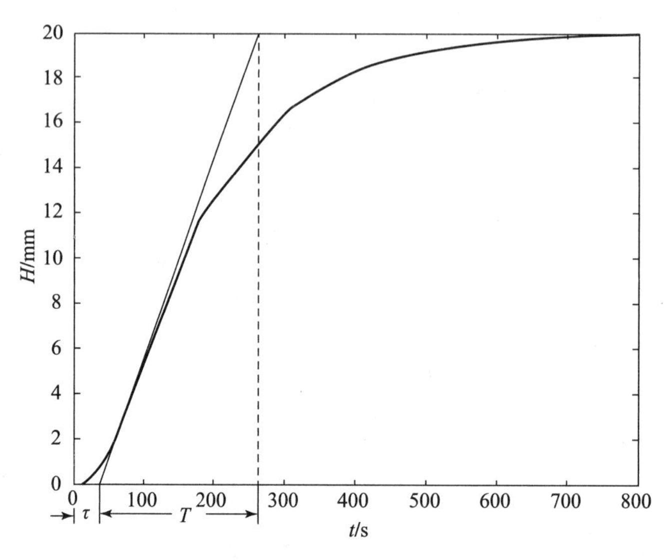

图 2-16 阶跃响应曲线

则系统近似为一阶惯性环节加纯迟延的数学模型为

$$G(s)=\frac{K}{Ts+1}e^{-\tau s}=\frac{1}{220s+1}e^{-40s}$$

④ 建立如图 2-17 所示的 Simulink 系统仿真框图，并将阶跃信号模块（Step）的初始作用时间和幅值分别改为 0 和 20 后，以文件名“ex2-1”将该文件保存。执行以下 MATLAB程序 ex2_1_2. m，便可得如图 2-18 所示的原系统和近似系统的阶跃响应曲线。

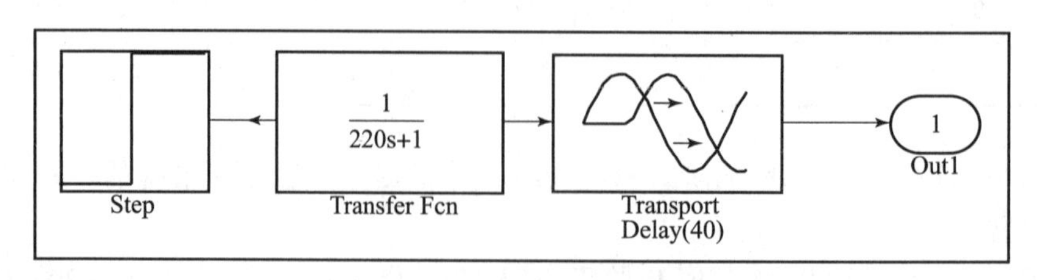

图 2-17 Simulink 系统仿真图

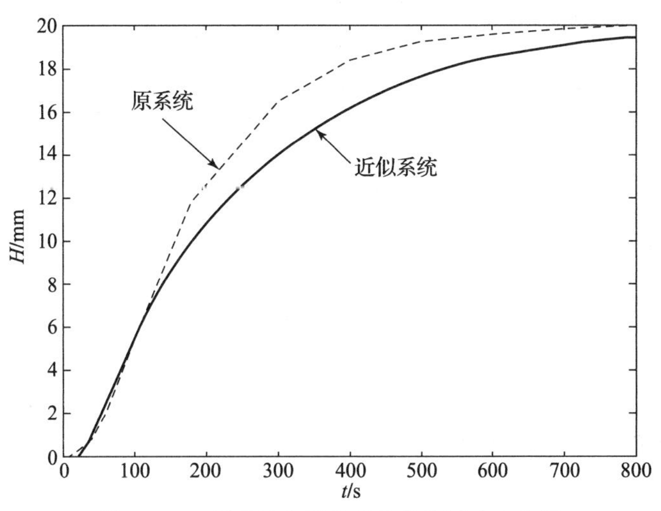

图 2－18　原系统和近似系统的阶跃响应曲线

```
% ex2_1_2.m
t =[ 0 10 20 40 60 80 100 140 180 250 300 400 500 600 700 800] ;   % 时间
H =[0 0 0.2 0.8 2.0 3.6 5.4 8.8 11.8 14.4 16.5 18.4 19.2 19.6 19.8 20];
                                                        % 与时间对应的液位值
[t0,x0,H0] =sim('ex2_1',800);plot(t,H,'--',t0,H0)
                                          % 计算拟合后阶跃响应值,并绘制曲线
```

由图 2－18 可见，利用“S”形作图法求得的数学模型的误差是比较大的。

（2）两点法。

两点法利用阶跃响应 $y(t)$ 上 2 个点的数据计算 T 和 τ。增益 K 仍按输入输出的稳态值计算。

把 $y(t)$ 转换成无量纲形式 $y^*(t)$，即

$$y^*(t) = \frac{y(t)}{y(\infty)} \tag{2-41}$$

系统化为无量纲形式后，与式（2－4）所对应的传递函数可表示为

$$G(s) = \frac{1}{Ts+1}\mathrm{e}^{-\tau s} \tag{2-42}$$

根据式（2－42）所示的传递函数，可得其单位阶跃响应为

$$y^*(t) = \begin{cases} 0, & t < \tau \\ 1 - \mathrm{e}^{\frac{t-\tau}{T}}, & t \geqslant \tau \end{cases} \tag{2-43}$$

式（2－42）中只有 2 个参数，即 T 和 τ，可根据 2 个点的测试数据进行拟合。选定时刻 t_1 和 t_2，其中，$t_2 > t_1 > \tau$，从测试结果中读出 $y^*(t_1)$ 和 $y^*(t_2)$，并根据式（2－43）得

$$\begin{cases} y^*(t_1) = 1 - \mathrm{e}^{\frac{t_1-\tau}{T}} \\ y^*(t_2) = 1 - \mathrm{e}^{\frac{t_2-\tau}{T}} \end{cases} \tag{2-44}$$

由式（2-44）可以解出

$$\begin{cases} T = \dfrac{t_2 - t_1}{\ln[1 - y^*(t_1)] - \ln[1 - y^*(t_2)]} \\ \tau = \dfrac{t_2\ln[1 - y^*(t_1)] - t_1\ln[1 - y^*(t_2)]}{\ln[1 - y^*(t_1)] - \ln[1 - y^*(t_2)]} \end{cases} \tag{2-45}$$

为了计算方便，一般选取在 t_1和 t_2时刻的输出信号分别为 $y^*(t_1)=0.39$ 和 $y^*(t_2)=0.63$，此时由式（2-45）可得

$$T = 2(t_2 - t_1),\quad \tau = 2t_1 - t_2 \tag{2-46}$$

式中：t_1和 t_2可利用图 2-19 进行确定。

两点法的特点是单凭 2 个孤立点的数据进行拟合，而不顾及整个测试曲线的形态。此外，2 个特定点的选择也具有某种随意性，因此所得到的结果的可靠性也需要通过其他测试数据加以验证。

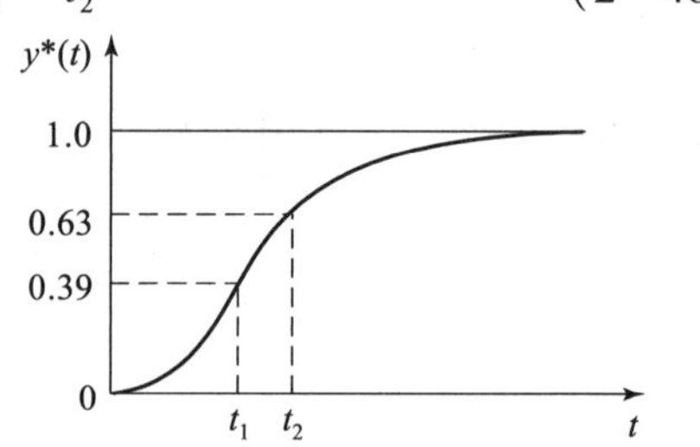

图 2-19　用两点法确定一阶对象参数

【例 2-2】已知某液位被控对象，其阶跃响应测试数据同【例 2-1】。试根据两点法建立系统一阶惯性加纯迟延的数学模型。

解：① 根据系统近似为一阶惯性环节加纯迟延，采用两点法编写的 MATLAB 程序ex2_2_1. m 如下：

```
% ex2_2_1.m
tw=10;
t=[10 20 40 60 80 100 140 180 250 300 400 500 600 700 800]-tw;
                                          % 纯迟延时间 τ=10s,去掉
h=[0 0.2 0.8 2.0 3.6 5.4 8.8 11.8 14.4 16.5 18.4 19.2 19.6 19.8 20];
                                          % 与时间对应的液位值
hh=h/h(length(h));                        % 把液位值转换成无量纲形式
h1=0.39;t1=interp1(hh,t,h1)+tw
                          % 利用线性插值计算 hh=0.39 的时间 t1
h2=0.63;t2=interp1(hh,t,h2)+tw
                          % 利用线性插值计算 hh=0.63 的时间 t2
T=2*(t2-t1),tao=2*t1-t2                   % 计算时间 T 和 τ
```

执行程序 ex2_3_1. m 可得如下结果：

```
t1=128.2,t2=201.5
T=146.6,tao=54.9
```

系统近似为一阶惯性环节加纯迟延的数学模型为

$$G(s) = \frac{1}{146.6s + 1}e^{-55s}$$

② 建立如图 2-20 所示的 Simulink 仿真框图，并将阶跃信号模块（Step）的初始作用时间和幅值分别改为 0 和 20 后，以文件名“ex2-2”将该文件保存。然后在 MATLAB 窗口

中执行以下程序 ex2_2_2. m，便可得如图 2－21 所示的原系统和近似系统的单位阶跃响应曲线。

```
% ex2_2_2.m
t =[0 10 20 40 60 80 100 140 180 250 300 400 500 600 700 800];          % 时间
h =[0 0 0.2 0.8 2.0 3.6 5.4 8.8 11.8 14.4 16.5 18.4 19.2 19.6 19.8 20];
                                                                      % 液位值
[t0,x0,h0] = sim('ex2_3',800);plot(t,h,' - -',t0,h0)
                                          % 计算近似系统阶跃响应值,并绘制对比曲线
```

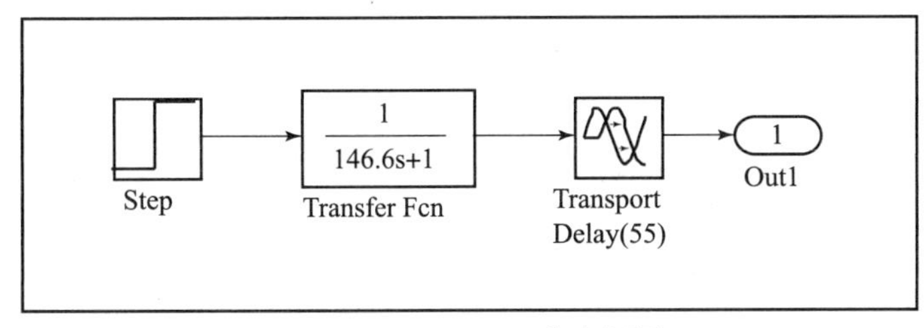

图 2－20　Simulink 仿真框图

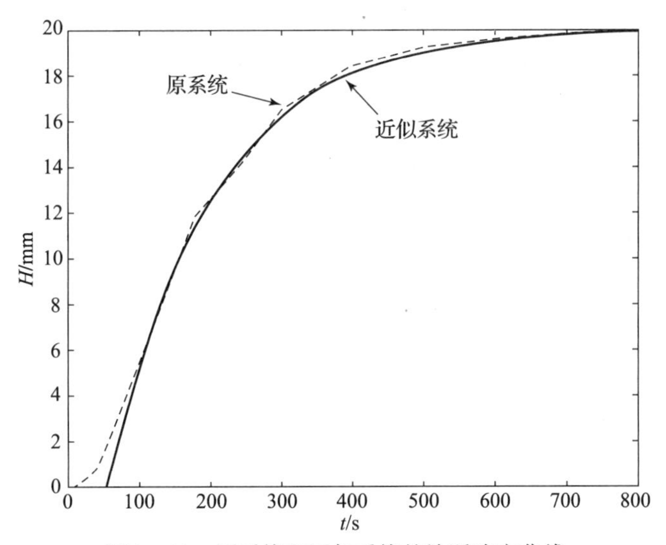

图 2－21　原系统和近似系统的阶跃响应曲线

将图 2－20 与图 2－21 对比可知，同一组测试数据，模型结构相同的情况下，采用两点法求得的数学模型误差要比“S”形作图法小得多，但在时间初始阶段“S”形作图法的误差更小。

2）二阶或 n 阶惯性加纯迟延传递函数的确定

如果阶跃响应曲线是如图 2－20 所示的“S”形的单调曲线，且起始段明显无变化的阶段，则它可以用式（2－5）或式（2－6）所示的二阶或 n 阶惯性加纯迟延的传递函数去拟合。由于它们包含 2 个或 n 个一阶惯性环节，因此拟合效果可能更好。

（1）计算二阶传递函数的参数。

① 计算被控对象增益 K。

对象的增益 K 按式（2-37）来计算。

② 计算纯迟延时间 τ。

纯迟延时间 τ 可根据阶跃响应曲线脱离起始的毫无反应的阶段，开始出现变化的时刻来确定，如图 2-22 所示。

③ 计算时间常数 T_1 和 T_2。

首先把截去纯迟延部分的输出 $y(t)$ 转换成它的无量纲形式 $y^*(t)$，即

$$y^*(t)=\frac{y(t)}{y(\infty)} \tag{2-47}$$

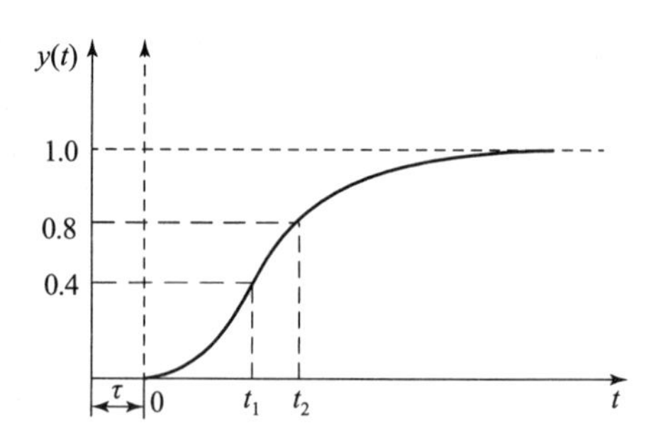

图 2-22 用两点法确定二阶传递函数的参数

阶跃响应截去纯迟延部分并化为无量纲形式后，与式（2-47）所对应的传递函数可表示为

$$G(s)=\frac{1}{(T_1s+1)(T_2s+1)}\qquad (T_1\geqslant T_2) \tag{2-48}$$

根据式（2-48），可得其单位阶跃响应为

$$y^*(t)=1-\frac{T_1}{T_1-T_2}\mathrm{e}^{-\frac{t}{T_1}}+\frac{T_2}{T_1-T_2}\mathrm{e}^{-\frac{t}{T_2}} \tag{2-49}$$

根据式（2-49）就可以利用阶跃响应曲线上 2 个点的数据 $[t_1,\ y^*(t_1)]$ 和 $[t_2,\ y^*(t_2)]$ 确定参数 T_1 和 T_2。

可以取 $y_1^*(t)$ 和 $y_2^*(t)$ 分别等于 0.4 和 0.8，从曲线上定出 t_1 和 t_2，如图 2-22 所示，则有

$$\begin{cases}\dfrac{T_1}{T_1-T_2}\mathrm{e}^{-\frac{t_1}{T_1}}-\dfrac{T_2}{T_1-T_2}\mathrm{e}^{-\frac{t_1}{T_2}}=0.6\\[2ex]\dfrac{T_1}{T_1-T_2}\mathrm{e}^{-\frac{t_2}{T_1}}-\dfrac{T_2}{T_1-T_2}\mathrm{e}^{-\frac{t_2}{T_2}}=0.2\end{cases} \tag{2-50}$$

将从图 2-22 中所得到的时刻 t_1 和 t_2 代入式（2-50）中，便可得到时间常数 T_1 和 T_2。

（2）确定传递函数的形式。

当计算出传递函数的参数后，还需要根据时刻 t_1 和 t_2 的比值，进一步确定传递函数的具体形式。也就是说，针对图 2-22 所示的系统阶跃响应曲线，不一定要用二阶传递函数来拟合，有时利用一阶传递函数来拟合的精度已达到二阶传递函数拟合的精度，此时就可以采用一阶传递函数来拟合；有时二阶传递函数拟合的精度也不满足要求，此时就需要利用高阶传递函数来拟合。具体过程如下所述。

① 当 $0\leqslant t_1/t_2\leqslant 0.32$ 时，系统可用一阶传递函数来表示，此时相当于式（2-5）中的 $T_2=0$，T_1 与 t_1 和 t_2 的关系为

$$T_1=\frac{t_1+t_2}{2.12} \tag{2-51}$$

② 当 $0.32<t_1/t_2<0.46$ 时，系统可用二阶传递函数来表示，式（2-5）表示的二阶系统参数 T_1 和 T_2 与 t_l 和 t_2 的关系为

$$\begin{cases} T_1 + T_2 \approx \dfrac{1}{2.16}(t_1 + t_2) \\ \dfrac{T_1 T_2}{(T_1 + T_2)^2} \approx \left(1.74\dfrac{t_1}{t_2} - 0.55\right) \end{cases} \tag{2-52}$$

③ 当 $t_1/t_2 = 0.46$ 时，系统可用二阶传递函数来表示，式（2-5）表示的二阶系统参数 $T_1 = T_2$，它们与 t_1 和 t_2 的关系为

$$T_1 = (t_1 + t_2)/4.36 \tag{2-53}$$

④ 当 $t_1/t_2 > 0.46$ 时，表示系统比较复杂，它要用式（2-6）表示的高阶惯性对象，即

$$G(s) = \frac{K}{(Ts+1)^n}e^{-\tau s} \tag{2-54}$$

式（2-54）中参数 K、τ 的计算采用前面讲述的方法，n、T 与 t_1 和 t_2 的关系为

$$nT = \frac{1}{2.16}(t_1 + t_2) \tag{2-55}$$

式中：参数 n 需要根据 t_1/t_2 的比值来确定；它们的关系如表 2-2 所示。

表 2-2 高阶惯性对象参数 n 与 t_1 和 t_2 的关系

n	t_1/t_2	n	t_1/t_2
1	0.32	8	0.685
2	0.46	9	—
3	0.53	10	0.71
4	0.58	11	—
5	0.62	12	0.735
6	0.65	13	—
7	0.67	14	0.75

【例 2-3】 已知某液位被控对象，其阶跃响应测试数据同【例 2-1】。试根据两点法建立系统二阶惯性环节加纯迟延的数学模型。

解： ① 同样根据【例 2-1】的计算结果可得被控对象增益 $K = 1$ mm/%。

② 根据阶跃响应曲线脱离起始毫无反应的阶段开始点确定为纯迟延时间 $\tau = 10$ s。

③ 根据系统近似为二阶惯性环节加纯迟延，采用两点法编写的 MATLAB 程序 ex2_3_1.m 如下：

```
% ex2_3_1.m
tao =10;                                    % 纯迟延时间
t =[10 20 40 60 80 100 140 180 250 300 400 500 600 700 800] -tao;
h =[0 0.2 0.8 2.0 3.6 5.4 8.8 11.8 14.4 16.5 18.4 19.2 19.6 19.8 20];
hh =h/h(length(h));                          % 液位转换成无量纲形式 hh
h1 =0.4;t1 =interp1(hh,t,h1)            % 利用线性插值计算 hh =0.4 的时间 t1
h2 =0.8;t2 =interp1(hh,t,h2)            % 利用线性插值计算 hh =0.8 的时间 t2
if(abs(t1/t2 -0.46) <0.01)                  % t1/t2 =0.46 时
```

```
    T1 =(t1 +t2)/4.36,T2 =T1
else if(t1/t2 <0.46)                              % t1/t2 <0.46 时
          if(abs(t1/t2 -0.32) <0.01)               % t1/t2 =0.32 时
              T1 =(t1 +t2)/2.12,T2 =0
          else if(t1/t2 <0.32)               % t1/t2 <0.32 时
                    disp('t1/t2 <0.32')
              end
              if(t1/t2 >0.32)                    % t1/t2 >0.32 时
                  T12 =(t1 +t2)/2.16;
                                   % 当 0.32 <t1/t2 <0.46 时,计算 T1 +T2 值
                  T1T2 =(1.74 *(t1/t2) -0.55) *T12^2;
                                                            % 计算 T1 *T2 值
                  disp(['T1 +T2 =',num2str(T12)])       % 显示 T1 +T2 值
                  disp(['T1 *T2 =',num2str(T1T2)])      % 显示 T1 *T2 值
              end
          end
    end
    if(t1/t2 >0.46)                                  % t1/t2 >0.46 时
        disp('t1/t2 >0.46, 系统比较复杂,要用高阶惯性表示')
    end
end
```

执行程序 ex2_3_1. m 可得如下结果：

```
t1 =120.6,t2 =278.1
T1 +T2 =184.6, T1 *T2 =6967.0
```

则系统近似为二阶惯性环节加纯迟延的数学模型为

$$G(s) = \frac{K}{(T_1 s + 1)(T_2 s + 1)} e^{-\tau s} = \frac{K}{T_1 T_2 s^2 + (T_1 + T_2) s + 1} e^{-\tau s} = \frac{1}{6\,967 s^2 + 185 s + 1} e^{-10s}$$

④ 建立如图 2－23 所示的 Simulink 仿真框图，并将阶跃信号模块（Step）的初始作用时间和幅值分别改为 0 和 20 后，以文件名“ex2－3”将该文件保存。然后在 MATLAB 窗口中执行以下程序 ex2_3_2. m，便可得如图 2－24 所示的原系统和近似系统的单位阶跃响应曲线。

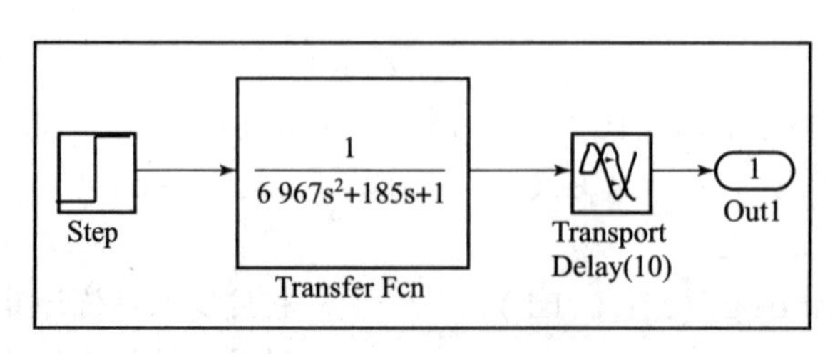

图 2－23　Simulink 仿真框图

```
% ex2_3_2.m
t =[0 10 20 40 60 80 100 140 180 250 300 400 500 600 700 800];          % 时间
h =[0 0 0.2 0.8 2.0 3.6 5.4 8.8 11.8 14.4 16.5 18.4 19.2 19.6 19.8 20];
                                                              % 与时对应的液位值
[t0,x0,h0] =sim('ex2_3',800);plot(t,h,'--',t0,h0)
                                          % 计算近似系统阶跃响应值,并绘制对比曲线
```

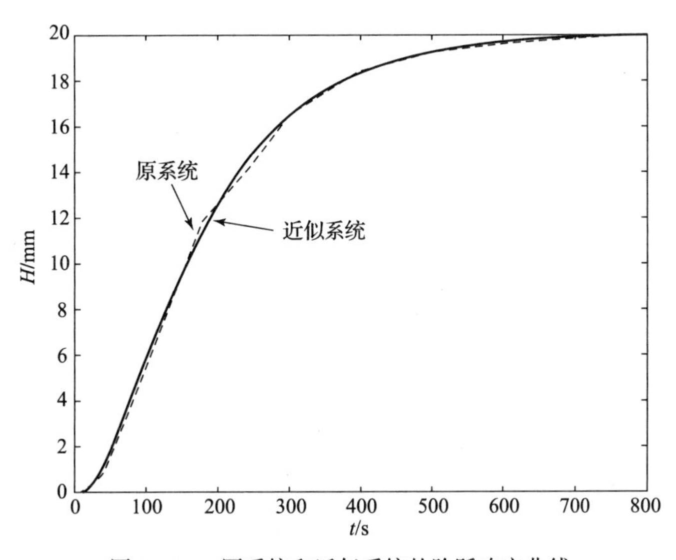

图 2－24　原系统和近似系统的阶跃响应曲线

由图 2－21 和图 2－24 可见，系统近似为二阶惯性加纯迟延的阶跃响应曲线要比一阶惯性加纯迟延的阶跃响应曲线的误差更小，曲线与原系统基本重合。也就是说，数学模型的阶次越高，拟合曲线的精度也越高，但同时带来了参数辨识难度增大的问题。因此，在实际应用时，要根据需要合理选择模型的阶次。

3）确定非自平衡过程的参数

对于图 2－25 所示的 2 种阶跃响应曲线，它们所对应的传递函数可用式（2－8）或式（2－9）来近似。采用作图方法可以确定其相应的模型参数，其方法如下所述。

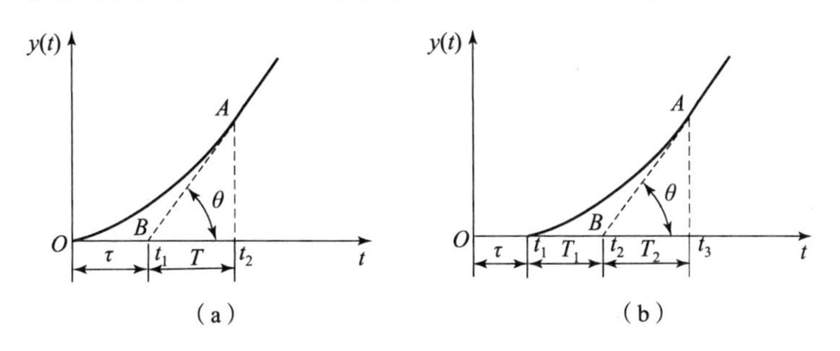

图 2－25　非自平衡过程的阶跃响应曲线

（a）无纯迟延；（b）有纯迟延

① 用式（2－8）来近似图 2－25（a）的响应曲线，即

$$G(s)=\frac{1}{Ts}\mathrm{e}^{-\tau s} \tag{2-56}$$

作响应曲线稳态上升部分的拐点 A 的切线交时间轴于 t_1，切线与时间轴夹角为 θ，如图2-25（a）所示。从图上看，曲线稳态上升部分可看作一条过原点的直线向右平移 t_1 距离，即图中曲线稳态部分可看作是经过纯迟延 t_1 后的一条积分曲线。

若系统施加的阶跃输入幅值为 Δu，根据式（2-56）的传递函数，可得阶跃响应为

$$y(t)=\begin{cases}0, & t<\tau\\ \dfrac{\Delta u}{T}(t-\tau), & t\geqslant\tau\end{cases} \tag{2-57}$$

由式（2-57）可知，过点 A 的切线的斜率就是积分响应直线的斜率，测出其夹角 θ 即可确定式（2-56）中的参数，即

$$\tau=t_1;\quad T=\frac{\Delta u}{\tan\theta} \tag{2-58}$$

② 用式（2-9）来近似图2-25（b）的响应曲线，即

$$G(s)=\frac{1}{T_1 s(T_2 s+1)}\mathrm{e}^{-\tau s} \tag{2-59}$$

作响应曲线稳态上升部分的拐点 A 的切线交时间轴于 t_2，切线与时间轴夹角为 θ，如图2-25（b）所示。从图2-25（a）可知，$0\sim t_1$ 这段时间内，$y(t)=0$，故纯迟延 τ 为

$$\tau=t_1 \tag{2-60}$$

在曲线 t_1 到拐点 A 之间是惯性环节作用为主，故

$$T_2=t_2-t_1 \tag{2-61}$$

在曲线达到稳态后是积分环节作用为主，其求解参照式（2-58），可得

$$T_1=\frac{\Delta u}{\tan\theta} \tag{2-62}$$

2.4.3 测定动态特性的频域法

被控对象的动态特性也可用频率特性表示为

$$G(\mathrm{j}\omega)=\frac{Y(\mathrm{j}\omega)}{U(\mathrm{j}\omega)}=|G(\mathrm{j}\omega)|\angle G(\mathrm{j}\omega) \tag{2-63}$$

它与传递函数及微分方程一样，同样表征了系统的运动规律。

一般在动态特性测试中，幅频特性较易得到，而相角信息的精确测量则比较困难。这是由于通用的精确相位计要求被测波形失真度小，而在实际测试中，测试对象的输出常混有大量的噪声，有时甚至把有用信号淹没。

由于一般工业生产过程中的被控对象的惯性都比较大，因此测试被控对象的频率特性需要持续很长时间。而测试时，需要较长的时间使生产过程偏离正常运行状态，这在生产现场往往是不允许的，故用测试频率的方法在线来求对象的动态特性会受到一些限制。

1. 正弦波方法

频率特性表达式可以通过频率特性测试的方法来得到，测试原理如图2-26所示。具体来说，就是在所研究的被控对象的输入端施加某个频率的正弦波信号，同时记录输入和输出

的稳定振荡波形，在所选定的各个频率重复上述测试，便可得到该被控对象的频率特性。

以输入正弦波的方法来测定被控对象的频率特性，在原理上、数据处理上都是很简单的。当然，应该对所选的各个频率逐个地进行试验。

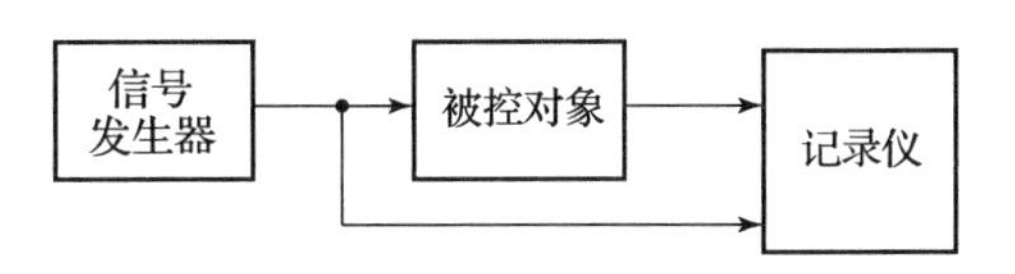

图2-26　正弦波测定对象频率特性原理图

在被控对象输入端加以所选的正弦信号，让被控对象的振荡过程建立起来。当振荡的轴线、幅度和形式都维持稳定后，就可测出输入和输出的振荡幅度及它们的相移。输出振幅与输入振幅的比值就是该频率的幅频特性值，而输出振荡的相位与输入振荡的相位之差，就是该频率的相频特性值。

这个试验可以在被控对象的通频带区域内分成若干等份，对每个等分点 ω_1，ω_2，…，ω_π进行试验，试验通频带范围一般由 $\omega=0$ 到输出振幅减少到 $\omega=0$ 时幅值 1/100～1/20 的上限频率为止。有时主要是去确定某个区域内的频率特性，如确定被控对象在相移为180°的频率 ω_π附近一段区域内的频率特性，就可只在此频率附近做一些较详细的试验，其他频率区域可以粗略地做几点，甚至不做。

用正弦波的输入信号测定被控对象频率特性的优点在于，能直接从记录曲线上求得频率特性，且由于是正弦的输入/输出信号，因此在实验过程中容易发现扰动的存在和影响，这是因为扰动会使正弦波信号发生畸变。

使用正弦波方法进行试验是较费时间的，尤其缓慢的生产过程中被控变量的零点漂移在所难免，这就导致不能长期进行试验。

正弦波方法的优点是简单、测试方便、具有一定的精度，但需要用专门的超低频测试设备，测试工作量较大。

2. 频率特性的相关测试法

尽管可以采用随机激励信号、瞬态激励信号来迅速测定系统的动态特性，但是为了获得精确的结果，仍然广泛采用稳态正弦激励试验来测定。稳态正弦激励试验是利用线性系统频率保持性，即在单一频率强迫振动时系统的输出也应是单一频率，且把系统的噪声扰动及非线性因素引起输出畸变的谐波分量都看作扰动。因此，测量装置应能滤出与激励频率一致的有用信号，并显示其响应幅值，相对于参考（激励）信号的相角，或者给出其同相分量及正交分量，以便画出在该测点上系统响应的 Nyquist（奈氏）图。在实际工作中，需要采取有效的滤波手段，在噪声背景下提取有用信号。因此，滤波装置必须有恒定的放大倍数，不造成相移或只能有恒定的、可以标定的相移。

滤波的方式有多种，其中基于相关原理而构成的滤波器具有明显的优点。简单的滤波方式是采用调谐式的带通滤波器。由于激励信号频率可调，带通滤波中心频率也应是可调的。

为了使滤波器有较强的排除噪声的能力，通频带应窄。这种调谐式的滤波器在调谐点附近幅值放大倍数有变化，而相角变化尤为剧烈。在实际的测试中，很难使滤波中心频率始终和系统激励频率一致。所以，这种调谐式的带通滤波器很难保证稳定的测幅值、测相角精度。

基于相关原理而构成的滤波器与调谐式带通滤波器相比具有明显的优点，激励输入信号经波形变换后可得到幅值恒定的正余弦参考信号。把参考信号与被测信号进行相关处理

(即相乘和平均)，所得常值（直流）部分保存了被测信号同频分量（基波）的幅值和相角信息。具体测试过程和方法可参看有关资料，本书不详细讨论。

3. 闭路测定法

上述的两种方法都是在开路状态下输入周期信号 $x(t)$，其缺点是：被控变量 $y(t)$ 的振荡中线，即零点的漂移不能消除，因而不能长期进行试验；另外，两种方法均要求输入的振幅不能太大，以免增大非线性的影响，从而降低了测定频率特性的精度。

若利用调节器所组成的闭路系统进行测定，就可避免上述缺点。

图 2－27 为闭路测定法原理图，图中信号发生器所产生的专用信号加在这一调节器的设定值处。而记录仪所记录的曲线则是被控对象输入、输出端的曲线，对此曲线进行分析，即可求得被控对象的频率特性。

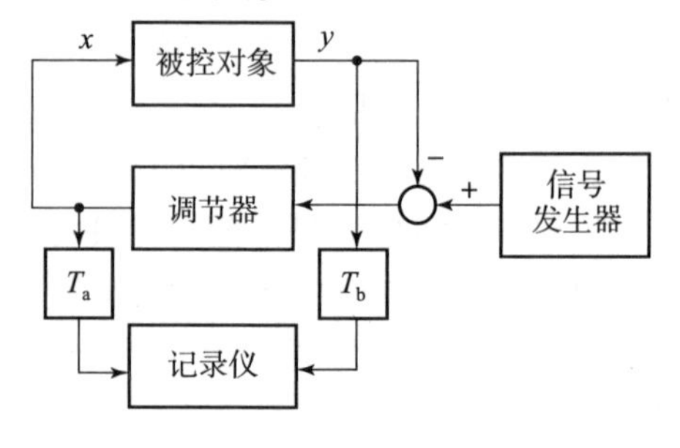

图 2－27　闭路测定法原理图

闭路测定法的优点有 2 个，一是精度高，因为已经形成一闭路系统，大大削弱了被控对象的零点漂移，因此可以长期进行试验，振幅也可以取得较大。另外，由于是闭路工作，若输入加在设定值上的信号是正弦波，各坐标也将作正弦变化，也就减少了开路测定时非线性环节所引起的误差。用这种方法进行测定时，主要用正弦波作为输入信号，所有这一切皆提高了测定精度。二是安全，因为调节器串接在这个系统中，所以即使突然有些扰动，由于调节器的作用也不会产生过大偏差而发生事故。

此外，这种方法可以对无自平衡特性的被控对象进行频率特性的测定，也可以同时测得调节器的动态特性。此方法的缺点是只能对带有调节器的被控对象进行试验。

2.5　本章小结

本章介绍了被控对象的动态特性及其描述方法。首先，介绍了被控对象动态特性的基本概念，通过机理分析方法对一阶、二阶被控对象的动态特性进行了数学推导和分析，建立了相应的模型同时，讨论了被控对象动态特性的特点。其次，阐述了被控对象动态特性的数学模型描述方法，说明了建立数学模型的目的、形式、要求和应用条件，给出了 2 种基本的数学模型建立方法——机理法和实验法。最后，具体介绍了阶跃响应法、频域法建立被控对象数学模型的方法和具体步骤。阶跃响应曲线确定被控对象的数学模型，首先要根据曲线的形状，选定模型的结构形式。确定一阶惯性环节加纯迟延的传递函数参数的方法有作图法和计算法，确定二阶或 n 阶惯性环节加纯迟延传递函数的方法有计算法。

通过本章的学习，希望读者能够掌握测定被控对象动态特性的各种方法，以及被控对象数学模型的表达形式和被控对象模型的常用辨识方法等。

习　　题

2.1　什么是被控对象的动态特性？为什么要研究被控对象的动态特性？

2.2　通常描述被控对象动态特性的方法有哪些？

2.3　过程控制中被控对象动态特性有哪些特点？

2.4　什么是流入量？什么是流出量？它们与控制系统的输入、输出有什么区别和联系？

2.5　某水槽如题图 2－1 所示。其中 F 为槽的截面积，R_1、R_2和 R_3均为线性水阻，Q_1为流入量，Q_2和 Q_3为流出量。要求：

（1）写出以液位 H 为输出量，Q_1为输入量的被控对象微分方程。

（2）写出被控对象的传递函数 $G(s)$，并指出其增益 K 和时间常数 T 的数值。

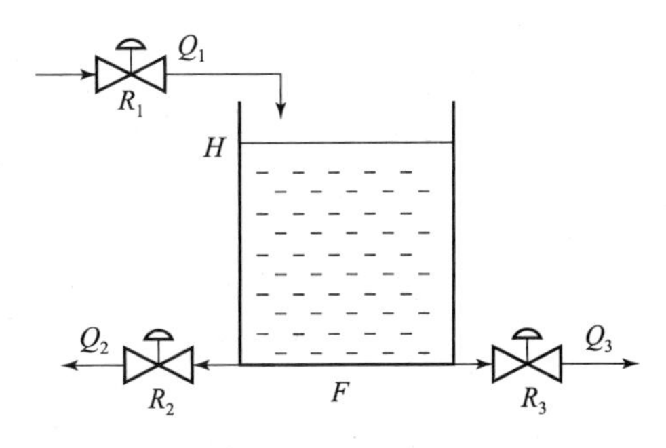

题图 2－1　单容水槽

2.6　有一水槽，其截面积 F 为 5 000 cm^2。流出侧阀门阻力实验结果为：当液位 H 变化 20 cm 时，流出量变化为 1 000 cm^3/s。试求流出侧阀门阻力 R，并计算该水槽的时间常数 T。

2.7　对于题 2.5 中的水槽，其流入侧管路上调节阀特性的实验结果如下：当阀门开度变化量 $\Delta\mu$ 为 20% 时，流入量变化量 ΔQ_i为 1 000 cm^3/s。则 $k_\mu=\Delta Q_i/\Delta\mu$。试求该被控对象中从流入侧阀门 μ 到液位 H 的增益 K。

2.8　有一复杂液位的阶跃响应实验结果如下表所示。

t/s	0	10	20	40	60	80	100	140	180	250	300	400	500	600
H/mm	0	0	0.2	0.8	2.0	3.6	5.4	8.8	11.8	14.4	16.6	18.4	19.2	19.6

（1）画出液位的阶跃响应曲线。

（2）若该被控对象用带纯迟延的一阶惯性环节近似，试用作图法确定纯迟延时间 τ 和时间常数 T。

（3）定出该被控对象增益 K 和响应速度 v，设阶跃扰动量 $\Delta\mu=20\%$。

2.9　已知某温度阶跃响应实验结果如下表所示。

t/s	0	10	20	30	40	50	60	70	80	90	100	150
θ/℃	0	0.16	0.65	1.15	1.52	1.75	1.88	1.94	1.97	1.99	2.00	2.00

阶跃扰动量 $\Delta q=1$ t/h。试用二阶或 n 阶惯性环节写出它的传递函数。

2.10　某温度矩形脉冲响应实验如下表所示。

t/min	1	3	4	5	8	10	15	16.5	20	25	30	40	50	60	70	80
θ/℃	0.46	1.7	3.7	9.0	19.0	26.4	36	37.5	33.5	27.2	21	10.4	5.1	2.8	1.1	0.5

矩形脉冲幅值为 2 t/h，脉冲宽度 Δt 为 10 min。

（1）试将该矩形脉冲响应曲线转换为阶跃响应曲线。

（2）用二阶惯性环节写出该被控对象的传递函数。

第3章

过程控制系统中常用的仪器仪表

过程控制系统是由被控对象、控制器、检测变送装置和执行器组成，如果将其与人工调节过程相比较，那么控制器是人的大脑，检测变送装置就是人的眼睛，执行器就是人的手和脚。要实现对工艺过程某一参数（如温度、压力、流量、液位等）的控制，离不开检测变送装置和执行器。上一章讨论了与被控对象有关的内容，本章主要讨论组成控制系统的检测变送装置（即检测变送仪表）和执行器。检测变送仪表是要及时向控制器提供被控对象需要加以控制的各种参数，以便控制器进行计算并发出控制指令。执行器则是在获得控制指令后改变操作变量，以调节和控制被控变量保持在期望的数值上。检测变送仪表和执行器是组成过程控制系统的关键环节，对保证生产安全平稳运行、提高产品质量以及实现工业生产过程高度自动化具有重要意义。因此，在设计和运行过程中，要重视组成控制系统的仪器仪表。

3.1 检测变送仪表的基本组成及性能指标

3.1.1 检测变送仪表的基本概念、组成及信号传输

1. 检测变送仪表的基本概念与组成

在自动化领域，我们经常接触到的检测变送仪表主要包括传感器、变送器等。

1）传感器

传感器是由敏感元件和相应线路所组成的物理系统，其中的敏感元件直接与被测对象发生关联（往往与工艺介质直接接触），感受被测参数的变化，按照一定的规律转换并传送出可用的输出电量或非电量信号。

2）变送器

变送器是将传感器输出的物理测量信号或普通电信号，转换为标准电信号输出或以标准通信协议方式输出的设备。标准信号是指物理量的形式和数值范围都符合国际标准的信号，如电流4～20 mA、电压1～5 V或气压20～100 kPa都是当前通用的标准信号。

有时也将传感器和变送电路统称为变送器。变送器输出信号发送给调节仪表、记录仪表或显示仪表，用于系统参数的调节、历史数据记录及显示等。

3）二线制变送器

所谓“二线制”变送器就是将给现场变送器供电的电源线与检测的输出信号线合并起来，一共只用2根导线的变送器。下面以图3－1所示的简化的两线制压力变送器的示意图

为例，说明两线制变送器的基本组成与工作原理。

图 3－1 中左侧为现场两线制压力变送器，右侧 250 Ω 电阻将 4～20 mA 电流转化为 1～5 V 电压，进入调节器的模拟量输入通道进行 A/D 转换，具体电流大小取决于被测压力 p。图中，被测压力 p 经弹性波纹管转变为电位器 RP_1 的滑动触头位移，触头滑动范围对应压力 p 的量程，进而产生正比于压力 p 的输出电压 V_1，该电压经过运算放大器 A 和晶体管 VT 组成的电流负反馈电路，将 V_1 转变为晶体管的输出电流 I_2，I_2 在 0～16 mA 之间跟随被测压力 p 按比例变化。此外，为给图中仪表内的检测与放大电路供电，用了 4 mA 的恒流电源，它把内部耗电稳定在一固定的数值上。图中稳压管 VD 除用来稳定内部的供电电压外，还调剂内部的供电电流。这样，上述 2 个部分电流合计，流过该仪表的总电流在 4～20 mA 之间变化，实现了电源线和信号线的合并。使用两线制变送器不仅节省电缆，布线方便，且有利于安全防爆，因为减少一根通往危险现场的导线，就减少了一个窜进危险火花的门户。

二线制变送器的接线如图 3－1 的右侧所示。如果调节器接受的是 1～5 V 的电压信号，则需在输入端跨接一个 250 Ω 电阻。

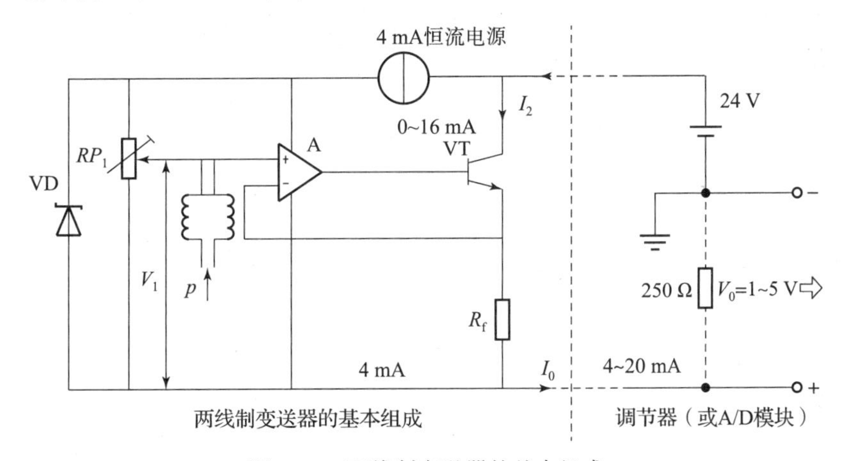

图 3－1　两线制变送器的基本组成

“四线制”变送器有 2 根电源线和 2 根信号线。接线时电源线接供电电源，信号线接调节器（或 A/D 模块）的信号输入端。

4）智能型变送器

智能型变送器是将传感器和变送器作为微处理器驱动，利用微处理器的强大运算和存储能力，实现对传感器的测量信号进行调理（如 A/D 转换、放大、滤波等）、数据显示、自动校正和自动补偿等功能的变送器。

智能型变送器具有以下优点：(1) 具有自动补偿能力，可通过软件对传感器的非线性、温漂、时漂等进行自动补偿；(2) 具有自我诊断能力，上电初始化过程中以及正常运行期间，可自动对传感器进行自检，以检查传感器各部分是否工作正常，提高设备管理能力；(3) 具有丰富的数据计算及处理功能，可根据内部程序自动处理数据，如进行统计处理、去除异常数值等；(4) 可以通过反馈回路对传感器的测量过程进行调节和控制，使采集数据达到最佳；(5) 具有信息存储和记忆能力，可存储传感器的特征数据、组态信息和补偿特性等；(6) 具有数字通信功能，可将检测数据以数字信号的形式输出。

2. 信号传输标准

1）模拟信号传输标准

来自不同生产厂家的各种现场检测变送仪表、执行器等，要实现与中央控制室中的监控仪表互连，一定要建立各方所接受的统一的信号传输标准。国际电工委员会于1973年4月通过的信号传输国际标准规定：过程控制系统现场模拟传输信号采用直流电流4～20 mA，直流电压1～5 V。其中，直流电流4～20 mA可用于3～5 km的远距离信号传输，控制室内各仪表之间的（如电气控制柜内）短距离传输信号可采用直流电压1～5 V。在气动仪表中还采用20～100 kPa作为通用的标准气压传输信号。

现场变送器（两线制）与控制室内控制器、记录仪表的接线如图3－2所示。采用直流信号的优点是传输过程中易于和交流感应扰动相区别，不存在相移问题，且不受传输线中电感、电容和负载性质的限制。采用电流进行远距离传输的优点在于，变送器可看作一个电流源，其内阻近似无限大，因此输出电流不受传输导线电阻以及负载（调节器、记录仪表等）电阻变化的影响，仅取决于被测变量的大小；此外，传输线路上负载电阻相对变送器内阻很小，属于低阻抗电路，因而负载电阻（如250 Ω）两端的电压对外界扰动也不敏感，抗扰动能力很强，非常适合于信号的远距离传输。

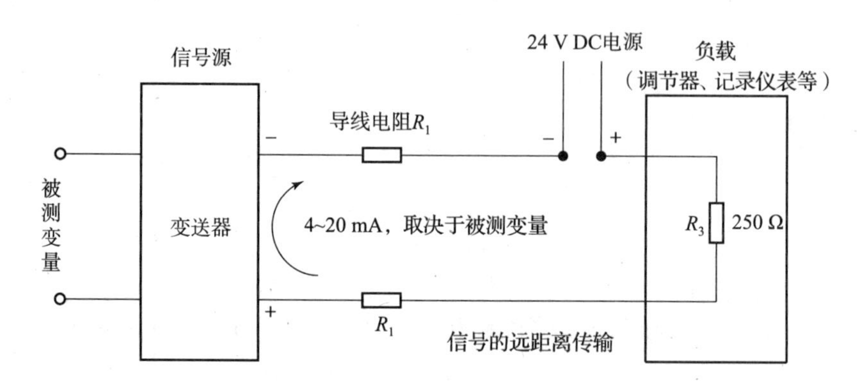

图3－2　现场变送器与控制室内控制器、记录仪表的接线

需要指出的是，与一般用“零”电流或电压表示零信号的方式不同，这种以20 mA表示信号的满度值，而以此满度值的20%即4 mA表示零信号的安排，称为“活零点”。“活零点”的好处是有利于识别断电、断线等故障，且为实现仪表两线制提供了可能性。

2）数字信号传输标准

目前，自动化仪表通常采用PC借助串口或以太网对可编程数字调节器、PLC等进行编程操作及程序下载；而数字仪表与上位操作站或控制站之间的远距离实时数据传输则一般采用RS－485物理层传输标准，或者IEC 61158－2等现场总线物理层标准。其中，HART传输技术则同时兼容4～20 mA模拟信号传输与数字信号传输。

在过程控制领域，使用最为广泛的数字总线传输标准无疑当属IEC 61158－2标准。用于过程控制的主要现场总线（如Profibus－PA，FF等）的物理层都采用了符合IEC 61158－2标准的传输技术。该标准确保本质安全，并通过总线直接给现场设备供电，能满足石油、化工等广泛工业领域的要求。传输介质为屏蔽或非屏蔽的双绞线，允许使用线形、树形或星形网络。最大的总线段长度取决于供电装置、导线类型和所连接的站点电流消耗。

3.1.2　检测变送仪表的基本性能指标及测量信号的处理

检测变送仪表是控制系统中获取系统运行状态信息的装置，也是系统进行控制的依据。所以，它必须能够正确、及时地反映被控变量的状况。如果测量不准确，操作人员就有可能把不正常工况误认为是正常的，或把正常工况认为是不正常的，形成混乱，甚至会导致误操作，从而造成事故。测量不准确或不及时，也会导致系统控制失调或误调，影响产品质量或产量。

1. 检测变送仪表的基本性能指标

对检测变送仪表（以下简称仪表）的基本要求是准确、快速和可靠。准确是指检测元件和变送器能正确反映被测变量的大小，尽量接近实际值；快速是指检测元件和变送器应能迅速、及时地反映被测变量的变化；可靠则是指检测元件和变送器应能在环境工况下长期稳定地运行。

仪表的基本性能指标可分为稳态特性指标和动态特性指标

1）仪表的稳态特性

（1）精确度。

精确度是用来反映仪表测量准确程度的指标。仪表测量值与真实值之间总是存在着一定的差别，这个差别就是测量误差。测量误差的大小反映了仪表的测量精度。测量过程中产生测量误差是不可避免的，造成测量误差的原因也是多方面的，如测量工具的准确性、测量过程中外界环境条件的变化、观察者的主观性以及某偶然因素等都可能引起测量误差。求知测量误差的目的就在于它能反映测量结果的可靠程度。

测量误差一般分为绝对误差、相对误差以及相对百分误差（也称基本误差、引用误差）。绝对误差是仪表测量值与被测变量真值之差。所谓真值是被测变量本身所具有的真实值，在工程上，要想获得被测变量的真值是很困难的，一般无法得到。实际测量中可以在没有系统误差的情况下，采用足够多次的测量值的平均值作为真值；或者把检定中高一等级的计量仪表所测得的量值作为被测变量的真值，此时，绝对误差是指用准确度较高的标准仪表与准确度较低的被校仪表同时测量同一参数所得到的测量结果的差值。相对误差则是指仪表绝对误差与该点的真值之比，常用百分数来表示。

显然，仪表的精确度一般不宜用绝对误差和相对误差来表示，因为前者不能体现对不同量程仪表的合理要求，后者则对零点附件的误差过于敏感，无法真正衡量仪表的精度。

仪表精确度应该以测量范围中的最大绝对误差和该仪表的测量范围之比来进行计算，称为相对（于满量程的）百分误差，也称仪表的基本误差，即

$$\delta = \frac{\varepsilon}{L} \times 100\% \tag{3-1}$$

式中：ε 为最大绝对误差；L 为仪表量程。

我国仪表行业统一规定了仪表的精确度（简称精度）等级系列，常用的精确度等级有：0.005 级、0.02 级、0.05 级、0.1 级、0.2 级、0.5 级、1.0 级、1.5 级、2.5 级等。将仪表的基本误差去掉“±”号以及“%”号，便可套入国家统一的仪表精确度等级序列。

仪表的准确度与量程有关，量程是根据所要测量的工艺变量来确定的。在仪表精确度等级一定的前提下适当缩小量程，可以减小测量误差，提高测量准确度。仪表量程的上限一般确定为被测变量正常值的4/3~3/2倍，波动较大时可以达到3/2~2倍。仪表量程的下限一般确定为被测变量正常值向下的1/3处。

【例3-1】 某测温仪表的测温范围是-100~700 ℃，校验该表时测得全量程内最大绝对误差为+5 ℃，试确定该表的精确度等级。

解：该仪表的基本误差δ为

$$\delta = \frac{+5}{700+100} \times 100\% = +0.625\%$$

将该基本误差去掉“±”号以及“%”号，其数值为0.625。由于国家规定的精确度等级中没有0.625级的仪表，且误差超过了0.5级仪表所允许的最大绝对误差，所以这台测温仪表的精确度等级为1.0级。

(2) 仪表的稳态输入输出特性。

仪表的稳态输入输出特性主要由灵敏度、灵敏限、分辨率、线性度、变差等特性参数来描述。

灵敏度是用来表征仪表在稳态时输出增量与输入增量之间的比值，是稳态输入输出特性曲线上相对应工作点的斜率。灵敏限是指当仪表的输入量从0不断增加时，能引起仪表示值发生变化（或指针动作）的最小参数变化值，它反映了仪表死区（或称不灵敏区）的大小。分辨率则反映了仪表能够检测到被测变量最小变化的本领。线性度通常用实测的仪表输入输出特性曲线与拟合直线（常取通过特性曲线起点和满量程点的直线）之间的最大偏差值与满量程输出的百分比来衡量。在外界条件不变的情况下，用同一个仪表对同一个输入量进行正或反行程（即逐渐由小到大或由大到小）测量时，所得仪表两示值之间的差值，即为变差。变差反映了仪表正向特性和反向特性不一致的程度，也可用正反行程间仪表示值的最大差值与仪表量程之比的百分数表示。

2）仪表的动态特性

仪表的动态特性是仪表在动态工作中所呈现的特性，它决定仪表测量快变参数的精确度，通常用稳定时间和极限频率来概括表示。稳定时间又称阻尼时间，是指给仪表一个阶跃输入，从阶跃开始到输出信号进入并不再超出对最终稳定值规定的允许误差时的时间间隔；极限频率是指仪表的有效工作频率，在这个频率以内仪表的动态误差不超过其允许值。

因为自动化仪表要工作在调节系统的闭环之中，其动态特性不仅影响自身的输出，还直接影响整个调节系统的调节质量。仪表的动态特性一般可用带时滞的一阶惯性加纯迟延环节来近似描述，其传递函数为

$$G_m(s) = \frac{K_m}{T_m s + 1} e^{-\tau_m s} \tag{3-2}$$

式中：K_m、T_m和τ_m分别是检测变送环节的增益、时间常数和时滞。

由于K_m在反馈通道，因此在满足系统稳定性和读数误差的条件下，K_m较小有利于增大控制器的增益，使前向通道的增益增大，即有利于克服扰动的影响。此外，检测元件和变送

器增益 K_m 的线性度与整个闭环控制系统输入输出的线性度有关，而当控制回路的前向增益足够大时，整个闭环控制系统输入输出的增益是 K_m 的倒数。

测量元件（特别是测温元件）由于存在热阻和热容，即本身具有一定的时间常数，因而会造成测量滞后。测量元件的时间常数越大，测量滞后现象越显著。假如将一时间常数大的测量元件用于控制系统，那么当被控变量变化的时候，由于测量值不能及时反映被控变量的真实值，所以控制器接收到的是失真信号，它不能发挥正确的校正作用，从而导致控制品质无法达到要求。

因此，控制系统中测量元件的时间常数不能太大，最好选用惰性小的快速测量元件，如用快速热电偶代替工业用普通热电偶，必要时也可以在测量元件之后引入微分作用来补偿测量元件引起的动态误差。

当测量元件的时间常数 T_m 小于对象时间常数的 1/10 时，对系统的控制品质影响不大，就没有必要盲目追求小时间常数的测量元件。

当测量存在纯滞后时，也和对象控制通道存在纯滞后一样，会严重地影响控制品质。

检测变送环节中时滞产生的原因是检测点与检测变送仪表之间有一定的传输距离 l，而传输速度 ω 也有制约，即时滞

$$\tau_m = l/\omega \tag{3-3}$$

传输速度 ω 并非被测介质的流体流速。例如，孔板检测流量时，流体流速是流体在管道中的流动速度，而检测元件孔板检测的信号是孔板两端的差压。因此，检测变送环节的传输速度是差压信号的传输速度。对于成分的检测变送，由于检测点与检测变送仪表之间有距离 l，被检测介质经采样管线送达仪表有流速 ω，因此也存在时滞 τ_m。

减小时滞的措施包括选择合适的检测点位置，减小传输距离 l；选用增压泵、抽气泵等装置，提高传输速度 ω。

相对于流量、压力、物位等变量的检测变送，成分、物性等数据的检测变送有较大的时滞，有时温度检测变送的时滞相对时间常数也会较大，应充分考虑它们的影响。

2. 检测变送信号的数据处理

检测变送信号的数据处理包括信号补偿、线性化、信号滤波、数学运算、信号报警和数学变换等。

具体体现为：用热电偶检测温度时，由于产生的热电势不仅与热端温度有关，也与冷端温度有关，因此需要进行冷端温度补偿；由于热电阻到检测变送仪表之间的距离不同，以及所用连接导线的类型和规格不同，会导致线路电阻不同，因此需要进行导线电阻的补偿；进行气体流量检测时，由于检测点温度、压力与设计值不一致，因此需要进行温度和压力的补偿；精馏塔内介质成分与温度、塔压有关，正常操作时，塔压保持恒定，可直接用温度进行控制，当塔压变化时，需要用塔压对温度进行补偿，等等。

检测变送环节是根据有关的物理化学规律检测被控和被测变量的，它们存在非线性关系，如热电势与温度、差压与流量等，这些非线性关系的存在会造成控制系统的非线性，因此，应对检测变送信号进行线性化处理。一般来说，可以采用硬件组成非线性环节实现，如采用开方器对差压进行开方运算，也可用软件实现线性处理。

3.2　常用检测变送仪表

简单控制系统主要由控制器、执行器、被控对象和检测变送装置4个部分组成。检测变送装置的作用是将工业生产过程的参数（温度、压力、流量、液位和成分等）检测出来，并变换成相应的统一标准信号，供系统显示、记录或进行下一步的调节控制作用，检测变送装置一般包括传感器和变送器两部分，其工作原理如图3-3所示。

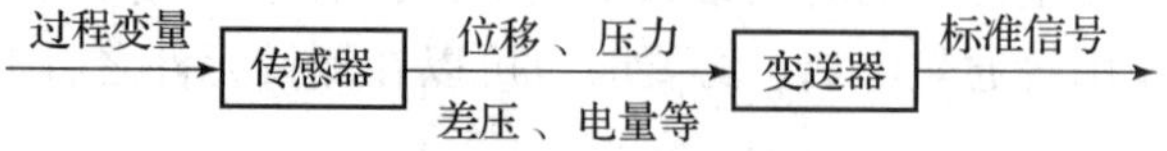

过程变量 → 传感器 → 位移、压力 差压、电量等 → 变送器 → 标准信号

图3-3　检测变送装置的工作原理

传感器直接响应过程变量，并将其转化成一个与之成对应关系的输出信号，这些输出信号可以是位移、压力、差压、电量（如电压、电流、频率）等。由于传感器的输出信号种类繁多，且信号较小，一般都需要经过变送器进行转换、放大、整形、滤波等处理，转换成统一的标准信号（如4~20 mA或0~10 mA直流电流信号，20~100 kPa气压信号）送往显示仪表、指示或记录过程变量、或同时送往控制器对被控变量进行控制。有时将传感器、变送器及显示装置统称为检测变送仪表。

3.2.1　温度测量仪表

温度表征着被测介质的冷热程度，是工业生产中最常见、最基本的参数之一，约占生产过程中全部参数的50%。温度控制在石油、化工、冶金、食品等行业的生产过程中起着极其重要的作用，它直接影响产品的质量，有时甚至关系到设备和人身的安全。为了保证温度测量的准确度，首先应选择合理的温度测量仪表。

1. 温度测量仪表的分类

根据使用时测温元件与被测介质接触与否，可将温度测量仪表分为接触式和非接触式两大类。其中，接触式温度测量仪表又可分为膨胀式、压力式、热电阻式和热电耦式。接触式测温方法简单、可靠、精度高，但测量时常伴有时间上的滞后，测温元件有时可能会破坏被测介质的温度场，或与被测介质发生化学反应。非接触式温度测量仪表包括光学高温计、辐射高温计、红外测温仪和比色高温计等。非接触式测温方法利用的是物体的热辐射特性与温度之间的对应关系，具有响应速度快、对被测对象扰动小的优点，可用于测量运动的被测对象和有强电磁扰动、强腐蚀的场合，但容易受到外界因素的扰动。

各种温度测量方法均有自己的特点与应用场合，工业温度测量仪表的分类与测温范围如表3-1所示。

2. 温度测量仪表的选型

1）就地测温仪表

（1）精确度等级：一般工业用温度计选用1.5级或1级，精密测量用温度计应选用0.5级或0.25级。

表3-1　工业温度测量仪表的分类及测温范围

仪表类型	温度计类型	优点	缺点	使用范围/℃
接触式温度测量仪表	玻璃液体温度计	结构简单，使用方便，测量准确，价格低廉	容易破损、读数麻烦、一般只能现场指示，不能记录与远传	-150~150（有机液体） -30~650（水银）
	双金属温度计	结构简单，机械强度大，价格低，能记录、报警与自控	精度低，不能离开测量点测量，量程与使用范围均有限	-50~600
	压力式温度计	结构简单，不怕振动，具有防爆性，价格低廉，能记录、报警与自控	精度低、测量距离较远时，仪表的滞后性较大，一般离开测量点不超过10 m	-50~600（液体型） -50~200（蒸汽型）
	热电阻温度计	测量精度高，便于远距离、多点集中测温和自动控制	结构复杂，不能测量高温，由于体积大，测点量温度较困难	-200~650（铂电阻） -50~150（铜电阻） -60~180（镍电阻） -40~150（热敏电阻）
	热电偶温度计	测温范围广，精度高，便于远距离、多点集中测量和自动控制	冷端温度补偿，在低温段测量精度较低	-40~1 600（铂铑$_{10}$-铂） -270~1 300（镍铬-镍硅） -270~1 000（镍铬-康铜） -270~350（铜-康铜）
非接触式温度测量仪表	光学高温计	携带方便，可测量高温，测温时不破坏被测物体温度场	测量时必须人工调整，有人为误差，不能远距离测量、记录和自控	700~2 000
	辐射高温计	能远距离测量、报警与自控，测温范围广	只能测高温，低温段测量不准，环境条件会影响测量精度，连续测高温时须冷却	50~2 000

（2）测量范围：最高测量值不大于仪表测量范围上限值的90%，正常测量值在仪表测量范围上限值的1/2左右，压力式温度计测量值应在仪表测量范围上限值的1/2~3/4之间。

（3）双金属温度计：在满足测量范围、工作压力和精确度的要求下应被优先选用于就地显示；仪表外壳与保护管的连接，一般宜选用万向式，也可以按照观测方便原则选用轴向式或径向式。

（4）压力式温度计：适用于-80 ℃以下低温、无法近距离观察、有振动以及精确度要求不高的就地显示。

（5）玻璃液体温度计：仅用于测量精确度较高、振动较小、无机械损伤、观察方便的特殊场合。不得使用玻璃水银温度计。

（6）基地式温度仪表：就地测量、控制（调节）仪表，宜选用基地式温度仪表。

2）集中温度仪表

（1）根据温度测量范围，选用相应分度号的热电偶、热电阻或热敏电阻。

（2）装配式热电偶适用于一般场合；装配式热电阻适用于无振动场合；热敏电阻适用于测量反应速度快的场合；铠装式热电偶、铠装式热电阻适用于要求耐振动或耐冲击，以及要求提高响应速度的场合。

（3）根据测量对象对响应速度的要求，可选用下列时间常数的检测元件：热电偶为600、100、20 s共3个等级；热电阻为90～180、30～96、10～30、<10 s共4个等级；热敏热电阻小于1 s。

（4）热电偶测量端形式的选择。在满足响应速度要求的一般情况下，宜选用绝缘式；为了保证响应速度足够快或为抑制扰动源对测量的扰动时，应选用接壳式。

（5）根据使用环境条件，按下列原则选用接线盒：条件较好的场所选用普通式；露天的场所应选用防溅式、防水式；易燃、易爆的场所应选用防爆式。

（6）变送器的选择。与接受标准信号显示仪表配套的测量或控制系统可选用具有模拟信号输出功能或数字信号输出功能的变送器；一般情况应选用现场型变送器。

3）附属设备

（1）若采用热电偶测量1 600 ℃以下的温度，当冷端温度变化使测量系统不能满足精确度要求，而配套显示仪表又无冷端温度自动补偿功能时，应选用冷端温度自动补偿器。

（2）补偿导线的选用。根据热电偶的支数、分度号和使用环境条件，应选用符合要求的补偿型补偿导线、补偿型补偿电缆或延伸型补偿导线、延伸型补偿电缆。按使用环境温度选用不同级别补偿导线或补偿电缆：－20～100 ℃选用普通级；－40～250 ℃选用耐热级。

（3）补偿导线的截面积应按其铺设长度的电阻值，以及配套显示仪表、变送器或测量、控制系统接口允许输入的外部电阻来确定。

3.2.2 压力测量仪表

压力是工业生产中的重要参数，如高压容器的压力超过额定值时便不安全，必须进行测量和控制。在某些工业生产过程中，压力还直接影响产品的质量和生产效率，如生产合成氨时，氮和氢不仅需在一定的压力下才能合成，而且压力的大小直接影响产量高低。此外，在一定的条件下，测量压力还可以间接得出温度、流量和液位等参数。

1. 压力测量仪表的分类

在现代工业生产过程中，由于测量压力的范围很广，测量的条件和精度要求各异，所以压力测量仪表的种类很多，按转换原理的不同，可将其分为：液柱式压力表、弹性式压力表、电气式压力表和活塞式压力表。其中，液柱式压力表根据流体静力学原理，将被测压力转换成液柱高度进行测量，按其结构形式的不同分为单管压力计、U形管压力计、斜管压力计等。这类压力计结构简单，使用方便，其精度受工作液的毛细管作用、密度及视差等因素的影响，测量范围较窄，一般只能测量低压或微压。弹性式压力表将被测压力转换为弹性元件形变量进行测量，如弹簧管压力计、波纹管压力计和膜式压力计等。电气式压力表是通过机械和电气元件将被测压力转换成电量（如电压、电流、频率等）来进行测量的仪表，有电容式、电阻式、电感式、应变片式和霍尔片式等。活塞式压力计表根据水压计液体传送压力的原理，将被测压力转换成活塞上所加平衡砝码的质量来进行测量，测量精度很高，引用误差可达0.05%~0.02%；但其结构较复杂，价格较贵，一般作为标准压力测量仪表，来检验其他类型的压力表。

2. 压力测量仪表的选型

压力测量仪表的选型主要参照以下因素，同时要符合国际通用标准或相应国家标准。

1）按照使用环境和测量介质的性质选择

（1）在大气腐蚀性较强、粉尘较多和易喷淋液体等环境恶劣的场合，应根据环境条件，选择合适的外形材料及防护等级。

（2）对一般介质的测量：压力在 -40~40 kPa 时，宜选用膜式压力表；压力在 40 kPa 以上时，一般选用弹簧管压力表或波纹管压力表；压力在 -100~2 400 kPa 时，应选用压力真空表；压力在 -100~0 kPa 时，应选用弹簧管真空表。

（3）稀硝酸、醋酸及其他一般腐蚀性介质，应选用耐酸压力表或不锈钢膜片压力表。

（4）稀盐酸、盐酸气、重油类及其类似的强腐蚀性，含固体颗粒、黏稠液等介质，应选用膜片压力表或隔膜压力表。膜片及隔膜的材质必须根据测量介质的特性选择。

（5）结晶、结疤及高黏度等介质，应选用法兰式隔膜压力表。

（6）在机械振动较强的场合，应选用耐振压力表或船用压力表。

（7）在易燃、易爆的场合，如需电接点信号时，应选用防爆压力控制器或防爆电接点压力表。

（8）对于测量高、中压力或腐蚀性较强的介质，宜选择壳体具有超压释放设施的压力表。

（9）测量下列介质应选用专用压力表：气氨、液氨的测量选用氨压力表、真空表或压力真空表；氧气的测量选用氧气压力表；氢气的测量选用氢气压力表；氯气的测量选用耐氯压力表或压力真空表；乙炔的测量选用乙炔压力表；硫化氢的测量选用耐硫压力表；碱液的测量选用耐碱压力表或压力真空表；测量差压时，应选用差压压力表。

2）精确度等级的选择

（1）一般测量用压力表、膜式压力表应选用1.6级或2.5级。

（2）精密测量用压力表，应选用0.4级、0.25级或0.16级。

3）测量范围的选择

（1）测量稳定的压力时，正常操作压力值应为仪表测量范围上限值的1/3~2/3。

（2）测量脉动压力（如泵、压缩机、风机等出口处的压力）时，正常操作压力值应为仪表测量范围上限值的1/3~1/2。

（3）测量高、中压力（大于4 MPa）时，正常操作压力值不应超过仪表测量范围上限值的1/2。

4）变送器的选择

（1）以标准信号传输时，应选用变送器。

（2）易燃、易爆场合，应选用气动变送器或防爆型电动变送器。

（3）结晶、结疤、堵塞、腐蚀性介质应选用法兰式变送器。与介质直接接触的材质，必须根据介质的特性选择。

（4）对于测量精确度要求高，而一般模拟仪表难以达到时，宜选用智能式变送器，其精确度优于0.2级以上。当测量点位置不宜接近或环境条件恶劣时，也宜选用智能式变送器。

（5）在使用环境较好、测量精确度和可靠性要求不高的场合，可以选用电阻式、电感式远传压力变送器或霍尔压力变送器。

（6）测量微小压力（小于500 Pa）时，可选用微座压变送器。

（7）测量设备或管道差压时，应选用差压变送器。

（8）在使用环境较好、易接近的场合，可选用直接安装型变送器。

5）安装附件的选择

（1）测量水蒸气和温度大于60 ℃的介质时，应选用冷凝管或虹吸器。

（2）测量易液化的气体时，若取压点高于仪表，应选用分离器。

（3）测量含粉尘的气体时，应选用除尘器。

（4）测量脉动压力时，应选用阻尼器或缓冲器。

（5）在使用环境温度接近或低于测量介质的冰点或凝固点时，应采取绝热或隔热措施。

3.2.3 流量测量仪表

流量是工业生产过程中的重要参数之一，是衡量设备的效率和经济性的重要指标，是生产操作和控制的重要依据。流量测量仪表是过程控制系统的检测仪表，同时还是测量物料数量的总量表。因此，合理选用流量测量仪表不仅是提高产品质量的保证，而且是企业提高经济效益的重要手段。

1. 流量测量仪表的分类

生产过程中各种流体性质各不相同，流体的工作状态及流体的黏度、腐蚀性、导电性也不同，很难用一种原理或方法测量不同流体的流量。所以，目前流量测量的方法很多，按测量原理不同，可将流量仪表分为速度式、容积式和质量式3类。其中，速度式流量计是以流体在管道内的流速作为测量依据来计算流量的仪表，如差压式流量计、转子流量计、电磁流量计、涡轮流量计、靶式流量计、超声波流量计等。容积式流量计是以单位时间内所排出的流体的固定容积的数目作为测量依据来计算流量的仪表，如椭圆齿轮流量计、活塞流量计等。质量式流量计是以测量流体流过的质量 m 为测量依据，如科氏力质量流量计、压力温度补偿式质量流量计等。

2. 流量测量仪表的选型

1）一般流体、液体、蒸汽流量测量仪表的选型

（1）差压式流量计。一般流体的流量测量，应选用标准节流装置，标准节流装置的选

用，必须符合GB/T 2624.1—2006规定或ISO5167－1—2003。

差压式流量计差压范围的选择应根据计算确定，根据流体工作压力高低不同，低差压宜选6～10 kPa；中差压宜选16～25 kPa；高差压宜选40～60 kPa。

提高测量精确度的措施：温度、压力波动较大的流体，应考虑采用温度、压力补偿措施；当管道直管段长度不足或管道内产生旋转流时，应考虑采用流体校正措施，增选相应管径的整流器。

（2）转子流量计。当要求精确度不优于±1.5%，量程比不大于10∶1时，可选用转子流量计。

对于中小流量、微小流量，压力小于1 MPa，温度低于100 ℃的洁净透明、无毒、无燃烧和爆炸危险且对玻璃无腐蚀、无黏附的流体的流量就地指示，可采用玻璃转子流量计。对于易汽化、易凝结、有毒、易燃、易爆，不含磁性物质、纤维和磨损物质，以及对不锈钢无腐蚀性的流体的中小流量测量，当需就地指示或远传信号时，可选用普通型金属管转子流量计。当被测介质易结晶、易汽化或具有高黏度时，可选用带夹套金属管转子流量计。对有腐蚀性的流体的流量进行测量时，可采用防腐型金属管转子流量计。

（3）靶式流量计。对于黏度较高、含少量固体颗粒的液体的流量测量，当要求精确度不优于±1.00%，量程比不大于10∶1时，可采用靶式流量计。

（4）涡轮流量计。对于洁净的气体及运动黏度不大（黏度越大，量程比越小）的洁净液体的流量测量，当要求较精确计量，量程比不大于10∶1时，可采用涡轮流量计。

（5）旋涡流量计。对于洁净气体、蒸汽和液体的大中流量测量，可选用旋涡流量计。对于低速流体及黏度高的液体，不宜选用旋涡流量计测量。黏度太高会降低流量计对小流量测量的能力，具体表现在保证精确度的雷诺数上，不同制造厂的产品，不同管径的旋涡流量计对保证测量精确度的液体和气体的最小和最大雷诺数及管道流速有不同要求，选用时应对雷诺数和管道流速进行验算。此外，管子振动或泵出口也不宜选用旋涡流量计。旋涡流量计具有压力损失小、安装方便的优点。

（6）超声波流量计。凡能导声的流体均可选用超声波流量计。除一般介质外，对强腐蚀性、非导电、易燃易爆或在具有放射性等恶劣条件下工作的介质也可选用。

（7）科氏力质量流量计。需直接精确测量液体、高密度气体和浆体的质量、流量时，可选用科氏力质量流量计。科氏力质量流量计可以不受流体温度、压力、密度或黏度变化的影响而提供精确可靠的质量流量数据，质量流量计可在任何方向安装，但是液体介质还是需要充满仪表测量管，不需直管段。

（8）热导式质量流量计。需要测量气体流速为0.025～304 m/s、管径为25～5 000 mm，液体流速为0.002 5～0.76 m/s，管径为1.6～200 mm时的质量、流量可采用热导式质量流量计。该流量计的优点是精确度达到±1.00%，量程比最大达到1∶1 000，介质压力最大可以达到35 Mpa，温度最高达到815 ℃（气体），能解决夹带焦油、灰尘、水等脏污物的管道煤气流量测量问题。

（9）旋进旋涡流量计。需要前后直管段很短，而现场又有振动，液体流量范围为0.2～500 m^3/h（口径为DN15～200）、气体流量范围为1～3 600 m^3/h时的测量可选用旋进旋涡流量计，它的精确度为±0.50%～±1.50%。

2）腐蚀、导电或带固体微粒流量测量仪表的选型

电磁流量计。电磁流量计用于导电的液体或均匀的液固两相介质的流量测量。可测量各种强酸、强碱、盐、氨水、泥浆、矿浆、纸浆等介质。

3）高黏度流体流量测量仪表的选型

（1）椭圆齿轮流量计。对于洁净的、黏度较高的液体等要求较准确的流量测量，以及量程比小于 10：1 时，可采用椭圆齿轮流量计。椭圆齿轮流量计应安装在水平管道上，并使指示刻度盘面处于垂直平面内。应设上、下游切断阀和旁路阀。上游应设过滤器。对微流量，可选用微型椭圆齿轮流量计。当测量各种易汽化介质时，应增设消气器。

（2）腰轮流量计。对于洁净的气体或液体，特别是有润滑性的油品等精确度要求较高的流量测量，可选用腰轮流量计。腰轮流量计应水平安装，设置旁通管路，进口端装过滤器。

（3）刮板流量计。连续测量封闭管道中的液体流量，特别是各种油品的精确计量，可选用刮板流量计。刮板流量计的安装，应使流体充满管道，并应水平安装，使计数器的数字处于垂直的平面内。当要求精确计量各种油品时，应增设消气器。

4）大管径流量测量仪表的选型

当管径大时，压损对能耗有显著影响。常规流量计价格贵，当压损大时，可根据情况选用笛型均速管、插入式涡轮流量计、电磁流量计、文丘里管、超声波流量计。

3.2.4 液位测量仪表

1. 液位和界面测量仪表

（1）差压式测量仪表。对于液位连续测量，宜选用差压式测量仪表。对于界面测量，可选用差压式测量仪表，但要求总液位应始终高于上部取压口。而对于在正常工况下液体密度有明显变化时，不宜选用差压式测量仪表。对于腐蚀性液体、结晶性液体、黏稠性液体、易汽化液体、含悬浮物液体宜选用平法兰式差压仪表；对于高结晶液体、高黏度液体、结胶性液体、沉淀性液体宜选用插入式法兰差压仪表。

对于以上被测介质的液位，当气相有大量冷凝物、沉淀物析出，或需要将高温液体与变送器隔离，或更换被测介质时，需要严格净化测量头，因此可选用双法兰式差压仪表。

腐蚀性液体、黏稠性液体、结晶性液体、熔融性液体、沉淀性液体的液位在测量精确度要求不高时，宜采用吹气或冲液的方法，配合差压式测量仪表进行测量。

对于在环境温度下，气相可能冷凝、液相可能汽化，或气相有液体分离的对象，在使用普通差压式测量仪表进行测量时，应视具体情况分别设置冷凝容器、分离容器、平衡容器等部件，或对测量管线进行保温、伴热。

用差压式测量仪表测量锅炉汽包液位时，应采用温度补偿型双室平衡容器。

差压式测量仪表的正、负迁移量应在选择仪表量程时加以考虑。

（2）浮筒式测量仪表。对于测量范围在 2 000 mm 以内，相对密度为 0.5～1.5 的液体液位连续测量，以及测量范围在 1 200 mm 以内，相对密度差为 0.5～1.5 的液体界面连续测量，宜选用浮筒式测量仪表。真空对象易汽化的液体宜选用浮筒式仪表。当要求就地液位指示或调节时，宜选用气动浮筒式仪表。浮筒式测量仪表只能用于测量清洁液体。

选用浮筒式测量仪表，当精确度要求较高，信号要求远传时，宜选用力平衡式；当精确度要求不高，要求就地指示或调节时，可选用位移平衡式。

对于开口储槽、敞口储液池的液位测量，宜选用内浮筒；对于在操作温度下不结晶、不黏稠，但在环境温度下可能结晶或黏稠的液体，也宜选用内浮筒。对于不允许停车的工艺设备，应选用外浮筒。

若选用内浮筒仪表，且容器内液体扰动较大时，应加装防扰动影响的平衡套管。

（3）浮子式测量仪表。对于大型储槽清洁液体液位的连续测量和容积计量，以及各类储槽清洁液体液位和界面的位式测量应选用浮子式仪表。浮子式测量仪表用于界面测量时，两种液体的相对密度应恒定，且相对密度差不应小于0.20。

内浮子式液位仪表用于大型储槽液位的测量时，为防止浮子的漂移，应备有导向设施；为防止浮子受液位扰动的影响，应加装平衡套管。

对于大型储槽液体的液位或容积连续计量，尤其是对测量精确度要求较高的单储槽或多储槽，宜选用光导式液位计；对测量精确度要求一般的单储槽可选用钢带式浮子液位计；对要求高精度连续计量液位、界面、容积和质量的单储槽或多储槽，应选用储罐测量系统。

对于大型储槽、开口储槽、敞开储液池有强腐蚀性、毒性液体的液位或容积连续计量，应选用磁致伸缩式液位计；对要求同时测量大型储槽、开口储槽、敞开储液池液体液位及界面的连续计量，也应选用磁致伸缩式液位计。

对于敞开储液池的液位多点位式测量，以及有腐蚀性、毒性等危险液体的多点位式测量，宜选用磁性浮子式液位计。

对于黏性液体的位式测量，宜选用杠杆式浮子液位控制器。

（4）电容式测量仪表。对于腐蚀性液体、沉淀性流体以及其他化工工艺介质的液位连续测量和位式测量，宜选用电容式液位计。电容式液位计用于界面测量时，两种液体的电气性能必须符合产品的技术要求。

对于不黏滞非导电性液体，可采用轴套筒式的电极；对于不黏滞导电性液体，可采用套管式的电极；对于易黏滞非导电性液体，可采用裸电极。

电容式液位计不能用于易黏滞的导电性液体液位的连续测量。

（5）射频导纳式测量仪表。对于腐蚀性液体、黏稠性液体、沉淀性流体以及其他化工工艺介质的液位连续测量和位式测量，宜选用射频导纳式液位计。射频导纳式液位计用于界面测量时，两种液体的电气性能必须符合产品的技术要求。

对于非导电性液体，可采用裸极探头；对于导电性液体，应采用绝缘管式或绝缘护套式探头。

（6）电阻式（电接触式）测量仪表。对于腐蚀性导电液体液位的位式测量，以及导电液体与非导电液体的界面位式测量，可选用电阻式（电接触式）测量仪表。

对于容易使电极结垢的导电液体，以及工艺介质在电极间会发生电解现象时，一般不宜选用电阻式（电接触式）仪表。对于非导电、易黏附电极的液体，不得选用电阻式（电接触式）仪表。

（7）静压式测量仪表。对于深度为5～100 m水池、水井的液位连续测量，宜选用静压式仪表。在正常工况下，液体密度有明显变化时不宜选用静压式测量仪表。

（8）声波式测量仪表。对于普通物位仪表难以测量的腐蚀性液体、高黏度液体、有毒液体等液位的连续测量和位式测量，宜选用声波式测量仪表。

声波式测量仪表只能用于可反射和传播声波的容器的液位测量，不得用于真空容器，且不宜用于测量含气泡的液体和含固体颗粒物的液体。

对于内部有影响声波传播的障碍物的容器，不宜采用声波式测量仪表。对于连续测量液位的声波式测量仪表，如果被测液体温度、成分变化比较显著，应考虑对声波传播速度的变化进行补偿，以提高测量的精确度。

（9）微波式测量仪表。对于普通液位仪表难以高精确度测量的大型固体顶罐、浮顶罐等存储容器内的高温、高压以及有腐蚀性液体，高黏度液体、易爆液体、有毒液体的液位连续测量或计量，应选用微波式测量仪表。

用于液位测量的微波式测量仪表，仪表精确度宜选择工业级；用于物料计量的微波式测量仪表，仪表精确度应选择计量级。

对于内部有影响微波传播的障碍物的储罐，不宜采用微波式测量仪表。

对于沸腾或扰动大的液位或被测介质介电常数小，或为消除储罐容器结构形状可能导致的扰动影响，应考虑采用导波管（静止管）及其他措施确保测量准确度。

（10）核辐射式测量仪表。对于高温、高压、高黏度、强腐蚀、易爆、有毒介质的液位非接触式连续测量和位式测量，在使用其他液位仪表难以满足测量要求时，可选用核辐射式仪表。

辐射源的强度应根据测量要求进行选择，同时应使射线通过被测对象后，在工作现场残留的射线剂量应尽可能小，安全剂量标准应符合现行的 GB 18871—2002《电离辐射防护与辐射源安全基本标准》；否则应充分考虑隔离屏蔽等防护措施。

辐射源的种类应根据测量要求和被测对象的特点，如被测介质的密度、容器的几何形状、材质及壁厚等进行选择。当辐射强度要求较小时，可选用镭；当辐射强度要求较大时，可选用铯 137；用于厚壁容器要求穿透能力强时，可选用钴 60。

为避免由于辐射源衰变而引起测量误差，提高运行的稳定性和减少校验次数，测量仪表应能对衰变进行补偿。

2. 料位测量仪表

（1）电容式测量仪表。对于颗粒状物料和粉粒状物料，如煤、塑料单体、肥料、砂等料位的连续测量和位式测量，宜选用电容式测量仪表。

（2）射频导纳式测量仪表。对于易挂料的颗粒状物料和粉粒状物料料位的连续测量和位式测量，宜选用射频导纳式测量仪表。

（3）声波式测量仪表。对于无振动或振动小的料仓、料斗内粒度为 10 mm 以下的颗粒状物料料位的位式测量，可选用音叉料位计。对于粒度为 5 mm 以下的粉粒状物料料位的位式测量，应选用声阻断式超声料位计、反射式超声料位计。对于微粉状物料料位的连续测量和位式测量，可选反射式超声料位计。反射式超声料位计不宜用于有粉尘弥漫的料仓、料斗的料位测量，也不宜用于表面不平整的料位测量。

（4）电阻式（电接触式）测量仪表。对于导电性能良好或导电性能差但含有水分的颗粒状和粉粒状物料，如煤、焦炭等料位的位式测量，可选用电阻式测量仪表。必须满足规定的电极对地电阻的数值，以保证测量的可靠性和灵敏度。

(5) 微波式测量仪表。对于高温、高压、黏附性大、腐蚀性大、易爆、毒性大的块状、颗粒状及粉粒状物料料位的连续测量，应选用微波式测量仪表。

(6) 核辐射式测量仪表。对于高温、高压、黏附性大、腐蚀性大、易爆、毒性大的块状、颗粒状、粉粒状物料料位的非接触式位式测量和连续测量，可选用核辐射式测量仪表。

(7) 阻旋式测量仪表。对于承压较小，无脉动压力的料仓、料斗，相对密度为0.2以上的颗粒状和粉粒状物料料位的位式测量，可选用阻旋式测量仪表。旋翼的尺寸应根据物料的相对密度选取，为避免物料撞击旋翼造成仪表误动作，应在旋翼上方设置保护板。

(8) 隔膜式测量仪表。对于料仓、料斗内颗粒状或粉粒状物料料位的位式测量，可选用隔膜式测量仪表。由于隔膜的动作易受粉粒附着和粉粒流动压力的影响，因此不能用于精确度要求较高的场合。

(9) 重锤式测量仪表。对于料位高度大，变化范围宽的大型料仓、散装仓库以及敞开或密闭无压容器内的块状、颗粒状和附着性不大的粉粒状物料料位的定时连续测量，应选用重锤式测量仪表，重锤的形式应根据物料的粒度、干湿度等因素选取。

3.3 软测量技术

软测量也称为软仪表。对于一些难以测量或暂时不能测量的重要变量（称为主导变量），可选择另外一些容易测量而又与之相关的变量（称为辅助变量）构成某种数学关系，然后利用计算机来推断和估计，从而代替测量仪表的功能，这就是软测量技术，实际上，软测量的原理与一般测量仪表的原理并无本质的区别。例如，流量变送器将压力传感器测量信号通过变送器内的电子元件或气动元件转换为流量输出信号，早期通过单元组合仪表实现分馏塔的内回流的计算，都是利用类似的方法得到不能直接测量的变量。它们的区别在于，一般测量仪表是利用传感元件以及模拟计算元件或模拟单元组合仪表来实现简单的计算，而软测量则是采用模型、测量信号和计算机来通过推理计算实现的。现在对软测量较为普遍的定义为：软测量就是选择与被估计变量相关的一组可测变量，构造某种以可测变量为输入、被估计变量为输出的数学模型，用计算机软件实现重要过程变量的估计。

生产技术的发展和生产过程的日益复杂，以及确保生产装置安全、保证产品质量和卡边优化等新的要求，推动了产品质量的直接闭环控制、质量约束和安全约束控制等新技术的广泛应用，并对那些产品质量指标等目前尚不可测的生产装置提出了实时测量重要过程变量的迫切需求。由于技术或经济上的限制，许多生产装置的这类重要过程变量很难通过传感器进行测量，如催化裂化装置的催化剂循环量、精馏塔的产品组分浓度、生物发酵罐的菌体浓度等。为了解决这些问题，逐步形成了软测量方法及其应用技术。特别是基于装置级的先进控制和优化普遍应用后，软测量技术得到了更为广泛的发展和应用。

软测量的工作原理，就是在常规检测的基础上，利用辅助变量与主导变量的关系，通过计算机估算推理，得到主导变量的测量值。构造软测量的实质，就是建立辅助变量与主导变量之间的数学关系，归根结底，就是一个建模问题。

目前研究和应用的软测量方法有许多种，按建模方法的不同，可以将其分为基于机理分析的建模方法和基于数据的建模方法两大类。

3.3.1 建立软测量模型的主要技术流程

建立过程变量的软测量模型的主要技术流程包括以下 4 个部分，即机理分析与辅助变量的选择、数据采集与处理、软测量模型的建立和软测量模型的在线校正。

1. 机理分析与辅助变量的选择

首先明确软测量的任务，确定主导变量。在此基础上，深入了解和熟悉软测量对象及有关装置的工艺流程，通过机理分析，初步确定影响主导变量的辅助变量。辅助变量的选择内容包括变量类型、变量数目和检测点位置等。

1）变量类型的选择

变量类型的选择原则如下：（1）适用性，工程上易于获得并能达到一定的测量精度；（2）灵敏性，能对过程输出和不可测扰动作出快速反应；（3）特异性，对过程输出或不可测扰动之外的扰动不敏感；（4）精确性，构成的软测量模型能满足精度要求；（5）鲁棒性，构成的软测量模型对模型误差不敏感。

2）变量数目的选择

受系统自由度的限制，辅助变量的数目不能小于被估计变量的个数。先从系统的自由度出发，确定辅助变量的最小数目，再结合实际过程的特点适当增加，以便更好地处理动态特性问题。

3）检测点位置的选择

对于许多工业生产过程，与各辅助变量相对应的检测点位置的选择是非常重要的，可供选择的检测点很多，而且每个检测点所能发挥的作用各不相同。一般辅助变量的数目和检测点位置是同时确定的，用于选择变量数目的准则往往也被用于检测点位置的选择。

检测点位置的选择可采用工业仿真软件来模拟，确定的检测点往往需在实际应用中加以调整。

2. 数据采集与处理

能否准确地测量数据是软测量成败的关键。测量数据是通过安装在现场的传感器获得的，受测量仪表的精度、可靠性和测量环境的影响，会不可避免地存在测量误差，而采用低精度或失效的测量数据会导致软测量性能下降或者失败。因此，对测量数据进行预处理是非常必要的，主要工作包括两方面，即数据变换和测量误差处理。

1）数据变换

（1）由于实际测量数据可能有不同的工程单位，各变量的大小在数值上可能相差几个数量级，因此直接使用原始测量数据进行计算会导致信息丢失或不稳定，需要采用合适的因子进行标度变换。

（2）通过数据变换，降低非线性特性。

（3）通过权函数实现对变量动态特性的补偿。

2）测量误差处理

测量数据的误差可分为随机误差和过失误差。随机误差可采用滤波方法消除；过失误差的消除则需要通过及时侦测、剔除和校正等方法来解决。

3. 软测量模型的建立

建立基于辅助变量的主导变量估计模型的方法有多种，接下来的两个小节将简单介绍基于机理分析的建模方法和基于数据的建模方法。

4. 软测量模型的在线校正

在实际运行过程中，伴随着操作条件的变化，工业装置的过程特性和工作点会不可避免地发生变化和漂移。因此，需要对软测量模型进行在线校正才能适应新的工况。

软测量模型在线校正包括模型结构的优化和模型参数的校正两方面。通常只进行模型参数在线校正，具体方法有自适应法、增量法和多时标法。对模型结构的优化较为复杂，需要大量的样本数据和较长的时间。

3.3.2　基于机理分析的建模方法

由于工程背景明确，与一般工艺设计和计算联系密切，相应的软测量模型也较为简单，便于应用，因此基于工艺机理分析的软测量是工程中一种常用的方法，同时也是工程界最容易接受的软测量方法。在工艺机理较为清晰的应用场合，基于该方法的软测量往往能取得较好效果，优点是较容易处理动态、稳态等状态和非线性等各种因素的影响，有较大的适用范围，对操作条件的变化也可以类推；缺点是建模的代价较高，对于某些复杂的过程难以建模，且难以形成通用的软测量技术，一般都是针对某个具体生产单元计算包的形式出现。

3.3.3　基于数据的建模方法

基于数据的建模方法是软测量技术得到系统研究和能够形成通用技术的一种途径，这类软测量方法有多种，如基于回归分析的方法、基于部分最小二乘法、基于神经网络的方法、基于支持向量机的方法、基于模糊数学的方法、基于层析成像的方法、基于模式识别的方法等。下面仅介绍在化工过程获得较为广泛应用的 3 种方法。

1. 基于回归分析的方法

多线性回归（multi - linear regression，MLR）方法是最早在化工过程中得到应用的方法，它也是基于最小二乘法参数估计的方法，采用统计回归方法建立软测量模型，只要能够将输入输出归纳成 $\boldsymbol{y}=\boldsymbol{x}\boldsymbol{b}$ 的线性方程形式（$\boldsymbol{x}$ 为输入数据空间，$\boldsymbol{y}$ 为输出数据空间，$\boldsymbol{b}$ 为回归模型参数向量），就可以用最小二乘估计方法得到（$\boldsymbol{x}^{\mathrm{T}}\boldsymbol{x}$）$^{\mathrm{T}}\boldsymbol{x}^{\mathrm{T}}y$，从而可以利用 $\boldsymbol{y}=\boldsymbol{x}\boldsymbol{b}$ 来进行软测量估算。

但特别需要注意：多线性回归问题是否有解取决于（$\boldsymbol{x}^{\mathrm{T}}\boldsymbol{x}$）$^{-1}$是否存在，当存在线性相关的变量时，$\boldsymbol{x}$ 为病态矩阵，（$\boldsymbol{x}^{\mathrm{T}}\boldsymbol{x}$）$^{-1}$不存在，此时不能采用最小二乘法求解，只能采用主元回归（principal component regression，PCR）法或偏最小二乘（partial least squares，PLS）法。它们都是基于主元分析（principal component analysis，PCA），即将处于高维数据空间的 $\boldsymbol{x}$ 矩阵投影到低维特征空间，特征空间主元素保留了原始数据的特征信息而忽略了冗余信息，且它们之间是两两互不相关的。

PCR 法是对输入数据空间进行主元分析，得到能反映输入数据空间主要信息的主元，完全去除了线性相关数据的影响，建立主元与输出 y 的回归关系，实现输入变量对输出变量的估计。PLS 法不仅对输入数据空间进行主元分析，也对输出数据空间进行主元分析，并得到输入输出间的回归关系，并保证二者的主元相关性最大，实现输入变量对输出变量的最佳估计，是一种比较优异的统计分析法，在软测量应用中占有重要位置。

2. 基于神经网络的方法

基于人工神经网络的软测量方法是当前工业领域中备受关注的热点，其特点是无须掌握对象的先验知识，只需根据对象的输入输出数据直接建模，在解决高度非线性方面具有很大的潜力。常用人工神经网络的结构和学习算法如下。

1）MFN（multilayer feed - forward）网络

MFN 网络提供了能够逼近广泛非线性函数的模型结构，事实上只要允许有足够多的神经元，任何非线性连续函数都可由一个三层前向网络以任意精度来逼近。最早用于该种网络的学习算法是 BP（back propagation）算法，也是应用最多的学习算法，是一种非线性迭代寻优算法。MFN 网络广泛应用于软测量计算，而且目前已有许多改进学习算法可供选择。

2）RBF（radical basis functions）网络

RBF 网络是一个两层的前向网络，输入数目等于所研究问题的独立变量数，中间层选取基函数作为转移函数，输出层为一个线性组合器。理论上 RBF 网络具有广泛的非线性适应能力，与 BP 算法相比，RBF 网络的学习算法不存在学习的局部最优问题，且由于参数调整是线性的，可获得较快的收敛速度。相比 MFN，其神经元函数是局部性函数，有更高的逼近精度和学习速度，但对同样规模的问题需要更多的神经元。

当然，各种软测量技术的结合也产生了一些改进方法，如神经网络和 PLS 相结合的非线性 PLS、神经网络和模糊技术相结合的模糊神经网络，都丰富和改进了软测量技术。

3. 基于支持向量机（SVM）的方法

支持向量机是一种基于统计学习理论的学习方法，由于其数学理论基础严密，与其他学习方法相比，有更好的非线性处理能力和推广能力。特别是 SVM 采用结构风险最小化原则，避免了神经网络容易出现的局部极小和过拟合问题，而且 SVM 的拓扑结构可由支持向量机决定，避免了神经网络拓扑结构需要经验试凑的局限性。

最小二乘支持向量机是 SVM 的一种改进算法，通过构造损失函数将原支持向量机中算法的二次寻优变为求解线性方程，运算速度快，在一些工业生产过程中得到应用。

3.4 执行器

执行器是过程控制系统的执行机构，属于过程控制系统中的操作环节，其作用是接受控制器输出的控制信号，并转换成位移（直线位移或角位移）或速度输出，以改变流入或流出被控对象介质（物料或能量）的大小，将被控变量维持在所要求的数值上（或范围内），从而达到生产过程的自动化控制。

工业过程控制系统最常用的执行器是调节阀。从结构上看，调节阀一般由执行机构和调节机构两部分组成。执行机构是调节阀的推动部分，它按照控制器所给信号的大小，产生推力或位移；调节机构是调节阀的调节部分，它受执行机构的操纵，改变阀芯与阀座间的流通面积，调节工艺介质的流量。根据执行机构使用动力的不同，可将调节阀分为 3 种：气动、电动、液动，即以压缩空气为动力源的气动调节阀，以电为动力源的电动调节阀，以液体介质（如油等）压力为动力源的液动调节阀。一般来说，调节机构是通用的，既可以与气动执行机构匹配，也可以与电动执行机构或其他执行机构匹配。

近年来，随着变频调速技术的应用，一些控制系统已开始采用变频器和相应的电动机（泵）等设备组成执行器来取代调节阀。采用变频调速技术，可改变有关运转设备的转速，降低能源消耗。

3.4.1　电动调节阀

电动调节阀由执行机构和调节机构两部分组成，其调节机构与气动调节阀是通用的，不同的只是电动调节阀使用电动执行机构，即使用电力来驱动调节阀。

最简单的电动调节阀是电磁阀，它利用电磁铁的吸合和释放，对小口径阀门进行通、断两种状态的控制。由于结构简单、价格低廉，常将电磁阀和两位式简易控制器组成简单的自动调节系统，在生产中有一定的应用。除电磁阀外，其他连续动作的电动调节阀一般都使用电动机作动力元件，将控制器送来的信号转变为阀的开度。

连续动作的电动调节阀将来自控制器的 4～20 mA 阀位指示信号转换为实际的阀门开度，其具有一般随动系统的基本结构，如图 3－4 所示。从控制器来的控制信号通过伺服放大器驱动伺服电动机，经减速器带动调节阀，同时经位置检测变送器将阀杆行程反馈给伺服放大器，组成位置随动系统；依靠位置负反馈，保证输入信号准确地转换为阀杆的行程。此外，其间一般还配备有手动操作器，可进行手动操作和电动操作的切换；可在现场通过转动细节阀的手柄，就地进行手动操作。

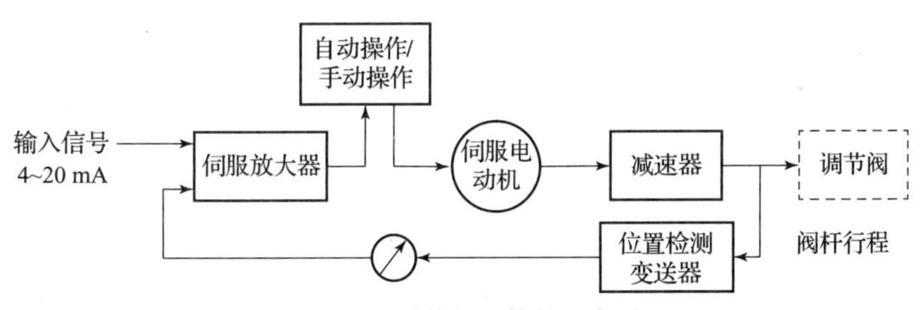

图 3－4　电动执行机构的基本原理

电动调节阀具有动作迅速、响应快、所用电源取用方便、传输距离远等特点，根据输出方式的不同，可分为直行程、角行程和多转式；也可根据输入信号与输出位移的关系，分为比例式、积分式，比例式电动调节阀的输出位移与输入信号成正比，积分式电动调节阀的输出位移与输入信号对时间的积分成正比。

气动调节阀在整个运行过程中都需要有一定的气压，虽然可采用消耗量小的放大器等，但日积月累下的耗气量仍是巨大的。采用电动调节阀，在改变阀门开度时，需要供电，在达到所需开度时就可不再供电。因此，电动调节阀比气动调节阀有明显的节能优势。

电动调节阀主要具有如下特点。

（1）电动调节阀一般有阀位检测装置来检测阀位（推杆位移或阀轴转角），并构成反馈控制系统，具有良好的稳定性。

（2）电动调节阀通常设置有电动力矩制动装置，具有快速制动功能，有效弥补了采用机械制动造成机件磨损的缺点。

(3) 结构相对复杂，不具有气动调节阀的本质安全性，当用于危险场所时，需考虑设置防爆等安全等措施。

(4) 电动调节阀需与电动伺服放大器配套使用，采用智能伺服放大器时，也可组成智能电动调节阀。通常，电动伺服放大器输入信号是控制器输出的标准 4～20 mA 电流信号或相应的电压信号，经放大后转换为电动机的正转、反转或停止信号。

(5) 适用于无气源供应的应用场所、环境温度会使供气管线中气体所含的水分凝结的应用场所和需要大推力的应用场所。

近年来，电动调节阀也得到较大发展，主要是执行电动机的变化。由于计算机通信技术的发展，采用数字控制的电动调节阀也已问世，如采用步进电动机的电动调节阀、数字式智能电动调节阀等。

3.4.2 气动调节阀

气动调节阀是指以压缩空气为动力的执行器，一般由气动执行机构和调节机构组成。目前使用的气动调节阀主要有薄膜式和活塞式两大类。其中，气动活塞式调节阀依靠气缸内的活塞输出推力，而气缸允许压力较高，故可获得较大的推力，并容易制成长行程的执行机构。气动薄膜式调节阀则使用弹性膜片将输入气压转换为推力，结构简单，价格低廉，使用更加广泛。下面重点介绍气动调节阀的结构、工作原理、流量特性以及调节机构的选择。

典型的力平衡式气动薄膜式调节阀的结构如图 3－5 所示，可以分为上、下两部分。

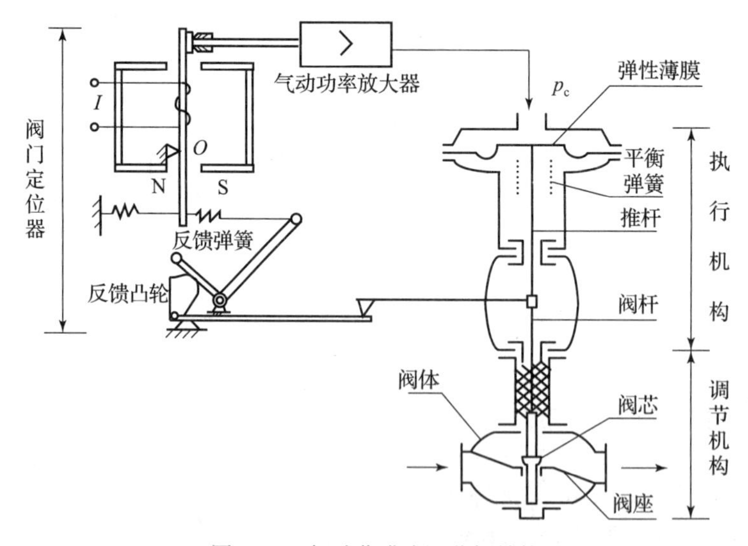

图 3－5 气动薄膜式调节阀结构

上半部分是产生推力的执行机构，主要由弹性薄膜、推杆和平衡弹簧等部分组成。下半部分是调节机构，主要由阀体、阀芯、阀座组成；左侧部分为阀门定位器，主要由气动功率放大器、反馈弹簧、反馈凸轮组成。当 20～100 kPa 的标准气压信号进入薄膜气室时，在弹性薄膜上产生向下的推力，并克服平衡弹簧弹力，使推杆产生位移，直到平衡弹簧的弹力与弹性薄膜上的推力平衡为止。这种执行机构的特性属于比例式，即平衡时推杆的位移与输入气压大小成比例。调节机构的作用是，阀芯在阀杆的带动下在阀体内上下移动，从而改变阀芯与阀座之间的流通面积，调节通过的介质流量。

气动调节阀有气开、气关两种作用形式，所谓气开型，即阀门初始状态是关闭状态，当信号压力 $p_c > 0.02$ MPa 时，阀门开始打开，随着信号压力增大阀门的开度也增大；气关型则相反，阀门的初始状态是全开状态，随着压力增大阀门开度反而变小。

气动调节阀的阀杆位移是由弹性薄膜上的气压推力与平衡弹簧弹力的相互作用来确定的，因此阀杆摩擦力、被调介质压力变化等附加力会影响定位精度。为此，可采用（模拟）电/气阀门定位器，如图3－5左侧部分所示，其作用是把控制器输出的4～20 mA电信号按比例转换成驱动调节阀动作的20～100 kPa的气动信号，而且具有阀门定位功能，即利用负反馈原理来改善气动调节阀的定位精度和灵敏度，从而确保阀芯的准确定位。具体工作原理是这样的：输入电流 I 通过绕于杠杆外的线圈，产生的磁场与永久磁铁相作用，使杠杆绕支点 O 转动，改变喷嘴挡板机构的间隙，使其背压改变，此压力变化经气动功率放大器放大后，经弹性薄膜和推杆推动阀杆移动。阀杆移动时，通过连接杆及反馈凸轮带动反馈弹簧，使弹簧的弹力与阀杆位移成比例变化，在反馈力矩等于电磁力矩时杠杆平衡。这时，阀杆的位移必定精确地由输入电流 I 确定。

阀门定位器的主要功能如下。

（1）实现准确定位。通过阀位负反馈，可以有效克服阀杆的摩擦，消除气动调节阀不平衡力的扰动影响，增加气动调节阀的稳定性。

（2）改善气动调节阀的动态特性。可以有效地克服气压信号的传递滞后，改变原来气动调节阀的一阶滞后特性，使之成为比例环节。

（3）改善气动调节阀的流量特性。通过改变阀门定位器中反馈凸轮的几何形状，可改变反馈量，即补偿或修改气动调节阀的流量特性。

（4）实现分程控制。当采用1个控制器的输出信号分别控制两只气动调节阀工作时，可用2个阀门定位器，使它们分别在信号的某一区段完成行程动作，从而实现分程控制。

最近的研究表明，并不是任何情况下采用阀门定位器都是合理的。例如，在压力、流量等被控对象变化较快的控制系统中，使用阀门定位器反而会降低控制品质。而对于传热、液位等大容积的慢过程，应用阀门定位器将改善控制品质。

计算机技术的发展促使阀门定位器向着智能化的方向发展。智能阀门定位器不仅能很好地减轻或消除以上问题，而且与普通阀门定位器在性能、使用情况、性能价格比等方面进行比较，均具有明显的优势。同时，智能阀门定位器以微处理器为核心，既可以实现本地显示、维护操作，也可以实现远程组态、调试和诊断等功能。

3.4.3　调节阀的流通能力

调节阀是一个局部阻力可变的节流元件，通过改变阀芯的行程可以改变调节阀的阻力系数，达到控制流量的目的。流过调节阀的流量不仅与阀的开度（即流通面积）有关，而且还与阀门前后的压差有关。为了衡量不同调节阀在特定条件下单位时间内流过流体的体积，引入了调节阀流通能力（常记作 C）的概念。

根据流体力学可知，不可压缩流体流过节流元件（如调节阀）时产生的压力损失（压差）Δp 与流体速度之间的关系为

$$\Delta p = \xi\rho\frac{v^2}{2} \tag{3-4}$$

式中：v 为流体的平均流速；ρ 为流体密度；ξ 为调节阀的阻力系数，与阀门的结构形式及开度有关。

考虑到流体的平均流速 v 等于流体的体积流量 Q 除以调节阀连接管的截面积 A，即 $v=Q/A$，代入式（3-4）并整理，可得流量表达式为

$$Q = \frac{A}{\sqrt{\xi}}\sqrt{\frac{2\Delta p}{\rho}} \tag{3-5}$$

若面积 A 的单位取 cm^2，压差 Δp 的单位取 kPa，密度 ρ 的单位取 $\mathrm{kg/m^3}$，流量 Q_v 的单位取 $\mathrm{m^3/h}$，则式（3-6）的数值表达式为

$$Q = 3600\times\frac{1}{\sqrt{\xi}}\times\frac{A}{10^4}\sqrt{2\times10^3\frac{\Delta p}{\rho}} = 16.1\frac{A}{\sqrt{\xi}}\sqrt{\frac{\Delta p}{\rho}} \tag{3-6}$$

由式（3-6）可以看出，通过调节阀的流体流量除与阀两端的压差及流体种类有关外，还与阀门口径及阀芯、阀座的形状等因素有关。当压差 Δp、密度 ρ 不变时，阻力系数 ξ 减小，则流量 Q 增大；反之，ξ 增大，则流量 Q 减小。调节阀就是通过改变阀芯行程来改变阻力系数，从而达到调节流量的目的。所谓调节阀的流通能力 C，是指调节阀两端压差为 100 kPa、流体密度为 1 000 $\mathrm{kg/m^3}$，调节阀全开时，每小时流过阀门的流体体积。根据式（3-6），可知

$$C = 5.09\frac{A}{\sqrt{\xi}} \tag{3-7}$$

在调节阀的手册上，对不同口径和不同结构形式的阀门分别给出了流通能力 C 的数值，可供用户选用。将式（3-7）代入式（3-6），于是式（3-6）可改写为

$$Q = C\sqrt{\frac{10\Delta p}{\rho}} \tag{3-8}$$

式（3-8）可直接用于液体的流量计算，同时可用来在已知压差 Δp、液体密度 ρ 及需要的最大流量 $Q_{\max}$ 的情况下，确定调节阀的流通能力 C，从而可进一步选择阀门的口径及结构形式。但当流体是气体、蒸汽或二相流时，以上的计算公式必须进行相应的修正。

可见，对于同一口径的调节阀，提高调节阀两端的压差可使阀门所能通过的最大流量增加，也就是说，在工艺要求的最大流量已经确定的情况下，增加阀门两端的压差可减小所选阀的尺寸，以节省投资。

3.4.4 调节阀的结构特性和流量特性

调节阀是安装在工艺管道上的，对于气动调节阀，其信号关系如图 3-6 所示。

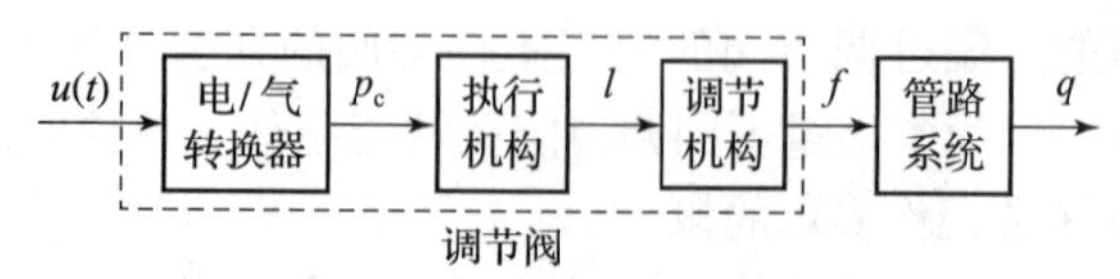

图 3-6 调节阀与管道连接方框图

图3－6中，$u(t)$是控制器输出的控制信号；p_c是调节阀的气动控制信号；$q=Q/Q_{100}$为相对流量，即调节阀在某一开度下的流量Q与全开时流量Q_{100}的比值；$f=F/F_{100}$为相对节流面积，即调节阀在某一开度下的节流面积F与全开时节流面积F_{100}的比值；$l=L/L_{100}$为相对开度，即调节阀在某一开度下的行程L与全开时行程L_{100}的比值。

调节阀的稳态特性为

$$K_v = \frac{dq}{du} \tag{3-9}$$

调节阀的动态特性为

$$G_v(s) = \frac{q(s)}{U(s)} = \frac{K_v}{T_v s + 1} \tag{3-10}$$

式中：$U(s)$是$u(t)$的像函数；$q(s)$是相对流量q的像函数，K_v的符号由调节阀的作用形式决定，气开式调节阀K_v为正，气关式调节阀K_v为负；T_v为调节阀的时间常数，一般很小，可以忽略，但对于流量这样快速变化的被控对象，T_v有时不能忽略。

调节阀的结构特性是指阀芯与阀座之间的节流面积与阀门开度之间的函数关系，通常用相对量表示，即

$$f = \varphi(l) \tag{3-11}$$

式中：f为相对节流面积；l为阀门相对开度。

调节阀的流量特性是指介质流过阀门的相对流量与相对阀门开度之间的函数关系，即

$$q = f(l) \tag{3-12}$$

式中：q为相对流量；l为阀门相对开度。

从过程控制的角度来看，系统调节阀最重要的特性是它的流量特性，即调节阀阀芯位移（阀门开度）与流量之间的关系。因为u与l成比例关系，所以调节阀的稳态特性又称为调节阀的流量特性，调节阀的流量特性对整个过程控制系统的控制品质有很大的影响，它不仅取决于阀的结构特性，还与阀的前后压差和管路工作情况有关。由于调节阀是安装在管道上工作的，因此在分析调节阀的流量特性时，往往把调节阀及其管路系统看作一整体。

1. 调节阀的理想流量特性

在调节阀前后压差Δp固定不变的情况下，得出的阀芯位移与流量之间的关系特性称为理想流量特性。这种流量特性完全取决于阀芯的形状，也就是说取决于阀门的结构特性。图3－7为调节阀常见的3种阀芯形状，不同阀芯曲面可得到不同的结构特性和理想流量特性。

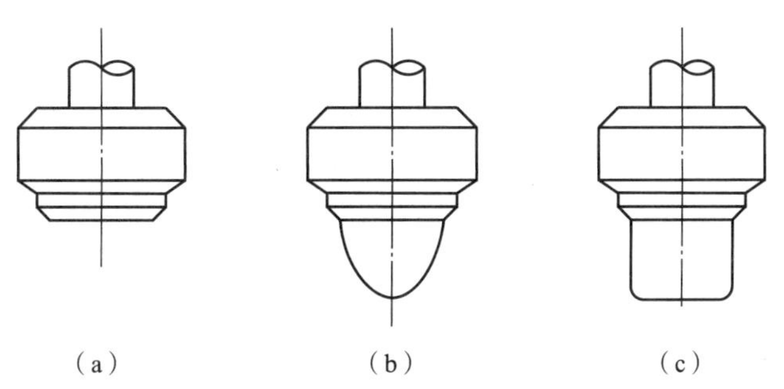

图3－7 调节阀常见的3种阀芯形状

下面讨论调节阀的理想流量特性。

假设调节阀的流量系数与阀的节流面积呈线性关系，即

$$C = C_{100}f \tag{3-13}$$

式中：C、C_{100}分别为调节阀的流量系数和额定流量系数。

由式（3－8）可知，通过调节阀的流量为

$$Q = C\sqrt{\frac{10\Delta p}{\rho}} = C_{100}f\sqrt{\frac{10\Delta p}{\rho}} \tag{3-14}$$

调节阀全开时，$f=1$，$Q=Q_{100}$，式（3－20）变为

$$Q_{100} = C_{100}\sqrt{\frac{10\Delta p}{\rho}} \tag{3-15}$$

当 Δp 等于常数时，由式（3－14）和式（3－15）得

$$q = f \tag{3-16}$$

式（3－16）表明调节阀的理想流量特性就是它的结构特性。因此，在这里就不再专门讲述调节阀的结构特性，只讲述与之等价的理想流量特性。应当指出，由于式（3－13）近似成立，所以上述结论大致正确。

1）直线流量特性

直线流量特性是指调节阀的流量（相对最大流量的百分数）特性与阀门的相对开度（阀芯位移相对满行程的百分数）呈直线关系，即调节阀相对开度变化与所引起的流量变化之比是常数。即

$$\frac{dq}{dl} = k \tag{3-17}$$

式中：k 为调节阀的比例系数。

式（3－17）积分得

$$q = kl + c \tag{3-18}$$

式中：c 为积分常数。当 $l=0$ 时，$Q=Q_0$，$c=Q_0/Q_{100}$；当 $l=1$ 时，$Q=Q_{100}$，$k=1-c$。其中，Q_0不等于阀的泄漏量，而是比泄漏量大的可以控制的最小流量。

引入阀门特性参数 R，称为调节阀的理想可调范围（又称为“理想可调比”），定义为

$$R = \frac{Q_{100}}{Q_0} \tag{3-19}$$

R 通常取为 30。将式（3－19）边界条件代入式（3－18），并整理得

$$q = \frac{1}{R} + \left(1 - \frac{1}{R}\right)l \tag{3-20}$$

可见，q 与 l 为直线关系，即阀芯相对开度变化所引起的流量变化是相等的。但是，它的流量相对变化量（流量变化量与原有流量之比）是不同的，在开度小时，相同的开度变化所引起的流量相对变化量大，这时调节阀灵敏度过高，控制作用太强，易产生超调而引起振荡，不好控制；而在开度大时，其流量相对变化量小，这时调节阀灵敏度又太小，控制作用太弱，调节缓慢，不够及时。因此，线性调节阀不宜用在负荷变化较大的场合。

2）对数（等百分比）流量特性

对数流量特性是指阀门开度与流量间为对数关系。考虑到这种阀的阀门开度一定时所引

起的流量变化与该点原有流量成正比，即同样阀门开度所引起的流量变化的百分比是相等的，所以也称为等百分比流量特性。其数学表达式为

$$\frac{dq}{dl} = kq \tag{3-21}$$

可见，与直线流量特性相比，对数调节阀的放大系数 k 在不同工作点是不同的。根据边界条件，可以求得

$$q = R^{(l-1)} \tag{3-22}$$

可知，q 与 l 呈对数关系。采用对数流量特性的调节阀，在阀开度较小（即小流量）时 k 小，控制缓和平稳；在阀开度较大（即流量大）时 k 大，控制及时有效。

3）快开流量特性

快开流量特性用数学表达式描述为

$$\frac{dq}{dl} = k(q)^{-1} \tag{3-23}$$

根据边界条件可得

$$q = \frac{1}{R}[1 + (R^2 - 1)l]^{1/2} \tag{3-24}$$

式（3－24）表明，具有快开流量特性的调节阀在阀门开度较小时就有较大的相对流量，随着相对开度增大，相对流量很快达到最大值。具有上述特性的快开阀又称作平方根阀。快开流量特性主要适用于两位式控制。

实际工厂使用的快开流量特性的函数关系为

$$q = 1 - \left(1 - \frac{1}{R}\right)(1 - l)^2 \tag{3-25}$$

图 3－8 为上述 3 种理想流量特性曲线，图中的流量和开度都用相对值表示。

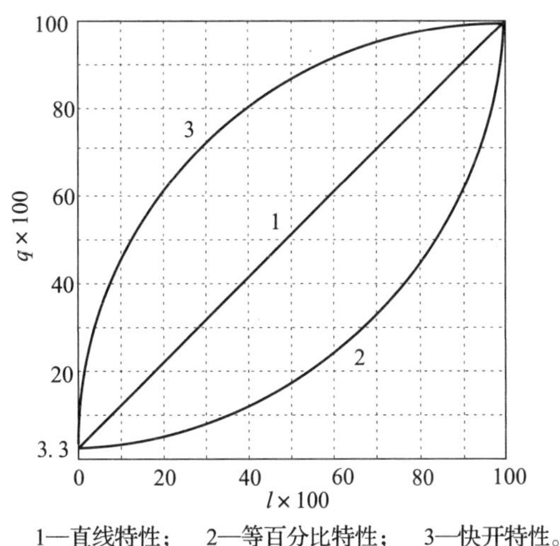

1—直线特性；　2—等百分比特性；　3—快开特性。

图 3－8　调节阀的理想流量特性曲线

2. 调节阀的工作流量特性

调节阀在实际使用时，其前后压差有可能随具体工作状况而发生变化，一般把在各种具

体使用条件下，阀门开度对流量的控制特性，称为工作流量特性。在实际的工艺装置上，调节阀和其他阀门、设备、管道等串联或并联，使阀两边的压差随流量变化而变化，从而导致调节阀的工作流量特性不同于理想流量特性。

1）串联管系工作流量特性

串联的阻力越大，流量变化引起的调节阀前后压差也越大，流量特性变化得也越厉害。所以，阀的工作流量特性除与阀的结构有关外，还取决于具体配管情况。同一个调节阀，在不同的外部条件下，具有不同的工作流量特性，在实际工作中，使用者最关心的也是工作流量特性。

调节阀如在外部条件影响下，由理想流量特性转变为工作流量特性。以图3－9（a）所示的调节阀与工艺设备及管道串联的情况为例，系统总压差 Δp 等于阀前后压差 Δp_v 与管道系统的压差 Δp_k 之和，这是最常见的典型情况。由流体力学理论可知，管道的阻力损失与流量的平方成正比。如果外加总压差 Δp 恒定，那么当阀门开度加大时，随着流量 q 的增加，设备及管道系统的压差 Δp_k 也将增加，如图3－9（b）所示。

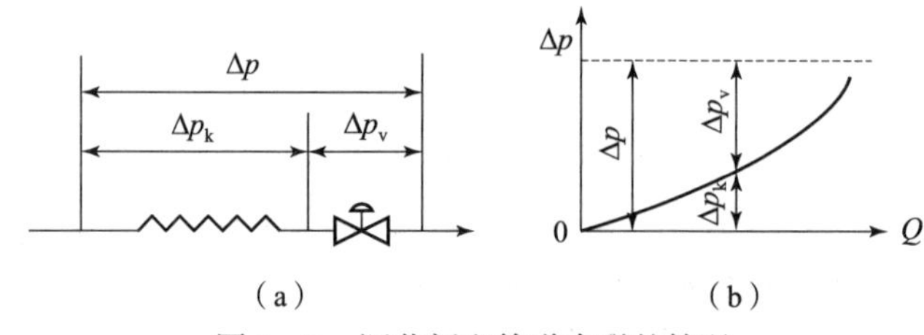

图3－9　调节阀和管道串联的情况

随着阀门的开大，阀前后的压差 Δp_v 将逐渐减小。因此，在同样阀门开度下，调节阀与工艺设备及管道阻力串联时的流量变化与阀前后保持恒压差的理想情况相比要小一些。特别是在阀门开度较大时，由于阀前后压差 Δp_v 变化很大，阀的实际控制作用可能变得非常迟钝。

为了衡量调节阀实际工作流量特性相对于理想流量特性的变化程度，引入全开阀阻比的概念，用 S 来表示，即

$$S=\frac{\Delta p_{\mathrm{vmin}}}{\Delta p}=\frac{\Delta p_{\mathrm{vmin}}}{\Delta p_{\mathrm{vmin}}+\Delta p_{\mathrm{k}}} \tag{3-26}$$

式中：Δp_{vmin} 为调节阀全开时阀门前后的压差；Δp 为系统总压差。

因此，全开阀阻比 S 表示存在管道阻力的实际工况下，阀全开时阀前后最小压差 Δp_{vmin} 占总压差 Δp 的百分比。

具体来说，当 $S=1$ 时，管道压降为0，阀前后的压差始终等于总压差，故工作流量特性即为理想流量特性；当 $S<1$ 时，由于串联管道阻力的影响，使流量特性发生两个变化，由式（3－8）、式（3－11）和式（3－26）可推导出相应的工作流量特性，如图3－10所示。

由图3－10可知：一个变化是阀全开时流量减小，即阀的可调范围变小；另一个变化是阀的流量特性发生了畸变，在大开度时的控制灵敏度降低。例如，图3－10（a）中，理想流量特性是直线特性调节阀，随着 S 的减小，当阀门开度到达50%～70%时，流量已接近其全开时的数值，即 K_v 随着阀门开度的增大而显著下降，工作流量特性变成快开特性。

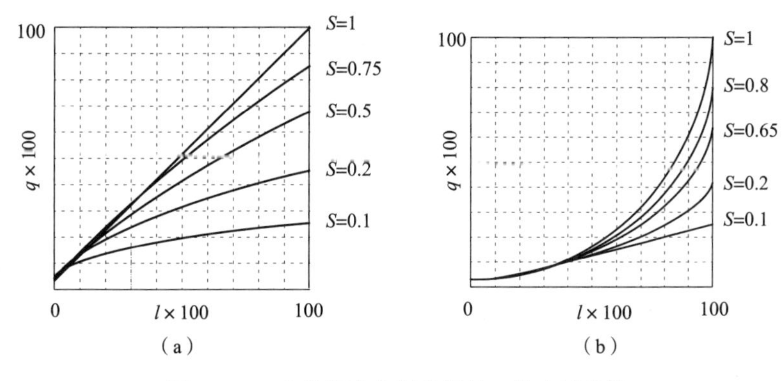

图3-10　串联管道中调节阀的工作流量特性

图3-10（b）中，在理想情况下，调节阀的放大增益K_v随着阀门开度的增大而增加；而随着S的减小，K_v渐近于常数，即理想对数特性趋向于直线特性。全开阀阻比S的值愈小，流量特性畸变的程度愈大。因此，在实际使用中一般要求S的值不能低于0.3。

2）并联管系工作流量特性

在工程现场使用中，调节阀一般都装有旁路，以便在控制系统失灵时进行手动操作和维护。当生产能力提高或者其他原因导致调节阀的最大流量不能满足工艺生产要求时，可以把旁路打开一些，以应生产所需。并联管系工作情况如图3-11所示。

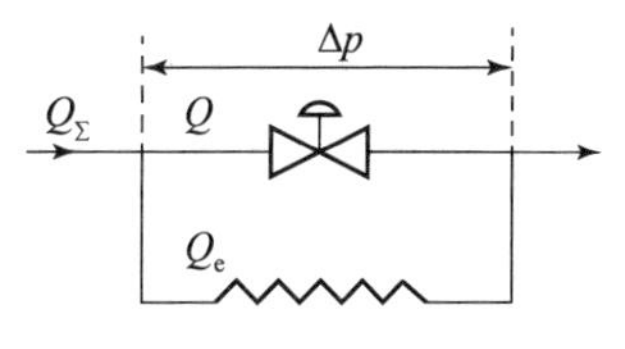

图3-11　调节阀和管道并联的情况

为说明并联管系工作流量特性的变化情况，引入全开流量比S'的概念，即令S'为并联管系中调节阀全开时通过的流量与总流量的比值，即

$$S' = \frac{Q_{100}}{Q_{\sum \max}} = \frac{C_{100}}{C_{100} + C_e} \tag{3-27}$$

这时调节阀的流量特性就变成并联管系的工作流量特性，根据式（3-8）、（3-11）和式（3-27）可推导出不同结构调节阀的工作流量特性。图3-12为并联管道中调节阀的工作流量特性。

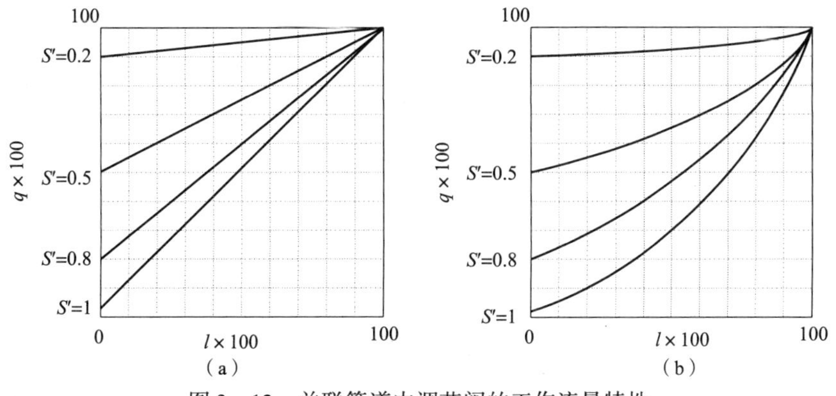

图3-12　并联管道中调节阀的工作流量特性

（a）直线结构；（b）百分比结构

由图 3－12 可以看出，当 $S'=1$ 时，旁路关闭，并联管道的工作流量特性就是调节阀的理想流量特性；随着 S' 减小，阀本身的流量特性变化不大，但可调比降低了，即管道系统的可控性大大降低。在实际使用中，为使调节阀有足够的调节能力，旁路流量不能超过总流量的 20%，即 S' 值不能低于 0.8。

3.4.5 调节阀的选择

1. 调节阀执行机构的选择

（1）输出力的考虑。执行机构不论是何种类型，其输出力都是用于克服负荷的有效力。因此，为了使调节阀正常工作，配用的执行机构要能产生足够的输出力来克服各种阻力，保证高度密封和阀门的开启。

（2）执行机构类型的确定。对执行机构输出力确定后，根据工艺使用环境要求，选择相应类型的执行机构。对于现场有防爆要求时，应选用气动执行机构，且接线盒为防爆型，不能选择电动执行机构。如果没有防爆要求，则气动、电动执行机构都可选用，但从节能方面考虑，应尽量选用电动执行机构。对于液动执行机构，其使用不如气动、电动执行机构广泛，但具有调节精度高、动作速度快和稳定性好的优点，因此，在某些情况下，为了达到较好的调节效果，必须选用液动执行机构。

2. 调节阀的阀体类型选择

阀体的选择是调节阀选择中最重要的环节。调节阀阀体种类很多，常用阀体类型及特点如下。

（1）直通单座阀。直通单座阀的结构简单、泄漏量小，易于保证关闭，但不平衡力大，适用于小口径、泄漏量要求严格、低压差管道的场合。

（2）直通双座阀。大口径的调节阀一般选用直通双座阀，其所需推力较小，动作灵活，但不平衡力小，泄漏量较大，适用于阀两端压差较大、泄漏量要求不高的场合。

（3）角形阀。角形阀的流路简单、阻力小，主要应用于现场管道要求直角连接的场合，还适用于高压差、高黏度、含有少量悬浮物和颗粒状固体流量的场合。

（4）隔膜阀。隔膜阀的结构简单、流阻小、流通能力大、耐腐蚀性强，主要适用于有强腐蚀介质的场合。

（5）三通阀。三通阀有 3 个出入口与工艺管道连接，可组成分流与合流 2 种形式，主要用于配比控制或旁路控制。

（6）螺阀。螺阀的结构简单、重量轻、价格便宜、流阻极小、泄漏量大，主要适用于大口径、大流量、低压差、含少量纤维或有悬浮物的液体或气体的场合。

（7）球阀。球阀的阀芯与阀体都呈球形体，适用于流体黏度高、污秽的场合。其中，O 型阀一般作双位控制用，V 型阀作连续控制用。

在选择阀门之前，要对控制过程的介质、工艺条件和参数进行细心的分析，收集足够的数据，了解系统对调节阀的要求，根据所收集的数据来确定所要使用的阀门类型。

3. 调节阀的气开、气关方式选择

气开式调节阀（简称气开阀）是指当气体的压力信号增加时，阀门开度增大，趋于打开（即所谓的“气大阀开”），调节阀的增益为正；气关式调节阀（简称气关阀）则相反，当气体的压力信号增加时，阀门开度减小，趋于关闭（即“气大阀关”），调节阀的增益为负。气开阀与气关阀的基本结构如图3－13所示。这种调节阀的各个部分是用螺丝连接的，其阀体可和阀芯一起上下倒装，很容易将气开阀改装成气关阀，反之亦然。

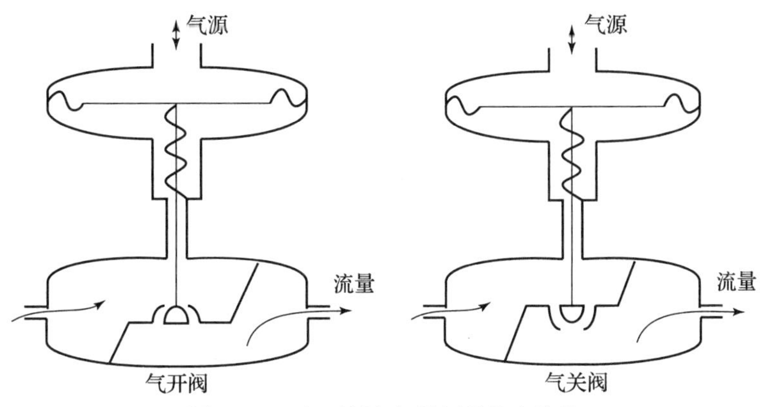

图3－13 气开阀和气关阀的基本结构

在调节阀气开与气关形式的选择上，应根据具体生产工艺的要求，主要考虑当气源供气中断或调节阀出现故障时，调节阀的阀位（全开或全关）应使生产处于安全状态。例如，若进入工艺设备的流体易燃易爆，为防止爆炸，调节阀应选气开式；如果流体容易结晶，调节阀应选气关式，以防堵塞。

通常，选择调节阀的气开、气关形式的原则如下。

(1) 从生产安全的角度出发。当出现气源供气中断，或因控制器故障而无输出，或因调节阀膜片破裂而漏气等故障时，调节阀无法正常工作以致阀芯恢复到无能源的初始状态（气开阀恢复到全关，气关阀恢复到全开），应能确保生产工艺设备的安全，不致发生事故。例如，锅炉的汽包液位控制系统中的给水调节阀应选用气关式。这样，一旦气源中断，也不致使锅炉内的水蒸干。而安装在燃料管道上的调节阀则大多选用气开式，一旦气源中断，则切断燃料，避免因燃料过多而出现事故。

(2) 从保证产品质量的角度出发。当因发生故障而使调节阀处于失气状态时，不应降低产品的质量。例如，精馏塔的回流调节阀应在出现故障时打开，使生产处于全回流状态，防止不合格产品的蒸出，从而保证塔顶产品的质量，因此应选择气关阀。

(3) 从降低原料、成品和动力的损耗的角度出发。例如，控制精馏塔进料的调节阀就常采用气开式，一旦调节阀失去能源（即处于全关状态），就不再给塔进料，以免造成浪费。

(4) 从介质特点的角度出发。精馏塔塔釜加热蒸汽调节阀一般选气开式，以保证在调节阀失气时能处于全关状态，从而避免蒸汽的浪费和影响精馏塔的操作；如果釜液是易凝、易结晶、易聚合的物料，调节阀应选择气关式，以防失气时关闭、停止蒸汽进入而导致再沸器和精馏塔内液体的结晶和凝聚。

有2种情况在调节阀气开、气关形式选择上需加以注意。

第一种情况是由于工艺要求不一，选择调节阀气开、气关形式的原则出现矛盾时，对于同一调节阀可以有两种不同的选择结果。例如，对于锅炉供水调节阀，从防止蒸汽带液会损坏后续的汽轮机的角度出发，应选择气开式；如果从保护锅炉的角度出发，防止断水锅炉烧干，应选择气关式。出现这种情况时，需要与工艺人员认真分析、分清主次，权衡利弊，慎重选择。

第二种情况是某些生产工艺对调节阀的气开、气关形式没有严格的要求，这时可以任意选择。

4. 调节阀流量特性的选择

调节阀流量特性的选择。首先，根据过程控制系统的要求，确定工作流量特性，然后根据流量特性曲线的畸变程度（配管情况），确定理想流量特性。调节阀（工作）流量特性的选择可以通过理论计算，但所用的方法和方程都很复杂。目前多采用经验准则，具体从以下几方面考虑。

1）控制系统的控制质量

首先，从控制原理来看，要保持一控制系统在整个工作范围内都具有较好的控制品质，就应使系统在整个工作范围内的总放大倍数尽可能保持恒定。通常，检测变送安置、控制器和执行器的放大倍数是常数，但被控对象的特性往往是非线性的，其放大倍数随工作点变化。因此，选择调节阀时，希望以调节阀的非线性补偿被控对象的非线性。例如，在实际生产中，很多被控对象的放大倍数是随负荷加大而减小的，这时如能选用放大倍数随负荷加大而增加的调节阀，便能使两者互相补偿，从而保证系统在整个工作范围内都有较好的控制品质。由于对数特性调节阀具有这种类型的特性，因而得到广泛的应用。

若被控对象的特征是线性的，则应选用具有直线流量特性的调节阀，以保证系统总放大倍数保持恒定。至于快开特性的调节阀，由于小开度时放大倍数高，容易使系统振荡，大开度时调节不灵敏，故在连续控制系统中很少使用，一般只用于二位式控制的场合。

2）工艺配管情况

当 $S=0.6\sim1.0$ 时，理想流量特性与工作流量特性几乎相同；当 $S=0.3\sim0.6$ 时，调节阀工作流量特性无论是线性的还是对数的，均应选择对数的理想流量特性；当 $S<0.3$ 时，一般已不宜用于自动控制。

3）负荷变化情况

从负荷变化情况看，对数特性调节阀的放大系数是变化的，因此能适应负荷变化的场合，同时也适用于调节阀经常工作在小开度的情况，即选用对数特性调节阀具有比较广泛的适应性。

需要补充说明的是，选择好调节阀的流量特性，就可以确定阀门阀芯的形状和结构。但对于隔膜阀、蝶阀等，由于它们的结构特点，不可能用改变阀芯的曲面形状来达到所需要的流量特性，这时可通过改变阀门定位器反馈凸轮的外形来实现。

5. 调节阀口径大小的选择

调节阀口径的选择和确定主要依据阀的流通能力，即 C。在各种工程仪表的设计和选型时，都要对调节阀的 C 进行计算，并提供调节阀设计说明书。

从控制角度看，如果调节阀口径选得过大，超过了正常控制所需的介质流量，那么调节阀将经常处于小开度下工作，阀的特性将会发生畸变，阀性能就较差。反过来，如果调节阀口径选得太小，在正常情况下都在大开度下工作，阀的特性也不好。此外，调节阀口径选得过小也不适应生产发展的需要，一旦设备需要增加负荷时，就不够用了。因此，调节阀口径的选择应留有一定的余地，以适应增加生产的需要。调节阀口径大小通过计算调节阀流通能力的大小来决定，流通能力要根据调节阀所在管线的最大流量以及调节阀两端的压差来进行计算，并且为了保证调节阀具有一定的可控范围，必须使调节阀两端的压差在整个管线的总压差中占有较大的比例。所占的比例越大，调节阀的可控范围越宽。如果调节阀两端压差在整个管线总压差中所占的比例小，则可控范围就很窄，这将会导致调节阀特性的畸变，使控制效果变差。

有关调节阀口径的计算，请参考相关的流体计算资料。

3.4.6 变频器

变频器是交流电气传动系统的一种装置，是将恒压恒频（constant voltage constant frequency，CVCF）的交流工频电源转换成变压变频（variable voltage variable frequency，VVVF），即电压、频率都连续可调的适合交流电动机调速的三相交流电源的电力电子变换装置。

随着交流电动机控制理论、电力电子技术、大规模集成电路和微型计算机技术的迅速发展，交流电动机变频调速技术已日趋完善。

变频器可以作为自动控制系统中的执行单元，也可以作为控制单元（自身带有PID控制器等），作为执行单元时，变频器接收来自控制器的控制信号，根据控制信号改变输出电源的频率；作为控制单元时，变频器本身兼有控制器的功能，可单独完成控制调节作用，即通过改变电动机电源的频率来调整电动机转速，进而达到改变能量或流量的目的。

1. 变频器的基本工作原理

以交流（直流）电动机为动力拖动各种生产机械的系统称为交流（直流）电气传动系统，其典型构成如图3-14所示。直流电气传动系统的特点是：系统内的控制对象为直流电动机，控制原理简单，调速方式单一；性能优良，对硬件要求不高；电动机有换向电刷(换向火花)；电动机功率设计受限；电动机易损坏，不适应恶劣现场；需定期维护。交流电气传动系统特点是：控制对象为交流电动机，控制原理复杂，有多种调速方式；电动机无电刷，无换向火花问题；电动机功率设计不受限；电动机不易损坏，适应恶劣现场；基本免维护。

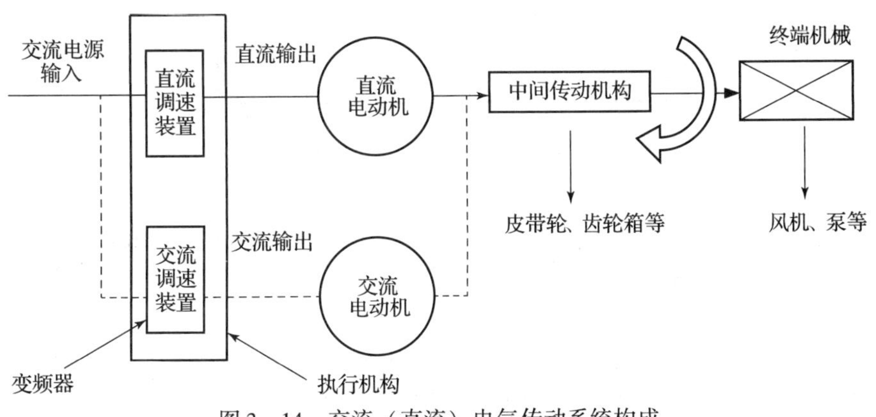

图3-14 交流（直流）电气传动系统构成

近年来，随着新型电力电子器件、高性能微处理器的应用以及控制技术的发展，电气传动系统朝着驱动的交流化，功率变换器的高频化，控制的数字化、智能化和网络化的方向发展。目前，普遍采用变频器作为交流调速装置，其控制对象为三相交流异步电动机和三相交流同步电动机。

变频调速与其他交流电动机调速方式相比，其优势主要体现在：（1）可平滑软启动，降低启动冲击电流，减少变压器占有量，确保电动机安全；（2）在机械允许的情况下，可通过提高变频器的输出频率提高工作速度；（3）无级调速，调速精度大大提高；（4）电动机正反向无须通过接触器切换；（5）方便接入通信网络，实现生产过程的网络化控制。

变频器作为系统的重要功率变换部件，因可提供可控的高性能变压变频的交流电源/稳压器而得到迅猛发展。变频器的性能价格比也越来越高，体积越来越小，并进一步朝着小型轻量化、高性能化和多功能化以及无公害化的方向发展。

典型的交－直－交通用变频器的原理如图 3－15 所示。图中，整流部分是将交流电变换成直流电的电力电子装置，其输入电压为正弦波，输入电流为非正弦波，带有丰富的谐波。储能环节可采用电解电容（电压型）或电抗器（电流型）。逆变部分是根据控制单元发来的指令将直流电调制成某种频率的交流电输出给电动机的电力电子装置，其输出电压为非正弦波，输出电流近似正弦。逆变回路的输出频率一般可在 0～50 Hz 之间连续变化，输出电源频率越低，电源电压也越低，使得电动机的瞬时功率下降，以保证磁通不变。控制单元以 CPU 为核心，对有关运行数据进行检测与比较，完成控制运算（V/F 控制加转矩提升），并发出具体指令，控制电源输出回路，调整电源输出频率。

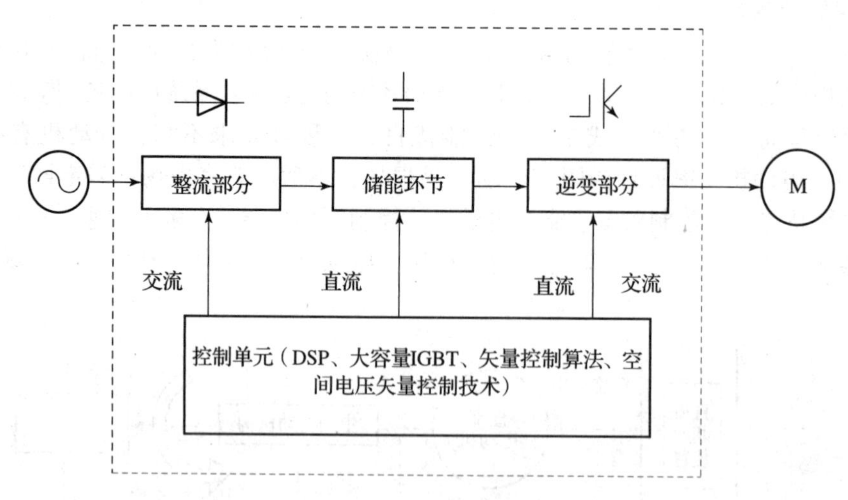

图 3－15　交－直－交通用变频器的原理

交流调速的控制核心是，只有保持电动机磁通恒定才能保证电动机出力，才能获得理想的调速效果，目前变频控制方法主要有：基本 V/F 控制、矢量控制和直接转矩控制。

1）基本 V/F 控制

基本 V/F 控制但性能一般，简单实用，且使用最为广泛（通用型变频器普遍采用），支持同时驱动不同类型、不同功率的电动机。其控制算法的基本思想是，只要保证输出电压与输出频率之比 V/F 恒定，就能近似保持磁通恒定。例如，对于 380 V/50 Hz 电机，当运行频率为40 Hz时，电动机的供电电压为380×(40/50)=304 V。低频时，定子阻抗压降会导致磁通下降，需将输出电压适当提高。

2）矢量控制

矢量控制性能优良，可以与直流调速媲美，但技术成熟较晚，考虑到电动机参数对控制性能的影响较大，一般只能驱动1台电动机。矢量控制的基本原理是模仿直流电动机的控制方法，通过测量和控制异步电动机定子电流矢量，并根据磁场定向原理分别对异步电动机的励磁电流和转矩电流进行控制，从而达到控制异步电动机转矩的目的。具体是将异步电动机的定子电流矢量分解为产生磁场的电流分量（励磁电流）和产生转矩的电流分量（转矩电流）分别加以控制（即实现解耦），并同时控制两分量间的幅值和相位，即控制定子电流矢量，所以称这种控制方式为矢量控制方式。矢量控制算法性能优良，控制相对复杂，直到20世纪90年代计算机技术迅速发展才真正大范围使用。

3）直接转矩控制

直接转矩控制是继矢量控制技术之后发展起来的一种高性能异步电动机变频调速技术，具有鲁棒性强、转矩动态响应速度快、控制结构简单等优点，它在很大程度上解决了矢量控制结构复杂、计算量大、对参数变化敏感等问题。其算法的基本思想是，把电动机和逆变器看成一整体，采用空间电压矢量分析方法在定子坐标系进行磁通、转矩计算，通过跟踪型PWM逆变器的开关状态直接控制转矩。因此，无须对定子电流进行解耦，免去矢量变换的复杂计算，控制结构简单。直接转矩控制的主要缺点是在低速时转矩脉动较大。

一般来说，矢量、直接转矩控制方式主要用在高动态、高精度响应方面，如卷曲、张力、同步、定位等。

变频器性能的优劣，一要看其输出交流电压的谐波对电动机的影响，二要看对电网的谐波污染和输入功率因数，三要看本身的能量损耗（即效率）如何。

变频器的选择，必须要把握以下几个原则。

(1) 充分了解控制对象性能要求。一般来讲，对于启动转矩、调速精度、调速范围要求较高的场合，需考虑选用矢量变频器，否则选用通用变频器即可。

(2) 了解负载特性，如是通用场合，则需确定变频器是C型（通用型）还是P型（风机、水泵专用型）。

(3) 了解所用电动机主要铭牌参数：额定电压、额定电流。

(4) 确定负载可能出现的最大电流，以此电流作为待选变频器的额定电流。

(5) 以下情况要考虑容量放大一档，如长期高温大负荷，异常或故障停机会出现灾难性后果，目标负载波动大、现场电网长期偏低而负载接近额定，绕线电动机、同步电动机或多极电动机（6极以上）等。

现在很多变频器设有总线接口，如Profibus、CAN总线等，自身作为网络的一节点，与其他设备通信联网，可能使系统总体费用更经济，控制精度更高，更智能化。这是因为现场总线技术是集计算机控制技术、通信技术、自动控制技术于一体的新技术，采用数字信号替代模拟信号，采用串行通信，可实现一对电线上传输多个信号参量（包括多个运行参数值、多个设备状态故障信息等），同时又可为多个设备提供电源，为简化系统结构，节约硬件设备、连接电缆与各种安装、维护费用创造了条件。

2. 变频器在过程控制中的应用

随着微电子技术和电力电子技术的飞速发展，变频器的可靠性不断提高，价格又趋于低廉，许多泵类负载越来越多地由传统的固定转速拖动改为变频调速拖动。变频器能根据负载的变化使电动机实现自动、平滑地增速或减速，且效率高、调速范围宽、精度也高，是异步电动机最理想的调速方法，尤其适用于水泵和风机。与传统的阀门、挡板调节相比，采用变频器的节电效率高达40%以上，并且这些领域对变频器的性能要求不高。

在工业生产的液体流量控制系统中，传统的水泵流量都是靠安装在泵出口管路上的阀门开度大小来调节的。以图3－16所示的一套液位控制系统为例，要保持受控水槽的液位恒定，就得靠阀门的开度来调节水泵送出的流量。具体控制过程是：液位变送器把检测到的液位信号变换成为标准的4~20 mA信号，送给控制器；控制器根据给定液位与实际液位信号进行比较完成控制运算，并控制调节阀的开度，使液位始终保持在给定的液位高度。这种控制方式能量损失比较大。现改为由变频器调节电动机转速来控制泵的流量，以实现液位的自动控制，如图3－17所示。调节器输出的4~20 mA信号作为变频器的频率给定，通过变频器对电动机实现无级调速，由泵的转速变化来实现流量控制，从而达到液位的控制要求。对比两种控制方式可以看出，当稳态条件下进水流量比较低时，采用变频控制降低转速运行比阀门控制具有明显的节能效果。

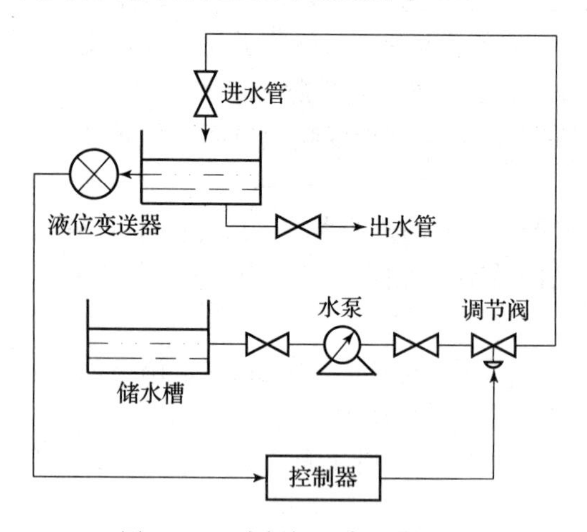

图3－16　由阀门开度调节流量

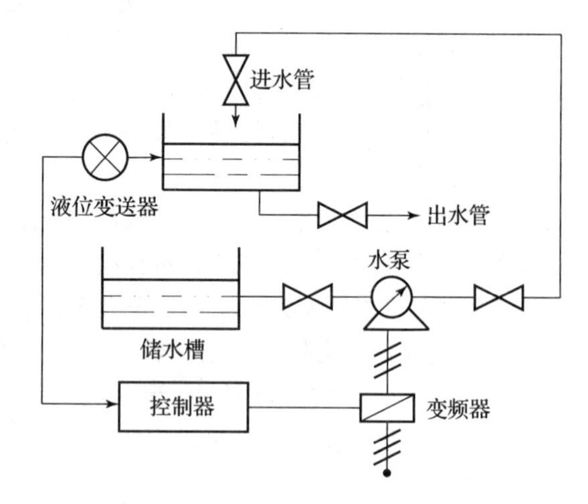

图3－17　由变频器调节流量

与传统的使用调节阀的控制系统相比，变频器控制系统使用变频器取代了控制执行单元，其在自动化领域的应用前景十分广阔。可以说，在泵类及风机负载中，变频控制取代阀门控制已成为必然，因为变转矩负荷风机、泵类节能效果普遍来说要比恒定转矩负载明显。

需要注意的是，在使用变频器时，应注意变频器产生的高次谐波和噪声，必要时应采用屏蔽、接地和滤波等措施来抑制噪声。不过，一般变频器都通过合理的软硬件设计，有效地防止和滤去了绝大部分高次谐波，符合电磁兼容性。

3.5　本章小结

本章介绍了控制系统的两个重要组成部分，检测变送仪表和执行器。在检测变送仪表中主要介绍了检测仪表的基本组成及性能指标，各类基本物理量的传感器，包括温度、压力、流量、液位等，以及相应的变送器。对于一些过程存在着被控量或扰动量不能测量的问题，初步介绍了软测量技术的方法和应用，对一些难于测量或暂时不能测量的重要变量，通过将另外一些容易测量而又与之相关的二次变量构成某种数学关系来进行推断和估计，从而代替测量仪表的功能，因而不仅用于推理控制，更被广泛地应用于被控量或扰动量难以测量的其他各种控制或优化的场合，发挥了重要的作用。执行器主要介绍了气动调节阀，着重讨论了阀门的组成部分，阀门的理想流量特性以及串、并联时的工作流量特性，并说明了调节阀的选择。最后简单介绍了另一类执行器——变频器。通过本章的学习，希望读者能够掌握测量仪表和执行器的工作原理和选择原则，为控制系统设计打下基础。

习　题

3.1　请分别说明常用的温度、压力、液位、物料、成分的测量原理、测量方法及优缺点，以及适合应用的场合。

3.2　请说明我国先后采用的 DDZ－Ⅱ和 DDZ－Ⅲ仪表所使用的信号制，说明各类信号制的优缺点，以及适合应用的场合。

3.3　试说明传感器非线性对于变送器的影响，非线性仪表的含义是什么？

3.4　某 DDZ－Ⅲ型温度变送器输入为 200～1 000 ℃温度信号，输出为 4～20 mA 电流信号。当变送器输出电流为 10 mA 时，对应的被测温度是多少？

3.5　气动调节阀执行机构的正、反作用形式是如何定义的？在结构上有何不同？

3.6　试说明气动阀门定位器的工作原理及其适用场合。

3.7　调节阀的气开、气关形式是如何实现的？在使用时应根据什么原则来加以选择？

3.8　换热器温度控制系统如题图 3－1 所示。试选择该系统中调节阀的气开、气关形式。已知：

（1）被加热流体出口温度过高会引起分解、自聚或结焦等现象；

（2）被加热流体出口温度过低会引起结晶、凝固等现象；

（3）调节阀是调节冷却水，该地区冬季最低气温在 0 ℃以下。

3.9　在如题图 3－2 所示的锅炉控制系统中，试确定：

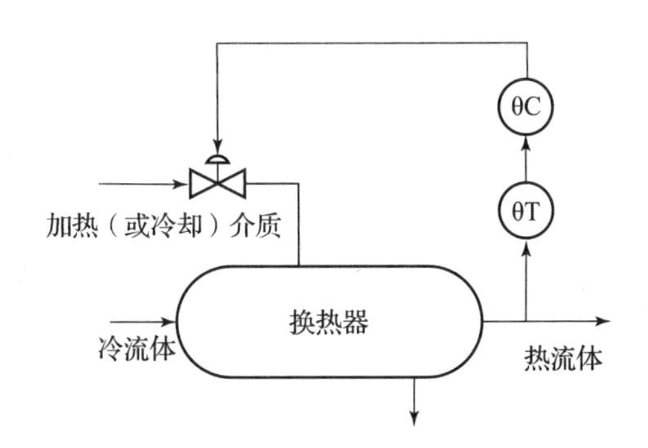

题图 3－1　换热器温度控制系统

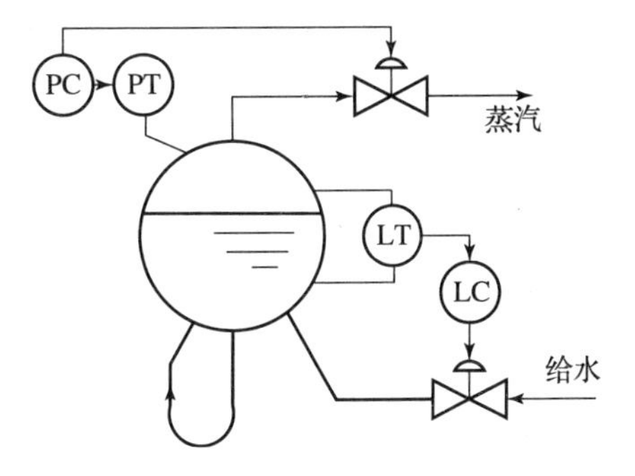

题图 3－2　锅炉汽包液位、压力控制系统

(1) 汽包液位控制系统中给水调节阀气开、气关形式;

(2) 汽包压力控制系统中蒸汽调节阀气开、气关形式。

3.10 什么是调节阀的结构特性、理想流量特性和工作流量特性?

3.11 试说明当调节阀与工艺管道串联使用时,直线结构特性和等百分比结构特性的调节阀工作流量特性会发生什么变化?它们随此系统中哪个参数发生变化?为什么?

3.12 试说明当调节阀与工艺管道并联使用时,直线结构特性和等百分比结构特性的调节阀工作流量特性会发生什么变化?它们随此系统中哪个参数发生变化?为什么?

3.13 什么叫调节阀的可调范围?在串联管道中可调范围为什么会变化?

第 4 章

PID 控制算法

控制器是控制系统的核心和灵魂，控制器的输出信号 $u(t)$ 随偏差信号 $e(t)$ 变化的规律称为控制规律，其中控制算法相当于控制器的大脑，决定控制器输出的变化规律。比例（proportion）、积分（integral）、微分（differential）控制，简称 PID 控制。PID 控制是历史最久、应用最广和适应性最强的控制方式。据统计，在工业生产过程的控制算法中，PID 控制算法占 85%~90%，即使在计算机控制已经得到广泛应用的现在，仍是主要的控制算法。

4.1 概　　述

控制器一般可按能源形式、信号类型和结构形式进行分类。

（1）控制器按能源形式可分为气动、电动、液动、机械式等，工业上普遍使用的是气动控制仪表和电动控制仪表。

①气动控制仪表：发展较早，其特点是结构简单、性能稳定、可靠性高、价格便宜，且在本质上安全防爆，广泛应用于石油、化工等有爆炸危险的场所。

②电动控制仪表：相对气动控制仪表出现得较晚，易于实现信号的传输、放大、变换处理和远距离监控操作等功能；在工业生产过程中得到越来越广泛的应用。目前控制系统采用的控制器以电动控制仪表为主。

（2）控制器按信号类型可分为模拟式控制仪表和数字式控制仪表。

①模拟式控制仪表：传输信号通常为连续变化的模拟量，如电流信号、电压信号、气压信号等，其线路较为简单，操作方便，价格较低，在过程控制中已经广泛应用。

②数字式控制仪表：以微型计算机为核心，可以进行各种数字运算和逻辑判断，其功能完善，性能优越，能够解决模拟式控制仪表难以解决的问题，满足现代生产过程的高质量控制要求。此外，数字式控制仪表可实现连续生产过程、断续生产过程的控制，也可以通过在 PLC 中加入 PID 等控制功能，实现批量控制。近几十年来，数字式控制仪表不断涌现出新品种并应用于过程控制中，以提高控制品质。

（3）控制器按结构形式可分为基地式控制仪表、单元组合式控制仪表、集散控制系统和现场总线控制系统。

①基地式控制仪表将控制结构与指示、记录机构组成一体，结构简单，但通用性差，应用不够灵活，一般仅用于单变量的就地控制系统。

②单元组合式控制仪表将整套仪表划分成能独立实现某种功能的若干单元，各个单元之间用统一标准信号联系。使用时可根据控制需要，将各个单元进行选择和组合，从而构成具有各种功能的控制系统，应用灵活方便。单元组合式控制仪表有电动单元组合仪表（DDZ）和气动单元组合仪表（QDZ）。两者都经历了Ⅰ型、Ⅱ型（0~10 mA）、Ⅲ型（4~20 mA，1~5 V）的发展阶段。目前使用较多的单元组合式控制仪表属于电动Ⅲ型。

③集散控制系统（DCS）是为了满足工业计算机的可靠性和灵活性的需要而产生的全新工业控制工具，它是集计算机技术、控制技术、通信技术和图形显示技术于一体的计算机控制系统，采用分散控制、集中操作、分级管理、分而自治和综合协调的设计原则，被所有大型过程控制系统接受并应用到现在，是工业控制系统的主流。

④现场总线是应用于生产现场，在现场设备之间、现场设备与控制装置之间实行双向、串行、多节点数字通信的技术，其优点是采用智能现场设备，能够把集散控制系统中处于控制室的控制模块、各输入输出模块置入现场设备中，在现场直接完成采集和控制；不需要其他的数模转换器件，且一对电线能传输多种信号，系统结构简单，设备及安装维护费用经济。现场总线控制系统是适应综合自动化发展需要而诞生的，它是仪表控制系统的革命。目前，现场总线控制系统已经在石油、化工、冶金等领域得到了广泛的应用。

随着计算机技术的发展和在工业上的广泛应用，涌现出许多控制算法，如自适应控制、预测控制、鲁棒控制、模糊控制等，然而直到现在，PID 控制仍是应用最广泛的基本控制方式。

一般来说，PID 控制具有以下优点。

1）原理简单，使用方便

PID 控制算法简单，容易采用机械、流体、电子、计算机算法等各种方式实现，因此非常容易做成各种标准的控制装置或模块，方便各种工业控制场合应用。

2）整定方法简单

由于 PID 控制参数相对较少，且每个参数作用明确，相互扰动较少，使得 PID 控制器参数的调整较为方便，且可以总结、归纳出适用于各种不同领域的整定方法。

3）适应性强

基于偏差，消除偏差的 PID 反馈控制思想，使得系统可以克服一切引起误差变化的扰动，不必像前馈控制这类的控制系统需要针对每一个扰动设计独立的控制器，简化了系统结构，使得 PID 控制可以广泛应用于化工、热工、冶金、炼油、造纸和建材等各种生产部门。

4）鲁棒性强

不同于基于模型的控制，PID 反馈控制对模型的适应性强，采用 PID 控制时，对象的非线性、时变性对控制结果的影响相对较小，系统控制品质对被控对象特性的变化敏感程度较低。

5）具有一定的仿人“智能性”

PID 控制规律中的比例控制依据当前存在的偏差产生调节作用；积分控制依据偏差的持续累积，用于消除系统在调节过程中还存在的偏差；微分控制对速度敏感，相当于人的预测能力，依据未来偏差的走向，进行预见性的调节。可以看出，PID 控制的精髓就是“总结过去、基于当前、着眼未来”的最简单的控制算法，如同一有经验的控制者。

由于具有这些优点，使得PID反馈控制系统至今仍广泛用于过程控制中的各个行业。一大型的现代化生产装置的控制回路可能达一二百种甚至更多，其中绝大部分都采用PID控制。只有在被控对象特别难以控制，控制要求又特别高，且PID控制难以达到生产要求的情况下，才考虑采用更先进的控制方法。

尽管PID控制有着许多优点，但只有根据系统的要求适当选择控制规律，根据被控对象的特性正确整定PID参数，才能使PID控制的优势得以显现。

本章主要讨论应用于连续控制系统的模拟PID控制算法的各种控制规律，分析PID参数对过程动态特性的影响。

4.2　比例（P）控制

4.2.1　比例控制的调节规律及比例带

1. 比例控制的调节规律

在比例控制中，控制器的输出信号$u(t)$与偏差信号$e(t)$成比例，即

$$u(t)=K_{c}e(t)+u_{0} \text{ 或 } \Delta u(t)=K_{c}\Delta e(t) \tag{4-1}$$

式中：K_c为比例增益（视情况可设置为正或负），而且是可调参数。

由式（4-1）可知，$e(t)$既是增量，又是实际值。当偏差$e(t)$为0时，并不意味没有输出，此时控制器输出$u(t)$实际上就是其起始值u_0。u_0的大小是可以通过调整工作点加以改变的，假设$u_0=0$，则比例控制器的传递函数为

$$G_{c}(s)=\frac{U(s)}{E(s)}=K_{c} \tag{4-2}$$

在实际应用中，由于执行器的运动（如阀门开度）有限，控制器的输出$u(t)$也在一定的范围之内，换言之，在K_c较大时，偏差$e(t)$仅在一定的范围内与控制器保持线性关系。图4-1说明了偏差与输出之间保持线性关系的范围（δ为比例带）。图中，偏差在$-50\%\sim50\%$范围变化时，如果$K_c=1$，则控制器输出$u(t)$在$0\%\sim100\%$范围（对应阀门的全关到全开）变化，并与输入$e(t)$之间保持线性关系。当$K_c>1$时，控制器输出$u(t)$与输入$e(t)$之间的线性关系只在$-50\%/K_c\sim50\%/K_c$范围满足。当$|e(t)|$超出该范围时，控制器输出具有饱和特性，即保持在最小值或最大值。因此，比例控制有一定的应用范围，超过该范围时，控制器输出与输入之间不呈比例关系。这表明，从局部范围看，比例控制作用表示控制器输出与输入之间是线性关系，但从整体范围看，两者之间是非线性关系。

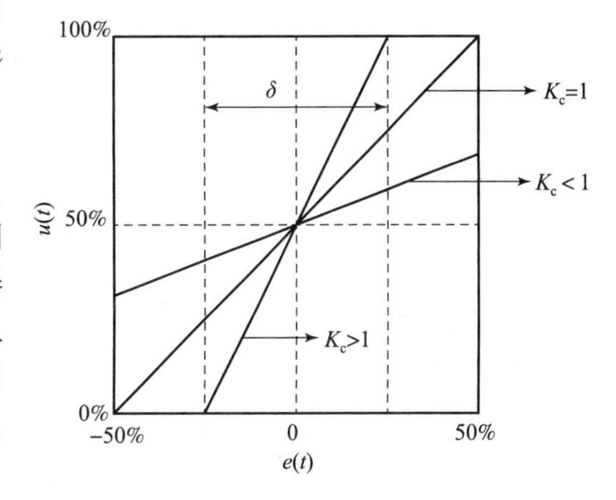

图4-1　比例控制的范围

2. 比例带

1）比例带的定义

在过程控制中，通常用比例带表示控制器全量程输出（或者说变化100%）与偏差变化量呈线性关系的比例控制器输入（即偏差）的范围。比例带又称为比例度，其定义为

$$\delta = \frac{\Delta e}{\Delta u} \times 100\% \tag{4-3}$$

式中：Δe 为偏差信号范围；Δu 为控制器输出信号范围。

由式（4－1）和式（4－3）可知

$$\delta = \frac{\Delta e}{\Delta u} \times 100\% = \frac{1}{K_c} \times 100\% \tag{4-4}$$

这表明，比例带 δ 与控制器比例增益 K_c 的倒数成正比。比例带 δ 小，意味着较小的偏差就能激励控制器产生100%的开度变化，相应的比例增益 K_c 就大。

2）比例带的物理意义

从式（4－4）可以看出，如果 Δu 直接代表调节阀开度的变化量，那么 δ 就代表使调节阀开度改变100%，即从全关到全开时所对应的偏差（或被控量）的变化范围。只有当被控变量处在这个范围以内，调节阀的开度（变化）才与偏差成比例。超出这个“比例带”以外，调节阀已处于全关或全开的状态，此时控制器的输入与输出已不再保持比例关系，而控制器至少也暂时失去其控制作用了。

实际上，控制器的比例带 δ 习惯用它相对于被控变量测量仪表的量程的百分数表示。例如，若测量仪表的量程为100 ℃，则 $\delta = 50\%$ 就表示被控变量需要改变50 ℃才能使调节阀从全关到全开。

4.2.2 比例控制的特点

比例控制的特点就是有差控制，即将当前存在的误差放大 K_c 倍，进而驱动执行机构，用于消除误差。换句话说，比例控制中误差的当前值是消除误差的基础。误差越小，控制器的输出也越小，因此这种方式无法彻底消除误差。

工业过程在运行中经常会发生负荷变化，所谓负荷是指物料流或能量流的大小。处于自动控制下的被控对象在进入稳态后，流入量与流出量之间总是达到平衡的。因此，人们常常根据调节阀的开度来衡量负荷的大小。如果采用比例控制，则在负荷扰动下的控制过程结束后，被控变量不可能与设定值准确相等，之间一定有余差，即系统存在稳态误差。

图4－2为一热水加热器的出口水温控制系统。在这个控制系统中，热水温度 θ 是由温度测量变送器 θT 获取信号并送到温度控制器 θC，控制器控制加热蒸汽的调节阀开度。

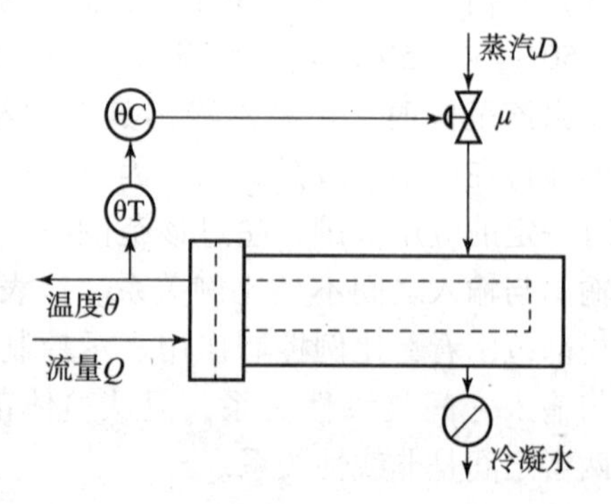

图4－2 加热器的出口水温控制系统

调节阀开度 μ 用以保持出口水温恒定，加热器的热负荷既取决于热水流量 Q 也取决于热水温度 θ 的值。

假定现在采用比例控制器，并将 μ 直接视为控制器的输出。

图 4－3 中的直线 1 是比例控制器的静特性，即调节阀开度随水温变化的情况。水温越高，控制器应把调节阀开得越小，因此它在图中是左高右低的直线，比例带越大，则直线的斜率越大。图中曲线 2 和曲线 3 分别是加热器在不同的热水流量下的静特性，它们表示没有控制器控制时，加热器在不同的热水流量下的稳态出口水温与调节阀开度之间的关系，可以通过单独对加热器进行的一系列实验得到。直线 1 与曲线 2 的交点 O 代表在热水流量为 Q_0 业已投入自动控制并假定控制系统是稳定的情况下，最终要达到的稳态运行点，那时的出口水温为 θ_O，调节阀开度为 μ_O。如果假定就是水温 θ_O的设定值（这可以通过调整控制器的工作点做到），从这个运行点开始，如果热水流量减小为 Q_1，那么在控制过程结束后，新的稳态运行点将移到直线 1 与曲线 3 的交点 A。这就出现了被控变量余差 $\theta_A-\theta_O$，它是比例控制规律所决定的。不难看出，余差既随着流量变化幅度变化，也随着比例带的加大而加大。比例控制虽然不能准确保持被控变量恒定，但效果还是比不加自动控制好。在图 4－3 中，从运行点 O 开始，如果不进行自动控制，那么热水流量减小为 Q_1后，水温将根据其自平衡特性一直上升到 θ_B为止。

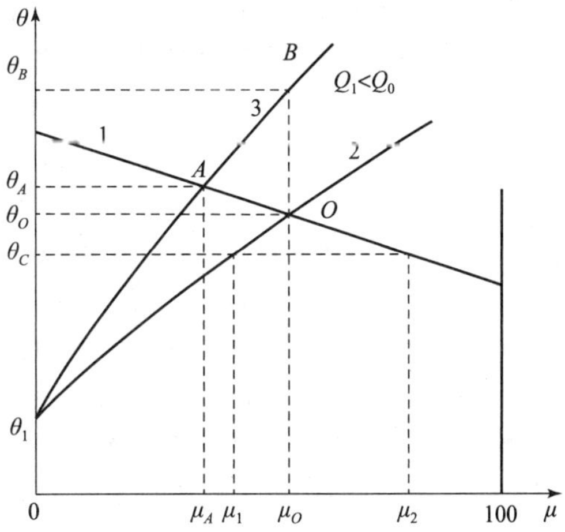

图 4－3　比例控制器的静特性

从热量平衡观点看，在加热器中，蒸汽带入的热量是流入量，热水带走的热量是流出量。在稳态下，流出量与流入量保持平衡。无论是热水流量还是热水温度的改变，都意味着流出量的改变，此时必须相应地改变流入量才能重建平衡关系。因此，蒸汽调节阀开度必须有相应的改变。从比例控制器看，这就要求水温必须有余差。下面通过一例子从理论上对以上的结论进行验证。

【例 4－1】 已知系统方框图如图 4－4 所示，试分析系统在阶跃给定信号作用下的稳态特性。其中，控制器 $G_c(s)$和广义被控对象 $G_p(s)$的传递函数分别为

$$G_c(s)=K_c,\quad G_p(s)=\frac{K}{Ts+1}e^{-\tau s}$$

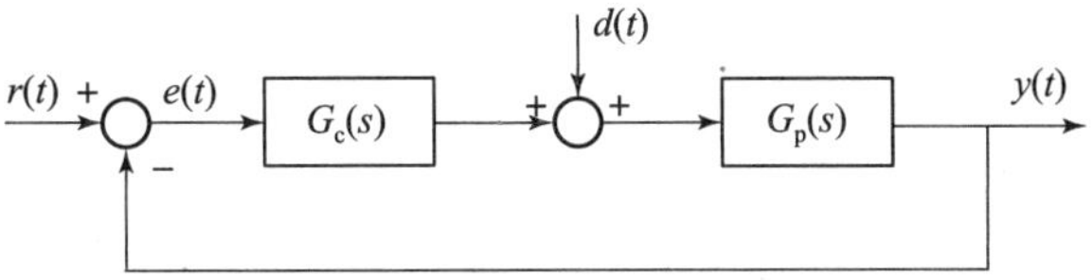

图 4－4　控制系统方框图

解： 系统在幅值为 A 的阶跃给定信号 $r(t)=A\cdot 1\ (t)$ 作用下的稳态误差为

$$e_{ss}=\lim_{s\to 0}sE_r(s)=\lim_{s\to 0}s\frac{1}{1+G_c(s)G_p(s)}R(s)=\lim_{s\to 0}\frac{1}{1+G_c(s)G_p(s)}\frac{A}{s}=\frac{A}{1+K_cK}$$

由此可见，该系统采用比例控制时，在阶跃给定信号作用下的稳态误差与输入的幅值成

正比，与其开环增益 K_cK 成反比，且是一个有限值。也就是说，只要广义被控对象的增益 K_c 与控制器的增益 K 的乘积不为无穷大，系统的稳态误差就不会为0。

加热器的控制是具有自衡特性的工业过程，另有一类过程则不具有自衡特性，工业锅炉的水位控制就是一个典型例子。这种非自衡过程本身没有所谓的静特性，但仍可以根据流入、流出量的平衡关系进行有无余差的分析。为了保持水位稳定，给水量必须与蒸汽负荷取得平衡，一旦失去平衡关系，水位就会一直变化下去。因此，当蒸汽负荷改变后，在新的稳态下，给水调节阀开度必须有相应的改变，才能保持水位稳定。如果采用比例控制器，当蒸汽负荷改变后，这就意味着水位必须有余差。但水位设定值的改变不会影响锅炉的蒸汽负荷，因此在水位设定值改变后，水位不会有余差。

下面通过一例子从理论上对以上的结论进行验证。

【例4-2】 已知系统方框图如图4-4所示，试分析系统在阶跃信号作用下的稳态特性。其中，控制器 $G_c(s)$ 和广义被控对象 $G_p(s)$ 的传递函数分别为

$$G_c(s)=K_c,\quad G_p(s)=\frac{K}{Ts}e^{-\tau s}$$

解：（1）系统在幅值为 A 的阶跃给定信号 $r(t)=A\cdot 1(t)$ 作用下的稳态误差为

$$e_{ss}=\lim_{s\to 0}sE_r(s)=\lim_{s\to 0}s\frac{1}{1+G_c(s)G_p(s)}R(s)=\lim_{s\to 0}s\frac{1}{1+G_c(s)G_p(s)}\frac{A}{s}=\frac{A}{1+\infty}=0$$

（2）系统在幅值为 A 的阶跃扰动信号 $d(t)=A\cdot 1(t)$ 作用下，且 $G_c(s)G_p(s)\gg 1$ 时，其稳态误差为

$$e_{sd}=-\lim_{s\to 0}s\frac{G_p(s)}{1+G_c(s)G_p(s)}D(s)\approx-\lim_{s\to 0}s\frac{1}{G_c(s)}\frac{A}{s}\approx-\frac{A}{K_c}$$

由此可见，无自衡特性的对象采用比例控制时，系统在阶跃给定信号作用下的稳态误差为0，但在阶跃扰动信号作用下的稳态误差不会为0。

4.2.3 比例增益对控制过程的影响

上面已经证明，比例控制的余差随着比例带 δ 的加大而加大。从这一方面考虑，人们希望尽量减小比例带。然而，减小比例带 δ 就等于加大控制系统的开环增益 K_c，其后果是导致系统激烈振荡甚至不稳定。稳定性是任何闭环控制系统的首要要求，比例带 δ 的设置必须保证系统具有一定的稳定裕度。此时，如果余差过大，则需通过其他的途径解决。

对于典型的工业生产过程，比例带 δ 对控制过程的影响如图4-5所示。

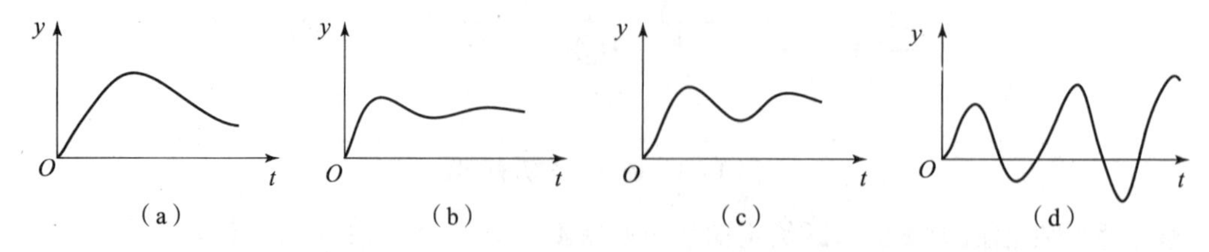

图4-5 比例带对控制过程的影响

(a) δ 太大；(b) δ 合适；(c) δ 太小；(d) δ 小于临界值

若比例带 δ 很大，意味着调节阀的动作幅度很小，因此被控变量的变化会比较平稳，甚

至可以没有超调，但余差很大，控制时间也很长。减小比例带 δ 就加大了调节阀的动作幅度，引起被控变量来回波动，但系统仍可能是稳定的，余差相应减小。若比例带 δ 具有临界值 δ_{cr}（临界比例带），此时系统处于稳定边界的情况，进一步减小比例带会使系统不稳定，临界比例带 δ_{cr} 可以通过试验测定出来。如果被控对象的数学模型已知，则不难根据控制理论计算出来。

由于比例控制器只是一简单的比例环节，因此不难理解 δ_{cr} 的大小只取决于被控对象的动态特性。根据奈氏稳定判据可知，在稳定边界上有

$$\frac{1}{\delta_{cr}}K_{cr}=1,\quad \delta_{cr}=K_{cr} \tag{4-5}$$

式中：K_{cr} 为广义被控对象在临界频率下的增益。

比例控制器的相角为 0，因此被控对象在临界频率 ω_{cr} 下必须提供 180° 相角，由此可以计算出临界频率。临界比例带 δ_{cr} 和临界频率 ω_{cr} 可认为是被控对象动态特性的频域指标。

【例 4-3】 已知系统方框图如图 4-4 所示。其中，控制器 $G_c(s)$ 和广义被控对象 $G_p(s)$ 的传递函数分别为

$$G_c(s)=K_c,\quad G_p(s)=\frac{1}{(s+1)(2s+1)(5s+1)}$$

试利用 MATLAB 绘制比例增益 $K_c=0.15$，0.5，1，2，5，12.6 时，系统在单位阶跃输入信号作用下的输出响应。

解： 利用如下的 MATLAB 程序，可得如图 4-6 所示的阶跃响应曲线。

```
% ex4_1.m
Gp = tf(1,conv([1,1],conv([2,1],[5,1])));
Kc = [0.15,0.5,1,2,5,12.6];t = 0:0.1:25;
for i = 1:length(Kc)
    Gb = feedback(Kc(i) * Gp,1);
    step(Gb,t);hold on;
end
```

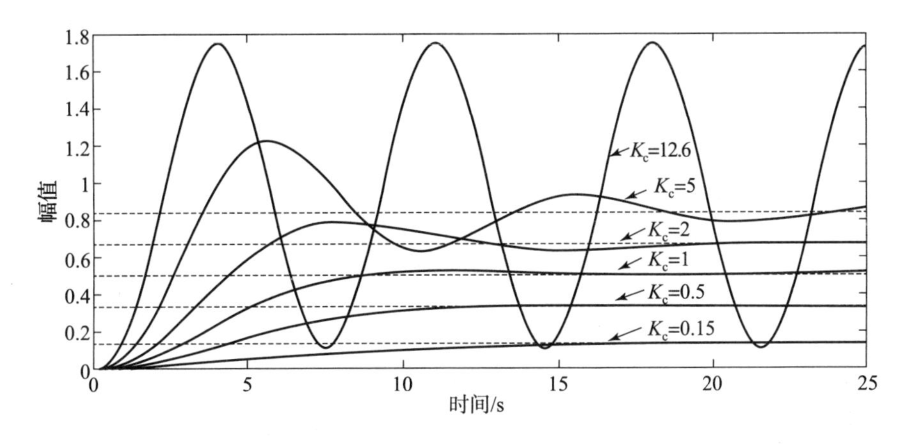

图 4-6　比例控制单位阶跃输入响应曲线

4.3 比例积分（PI）控制

4.3.1 积分控制的调节规律

4.2 节的分析表明，比例控制无法做到稳态误差为 0，这就无法满足一些要求较高的控制系统。分析原因，发现比例控制是将当前存在的误差放大 K_c 倍，进而驱动执行机构，用于消除误差。换句话说，误差的当前值是消除误差的基础。误差越小，控制器的输出也越小，因此这种方式无法彻底消除误差。那能否让误差很小时甚至为 0 时控制器还有足够的输出呢？积分环节的特点正好可以满足这一要求。积分控制的输出不仅与误差的大小相关，还与误差的累计相关，只要误差不为 0，积分环节输出将持续变化，误差等于 0 时，积分环节输出保持不变。

1. 积分控制的输入输出关系

在积分控制（或 I 控制）中，控制器的输出信号的变化速度 du/dt 与偏差信号 e 成正比，即

$$\frac{du}{dt} = K_i e \text{ 或 } u = K_i \int_0^t e dt \tag{4-6}$$

式中：K_i称为积分增益。

式（4－6）表明，控制器的输出与偏差信号的积分成正比。

2. 积分控制的特点

积分控制的特点是无差制。积分调节可以做到稳态无差的原因在于积分作用输出与误差的累计相关，而不是与误差当前的大小相关。式（4－6）表明，只有当被控变量偏差信号 e 为 0 时，积分控制器的输出才会保持不变。与此同时，控制器的输出却可以停在任何数值上。这意味着被控对象在负荷扰动下的控制过程结束后，被控变量没有余差，而调节阀则可以停在新的负荷所要求的开度上。采用积分控制的控制系统，其调节阀开度与当时被控变量的数值本身没有直接关系。因此，积分控制也称为浮动控制。

【例 4－4】 已知系统方框图如图 4－4 所示，试分析系统在阶跃给定信号作用下的稳态特性。其中，控制器 $G_c(s)$和广义被控对象 $G_p(s)$的传递函数分别为

$$G_c(s) = \frac{K_i}{s}, \quad G_p(s) = \frac{K}{Ts+1} e^{-\tau s}$$

解： 系统在幅值为 A 的阶跃给定信号 $r(t) = A \cdot 1(t)$ 作用下的稳态误差为

$$e_{st} = \lim_{s \to 0} s \frac{1}{1 + G_c(s) G_p(s)} R(s) = \lim_{s \to 0} s \frac{1}{1 + G_c(s) G_p(s)} \cdot \frac{A}{s} = \frac{A}{1 + \infty} = 0$$

由此可知，该系统采用积分控制时，在阶跃给定信号作用下的稳态误差始终为 0。

积分控制的另一特点是它的稳定作用比比例控制差。例如，根据奈氏稳定判据可知，对于非自衡的被控对象采用比例控制时，只要加大比例带总可以使系统稳定（除非被控对象含有一个以上的积分环节）；如果采用积分控制则不可能得到稳定的系统。

对于同一被控对象若分别采用比例控制和积分控制，并调整到相同的衰减率（ψ =

0.75)，则它们在负荷扰动下的控制过程如图 4－7 中曲线 P 和曲线 I 所示。它们清楚地显示出 2 种控制规律的不同特点。

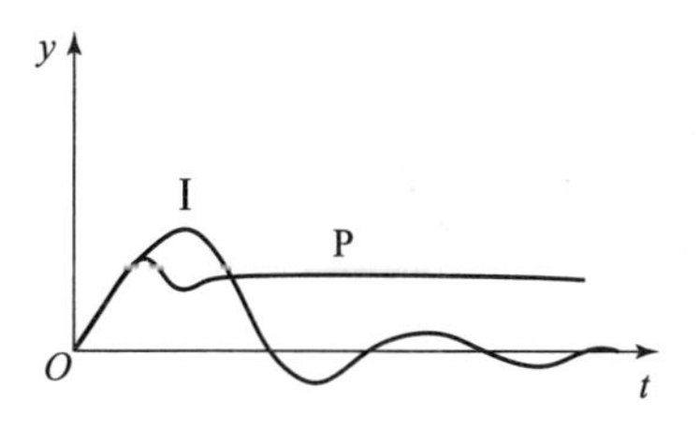

图 4－7　比例控制和积分过程

4.3.2　比例积分控制的调节规律

积分控制虽然可以做到消除稳态误差，但积分控制的输出同误差的累计相关，而不是与误差当前的大小相关。误差产生的初期，误差数值较小，调节作用弱，调节相对滞后，所以积分控制一般不单独使用，通常与比例控制联合使用，构成比例积分控制。

比例积分控制（PI 控制）就是综合比例和积分两种控制的优点，利用比例控制快速抵消扰动的影响，同时利用积分控制消除余差，其控制规律为

$$u = K_c e + K_i \int_0^t e\mathrm{d}t \tag{4-7}$$

或

$$u = K_c\left(e + \frac{1}{T_i}\int_0^t e\mathrm{d}t\right) = \frac{1}{\delta}\left(e + \frac{1}{T_i}\int_0^t e\mathrm{d}t\right) \tag{4-8}$$

式中：K_c称为比例增益；K_i称为积分增益；δ 为比例带，可视情况取正值或负值；T_i为积分时间。其中，δ 和 T_i是 PI 控制器的 2 个重要参数。

PI 控制器的传递函数为

$$G_c(s) = \frac{U(s)}{E(s)} = \frac{1}{\delta}\left(1 + \frac{1}{T_i s}\right) \tag{4-9}$$

图 4－8 是 PI 控制器的阶跃响应，由比例动作和积分动作组成。

在施加阶跃输入的瞬间，控制器立即输出一幅值为 $\Delta e/\delta$ 的阶跃，然后以固定速度 $\Delta e/(\delta T_i)$ 变化。当 $t = T_i$时，控制器的总输出为 $2\Delta e/\delta$。这样，就可以根据式（4－7）确定 δ 和 T_i的数值。另外，当 $t = T_i$时，输出的积分部分正好等于比例部分。由此可见，T_i可以衡量积分部分在总输出中所占的比重，T_i越小，积分部分所占的比重越大。积分越大（K_i增加或 T_i减小），消除稳态误差越快；积分越小（K_i减小或 T_i增加），消除稳态误差越慢。

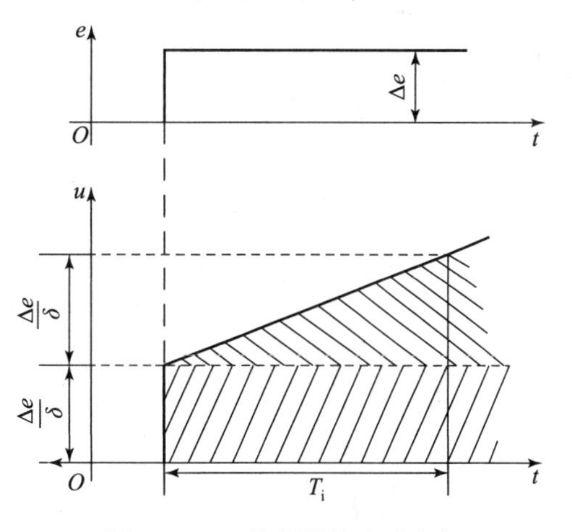

图 4－8　PI 控制器的阶跃响应

应当指出，PI 控制引入积分动作带来消除系统余差好处的同时，却降低了原有系统的稳定性。为保持控制系统与比例控制具有相同的衰减率，PI 控制器的比例带较纯比例控制应适当加大。所以，PI 控制是在稍微牺牲控制系统的动态品质的情况下来换取系统无稳态误差的。

PI 控制中，在比例带不变的情况下，减小积分时间 T_i，将使控制系统稳定性降低、振荡加剧，直到最后出现发散的振荡过程。图 4－9 为 PI 控制系统不同积分时间的响应过程。

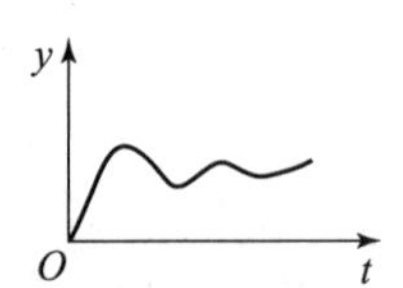

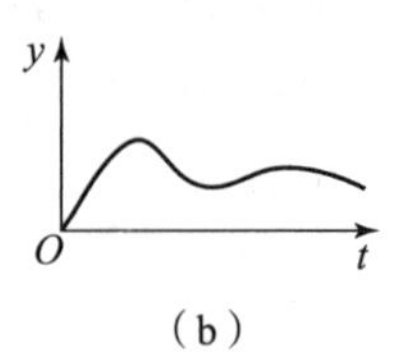

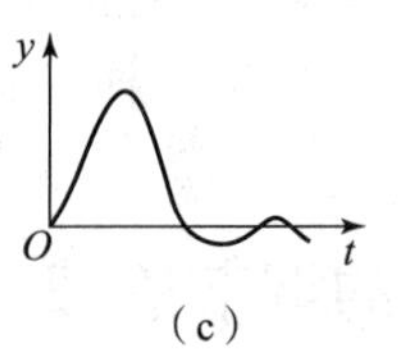

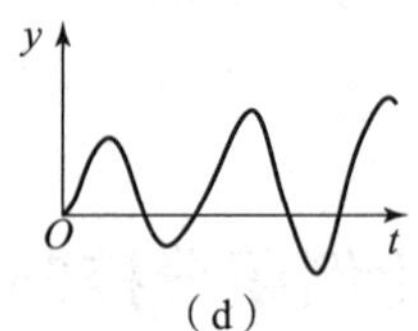

图4－9　PI控制系统不同积分时间的响应过程

（a）T_i 无限大；（b）T_i 太大；（c）T_i 适当；（d）T_i 太小

【例4－5】已知系统方框图如图4－4所示。其中，控制器 $G_c(s)$ 和广义被控对象 $G_p(s)$ 的传递函数分别为

$$G_c(s)=K_c\left(1+\frac{1}{T_i s}\right),\quad G_p(s)=\frac{1}{(s+1)(2s+1)(5s+1)}$$

试利用MATLAB绘制比例增益 $K_c=2$，积分时间 $T_i=5$，6，8，11，15，20时，系统在单位阶跃输入信号作用下的输出响应。

解：利用如下的MATLAB程序，可得如图4－10所示的阶跃响应曲线。

```
% ex4_2.m
Gp = tf(1,conv([1,1],conv([2,1],[5,1])));
Kc = 2;Ti = [5,6,8,11,15,20];t = 0:0.01:100;
for i = 1:length(Ti)
Gc = tf([Kc,Kc/Ti],[1,0]);
    Gb = feedback(Gc * Gp,1);
    step(Gb,t);hold on;
end
```

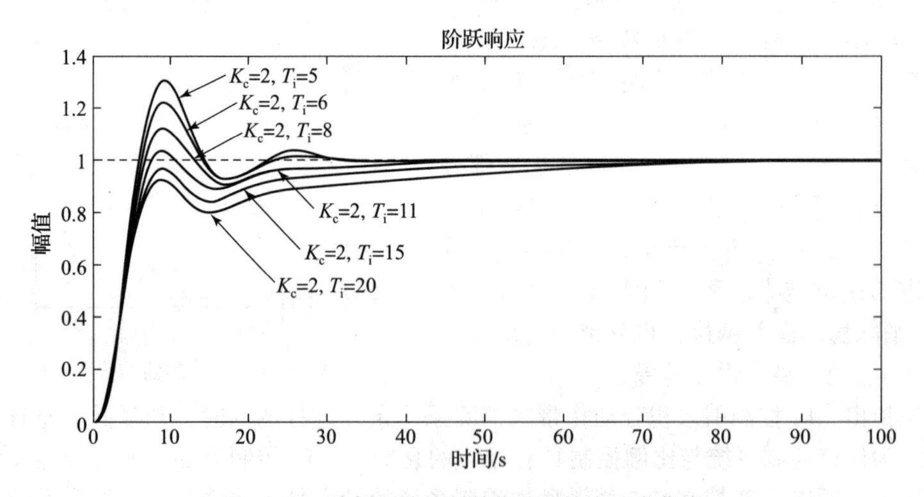

图4－10　比例积分控制单位阶跃输入响应曲线

由图4－10可知，采用PI控制时，系统的稳态误差总是为0（参数在一定范围内），但在比例增益不变，积分时间变小时，系统的稳定性降低，振荡加剧，振荡频率升高。

4.3.3 积分饱和现象与抗积分饱和的措施

1. 积分饱和现象

具有积分作用的控制器，只要被控变量与设定值之间有偏差，其输出就会不停地变化。如果由于某种原因（如阀门关闭、泵故障等），被控变量偏差一时无法消除，然而控制器还是要试图校正这个偏差，结果是经过一段时间后，控制器输出将进入深度饱和状态，这种现象称为积分饱和。进入深度积分饱和状态的控制器，要等被控变量偏差反向以后才能慢慢从饱和状态中退出来，重新恢复控制作用。

积分饱和是积分控制器实际应用中存在的一个特殊问题。积分饱和不同于电子电路一般意义的饱和，它是由电路或算法中人为引入的“限幅”引起的。造成积分饱和现象的内因是控制器包含积分作用，外因是系统长期存在偏差。因此，在偏差长期存在的情况下，控制器输出会不断增加或减小，直到极限值。

如图 4-2 所示的加热器的出口水温控制系统为消除余差采用了 PI 控制器，调节阀选用气开式，控制器为反作用方式。设 t_0时刻加热器投入使用，此时水温尚低，离设定值 θ_r较远，正偏差较大，控制器输出逐渐增大。如果采用气动控制器，控制器的输出在 t_1时刻达到 0.10 MPa，调节阀全开，但此时水温尚低还没达到设定值 θ_r。随着时间的推移，控制器的输出继续增大，最后可达 0.14 MPa（气源压力），称为进入饱和状态，见图 4-11 中的 t_1~t_2部分。在 t_2~t_3阶段，水温上升但仍低于设定值，控制器输出仍保持在 0.14 MPa，称为深度饱和状态。从 t_3时刻以后，偏差反向，控制器输出减小，但因为输出气压大于 0.10 MPa，调节阀仍处于全开状态。直到 t_4时刻过后，调节阀才开始关小。这就是积分饱和现象，其结果可使水温大大超出设定值，控制品质变坏，甚至造成危险。

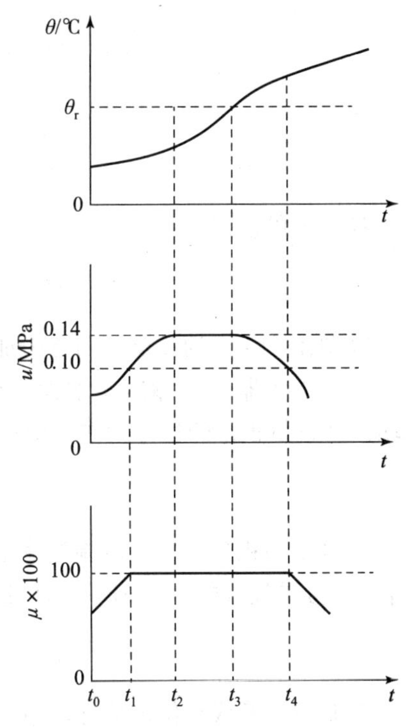

图 4-11 温度比例积分控制系统的积分饱和现象

在用软件实现积分运算时，这样的问题也同样存在。假定某一数字控制系统，算法采用双字节的定点数表示，其数值范围是 0~65 535，输出采用 8 位的 D/A转换器，将 0~255 转换为 0~5 V。假定积分算法采用简单的累加。当输入信号偏差 e 不变时，累加输出将持续增加，当输出超过 255 时，D/A 的输出将维持 5 V 不变，但数值积分器的输出还将持续增加，直至 65 535 的上限。在控制器输出处于 255~65 535 范围内时，偏差反相，数值控制器的输出将开始逐步减小，但只要数值控制器的输出仍大于 255，D/A 转换器的输出将维持 5 V 不变，在这段时间，控制器的输出完全无法反映偏差的变化，相当于系统处于开环状态。

以上这类问题称为积分控制器的积分饱和。积分饱和会导致系统处于不受控的状态，使系统的稳定性、安全性严重下降。积分饱和现象常出现在自动启动间歇过程的控制系统、串级系统中的主控制器及选择性控制等复杂控制系统中。

2. 抗积分饱和的措施

简单地限制 PI 控制器的输出在规定范围内，虽然能缓和积分饱和的影响，但并不能真正解决问题，反而在正常操作中不能消除系统的余差。根本的解决办法还得从比例积分动作规律中去找。如前所述，PI 控制器积分部分的输出在偏差长期存在时会超过输出额定值，从而引起积分饱和。因此，必须在控制器内部限制这部分的输出，使得偏差为零时 PI 控制器的输出在额定值以内。

为了防止积分饱和现象发生或降低积分饱和带来的危害，在传统的模拟仪表中，常采用积分分离、限制偏差和局部反馈等多种措施。下面介绍接入外部积分反馈的抗积分饱和方法，如图 4－12 所示。

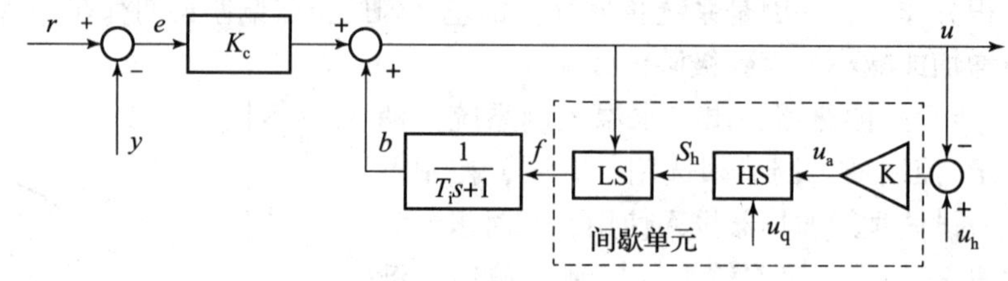

图 4－12 利用间歇单元抗积分饱和

控制器的输出为

$$U(s) = K_c E(s) + \frac{1}{T_i s + 1} F(s) \tag{4-10}$$

在图 4－12 中的正反馈回路中加一间歇单元，正常操作时，u 低于输出高限值 u_h，这种情况下，放大器 K 的输出 u_a 增大，经低值选择器 LS 在 u 和 u_a 中选择较低的 u 信号，正反馈 $f = u$，这就是正常的积分动作，即

$$U(s) = K_c \left(1 + \frac{1}{T_i s}\right) E(s) \tag{4-11}$$

一旦出现积分饱和，控制器输出 u 达到高限值 u_h 时，放大器 K 的输出 u_a 减小，低值选择器 LS 接受较低的 u_q 信号，从而使得正反馈信号 $f = u_q$，控制器的输出输入关系将成为

$$U(s) = K_c E(s) + \frac{1}{T_i s + 1} U_q(s) \tag{4-12}$$

控制器切换成比例加惯性环节，防止了积分饱和现象的出现。

4.4 比例积分微分（PID）控制

4.4.1 微分控制的调节规律

以上讨论的比例控制和积分控制都是根据当时偏差的方向和大小进行控制的。当被控对象滞后较大时，控制的作用就无法得到及时响应，也就是说控制的输出很大，但误差没有变化或变化很小，这时控制器被误差较大的假象所欺骗，根据现有的偏差继续维持较强的控制输出。一段时间后，控制的作用得以体现，被控对象的输出出现较大的变化，导致偏差反相，控制器依据现在的偏差又会作出相反的控制，同样这一控制作用仍然不会得到被控对象的及时响应，如此周而复始，系统将出现强烈振荡，稳定性无法得到保障。要想解决这个问题，必须提高控制器的“预见”性；让控制器不仅仅依据误差的大小进行调节，还要判断误差变化的趋势。误差变化的方向和速度是误差变化趋势的重要参数，如果控制器可以依据误差变化的方向和速度及时作出控制反馈，就应当能避免上述控制过头的问题。因此，如果控制器能够根据被控变量的变化速度来控制调节阀，而不是等到被控变量已经出现较大偏差后才开始动作，那么控制的效果将会更好，这相当于赋予控制器以某种程度的预见性，这种控制动作也被称为微分控制。此时，控制器的输出与被控变量或其偏差对于时间的导数成正比，即

$$u = K_{\mathrm{d}} \frac{\mathrm{d}e}{\mathrm{d}t} \tag{4-13}$$

式中：K_{d}为微分增益。

然而，单纯按上述规律动作的控制器是不能工作的。因为微分环节反应的是参数的变化速度，如果被控对象的流入量、流出量只相差很少，以致被控变量只以控制器不能察觉的速度缓慢变化时，控制器并不会动作，但是经过相当长时间以后，被控变量偏差却可以积累到相当大的数字而得不到校正。这种情况当然是不能允许的，因此微分控制只能起辅助的控制作用，它可以与其他控制动作结合成 PD 或 PID 控制动作。

4.4.2 比例微分控制的调节规律

比例微分（PD）控制器的控制规律是

$$u = K_{\mathrm{c}} e + K_{\mathrm{d}} \frac{\mathrm{d}e}{\mathrm{d}t} \text{ 或 } u = \frac{1}{\delta}\left(e + T_{\mathrm{d}} \frac{\mathrm{d}e}{\mathrm{d}t}\right) \tag{4-14}$$

式中：K_{c}为比例增益；K_{d}为微分增益；δ为比例带，可视情况取正值或负值；T_{d}为微分时间。

根据式（4－14）可得 PD 控制器的传递函数为

$$G_{\mathrm{c}}(s) = \frac{1}{\delta}(1 + T_{\mathrm{d}} s) \tag{4-15}$$

但严格按式（4－15）动作的控制器在物理上是不能实现的。工业上实际采用的 PD 控制器的传递函数为

$$G_{\mathrm{c}}(s) = \frac{1}{\delta}\left(1 + \frac{T_{\mathrm{d}} s}{(T_{\mathrm{d}}/K_{\mathrm{d}}') s + 1}\right) \tag{4-16}$$

式中：K_{d}'称为微分系数，工业控制器的微分系数 一般在 5～10 的范围内。

与式（4－16）相对应的单位阶跃响应为

$$u(t) = \frac{1}{\delta}\left(1 + K_{\mathrm{d}}' \mathrm{e}^{-\frac{K_{\mathrm{d}}'}{T_{\mathrm{d}}} t}\right) \tag{4-17}$$

图 4－13 给出了相应的响应曲线。式（4－17）中共有 3 个参数：δ、K_{d}'、T_{d}，它们都可以根据图 4－13 中的阶跃响应曲线确定。

根据 PD 控制器的斜坡响应也可以单独测定它的微分时间 T_{d}。如图 4－14 所示，如果 $T_{\mathrm{d}}=0$，即没有微分动作，那么输出 u 将按虚线变化。可见，微分动作的引入使输出的变化

提前一段时间发生，而这段时间就等于 T_d。因此，也可以说 PD 控制器有超前作用，其超前时间就是微分时间 T_d。

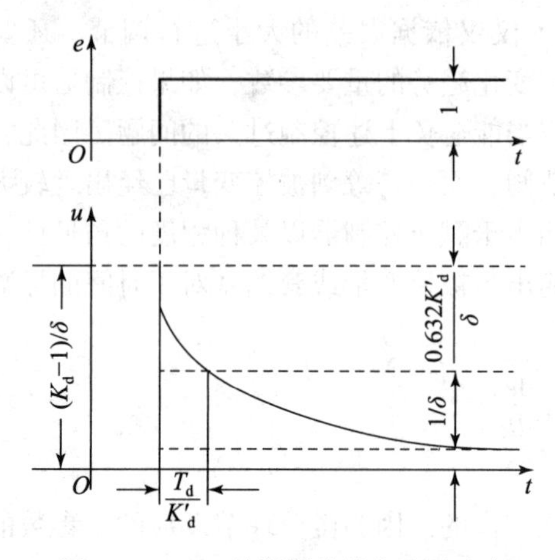

图 4－13　PD 控制器的单位阶跃响应

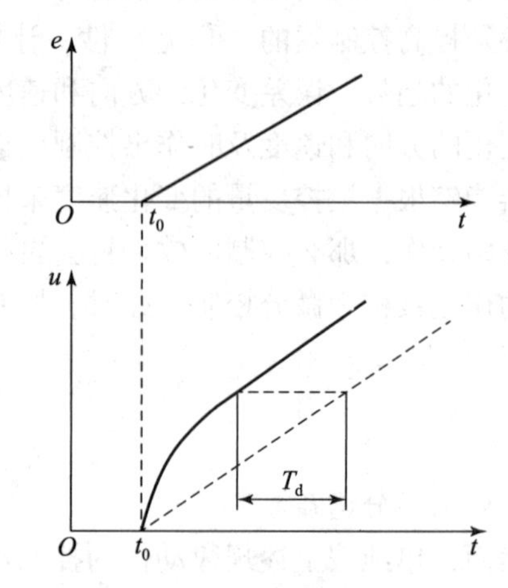

图 4－14　PD 控制器的斜坡曲线

最后指出，虽然工业 PD 控制器的传递函数严格上应该是式（4－15），但由于微分系数 K'_d数值较大，而该式分母中的时间常数实际上很小，因此在分析控制系统的性能时，通常都忽略较小的时间常数，直接取式（4－14）为 PD 控制器的传递函数。

4.4.3　比例微分控制的特点

在稳态情况下，$de/dt=0$，PD 控制的微分部分输出为零，因此 PD 控制也是有差调节。式（4－16）表明，微分控制总是力图抑制被控变量的振荡，提高控制系统稳定性的作用。适度引入微分动作较纯比例控制可以允许稍微减小比例带，同时保持衰减率不变。图 4－15 表示同一被控对象分别采用 P 控制器和 PD 控制器并整定到相同的衰减率时，两者控制效果的比较。从图中可以看到，适度引入微分动作后，由于 PD 可以采用较小的比例带，结果不但减小了余差，而且也减小了短期最大偏差并提高了振荡频率。

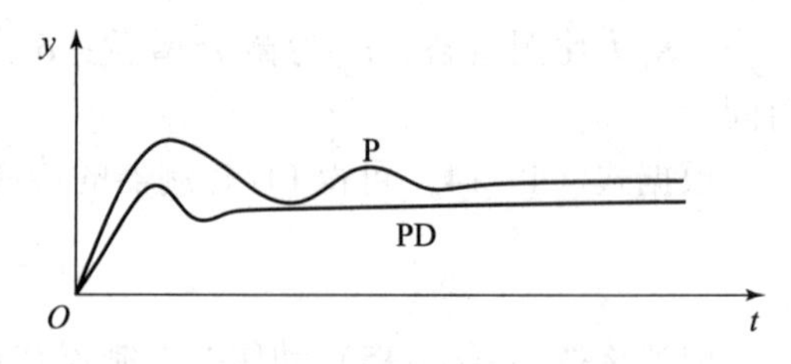

图 4－15　P 控制与 PD 控制效果比较

以上的结论也可以很容易地根据控制理论加以验证。因微分的引入，将在 s 左半平面引入一个开环 0 点，根轨迹向有利于提高系统稳定性的方向移动。这说明，对同一被控对象，PD 控制的稳定性要高于 P 控制，即微分的引入改善了系统的稳定性。

微分控制动作也有一些不利之处。首先，微分动作太强容易导致调节阀开度向两端饱和；其次，微分会使消除误差的过程变缓，甚至形成“爬行”的响应曲线，因此在 PD 控制中总是以比例动作为主，微分动作只能起辅助控制作用；再次，PD 控制器的抗扰动能力差，只能用于被控变量变化非常平稳的过程，一般不用于流量和液位控制系统；最后，微分控制动作对于纯迟延过程是无效的。应当特别指出，引入微分动作要适度。这是因为虽然大多数 PD 控制系统随着微分时间 T_d增大，其稳定性提高，但也有例外，某些

特殊系统的 T_d 超出某一上限值后，系统反而变得不稳定了。图 4－16 为控制系统在不同微分时间的响应过程。

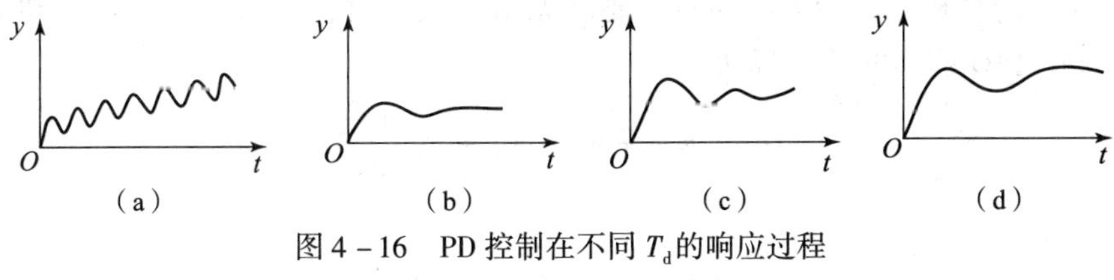

图 4－16 PD 控制在不同 T_d 的响应过程

（a）T_d 太小；（b）T_d 适当；（c）T_d 太小；（d）$T_d=0$

【例 4－6】 已知系统方框图如图 4－4 所示。其中，控制器 $G_c(s)$ 和广义被控对象 $G_p(s)$ 的传递函数分别为

$$G_c(s)=K_c\left(1+\frac{1}{T_i s}\right),\quad G_p(s)=\frac{1}{(s+1)(2s+1)(5s+1)}$$

试利用 MATLAB 绘制比例增益 $K_c=2$，微分时间 $T_d=0$，1，2，3，5，7 时，系统在单位阶跃输入信号作用下的输出响应。

解： 利用如下的 MATLAB 程序，可得如图 4－17 所示的阶跃响应曲线。

```
% ex4_2.m
Gp = tf(1,conv([1,1],conv([2,1],[5,1])));
Kc = 2;Td = [0,1,2,3, 5,7];t = 0:0.01:25;
for i = 1:length(Ti)
Gc = tf([Kc * Td(i),Kc],1);
    Gb = feedback(Gc * Gp,1);
    step(Gb,t);hold on;
end
```

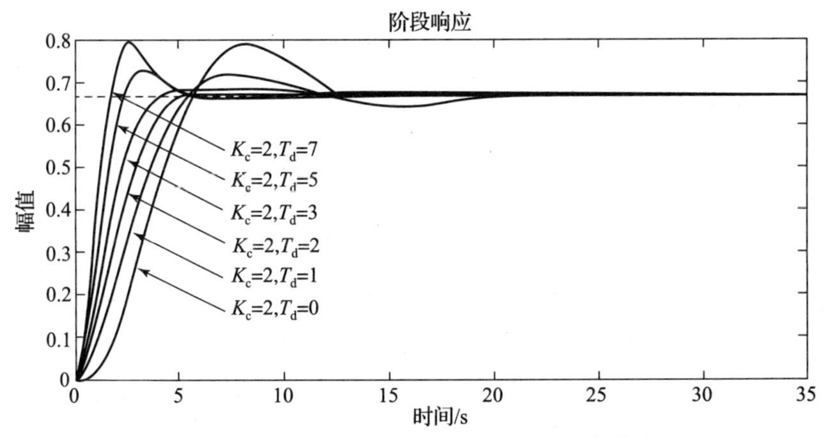

图 4－17 比例微分控制单位阶跃输入响应曲线

由图 4－17 可知，在采用 PD 控制时，系统的稳态误差不为 0。系统适度引入微分后，随着微分时间增大，超调量减小，上升时间减小，快速性提高。当微分时间 T_d 超过某一值后，系统的稳定性反而会随着 T_d 变大而下降。

4.4.4 比例积分微分控制的调节规律

当被控对象的容积滞后较多，同时又要求无稳态误差时，可将比例、积分和微分组合，构成 PID 控制。PID 控制的控制规律为

$$u = K_{c}e + K_{i}\int_{0}^{t} e\mathrm{d}t + K_{d}\frac{\mathrm{d}e}{\mathrm{d}t}$$

或

$$u = K_{c}\left(e + \frac{1}{T_{i}}\int_{0}^{t} e\mathrm{d}t + T_{d}\frac{\mathrm{d}e}{\mathrm{d}t}\right) = \frac{1}{\delta}\left(e + \frac{1}{T_{i}}\int_{0}^{t} e\mathrm{d}t + T_{d}\frac{\mathrm{d}e}{\mathrm{d}t}\right) \tag{4-18}$$

式中：K_{c}为比例增益；K_{i}为积分增益；K_{d}为微分增益；δ 为比例带，可视情况取正值或负值；T_{i}为积分时间；T_{d}为微分时间。

PID 控制的传递函数为

$$G_{c}(s) = \frac{1}{\delta}\left(1 + \frac{1}{T_{i}s} + T_{d}s\right) \tag{4-19}$$

不难看出，由式（4－19）表示的 PID 控制动作规律在物理上是不能实现的。因此，工业中实际采用的模拟 PID 控制器（如 DDZ 型控制器）忽略了比例、积分、微分作用的相互扰动，PID 控制规律的传递函数可表示为

$$G_{c}(s) = \frac{1}{\delta}\left(1 + \frac{1}{T_{i}s} + \frac{T_{d}s}{(T_{d}/K'_{d})s + 1}\right) \tag{4-20}$$

式中：K'_{d}为微分系数。

图 4－18 为工业 PID 控制器在忽略比例、积分、微分作用相互扰动的情况下的单位阶跃响应曲线，其中阴影部分面积代表微分作用的强弱。

为了对各种控制规律进行比较，图 4－19 为同一对象在相同阶跃扰动下，采用不同控制动作时具有同样衰减率的响应过程。

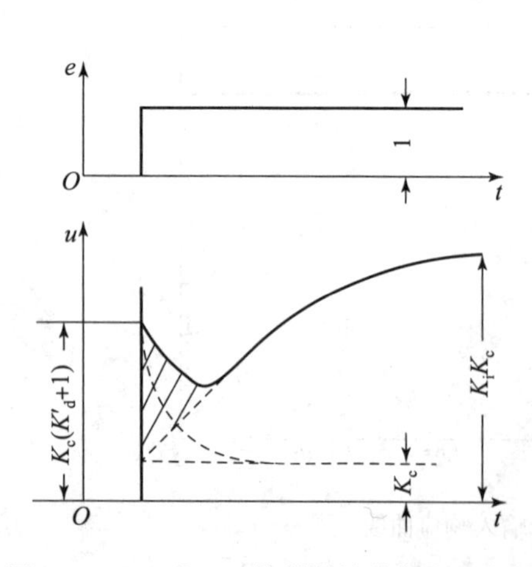

图 4－18 工业 PID 控制器的单位阶跃响应

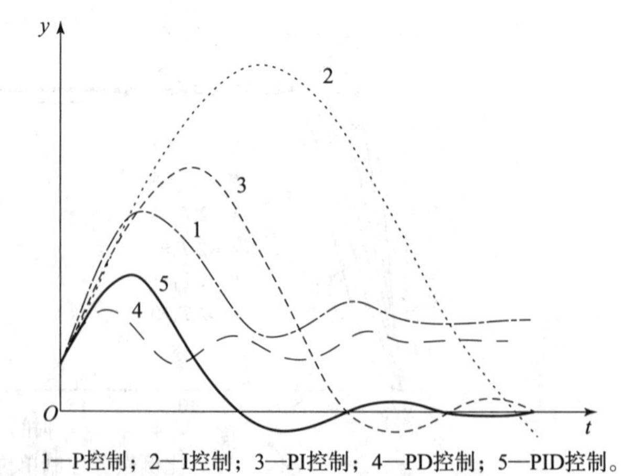

图 4－19 各种控制规律的响应过程

由图 4－19 可知，PID 控制效果最佳，但这并不意味着在任何情况下采用 PID 控制都是合理的，要根据对象的动态特性和控制要求选择相应的控制规律。另外，PID 控制器有 3 个

需要整定的参数，如果这些参数整定不合适，则不仅不能发挥各种控制动作应有的作用，还有可能导致系统性能恶化。

还需指出的是，当前控制系统中的 PID 调节规律都是以软件编程的形式实现的，从编程的角度看，什么样的调节规律都可以实现，但由于元器件的惯性，理想微分实际上还是不可能实现的。

4.5　本章小结

本章系统介绍了比例、积分和微分控制的控制规律、特点。

比例控制是一种针对当前存在的误差进行的控制，是一种有差控制，系统的稳态误差与控制器的增益成反比；系统的稳定性与控制器的增益有关，随着控制器增益的增大，系统稳定性下降。

积分控制的特点是无差控制，但它的稳定作用比比例控制差。具有积分作用的控制器，可能产生积分饱和现象。比例积分控制就是综合比例控制和积分控制的优点，利用比例控制快速抵消扰动的影响，同时利用积分控制消除余差，在比例带不变的情况下，增大积分作用（即减小积分时间）将使控制系统稳定性降低、振荡加剧，控制过程加快，振荡频率升高。

微分控制总是力图抑制被控变量的振荡，它有提高控制系统稳定性的作用。适度引入微分控制后，由于可以采用较小的比例带，结果不但减小了余差，而且也减小了短期最大偏差并提高了振荡频率，由于微分控制太强（即微分时间太长）容易导致调节阀开度向两端饱和，因此在比例微分控制中总是以比例控制为主，微分控制只能起辅助控制作用。

习　　题

4.1　比例、积分、微分控制规律各有何特点？其中哪些是有差调节？哪些是无差调节？

4.2　某电动比例控制器的测量范围为 100～200 ℃，其输出为 0～10 mA。当温度从 140 ℃变化到 160 ℃时，测得控制器的输出从 3 mA 变化到 7 mA。试求控制器的比例带。

4.3　为了提高系统的稳定性、消除系统误差，应该选用哪些控制规律？

4.4　什么是积分饱和？引起积分饱和的原因是什么？如何消除？

4.5　已知比例积分控制器的阶跃响应如题图 4－1 所示。

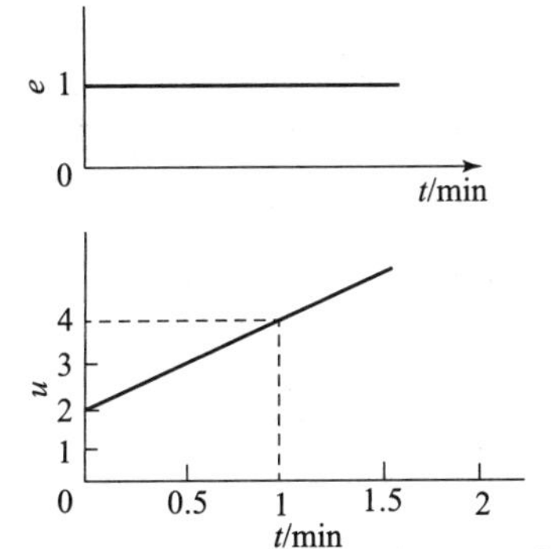

题图 4－1　比例积分控制器的阶跃响应

（1）在图中标出比例带 δ 和积分时间 T_i 的数值。

（2）若同时把比例带 δ 放大 4 倍，积分时间 T_i 缩小 50%，其输出 u 的阶跃响应应作何变化？把 $u(t) \sim t$ 曲线画在同一坐标系中，并标出新的比例带 δ 和积分时间 T_i 的数值。

（3）指出此时控制器的比例作用、积分作用是增强还是减弱？说明 PI 控制器中影响比例作用、积分作用强弱的因素。

4.6　DTL－121 型电动调节器处于反作用状态（增益为正），当 $\delta = 50\%$，$T_i = 4$ min，$T_d = 0$ 时，在 $t = 0$ min 时刻加入一幅值为 2 mA 的阶跃信号，若调节器的起始工作点为 u_0，幅值为 6 mA。

试求：（1）此调节器的控制规律；（2）相应调节器输出波形图。

4.7　一系统在比例控制的基础上分别增加积分作用和微分作用后，试问：

（1）这 2 种情况对系统的稳定性、最大动态偏差和稳态误差分别有何影响？

（2）为了得到相同的系统稳定性，应如何调整控制器的比例带 δ？请说明理由。

4.8　比例微分控制系统的余差为什么比纯比例控制系统的小？

4.9　试总结 P 控制器、PI 控制器和 PID 控制器控制规律对系统控制品质的影响。

4.10　如题图 4－2 所示的换热器，用蒸汽将进入其中的冷水加热到一定温度，生产工艺要求热水温度维持恒定（$\Delta\theta \leq \pm 1$ ℃）。试：（1）设计一简单温度控制系统，并画出系统方框图，指出控制器的类型和至少一个扰动；（2）确定调节阀是气开还是气关形式，为什么？

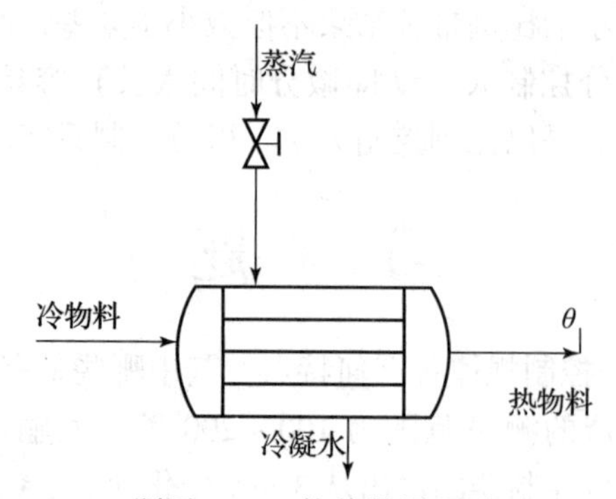

题图 4－2　换热器原理图

4.11　微分控制规律克服被控对象的纯迟延和容积迟延的效果如何？

4.12　一个自动控制系统，在比例控制的基础上分别增加适当的积分作用或适当的微分作用。试问：

（1）这 2 种情况对系统的稳定性、最大动态偏差、余差分别有何影响？

（2）为了得到相同的系统稳定性，应如何调整控制器的比例带，并说明理由。

4.13　试分析比例、积分、微分控制规律的各自特点，积分和微分为什么不单独使用？

4.14　有一台 PI 调节器，$\delta = 100\%$，$T_I = 1$ min，若将 δ 改为 200%，试问：

（1）控制系统稳定程度提高还是降低？为什么？

（2）最大动态偏差增大还是减小？为什么？

（3）稳态误差能不能消除？为什么？

（4）调节时间加长还是缩短？为什么？

第5章

单回路控制系统设计及 PID 参数整定

单回路控制系统也称为简单控制系统，通常是指在一控制对象上，用1个控制器只对1个被控参数进行控制；而控制器只接收1个检测变送装置发送的信号，其输出也只控制1个执行器。单回路控制系统主要由4个基本环节组成，即被控对象（简称对象）、检测变送装置、控制器和执行器。对于不同控制对象的简单控制系统，尽管其具体装置与变量不相同，但都可以用相同的方框图来表示，这就便于对它们的共性进行研究。

单回路控制系统结构比较简单，是最基本的过程控制系统。即使是在高水平的自动控制方案中，简单控制回路依然占据着主导地位。据统计，简单控制系统占控制系统总数的80%以上。一般只有在单回路控制系统不能满足生产要求的情况下，才用复杂的控制系统。而且，我们还将看到，复杂控制系统也是在简单控制系统的基础上构建的。因此，学习和掌握单回路控制系统的分析和设计方法既具有广泛的实用价值，又是学习掌握其他各类复杂控制系统的基础。

5.1 单回路控制系统设计

5.1.1 单回路控制系统组成

锅炉主要用于生产蒸汽，是工业生产中常用的设备。锅炉汽包内的液位高度是生产中的关键参数，液位太低，会影响产汽量，且锅炉易烧干而发生事故；液位过高，生产的蒸汽含水量高，会影响蒸汽质量。因此，在生产过程中必须采取措施保持液位稳定在设定值。下面就以锅炉汽包为被控对象，介绍单回路控制系统的组成。图5－1为锅炉汽包液位控制系统的系统原理图。

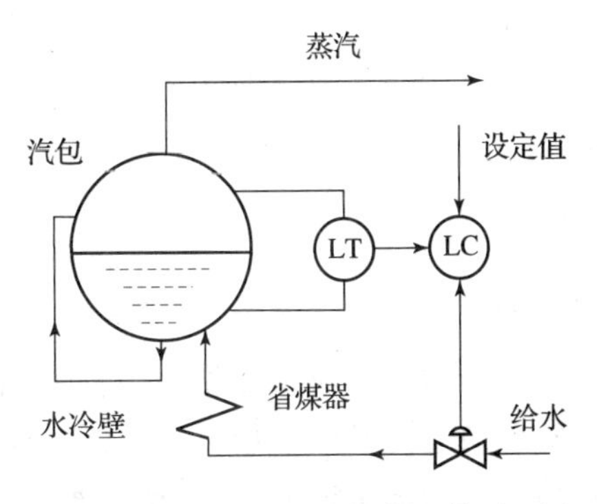

图5－1　锅炉汽包液位控制系统原理图

图5－1中，锅炉汽包为被控对象，工艺所要求的汽包液位高度称为设定值；所要求控制的液位参数称为被控变量或输出变量；影响被控变量使之偏离设定值的因素统称为扰动，如给水量、蒸汽量使用多少的变化等（设定值和扰动都是系统的输入变量）；用于使被控变量保持在设定值范围内的变量称为控制变量或操作变量；控制通道就是控制作用对被控变量的影响通路；扰

动通道就是扰动作用对被控变量的影响通路。

当该系统受到扰动作用后，被控变量（液位）发生变化，通过液位检测变送仪表 LT 得到其测量值，并将其传送到液位控制器 LC；LC 将被控变量（液位）的测量值与设定值比较得到偏差，并经过一定的运算后输出控制信号，这一信号作用于执行器（在此为调节阀），改变给水量，以克服扰动的影响，使被控变量回到设定值，这样就完成了所要求的控制任务。由此可见，过程控制系统的工作过程就是应用负反馈原理的控制过程。锅炉汽包液位控制系统方框图如图 5－2 所示。

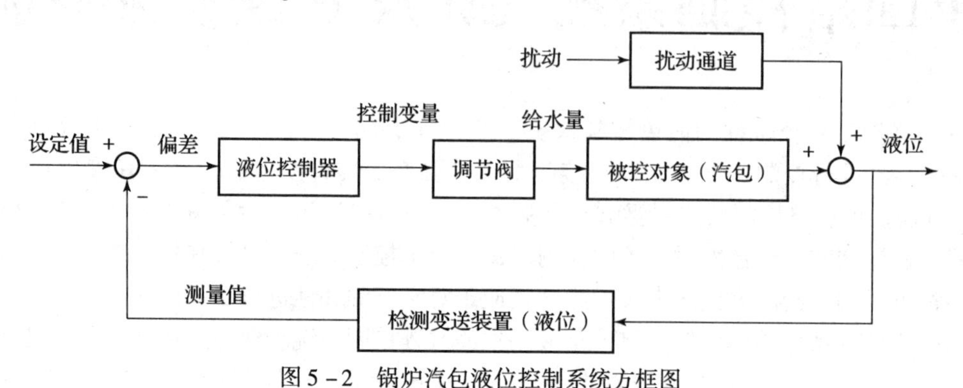

图 5－2　锅炉汽包液位控制系统方框图

根据上述的锅炉汽包液位控制系统方框图，可得简单控制系统的标准方框图，如图 5－3 所示。其中，方框内每个环节可以用文字描述，也可用传递函数描述。

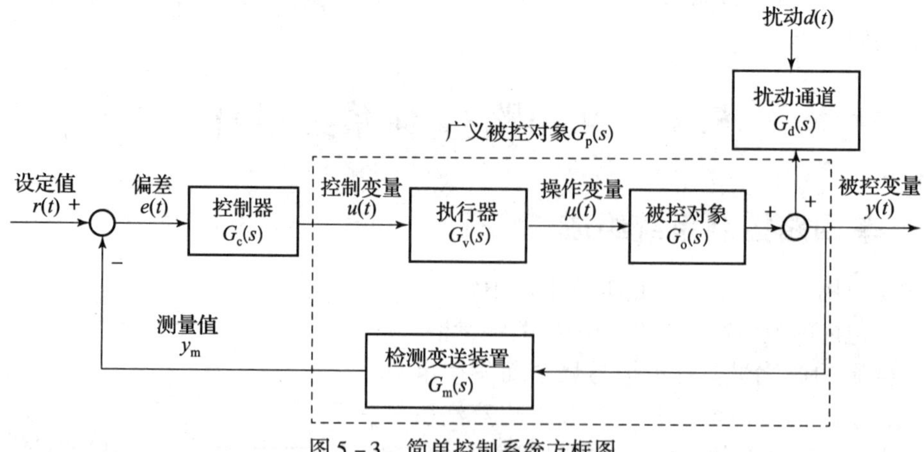

图 5－3　简单控制系统方框图

图 5－3 中，$G_o(s)$、$G_m(s)$、$G_v(s)$和 $G_c(s)$分别表示被控对象、检测变送装置、执行器和控制器的传递函数。系统工作时，被控对象的输出信号（被控变量）$y(t)$通过检测变送装置变换为测量值 $y_m(t)$，并反馈到控制器 $G_c(s)$的输入端；控制器根据系统被控变量的设定值 $r(t)$与测量值 $y_m(t)$的偏差 $e(t)$，按照一定的控制算法输出控制变量 $u(t)$；执行器 $G_v(s)$根据控制器送来的控制变量 $u(t)$，通过改变操作变量 $\mu(t)$的大小，对被控对象 $G_o(s)$进行调节，克服扰动 $d(t)$对系统的影响，从而使被控变量 $y(t)$趋于设定值 $r(t)$，达到预期的控制目标。

根据图 5－3 可得简单控制系统的输出与输入的关系为

$$Y(s) = \frac{G_c(s)G_v(s)G_o(s)}{1+G_c(s)G_v(s)G_o(s)G_m(s)}R(s) + \frac{G_d(s)}{1+G_c(s)G_v(s)G_o(s)G_m(s)}D(s)$$

当生产过程平稳运行时，可忽略扰动作用对输出（被控变量）的影响，即 $D(s)=0$。此时，系统的主要任务是要求输出 $Y(s)$ 能快速跟踪设定值 $R(s)$，且系统的输出 $Y(s)$ 仅与设定值 $R(s)$ 有关，即

$$Y(s) = \frac{G_c(s)G_v(s)G_o(s)}{1+G_c(s)G_v(s)G_o(s)G_m(s)}R(s)$$

在简单控制系统分析和设计时，通常将系统中控制器以外的部分组合在一起，即将被控对象、执行器和检测变送装置合并为广义被控对象，用 $G_p(s)$ 表示，即 $G_p(s)=G_v(s)G_o(s)G_m(s)$。因此，也可以将简单控制系统看成是由控制器 $G_c(s)$ 和广义被控对象 $G_p(s)$ 组成，如图 5－4 所示。

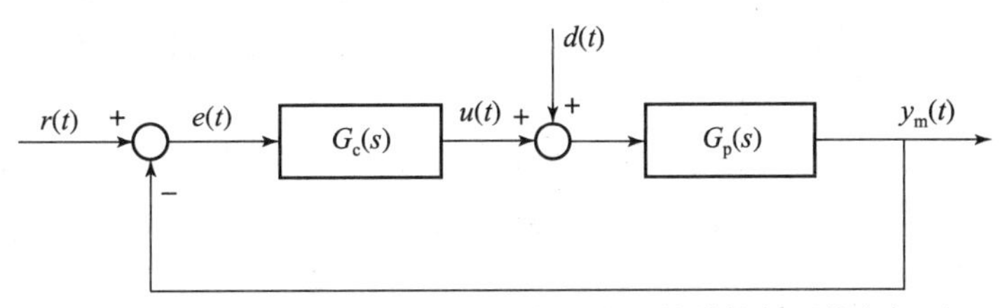

图 5－4　由控制器和广义被控对象组成的简单控制系统方框图

5.1.2　过程控制系统设计的步骤

过程控制系统设计的主要任务在于制订正确的控制方案，建立合理的控制回路结构，选用适当的过程检测和控制仪表，组成先进、可靠和经济的控制系统。了解了过程控制系统设计的任务，接下来看设计的具体内容和步骤。

1. 熟悉系统的技术要求和性能指标

系统的技术要求或性能指标通常是由用户或被控对象的设计制造单位提出来的。系统设计者对此必须全面了解和掌握，这是控制方案设计的基本依据。当然，技术要求必须切合实际，性能指标必须有充足的依据，否则就很难制定出切实可行的控制方案。

实际被控对象在控制方式和控制品质方面都存在着差异，即使是同一类被控对象，由于其大小、容量等的不同，系统控制要求也会有许多差别。但概括说来，系统必须具备的基本品质可归纳为 3 个方面：稳、准、快。所谓“稳”是指稳定性或平稳性，任何控制系统首先必须是稳定的，并要具有一定的稳定裕度。如果系统不能保证稳定运行，谈论别的性能都是毫无意义的。所谓“准”是指系统被控变量的实际运行状况与希望状况之间的偏差应尽量小，具体可分为动态偏差和稳态偏差（或称余差）。所谓“快”是指系统从一种状态过渡到另外一种状态的时间应尽量短。

在实际工程中，上述 3 种要求往往是需要相互平衡的。例如，为了保证平稳运行，系统的快速性就可能降低；而为了提高控制精度，系统的平稳性就可能受到影响。因此，在设计过程控制系统时应根据工程实际情况折中考虑，或分清主次，优先满足最重要的控制要求。

实际生产过程中的控制系统多为恒值调节系统。因此，在过程控制系统中更多地采用衰减率 ψ 来表示调节系统的稳定度。所谓衰减率就是指每经过 1 个振荡周期以后，过程波动

幅度衰减的百分数。在生产中，衰减率 ψ 的取值一般在 0.75～0.9 之间，也就是经过 1～2 个振荡周期以后就看不出波动了，在稳定的前提下，尽量满足准确性和快速性的要求。

2. 对工艺过程、设备以及对象的动、稳态特性进行深入的了解

设计一个控制系统，首先应对被控对象进行全面的了解。我们知道，生产过程是由各个环节或工艺设备构成的，各个工艺设备之间必然相互联系、相互影响。因此，在进行系统总体设计和布局时，应全面考虑这些联系和影响，明确局部自动化和全过程自动化之间的关系，从生产过程的全局出发，考虑整个系统的布局，合理设计每个控制系统。

为了满足系统的控制要求，还必须深入了解系统的动、稳态特性，建立系统的数学模型。数学模型是系统理论分析和设计的基础，只有采用恰当的数学模型来描述系统，系统的理论分析和设计才能深入。这里所要求的数学模型主要是为控制系统分析与设计服务的，不同控制算法（包括参数整定方法）采用的模型形式、类型以及复杂程度可能是不同的。例如，许多先进控制器都采用基于模型的控制算法，对模型的要求就相对较高。

总之，了解被控对象的特性，并建立适当的数学模型是十分重要的，必须给予足够的重视。从某种意义上讲，系统控制方案确定的合理与否在很大程度上取决于对被控对象认识的深入程度以及数学模型的精度。精度越高，方案设计就越趋合理，反之亦然。

3. 确定控制方案

设计控制系统的关键就是制订控制方案，这其中包括系统被控对象的选择、控制变量的选择、测量信息的获取和变送、调节阀（执行器）的选择和调节规律的确定等内容。制订控制方案时，不仅要依据被控对象的特性、控制任务和技术指标的要求，还要综合考虑方案的简单性、经济性以及技术实施的可行性等，并经反复研究和比较，制订出比较合理的控制方案。一旦确定了系统的控制方案，系统的组成以及控制方式就决定了。

4. 控制器参数整定

根据系统的技术指标要求，通过对系统的动态和稳态特性进行分析，确定控制器的控制规律等，可初步确定系统的控制方案。而采用理想的控制规律并不一定就可取得良好的控制效果，还需要进一步确定最佳的控制器参数，使其与被控对象获得最佳匹配。因此，控制器参数的整定是在控制方案合理制订的基础上，使系统运行在最佳状态的重要步骤，也是系统设计的重要环节。

5. 实验验证

实验验证是检验系统理论分析、综合设计过程正确与否的重要步骤。许多在理论设计中难以考虑或考虑不周的因素，可以通过实验加以补充完善，以便最终确定系统的控制方案并进行过程实施。

在上述过程控制系统的设计步骤当中，控制方案的确定、控制器的设计和参数整定是过程控制系统设计的最重要的内容。

总之，过程控制系统设计是一个从理论设计到工程实践，再从工程实践到理论设计的多次反复和实验过程。

5.1.3 过程特性参数对控制性能指标的影响

在有的生产过程中，操作变量的选择是明显的，如锅炉水位控制系统，操作变量只能是

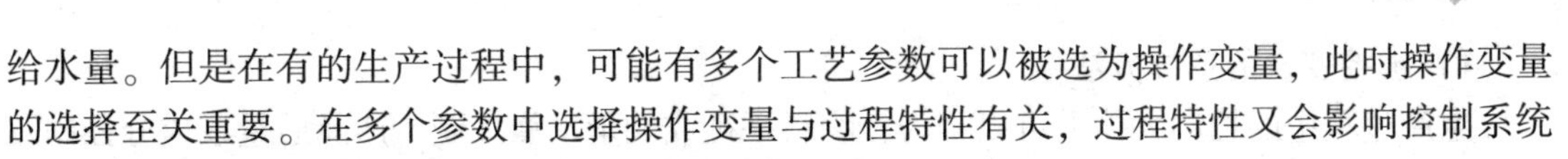

给水量。但是在有的生产过程中，可能有多个工艺参数可以被选为操作变量，此时操作变量的选择至关重要。在多个参数中选择操作变量与过程特性有关，过程特性又会影响控制系统的性能指标。下面定性地讨论过程特性对控制性能指标的影响。

为了使讨论具有一般性，假设控制系统方框图如图 5－3 所示，控制通道和扰动通道的传递函数均为一阶惯性加迟延环节，控制器采用比例控制。通过仿真分析可以得到如下结论。

1. 增益的影响

1）控制通道增益的影响

随着控制通道增益的增大，余差减小，最大动态偏差减小，控制作用增强，但稳定性变差。

2）扰动通道增益的影响

在其他因素相同的条件下，随着扰动通道增益的增大，余差增大，最大动态偏差也增大，说明扰动对控制系统的影响也越大。

2. 时间常数的影响

1）控制通道时间常数的影响

控制通道时间常数变大，调节时间变长，动态响应变慢，相应的过渡过程时间变长。

2）扰动通道时间常数的影响

随着扰动通道时间常数越大，扰动对系统输出的影响越缓慢，有利于控制作用克服影响，提高控制品质。

3. 迟延时间的影响

1）控制通道迟延时间的影响

若控制通道存在迟延，会引起相位滞后，使控制不及时、超调量变大、稳定性下降，闭环控制品质下降。

2）扰动通道迟延时间的影响

扰动通道迟延时间只影响扰动到达的时间，不影响系统的稳定性和改变控制品质。

5.1.4　被控变量和操作变量的选择

为了建立被控对象的数学模型，或者说要进行过程控制系统设计，必须首先确定系统的被控变量和操作（或控制）变量。下面从理论和应用角度出发，讨论被控变量和操作变量的选择原则。

1. 被控变量的选择

被控变量的选择是控制系统设计的核心问题，被控变量选择的正确与否是决定控制系统有无价值的关键；对任何一个控制系统，总是希望其能够在稳定生产操作、增加产品产量、提高产品质量、保证生产安全及改善劳动条件等方面发挥作用，如果被控变量选择不当，配备再好的自动化仪表，使用再复杂、先进的控制规律也是无用的，都不能达到预期的效果。另外，对于一个具体的生产过程，影响其正常操作的因素往往有很多个，但并非所有的影响因素都要加以自动控制。所以，设计人员必须深入实际、调查研究、分析工艺，从生产过程对控制系统的要求出发，找出影响生产的关键变量作为被控变量。

1）被控变量的选择方法

生产过程中的控制大体上可以分为：物料平衡或能量平衡控制、产品质量或成分控制及限制条件的控制。毫无疑问，被控变量应是能表征物料和能量平衡、产品质量或成分及限制条件的关键状态变量。所谓“关键”变量，是指这样一些变量：它们对产品的产量或质量及安全具有决定性作用，而人工操作又难以满足要求；或者人工操作虽然可以满足要求，但是这种操作既紧张又频繁，劳动强度也很大。

根据被控变量与生产过程的关系，可将其分为两种类型的控制形式；直接参数控制与间接参数控制。

（1）选择直接参数作为被控变量。

能直接反映生产过程中产品的产量和质量，以及安全运行的参数称为直接参数。大多数情况下，被控变量的选择往往是显而易见的。对于以温度、压力、流量、液位为操作指标的生产过程，被控变量很明显就是温度、压力、流量、液位。这是很容易理解的，也无须多加讨论。例如，前面章节中所介绍过的锅炉汽包液位控制系统和换热器出口温度控制系统，其被控变量的选择即属于这种类型。

（2）选择间接参数作为被控变量。

质量指标是产品质量的直接反映，因此选择质量指标作为被控变量应是首先要进行考虑的。如果工艺上是按质量指标进行操作的，理应以产品质量作为被控变量进行控制，但是采用质量指标作为被控变量，必然要涉及产品成分或物性参数（如密度、黏度等）的测量问题，这就需要用到成分分析仪表和物性参数测量仪表。有关成分和物性参数的测量问题，目前国内外尚未给出很好的解决方案，其原因有 2 个：一是缺乏各种合适的检测手段；二是虽有直接参数可测，但信号微弱或测量滞后太大。

因此，当直接选择质量指标作为被控变量比较困难或不可能时，可以选择一种间接的指标，即间接参数作为被控变量。但是必须注意，所选用的间接指标必须与直接指标有单值的对应关系，并且还需具有足够大的灵敏度，即随着产品质量的变化，间接指标必须有足够大的变化。

2）被控变量的选择原则

在实践中，被控变量的选择以工艺人员为主，以自控人员为辅，因为对控制的要求是从工艺角度提出的；但自动化专业人员也应多了解工艺，多与工艺人员沟通，从自动控制的角度提出建议。工艺人员与自控人员之间的相互交流与合作，有助于选择合适的控制系统被控变量。

在过程控制系统中，为了实现预期的工艺目标，往往有许多个工艺变量或参数可以被选择作为被控变量，也只有在这种情况下，被控变量的选择才是重要的问题。从多个变量中选择 1 个变量作为被控变量应遵循下列原则。

（1）被控变量应能代表一定的工艺操作指标或能反映工艺操作状态，一般都是工艺过程中比较重要的变量。

（2）应尽量选择那些能直接反映生产过程的产品产量和质量，以及安全运行的直接参数作为被控变量。当无法获得直接参数信号，或其测量信号微弱（或滞后很大）时，可选择一个与直接参数有单值对应关系、且对直接参数的变化有足够灵敏度的间接参数作为被控变量。

(3) 选择被控变量时，必须考虑工艺合理性和国内外仪表产品的现状。

2. 操作变量的选择

工业过程的输入变量有：操作（或控制）变量和扰动变量。如果用 $\mu(s)$ 表示操作变量，而用 $D(s)$ 表示扰动变量，那么，被控对象的输出 $Y(s)$ 与输入之间的关系可表示为

$$Y(s) = G_o(s)\mu(s) + G_d(s)D(s) \tag{5-1}$$

式中：$G_o(s)$ 为被控对象控制通道的传递函数，也简称为被控对象的传递函数；$G_d(s)$ 为被控对象扰动通道的传递函数。

由式（5-1）可以看出，扰动作用与控制作用同时影响被控变量。不过，在控制系统中通过控制器正反作用方式的选择，使控制作用对被控变量的影响正好与扰动作用对被控变量的影响方向相反。这样，当扰动作用使被控变量发生变化而偏离设定值时，控制作用就可以抑制扰动的影响，把已经变化的被控变量重新拉回到设定值上来。

在生产过程中，扰动是客观存在的，它是影响系统平稳操作的因素，而操作变量是克服扰动的影响，使控制系统重新稳定运行的因素。因此，正确选择一个可控性良好的操作（或控制）变量，可使控制系统有效克服扰动的影响，以保证生产过程平稳操作。

1) 操作变量的选择方法

在过程控制系统中，把用来克服扰动对被控变量的影响，实现控制作用的变量称为操作（或控制）变量，一般选系统中可以调整的物料量或能量参数。在石油化工生产过程中，遇到最多的操作变量则是介质的流量。

在一系统中，可作为操作变量的参数往往不只一个，因为能影响被控变量的外部输入因素往往有若干个。在这些因素中，有些是可控的，有些是不可控的，但并不是任何一个参数都可选为操作变量，组成可控性良好的控制系统。为此，设计人员要在熟悉和掌握生产工艺机理的基础上，认真分析生产过程中有哪些因素会影响被控变量发生变化，在诸多影响被控变量的输入因素中选择一个对被控变量影响显著，而且可控性良好的输入因素作为操作变量，而其他未被选中的所有输入因素则视为系统的扰动。

2) 操作变量的选择原则

实际上被控变量与操作变量是放在一起综合考虑的。操作变量应具有可控性、工艺操作的合理性、生产的经济性。操作变量的选取应遵循下列原则。

(1) 所选的操作变量必须是可控（即工艺上允许调节的变量）的，而且在控制过程中该变量变化的极限范围也是生产允许的。

(2) 操作变量应该是系统中被控过程的所有输入因素中对被控变量影响最大的一个，控制通道的放大系数要适当大一些，时间常数适当小些，纯迟延时间应尽量小；所选的操作变量应尽量使扰动作用点远离被控变量而靠近调节阀。为减小其他扰动对被控变量的影响，应使扰动通道的放大系数尽可能小，时间常数尽可能大。

在选择操作变量时，除了从自动化角度考虑外，还需考虑到工艺的合理性与生产的经济性。一般来说，不宜选择生产负荷作为操作变量，以免产量受到波动。例如，对于换热器，通常选择载热体（蒸汽）流量作为操作变量。如果不控制载热体（蒸汽）流量，而是选择待加热的冷流体流量作为操作变量，理论上也可以使出口温度稳定，但冷流体流量是生产负

荷指标，一般不宜进行控制。另外，从经济性考虑，应尽可能地降低物料与能量的消耗。

当被控变量和操作（或控制）变量选定后，便可利用第2章介绍的方法建立被控对象的数学模型。

5.1.5 控制器的选型

当被控对象、执行器和检测变送装置（检测变送仪表）确定后，便可对控制器进行选型。控制器的选型包括控制器控制规律的选择和正、反作用方式的选择。

1. 控制器控制规律的选择

在简单控制系统中，PID 控制由于它自身的优点仍然是得到最广泛应用的基本控制方式。

通常，应根据对象特性、负荷变化、主要扰动和系统控制要求等具体情况选择 PID 控制器的调节规律，同时还应考虑系统的经济性及系统投入是否方便等。

对于由 PID 控制器 $G_c(s)$ 和广义被控对象 $G_p(s)$ 组成的简单控制系统，控器的调节规律可以根据广义被控对象的特点进行选择，选择原则如下。

（1）当广义被控对象控制通道时间常数较大或容积迟延较大时，应引入微分作用。如果工艺允许有余差，可选用比例微分控制；如果工艺要求无余差，则选用比例积分微分控制，如温度、成分、pH 值控制等。

（2）当广义被控对象控制通道时间常数较小，负荷变化也不大，而工艺要求无余差时可选择比例积分控制，如管道压力和流量的控制。

（3）当广义被控对象控制通道时间常数较小，负荷变化较小，工艺要求不高时，可选择比例控制，如储罐压力、液位的控制。

（4）当广义被控对象控制通道时间常数或容积迟延很大，负荷变化也很大时，简单控制系统已不能满足要求，应设计复杂控制系统或先进控制系统。

特别指出，如果广义被控对象传递函数可用

$$G_p(s) = \frac{Ke^{-\tau s}}{Ts+1} \tag{5-2}$$

近似表示，则可根据广义被控对象的可控比 τ/T 选择 PID 控制器的调节规律：

（1）当 $\tau/T \leqslant 0.2$ 时，选择比例或比例积分控制；

（2）当 $0.2 < \tau/T \leqslant 1.0$ 时，选择比例微分或比例积分微分控制；

（3）当 $\tau/T > 1.0$ 时，采用简单控制系统往往不能满足控制要求，应选用如串级、前馈等复杂控制系统。

2. 控制器正、反作用方式的选择

简单控制系统由控制器、执行器、被控对象和检测变送仪表组成，它们在连接成闭合回路时，可能出现2种情况：正反馈和负反馈。正反馈的作用会加剧被控对象流入量、流出量的不平衡，从而导致控制系统的不稳定；负反馈的作用是缓解对象中的不平衡，达到自动控制的目的。设置控制器正、反作用的目的是保证控制系统构成负反馈。

为了保证工业生产过程中的控制系统是一种负反馈控制，系统的开环增益必须为“负”。而系统的开环增益是系统中各环节增益的乘积（包括比较环节），因此只要事先知道了执行器、被控对象和检测变送仪表增益的正负，就可以很容易地确定出控制器增益的正负。

1）系统中各环节的正、反作用方向

控制系统中，各环节的作用方向（增益符号）是这样规定的；当该环节的输入信号增加时，若输出信号也随之增加，即输出与输入变化方向相同，则该环节为正作用方向；反之，当输入增加时，若输出减小，即输出与输入变化方向相反，则该环节为反作用方向。

在控制系统方框图中，每一个环节的正、反作用方向都可以用该环节增益的正负来表示。如果作用方向为正，可在该环节的框上标“+”，表示该环节的增益为正；如果作用方向为负，可在该环节的框上标“-”，表示该环节的增益为负。

（1）被控对象正、反作用方向的确定。

被控对象的作用方向随具体对象的不同而相同，当该被控对象的输入信号（控制变量）增加时，若其输出信号（被控变量）也增加，即被控变量与控制变量变化方向相同，则该对象属正对象，增益为正，取“+”号；反之，则为负对象，增益为负，取“-”号。

（2）执行器正、反作用方向的确定。

对于气动调节阀，作用方向取决于其是气开阀还是气关阀。当控制器输出信号（即调节阀的输入信号）增加时，气开阀的开度增加，因而通过调节阀的流体流量也增加，故气开阀是正作用，增益为正，取“+”号；反之，当气关阀接收的信号增加时，通过调节阀的流体流量反而减少，所以气关阀是反作用，增益为负，取“-”号。

（3）检测变送装置正、反作用方向的确定。

对于检测变送装置，其增益一般均为正，取“+”号。因为当其输入信号（被控变量）增加时输出信号（测量值）也是增加的，所以在考虑整个控制系统的作用方向时，可以不考虑检测变送装置的作用方向，只需要考虑控制器、执行器和被控对象 3 个环节的作用方向，也就是说使它们三者的开环增益之积为“负”，即可保证系统为负反馈。

（4）控制器正、反作用方向的确定。

为了适应不同被控对象实现负反馈控制的需要，工业 PID 控制器都有设置正、反作用的开关或参数，以便根据需要将控制器置于正作用或者反作用方式。对于一工业生产过程的简单控制系统，其系统方框图如图 5-5 所示。

图 5-5 中，$G_v(s)$、$G_o(s)$和 $G_m(s)$分别为调节阀、被控对象和检测变送装置的传递函数；虚线框部分为实际控制器，其中 $G_c(s)$为实际控制器运算环节的传递函数（在不引起混淆的情况下，一般将其简称为控制器传递函数）；$r(t)$为系统给定值；$u(t)$为控制器输出；$y_m(t)$为被控变量 $y(t)$的测量值。也就是说，过程控制系统中的实际控制器是由信号比较机构和运算环节组成，在方框图中为了突出比较机构，单独将其表示。

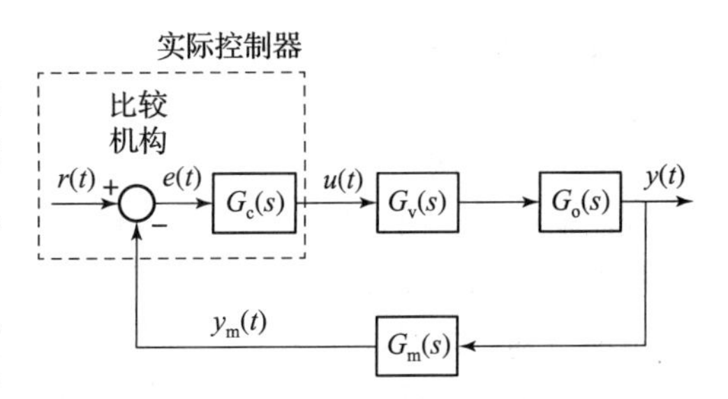

图 5-5　工业生产过程的简单控制系统方框图

在自动控制系统分析中，系统偏差定义为 $e(t)=r(t)-y_m(t)$。实际控制器的正作用方式是指实控制器的输出信号 $u(t)$随着测量值

$y_m(t)$的增加而增加；实际控制器的反作用方式是指$u(t)$随着$y_m(t)$增加而减小。也就是说，当控制器运算环节的增益K_c为正，则控制器是反作用；当控制器运算环节的增益K_c为负，则控制器是正作用。

2）控制器正、反作用方式的确定方法

控制器正、反作用方式确定的基本原则是保证系统成为负反馈，确定方法有逻辑推理法和判别式法。

（1）逻辑推理法。

负反馈和反作用方式是不同的概念，为了保证过程控制系统为负反馈控制，就必须通过正确选定控制器的作用方式来实现。对于一个具体给定的广义被控对象，这个选定只是个简单的常识问题。

假定被控对象是加热过程，即利用蒸汽加热某种介质使其出口温度自动保持在某一设定值上，如图5－6所示。如果蒸汽调节阀的开度$\mu(t)$随着控制信号$u(t)$的加大而加大，那么就广义被控对象（调节阀＋换热器＋温度检测变送装置）看，显然介质出口温度的测量值$y_m(t)$（假设$y_m(t)$与$y(t)$同号）将会随着控制信号$u(t)$的加大而升高。如果介质出口温度的测量值$y_m(t)$升高了，控制器就应减小其输出信号$u(t)$，这样才能正确地起负反馈控制作用，因此控制器应置于反作用方式下。

图5－7为控制器正、反作用方式选择的推理过程。

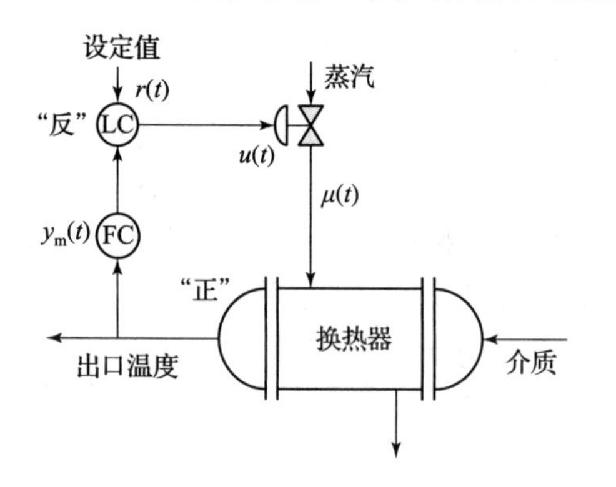

图5－6 换热器温度控制系统原理图

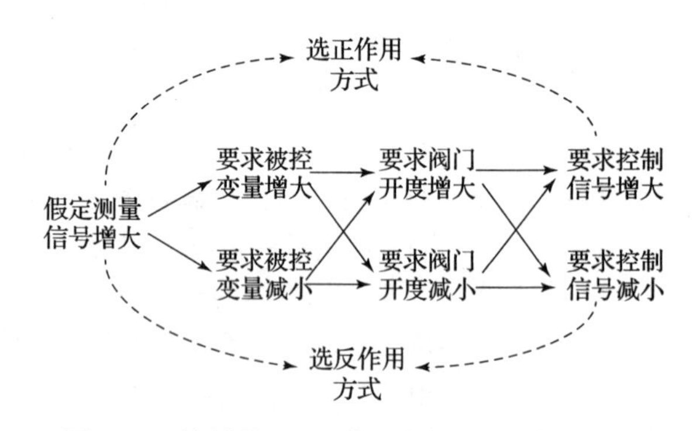

图5－7 控制器正、反作用方式选择的推理过程

根据图5－7可知，以上换热器温度控制系统中控制器正、反作用方式选择的推理过程为：假定介质出口温度的测量值$y_m(t)$增大了→在测量环节为正作用时，如要维持测量值$y_m(t)$不变，就一定要减小介质出口温度$y(t)$→对该加热过程，就要求减小蒸汽阀的开度$\mu(t)$→在选用正作用调节阀时，就要求减小控制信号$u(t)$，因此根据测量值增大、要求控制信号减小可知，在本系统中控制器应选反作用方式。

（2）判别式法。

控制器的正、反作用方式也可以借助于控制系统方框图加以确定。对于包含控制器、执行器被控对象和检测变送装置4个环节的简单控制系统，这个方法更为简便。

由前可知，为保证使整个系统构成负反馈的闭环系统，系统中实际控制器、执行器、被控对象和检测变送装置4部分的开环增益之积必须为负，即

$$(\text{实际控制器}\pm)\times(\text{执行器}\pm)\times(\text{被控对象}\pm)\times(\text{检测变送仪表}\pm)=(-)$$

在方框图中，为了强调系统为负反馈，将“－”号移到反馈信号上，此时负反馈系统就要求闭合回路上所有环节（仅包括控制器的运算环节）的增益之乘积是正数，即

（实际控制器的运算环节±）×（执行器±）×（被控对象±）×（检测变送仪表±）=（+）

由于检测变送装置的增益一般为正，控制器正、反作用方式选择的判别式也可简化为

（实际控制器的运算环节±）×（执行器±）×（被控对象±）=（+）

也就是说，要实现控制系统是负反馈控制，则必须满足：$K_cK_oK_v>0$。

图5－8为图5－6所示加热器温度控制系统的方框图，其中K_o、K_v和K_m分别代表被控对象、调节阀和检测变送装置的增益；K_c和$e(t)$分别代表实际控制器运算环节的增益和输入信号；$u(t)$为控制器的输出信号；$\mu(t)$为调节阀的开度信号；$y_m(t)$为被控变量$y(t)$的测量值。

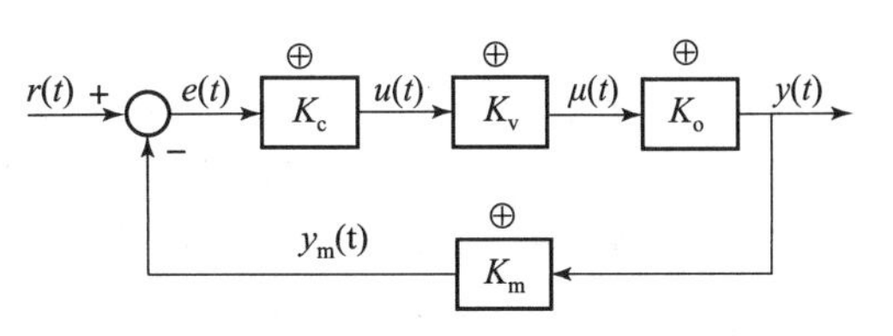

图5－8　加热器湿度控制系统方框图

在该例中，K_o、K_v和K_m都为正，因此为满足系统为负反馈，则要求K_c为正。因为实际控制器的增益与其运算环节的增益K_c符号相反，所以要求控制器置于反作用方式。

5.2　单回路PID控制的工程整定方法

简单控制系统是由控制器、执行器、被控对象和检测变送仪表等构成的，其控制品质的决定性因素是被控对象的动态特性，与此相比其他都是次要的。当系统安装好以后，系统能否在最佳状态下工作，主要取决于控制器各参数的设置是否得当。

过程控制通常都是选用工业成批生产的不同类型的控制器，这些控制器都有一个或几个参数需要设置。系统整定的实质，就是通过调整控制器的这些参数使其特性与被控对象特性相匹配，以达到最佳的控制效果。人们常把这种整定称作“最佳整定”，这时的控制器参数叫作“最佳整定参数”。

应当指出的是，控制系统的整定是一个很重要的工作，但它只能在一定范围内起作用，绝不能误认为控制器参数的整定是“万能”的。如果设计方案不合理、仪表选择不当、安装质量不高、被控对象特性不好，要想通过控制器参数的整定来满足工艺生产要求也是不可能的。所以，只有在系统设计合理、仪表选择得当和安装正确的条件下，控制器参数整定才有意义。

5.2.1　控制器参数整定的基本要求

衡量控制器参数是否最佳，需要规定一个明确的统一反映控制系统质量的性能指标。例如，第1章所述工程上提出的性能指标可以是各式各样的：要求最大动态偏差尽可能小、调节时间最短、调节过程系统输出的误差积分值最小等。然而，改变控制器参数可以使某些指标得到改善，而同时又会使其他的指标恶化。此外，不同生产过程对系统性能指标的要求也不一样，因此系统整定时性能指标的选择有一定灵活性。作为系统整定的性能指标，它必须能综合反映系统控制品质，而同时又要便于分析和计算。目前，系统整定中采用的性能指标

大致分为单项性能指标和误差积分性能指标，现分别说明如下。

1. 单项性能指标

单项性能指标是基于系统闭环响应的某些特性，利用响应曲线上的一些点的指标。这类指标简单、直观、意义明确，但往往只是比较笼统的概念，难以准确衡量。常用的有：衰减率（或衰减比）、最大动态偏差、调节时间。

必须指出，单项性能指标并不足以描述所希望的动态响应，人们往往要求满足更多的指标。例如，同时希望最大动态偏差和调节时间都最小。显然，多个指标不可能同时都得到满足。所以，整定时必须权衡轻重，兼顾系统偏差、调节时间方面的要求。

在各种单项性能指标中，应用最广的是衰减率 ψ，而 $\psi=0.75$（即 4 : 1 衰减比）是对偏差和调节时间的一个合理的折中。当然，还应根据生产过程的具体特点确定衰减率的数值。很多控制器具有两个以上的整定参数，它们可以有各种不同的组合，都能满足给定的衰减率。这时，还应采用其他性能指标，以便从中选择最佳的一组整定参数。

2. 误差积分性能指标

第 1 章提出的误差积分性能指标，如 IE、IAE、ISE、ITAE，与上述只利用系统动态响应特性的单项指标不同，这一类指标是基于从时间 $t=0$ 直到稳定为止整个响应曲线的形态定义的，因此比较精确，但使用起来比较麻烦，也不太容易给出一明确的指标要求。

采用误差积分指标作为系统整定的性能指标时，系统的整定就归结为计算控制系统中的待定参数，以使上述各类积分数值极小，如

$$\mathrm{IAE}=\int_0^{\infty}|e(t)|\mathrm{d}t$$

按不同积分指标整定控制器参数，其对应的系统响应不同，侧重的目标点也不同。对于抑制大的误差，ISE 比 IAE 好；而抑制小误差，IAE 比 ISE 好；ITAE 能较好地抑制长时间存在的误差。因此，ISE 指标对应的系统响应，其最大动态偏差较小，调节时间较长；ITAE 指标对应的系统响应调节时间最短，但最大动态偏差最大。误差积分指标往往与其余指标并用，很少作为系统整定的单一指标。

在实际系统整定过程中，一般先改变控制器的某些参数（通常是比例带）使系统响应获得规定的衰减率，然后再改变另一些参数，最后综合反复调整所有参数，以期在规定的衰减率下使选定的某一误差积分指标最小，从而获得控制器最佳的整定参数。

系统整定方法很多，但可归纳为两大类：理论计算法和工程整定法。常用的理论计算法有根轨迹法和频率特性法，这类方法基于被控对象数学模型（如传递函数、频率特性），通过计算方法直接求得控制器整定参数。由第 2 章可知，无论采用机理分析法还是实验测试法，由于忽略了某些因素，它们所得对象的数学模型是近似的。此外，实际控制器的动态特性与理想控制器的调节规律也有差别。所以，在过程控制系统中，理论计算求得的整定参数不是很可靠，往往还需要通过现场试验加以修正。另外，理论计算法往往比较复杂、烦琐，使用不十分方便。这并不是说理论计算法就没有价值了，恰恰相反，理论计算法有助于人们深入理解问题的实质，它所导出的一些结果正是工程整定法的理论依据。

在工程实际应用中，经常采用工程整定法。工程整定法是在理论基础上通过实践总结出来的，虽然是一种近似的经验方法，但相当实用。正因为如此，本节在介绍几种常用的工程

整定方法的同时，还将介绍一种基于工程整定法的参数自整定方法。

5.2.2　动态特性参数法

动态特性参数法是以被控对象控制通道的阶跃响应曲线为依据，通过一些经验公式求取控制器最佳参数整定值的开环整定方法。

用动态特性参数法计算 PID 控制器参数整定值的前提是，将系统简化为由控制器 $G_c(s)$ 和广义被控对象 $G_p(s)$ 组成。其中，广义被控对象的阶跃响应曲线可用一阶惯性环节加纯迟延来近似，即

$$G_p(s) = \frac{K}{Ts+1}e^{-\tau s} \tag{5-3}$$

否则根据以下几种动态特性参数整定方法得到的

$$G_c(s) = K_c\left(1+\frac{1}{T_i s}+T_d s\right) \tag{5-4}$$

中的 PID 控制器中整定参数只能作初步估计值。

1. Z－N 工程整定法

Z－N 工程整定法是由齐格勒（Ziegler）和尼科尔斯（Nichols）于 1942 年首先提出的，计算 PID 控制器参数的公式见表 5－1。

表 5－1　Z－N 控制器参数整定公式

调节规律	参数		
	δ	T_i	T_d
P	$(K/T)\ \tau$		
PI	$1.1\ (K/T)\ \tau$	3.3τ	
PID	$0.85\ (K/T)\ \tau$	2.0τ	0.5τ

注：上述整定规则仅限于 $0<\tau<T$。

2. C－C 工程整定法

在 Z－N 工程整定法的基础上，经过不断改进，总结出相应的计算 PID 控制器最佳参数整定公式。这些公式均以衰减率（$\psi=0.75$）为系统的性能指标，其中广为流行的是柯恩（Cohen）－库恩（Coon）整定公式，即

（1）比例控制器

$$K_cK = (\tau/T)^{-1}+0.333 \tag{5-5}$$

（2）比例积分控制器

$$\begin{cases} K_cK = 0.9\ (\tau/T)^{-1}+0.082 \\ T_i/T = [3.33(\tau/T)+0.3\ (\tau/T)^2]/[1+2.2(\tau/T)] \end{cases} \tag{5-6}$$

（3）比例积分微分控制器

$$\begin{cases} K_cK = 1.35\ (\tau/T)^{-1}+0.27 \\ T_i/T = [2.5(\tau/T)+0.5\ (\tau/T)^2]/[1+0.6(\tau/T)] \\ T_d/T = 0.37(\tau/T)/[1+0.2(\tau/T)] \end{cases} \tag{5-7}$$

3. Lambda 整定法

Lambda 整定是一种内模控制（IMC）的形式，它能够使比例积分（PI）控制器在设定点变化时实现平滑、不振荡的控制效果。它的名字来自希腊字母 λ（lambda），这是一个影响响应过程的参数，表示控制器将过程变量从起点移动到设定值需要花费多少时间。计算 PID 参数的公式见表 5 - 2。

表 5 - 2　Lambda 控制器参数整定公式

调节规律	参数			
	K_c	T_i	T_d	λ 取值
P	$\left(\frac{1}{K}\right)\times\left(\frac{T}{\tau+\lambda}\right)$			0
PI	$\left(\frac{1}{K}\right)\times\left(\frac{T}{\tau+\lambda}\right)$	T		$\lambda=\tau$
PID	$\left(\frac{1}{K}\right)\times\left(\frac{T}{\tau+\lambda}\right)$	T	0.5τ	$\lambda=0.2\tau$

注：上述整定规则不受 τ/T 的限制。

从表 5 - 2 可见，只要已知对象的 K、T、τ，并指定性能参数 λ 的值，就可以根据表中公式计算 PID 参数。需要注意的是，Lambda 整定适合于响应过程不要求很快且不希望有超调振荡的场合。这也是 Lambda 整定在造纸作业中应用比较普及的原因，因为某些过程变量的振荡会给最终产品带来视觉可见的瑕疵。

4. 以各种误差积分值作为系统性能指标的工程整定方法

随着计算机控制系统的广泛应用，又提出了以各种误差积分值作为系统性能指标的 PID 控制器最佳参数整定公式，即

$$\begin{cases} KK_c = A\,(\tau/T)^{-B} \\ T_i/T = C\,(\tau/T)^{D} \\ T_d/T = E\,(\tau/T)^{F} \end{cases} \tag{5-8}$$

整定公式中的各系数在不同误差积分性能指标下的取值见表 5 - 3。

表 5 - 3　Z - N 及 IAE、ISE、ITAE 性能指标的各系数取值

性能指标	调节规律	系　数					
		A	B	C	D	E	F
Z - N	P	1	1				
IAE	P	0.902	0.985				
ISE	P	1.411	0.917				
ITAE	P	0.904	1.084				

续表

性能指标	调节规律	系数					
		A	*B*	*C*	*D*	*E*	*F*
Z - N	PI	0.9	1	3.333	1		
IAE		0.984	0.986	1.644	0.707		
ISE		1.305	0.959	2.033	0.739		
ITAE		0.859	0.977	1.484	0.68		
Z - N	PID	1.2	1	2	1	0.5	1
IAE		1.435	0.921	1.139	0.749	0.482	1.137
ISE		1.495	0.945	0.917	0.771	0.56	1.006
ITAE		1.357	0.947	0.176	0.738	0.381	0.995

注：为便于比较，表中也列入了 Z - N 整定方法计算公式。

5.2.3　改进的齐格勒 - 尼科尔斯（RZN）方法

Z - N 法整定的 PID 参数在设定值变化大且频繁的场合下，其跟踪特性可能并不理想，设定值的阶跃变化会使闭环系统响应的超调量或最大偏差仍比较大。因此，有不少研究者对该方法进行了各种不同的改进。1991 年 C. C. Hang，K. J. Astrom 和 W. K. Ho 通过对典型被控对象的数学模型进行仿真研究，提出了基于设定值加权的 PID 参数整定公式。

RZN 方法是基于设定值加权的微分先行 PID 整定方法，通过大量实验，RZN 方法克服了 Z - N 方法整定造成的超调量过大和抗扰动能力差的缺点。

RZN 方法提出了描述系统特性的 2 个参数，即规范化的过程增益 k 和规范化的时滞时间 θ，并用来作为系统分类的标准，从而采用不同的整定公式。

对于具有自衡特性的过程，其规范化时滞时间 θ 定义为过程纯滞后时间 τ 和过程时间常数 T 之比，即

$$\theta = \frac{\tau}{T} \tag{5-9}$$

规范化过程增益 k 定义为过程开环稳态增益 K 和闭环临界比例增益 K_u（ultimate gain，即在比例反馈控制下，闭环系统达到临界稳定状态时的比例控制器增益）的乘积，即

$$k = KK_u \tag{5-10}$$

事实上，k 与 θ 之间是紧密相关的，一般可近似用 θ 来表示，即

$$k = 2\left(\frac{11\theta + 13}{37\theta - 4}\right) \tag{5-11}$$

在 RZN 方法中，在设定值项增加了加权系数，则实际 PID 控制算式可写为

$$u(t) = K_c\left[\beta r(t) - y(t) + \frac{1}{T_i}\int_0^t e(\tau)\mathrm{d}\tau + T_d\frac{\mathrm{d}e(t)}{\mathrm{d}t}\right] \tag{5-12}$$

其中

$$e(t) = r(t) - y(t) \tag{5-13}$$

式中：β 是设定值加权系数，一般情况下取值小于 1；K_c为比例增益；T_i为积分时间；T_d为微分时间；$r(t)$为设定值；$y(t)$为测量值。

通过引入设定值加权，实际上就是对设定值引入了一滤波器，延缓设定值的变化速率，从而可以有效地抑制设定值改变带来的过大超调量。

RZN 方法整定步骤如下。

（1）取广义对象为标准形式，即

$$G_p(s) = \frac{K_p e^{-\tau s}}{1 + Ts} \tag{5-14}$$

（2）按理论计算或实验方法求出 K_u和 T_u（即纯比例控制下得到的临界比例增益和临界振荡周期）。

（3）计算 RZN 方法的两个特性参数 k 与 θ。

（4）按下列不同控制律，k 或者 θ 的不同数值范围分别取如下整定公式。

① 对于 PID 控制器。

当 $2.25 < k < 15$，或者 $0.16 < \theta < 0.57$ 时，取

$$\beta = \frac{15 - k}{15 + k}，\text{此时超调量约为 }10\% \tag{5-15}$$

$$\beta = \frac{36}{27 + 5k}，\text{此时超调量约为 }20\% \tag{5-16}$$

其他 PID 参数与 Z－N 方法相同。

这里，对应纯滞后的较小区间，RZN 方法相对 Z－N 方法，仅仅引入了设定值加权系数，因而改善的只是设定值响应特性；二者的扰动响应特性是完全一样的。

当 $1.5 < k < 2.25$，或者 $0.57 < \theta < 0.96$ 时，取

$$\beta = \frac{8}{17}\left(\frac{4}{9} + 1\right), \quad T_i = 0.5\mu T_u, \quad \mu = \frac{4}{9}k < 1 \tag{5-17}$$

其中，μ 反映了 RZN 法与 Z－N 法积分时间常数之比。其他参数（即 K_c和 T_d）与 Z－N 法相同。此时，设定值响应超调量约为 20%。

这里，RZN 方法随着对象纯滞后加大，通过不断增强积分作用，即减小积分时间常数，来改善设定值响应；同时引入并加强设定值滤波，来抑制由此带来的过大超调量。

② 对于 PI 控制器。

当 $1.2 < k < 15$，或者 $0.16 < \theta < 1.4$ 时，取

$$K_c = \frac{5}{6}\left(\frac{12 + k}{15 + 14k}\right)K_u, \quad T_i = \frac{1}{5}\left(\frac{4}{15}k + 1\right)T_u, \quad \beta = 1 \tag{5-18}$$

此时，对于设定值响应，大约有 10% 的设定值超调量。

RZN 法较 Z－N 法的改进之处主要在于对纯滞后较小过程，改善了系统的阻尼状况，增强其稳定裕度；而在纯滞后较大时，则加快设定值与负荷扰动响应速度。

在一般情况下，RZN 法比 Z－N 法整定参数所得的动态响应要好，但 RZN 法所需的先验知识要比 Z－N 法多。

5.2.4 稳定边界法

稳定边界法是一种闭环的整定方法，它基于纯比例控制系统临界振荡试验所得数据，即

临界比例带δ_{cr}和临界振荡周期T_{cr}，利用一些经验公式，求取PID控制器最佳参数值。具体求取步骤如下。

（1）置PID控制器积分时间T_i到最大值（$T_i=\infty$），微分时间T_d为0（$T_d=0$），比例带δ置较大值，使控制系统投入运行。

（2）待系统运行稳定后，逐渐减小比例带，直到系统出现如图5-9所示的等幅振荡，即所谓临界振荡过程，记录下此时的比例带δ_{cr}（临界比例带），并计算2个波峰的时间T_{cr}（临界振荡周期）。

利用δ_{cr}和T_{cr}值，按表5-4给出的相应计算公式，求PID控制器各整定参数δ、T_i和T_d的数值。

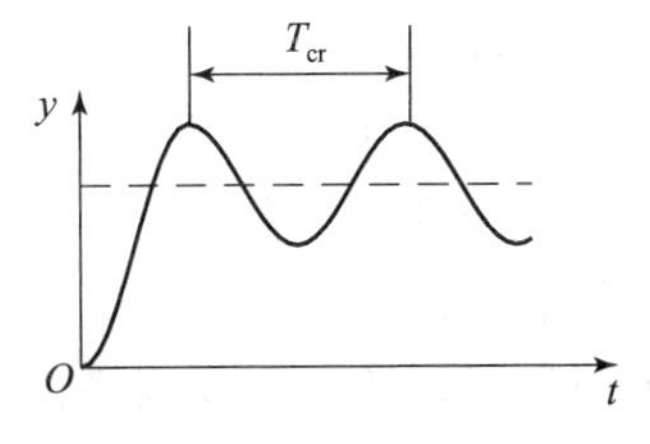

图5-9 系统的临界振荡响应

表5-4 稳定边界法参数整定计算公式

调节规律	参数		
	δ	T_i	T_d
P	$2\delta_{cr}$		
PI	$2.2\delta_{cr}$	$0.85T_{cr}$	
PID	$1.67\delta_{cr}$	$0.5T_{cr}$	$0.125T_{cr}$

注意：在采用这种方法时，控制系统应工作在线性区，否则得到的持续振荡曲线可能是极限环，不能依据此数据来计算整定参数。

应当指出，由于被控对象特性的不同，按上述经验公式求得的控制器整定参数不一定都能获得满意的结果。实践证明，对于无自平衡特性的对象，用稳定边界法求得的控制器参数往往使系统响应的衰减率偏大（$\psi>0.75$），需要在实际运行过程中进行在线调整。

稳定边界法适用于许多过程控制系统。但对于如锅炉水位控制系统那样的不允许进行稳定边界试验的系统，或者某些时间常数较大的单容对象，采用纯比例控制时系统本质稳定，对于这些系统是无法用稳定边界法来进行参数整定的。

5.2.5 衰减曲线法

衰减曲线法与稳定边界法类似，区别在于衰减曲线法通过某衰减比（通常为4：1或10：1）时设定值扰动的衰减振荡试验数据，采用一些经验公式求取PID控制器相应的整定参数。对于4：1衰减曲线法的具体步骤如下。

（1）置控制器积分时间T_i为最大值（$T_i=\infty$），微分时间T_d为0（$T_d=0$），比例带δ置较大值，并将系统投入运行。

（2）待系统稳定后，作设定值阶跃扰动，并观察系统的响应。若系统响应衰减太快，则减小比例带；反之，系统响应衰减过慢，应增大比例带。如此反复，直到系统出现如图5-10（a）所示的4：1衰减振荡过程，记下此时的比例带δ_s和振荡周期T_s数值。

（3）用δ_s和T_s值，按表5-5给出的经验公式，求控制器整定参数δ、T_i和T_d的数值。

对于扰动频繁，过程进行较快的控制系统，要准确地确定系统响应的衰减程度比较困难，往往只能根据控制器输出摆动次数加以判断。对于4：1衰减过程，控制器输出应来回摆动两次后稳定。摆动一次所需时间即为T_s。显然，这样测得的T_s和δ_s值，会给控制器参数整定带来误差。

衰减曲线法也可以根据实际需要，在衰减比为$n=10:1$的情况下进行。此时，要以图5－10（b）中的上升时间T_r为准，按表5－5给出的公式计算。

以上介绍的几种系统参数工程整定法有各自的优缺点和适用范围，要善于针对具体系统的特点和生产要求，选择适当的整定方法。不管用哪种方法，所得PID控制器整定参数都需要通过现场试验，反复调整，直到取得满意的效果为止。

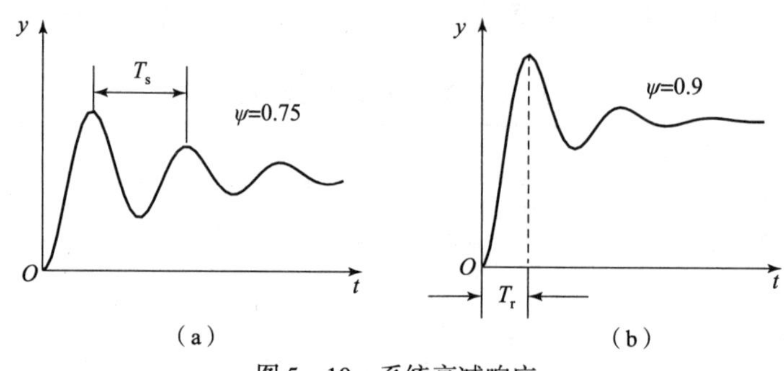

图5－10 系统衰减响应

表5－5 衰减曲线法整定计算公式

衰减率ψ	调节规律	PID参数		
		δ	T_i	T_d
0.75	P	δ_s		
	PI	$1.2\delta_s$	$0.5T_s$	
	PID	$0.8\delta_s$	$0.3T_s$	$0.1T_s$
0.9	P	δ_s		
	PI	$1.2\delta_s$	$2T_r$	
	PID	$0.8\delta_s$	$1.2T_r$	$0.4T_r$

5.2.6 PID控制器的现场试凑法整定

采用前述经验公式整定出来的PID参数一般仅仅为系统控制器提供了一组参数初值，还需要基于PID参数对闭环系统调节性能的影响来对其进行“手工细调”。此外，如果全部通过手动的“试凑法”配置PID参数，为了提高参数整定的效率以及效果，可按照P、I、D的顺序来进行，具体步骤如下。

（1）置调节器积分时间$T_i=\infty$，微分时间常数$T_d=0$，调整K_c，接近性能指标。例如，可以先在按经验设置的比例带初值条件下，将系统投入运行，整定比例带，求得满意（如4:1衰减比）的过渡过程曲线，表5－6为PID控制器的经验数据，表5－7为设定值扰动PID控制器各参数对调节过程的影响。

表 5 - 6 PID 控制器的经验数据

被控对象	整定参数		
	$\delta/\%$	T_i/min	T_d/min
液　位	20 ~ 80		
流　量	40 ~ 100	0.1 ~ 1	
压　力	30 ~ 70	0.4 ~ 3	
温　度	20 ~ 60	3 ~ 10	0.5 ~ 3

表 5 - 7 设定值扰动下 PID 控制器各参数对调节过程的影响

性能指标	整定参数		
	$\delta\downarrow$	$T_i\downarrow$	$T_d\uparrow$
最大动态偏差	↑	↑	↓
余差	↓	—	—
衰减率	↓	↓	↑
振荡频率	↑	↑	↑

（2）减小 T_i到合适的数值，这会导致稳定性降低，因而相应地要减小 K_c，以保持稳定性不变。例如，在引入积分作用后，可将上述比例带适当加大（如取其 1.1 ~ 1.2 倍），然后再将 T_i由大到小进行整定。随着 T_i逐步减小，积分消除余差的速率会逐步加快，但系统的稳定性会减弱，响应周期会变慢。

（3）当 PI 调节令人满意后，如有必要，还可进一步引入微分。T_d增大一般会导致稳定性增强，这意味着增益 K_c可进一步加大，积分时间常数 T_i可进一步减小。其中，可将 T_d按经验值或按 $T_d=(1/3\sim1/4)T_i$设置，并由小到大地加入，直到满意为止。值得指出的是，增大微分时间常数 T_d可提高系统响应速率和稳定性，但只是在一定上限范围内有效，过大的 T_d会对噪声及其他扰动有放大作用，会削弱系统稳定性。

5.2.7 PID 控制器参数整定计算

1. 等效控制器

在利用动态特性参数法整定计算 PID 控制器参数时，需要把简单控制系统简化为等效控制器和广义被控对象两大部分。例如，将被控对象、执行器和检测变送装置合并为广义被控对象 $G_p(s)$，而其他部分（包括比较机构）就是实际控制器。然而，在实际应用中，由于测试对象特性时，施加输入信号的位置不同，导致被控对象所包含的环节也不同，因此在定义广义被控对象时，也可以有不同的组合。广义被控对象可能仅包含被控对象和执行器或被控对象和检测变送仪表两部分，也可能只包含被控对象本身，这里将其称为等效广义被控对象，在不引起混淆的情况下，以下仍简称为广义被控对象，用 $G_p(s)$表示；另一部分（包括实际控制器）所包含的内容也可能不同，这里将其称为等效控制器 $G_c^*(s)$，这时系统可以看成是由等效控制器 $G_c^*(s)$ 和广义被控对象 $G_p(s)$ 组成，如图 5－11 所示。

由于利用动态特性参数法整定计算所得的参数均为等效控制器的参数，所以必须经过换算后才能得到实际控制器（在不引起混淆的情况下，简称为控制器）的参数，等效控制器和广义被控对象之间如何划分直接影响实际控制器参数与等效控制器参数之间的关系，下面对其进行讨论。

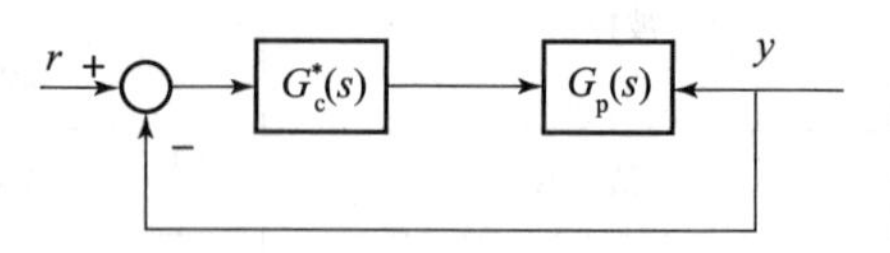

图 5－11　由 $G_c^*(s)$ 和 $G_p(s)$ 组成的简单控制系统框图

（1）在通过试验测取动态特性时，如果调节阀并未考虑在广义被控对象的范围之内，则广义被控对象的传递函数 $G_p(s)$ 为

$$G_p(s) = G_o(s)G_m(s) \tag{5-19}$$

此时，等效控制器的传递函数 $G_c^*(s)$ 为

$$G_c^*(s) = G_c(s)G_v(s) \tag{5-20}$$

由于调节阀 $G_v(s)$ 可近似视为比例环节，即 $G_v(s) = K_v$。因此，当控制器为 PID 作用时，等效控制器的传递函数为

$$G_c^*(s) = K_vK_c\left(1 + \frac{1}{T_is} + T_ds\right) = K_v\frac{1}{\delta}\left(1 + \frac{1}{T_is} + T_ds\right) = \frac{1}{\delta'}\left(1 + \frac{1}{T_is} + T_ds\right) \tag{5-21}$$

式中：δ 为实际控制器的比例带；$\delta' = 1/(K_vK_c)$ 为等效控制器的比例带；K_v 为调节阀的增益。

（2）如果试验测取的广义被控对象的动态特性已包括调节阀，即

$$G_p(s) = G_c(s)G_v(s)G_m(s) \tag{5-22}$$

则等效控制器就是实际控制器本身，即

$$G_c^*(s) = G_c(s) = K_c\left(1 + \frac{1}{T_is} + T_ds\right) = \frac{1}{\delta}\left(1 + \frac{1}{T_is} + T_ds\right) \tag{5-23}$$

（3）如果用机理法求得被控对象的动态特性为 $G_o(s)$，此时可认为广义被控对象 $G_p(s) = G_o(s)$。如将检测变送装置也近似视为比例环节，即 $G_m(s) = K_m$，那么当控制器为 PID 作用时，等效控制器的传递函数为

$$G_c^*(s) = G_c(s)G_v(s)G_m(s) = \frac{1}{\delta''}\left(1 + \frac{1}{T_is} + T_ds\right) \tag{5-24}$$

式中：$\delta'' = 1/(K_cK_vK_m)$ 为等效控制器的比例带；K_m 为检测变送装置的转换系数；其余参数定义同上。

由上可知，实际控制器 $G_c(s)$ 等效控制器 $G_c^*(s)$ 的参数中仅比例带不同，需进行转换。而其他两个参数积分时间 T_i 和微分时间 T_d 完全相同，不需转换。

2. PID 控制器参数的实际值与刻度值

根据以上方法整定计算得到的是实际工业 PID 控制器各参数的实际值。对于模拟 PID 控制器或早期仿模拟的数字 PID 控制器，由于采用阻容元件实现 PID 电路搭建，使得 δ、T_i 和 T_d 各参数之间存在相互扰动，必须考虑控制器各参数实际值与刻度值之间的转换关系。

由 PID 控制器动态特性分析可知，扰动系数

$$F = 1 + \alpha \frac{T_{\mathrm{d}}^{*}}{T_{\mathrm{i}}^{*}} \tag{5-25}$$

式中：T_{d}^{*} 和 T_{i}^{*} 分别为PID控制器微分时间和积分时间的刻度值；α 为与PID控制器结构有关的系数。

对于不同类型的PID控制器，系数 α 各不相同，且随 T_{d}^{*}、T_{i}^{*} 取值不同而变化，通过分析可知，PID控制器整定参数的刻度值、实际值与扰动系数 F 之间的关系为

$$\delta^{*} = F\delta, \quad T_{\mathrm{i}}^{*} = \frac{1}{F}T_{\mathrm{i}}, \quad T_{\mathrm{d}}^{*} = FT_{\mathrm{d}} \tag{5-26}$$

式中：δ^{*}、T_{i}^{*} 和 T_{d}^{*} 分别为PID控制器比例带、积分时间、微分时间的刻度值；δ、T_{i} 和 T_{d} 分别为PID控制器比例带、积分时间、微分时间的实际值；F 为扰动系数。

当PID控制器处于P、PI和PID工作状态时，$F \approx 1$；可近似地认为PD控制器参数的刻度值和实际值是一致的；当处于PID工作状态时，$F > 1$，且为 $T_{\mathrm{d}}^{*}/T_{\mathrm{i}}^{*}$ 的函数。所以，在整定PID控制器各参数时，必须按式（5-26）进行转换，由它的实际值计算PID控制器参数的刻度值，然后根据PD控制器参数的刻度值，对PID控制器进行设置。

【例5-1】 对于如图5-12所示的温度控制系统，控制器采用PID调节规律。温度变送器量程为0~100 ℃，且温度变送器和PID控制器均为DDZ-Ⅲ型仪表，系统在调节阀扰动量 $\mu = 20\%$ 时，测得温度控制通道阶跃响应特性参数：稳定时温度变化 $\Delta\theta(\infty) = 60$ ℃；时间常数 $T = 300$ s；纯迟延时间 $\tau = 10$ s。试求PID控制器 δ、T_{i} 和 T_{d} 的刻度值（扰动系数 $F \approx 1$）。

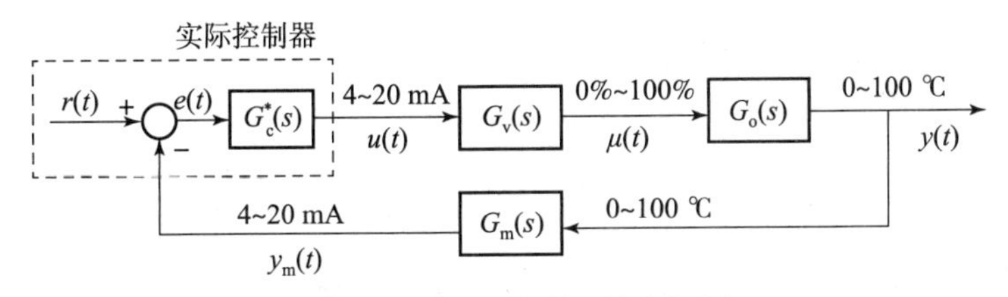

图5-12　温度控制系统方框图

解：（1）确定控制器的比例带。

由题可知，被控对象的传递函数为

$$G_{\mathrm{o}}(s) = \frac{Y(s)}{\mu(s)} = \frac{K_{\mathrm{o}}}{Ts+1}\mathrm{e}^{-\tau s} = \frac{K_{\mathrm{o}}}{300s+1}\mathrm{e}^{-10s}$$

式中：$K_{\mathrm{o}} = \dfrac{\Delta\theta}{\Delta\mu} = \dfrac{60}{20} = 3$（℃/%）。

如果检测变送装置和调节阀均近似视为比例环节，则根据图5-12可得检测变送装置的转换系数和调节阀的增益分别为

$$K_{\mathrm{m}} = \frac{20-4}{100-0} = \frac{16}{100}(\mathrm{mA/℃}), \quad K_{\mathrm{v}} = \frac{100-0}{20-4} = \frac{100}{16}(\%/\mathrm{mA})$$

①如果广义被控对象的传递函数为

$$G_{\mathrm{p}}(s) = G_{\mathrm{v}}(s)G_{\mathrm{o}}(s)G_{\mathrm{m}}(s) = \frac{K_{\mathrm{v}}K_{\mathrm{o}}K_{\mathrm{m}}}{300s+1}\mathrm{e}^{-10s} = \frac{K}{300s+1}\mathrm{e}^{-10s}$$

则广义被控对象的有关参数为：$T=300$ s；$\tau=10$ s；$K=K_oK_vK_m=3$。

采用动态特性参数法，按 Z－N 公式，有

$$KK_c' = 1.2(\tau/T)^{-1}$$

计算等效控制器的等效比例增益，即

$$K_c' = \frac{1.2}{3}\times(10/300)^{-1} = 12$$

因为等效控制器仅由实际控制器本身组成，因此上式就是控制器比例增益的实际值，即 $K = K_c'$。相应的比例带为

$$\delta = (1/K_c)\times 100\% = (1/12)\times 100\% = 9.2\%$$

②如果广义被控对象不包括调节阀，即

$$G_p(s) = G_o(s)G_m(s) = \frac{K_oK_m}{300s+1}e^{-10s} = \frac{K}{300s+1}e^{-10s}$$

则广义被控对象的有关参数为：$T=300$ s；$\tau=10$ s；$K=K_oK_m=3\times16/100$（mA/%）

采用动态特性参数法中按 Z－N 公式，有

$$KK_c' = 1.2(\tau/T)^{-1}$$

计算等效控制器的等效比例增益，即

$$K_c' = \frac{1.2\times100}{3\times16}\times(10/300)^{-1} = 300/4(\%/\text{mA})$$

因为等效控制器由实际控制器和调节阀组成，因此

$$K_c' = K_cK_v$$

所以，控制器比例增益的实际值为

$$K_c = \frac{K_c'}{K_v} = \frac{300/4}{100/16} = 12$$

相应的比例带为

$$\delta = (1/K_c)\times 100\% = (1/12)\times 100\% = 9.2\%$$

③如广义被控对象仅为被控对象本身，即

$$G_p(s) = G_o(s) = \frac{K_o}{300s+1}e^{-10s} = \frac{K}{300s+1}e^{-10s}$$

则广义被控对象的有关参数为：$T=300$ s；$\tau=10$ s；$K=K_o=3$(℃/%)。

采用动态特性参数法，按 Z－N 公式，有

$$KK_c' = 1.2(\tau/T)^{-1}$$

计算等效控制器的等效比例增益，即

$$K_c' = \frac{1.2}{3}\times(10/300)^{-1} = 12(\%/℃)$$

因为等效控制器由控制器、调节阀和检测变送装置组成，因此

$$K_c' = K_cK_vK_m$$

所以控制器比例增益的实际值为

$$K_c = \frac{K_c'}{K_vK_m} = \frac{12}{1} = 12$$

相应的比例带为

$$\delta = (1/K_c) \times 100\% = (1/12) \times 100\% = 9.2\%$$

(2) 确定控制器的积分时间和微分时间。

由公式 $T_i = 2.0\tau$，得控制器积分时间的实际值

$$T_i = 2.0\tau = 2.0 \times 10 = 20 \text{ s}$$

由公式 $T_d = 0.5\tau$，得控制器微分时间的实际值

$$T_d = 0.5\tau = 0.5 \times 10 = 5 \text{ s}$$

(3)确定控制器比例带和积分时间的刻度值。

因为 PID 控制器的扰动系数 $F=1$,故控制器参数的实际值就是它的刻度值。

由上例可知,进行 PID 参数整定时,不论广义被控对象如何划分,其计算结果是一样的。

【例 5-2】广义被控对象 $G_p(s)$ 的传递函数为

$$G_p(s) = \frac{8}{360s+1}e^{-180s}$$

已知时间单位为 s，试利用 Z-N 公式整定方法，计算系统采用 P、PI、PID 调节规律的 PID 控制器参数，并绘制整定后系统的单位阶跃响应曲线。

解：由广义被控对象的传递函数可知：$K=1$，$T=360$ s，$\tau=180$ s。根据 Z-N 整定公式可得

(1) P 控制时：$K_c=0.25$；

(2) PI 控制时：$K_c=0.225$，$T_i=599$ s；

(3) PID 控制时：$K_c=0.30$，$T_i=360$ s，$T_d=90$ s。

利用图 5-13 所示的 Simulink 系统仿真图，分别在 Switch K1、Switch K2 断开，Switch K1 闭合、Switch K2 断开和 Switch K1、Switch K2 全闭合 3 种情况下得到如图 5-14 所示的系统在 P、PI、PID 控制时的单位阶跃响应曲线。图中的参数 K_c、T_i、T_d根据控制规律不同分别设置不同的整定参数。

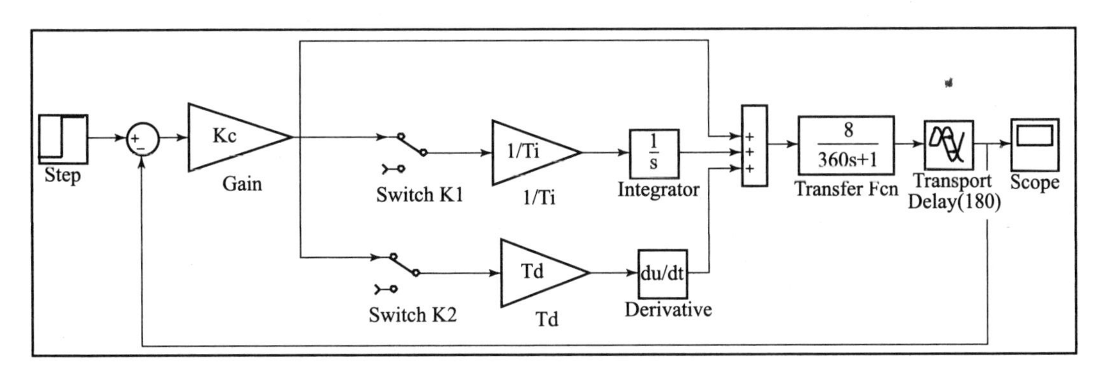

图 5-13　Simulink 系统仿真图

由仿真结果可见，采用纯 P 控制时，系统是有差调节，调节速度较快；采用 PI 控制时，可以实现系统无差调节，但调节时间变长；采用 PID 控制时，系统即实现无差调节，同时与 PI 控制相比，系统工作频率高、超调量小，调节时间短，这也说明了当 $0.2 \leqslant \tau/T \leqslant 1$ 时，采用 PID 控制有更好的控制效果。

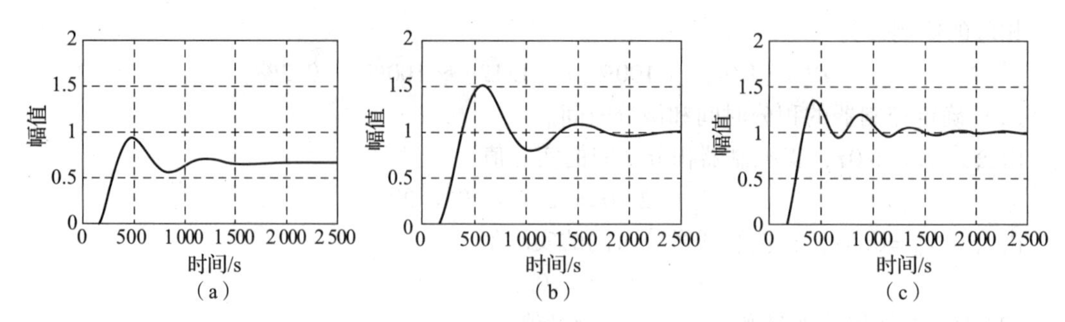

图 5-14　系统单位阶跃响应曲线（Z-N 整定法）
（a）P 控制；（b）PI 控制；（c）PID 控制

5.2.8　PID 控制器参数的自整定

1. PID 控制器参数自整定的基本概念

传统的PID 控制器参数是采用工程整定法且由人工整定，这种整定工作不仅需要熟练的技巧，往往还相当费时。更为重要的是，当被控对象特性发生变化需要控制器参数作相应调整时，传统的 PID 控制器没有这种“自适应”能力，只能依靠人工重新整定参数。由于生产过程的连续性及参数整定所需的时间，这种重新整定实际很难进行。如前所述，控制器的整定参数与系统控制品质是直接有关的，因此，多年来众多工程技术人员一直关注着控制器参数自整定的研究和开发。

研究控制器参数自整定的目的是寻找一种对象验前知识不需要很多，既简单鲁棒性又好的方法。

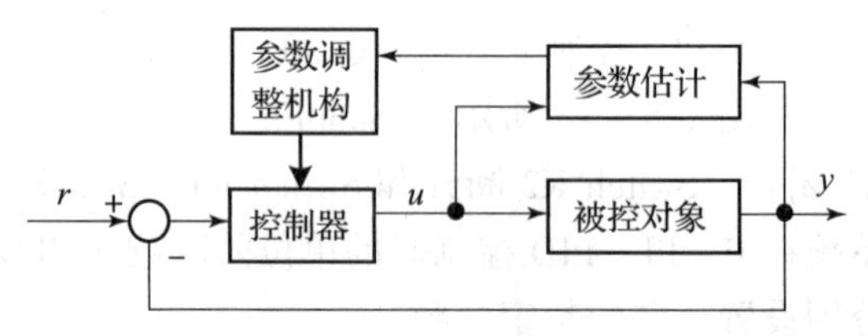

图 5-15　自校正控制系统方框图

图 5-15 所示的自校正控制器是调整控制器参数的一种方法。参数估计器首先假定被控对象为一阶线性模型，即

$$\frac{Y(s)}{U(s)} = \frac{K\mathrm{e}^{-\tau s}}{Ts+1} \tag{5-27}$$

然后，利用控制变量 u 及被控变量 y 的测量值，应用工程整定法对被控对象参数 K、T 和 τ 值进行估计，一旦求出对象参数 K、T 和 τ 值，参数调整机构就能按照给定的整定规则（根据规定的闭环系统性能指标建立的对象参数与控制器参数的“最佳”值间的关系），求出控制器参数“最佳”值，修改控制器参数。

2. PID 控制器参数自整定的方法

自校正控制器需要相当多的被控对象的验前知识，特别是需要知道有关对象时间常数的数量级，以便选择合适的采样周期或数字滤波器的时间常数。此外，参数估计器和调整机构均涉及大量计算，只有借助于数字计算机，该方法才能实现。这里仅讨论 PID 控制器的参数自整定。目前，基于继电器型反馈的极限环法是一种常用的 PID 控制器的参数自整定方法。它是瑞典学者 Åström 于 1984 年首先提出的，以下就这种方法进行详细讨论。

临界频率，即开环系统相角滞后 180°时的频率，是整定 PID 控制器的关键参数。在 PID

控制器参数的稳定边界法的整定规则（见表 5－3）中，这一频率是这样确定的，首先 PID 控制器置成纯比例作用，然后增大 PID 控制器比例增益，直到闭环系统处于稳定边界，此时系统的振荡频率即为临界频率 ω_{cr}（$\omega_{cr}=2\pi/T_{cr}$），这种实验有时很容易做，但是对于具有显著扰动的慢过程，这样的实验既费时又困难。为此，可以利用引入非线性因素使系统出现极限环，从而获得 ω_{cr}。基于极限环法具有继电器型反馈的自动整定器原理，如图 5－16 所示。使用整定器时，先通过人工控制使系统进入稳定工况，然后按下整定按钮，开关 S 接通 B，获得极限环，最后根据极限环的幅值和振荡周期 T_{cr} 计算出控制器参数值，继而控制器自动切至 PID 控制。

为防止由于噪声产生颤动，继电器应有滞环，同时反馈系统应使极限环振荡保持在规定的范围内。临界频率由系统输出过零的时间确定，而临界增益 $K_{cr}(1/\delta_{cr})$ 则由振荡的峰值确定。比较各个相隔半周期的输出测量值，就可以确认系统是否已获得稳定的不衰减振荡。这也是防止负荷扰动，判别系统进入稳定边界的简单的方法。极限环法必须提供的唯一的验前知识就是继电器特性幅值 d 的初始值，继电器滞环的宽度 h 由测量噪声级来确定。这种整定方法也可能因负荷扰动太大，不存在稳定的极限环，导致整定失败。

利用非线性元件的描述函数不难说明图 5－17 所示的控制系统具有继电器型非线性系统存在极限环的条件，以及确定振动的振幅和频率 ω_{cr}。

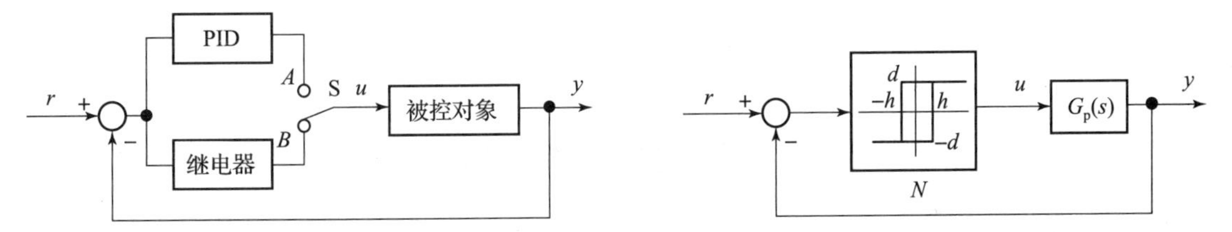

图 5－16　继电器自动整定器原理框图　　　　图 5－17　具有继电器型非线性的控制系统框图

图中 $G_p(s)$ 为广义被控对象的传递函数，N 表示非线性元件的描述函数，对于继电器型非线性，有

$$N=\frac{4d}{\pi\alpha}\angle 0^0 \tag{5-28}$$

对于具有滞环的继电器非线性，有

$$N=\frac{4d}{\pi\alpha}\angle -\arcsin\left(\frac{h}{\alpha}\right) \tag{5-29}$$

式中：d 为继电器型非线性特性的幅值；h 为滞环的宽度；α 为继电器非线性环节输入的一次谐波振幅。

只要满足方程

$$G_p(j\omega)=-\frac{1}{N} \tag{5-30}$$

则系统输出将出现极限环。

在自整定过程中，闭环时系统输出和操作变量的振荡曲线如图 5－18 所示，其中操作变量 u 的信号幅值 $d=0.05$。临界振荡周期 T_{cr} 如前所述，通过直接测量相邻两个输出过零的时间值确定。

极限环法的优点是，概念清楚，方法简单。但是，系统极限环是通过比较输出采样值加以判别的，而高频噪声等扰动会给采样值测量带来误差，这些都影响 K_{cr}、T_{cr} 值的精度。虽然存在以上不足，但极限环法仍不失为一种较好的控制器参数初步整定方法。需要注意的是，这种方法不是自适应的连续整定方法，而是由操作者根据控制特性状况间断进行的。

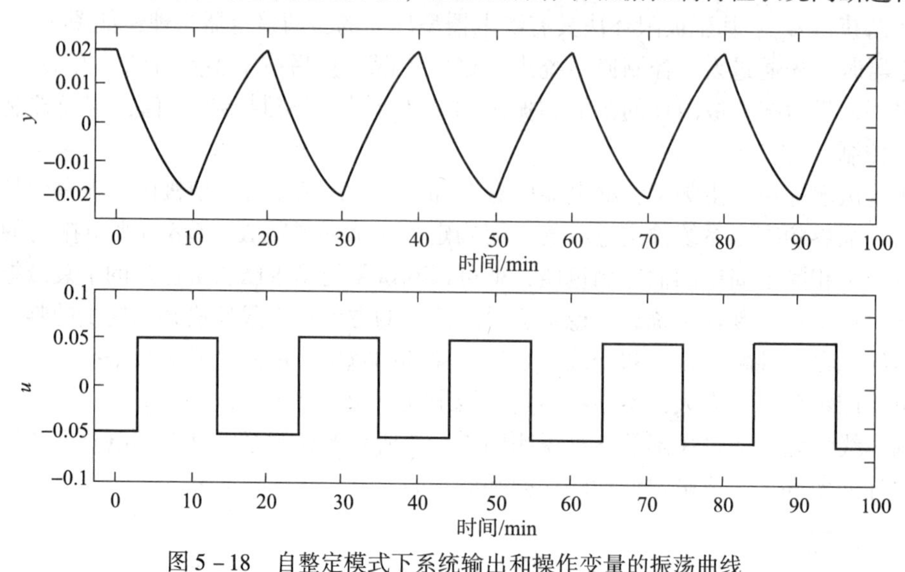

图 5-18　自整定模式下系统输出和操作变量的振荡曲线

5.3　控制系统的投运

简单控制系统设计完成后，即可按设计要求进行正确安装。在控制系统按设计要求安装完成，线路经过检查确认无误，所有仪表经过检查符合精度要求，并已运行正常后，即可着手进行控制系统的投运。

所谓控制系统的投运，就是将系统由手动工作状态切换到自动工作状态。控制器在手动工作状态时，调节阀接收的是控制器的手动输出信号。当控制器从手动工作状态切换到自动工作状态时，将以自动输出信号代替手动输出信号控制调节阀，此时调节阀接受的是控制器根据偏差信号的大小和方向按一定控制规律运算所得的输出信号（称为自动输出）。如果控制器在切换之前，自动输出与手动输出信号不相等，那么在切换过程中必然会给系统引入扰动，这将破坏系统原先的平衡状态，是不允许的。因此，要求切换过程必须保证无扰动地进行。

由于在工业生产中普遍存在高温、高压、易燃、易爆、有毒等工艺场合，所以在这些地方投运控制系统，自控人员会承担一定的风险。因而，控制系统投运工作往往是鉴别自控人员是否具有足够的实践经验和清晰的控制理论知识的一个重要标准。

1. 投入运行前的准备工作

自动控制系统安装完毕或是经过停车检修之后，都要（重新）投入运行。在投运每个控制系统前必须要进行全面细致的检查和准备工作。

投运前，首先应熟悉工艺流程，并了解控制指标的要求，以及各种工艺参数之间的关系，熟悉控制方案，对测量元件、调节阀的位置、管线走向等都要做到心中有数。投运前的主要检查工作如下。

（1）对组成控制系统的各组成部件，包括检测元件、变送器、控制器、显示仪表、调节阀等，进行校验、检查并记录，保证其精确度要求，确保仪表能正常使用。

（2）对各连接管线、接线进行检查，保证连接正确。例如，孔板上下游导压管与变送器高低压端的正确连接；导压管和气动管线必须畅通，中间不得堵塞；热电偶正负极与补偿导线极性、变送器、显示仪表的正确连接；三线制或四线制热电阻的正确接线等。

（3）如果采用隔离措施，应在清洗导压管后，灌注流量、液位和压力测量系统中的隔离液。

（4）应设置好控制器的正/反作用和内外设定等，并根据经验或估算，预置控制器的参数值，或者先将控制器设置为纯比例作用，比例带置于较大的位置。

（5）检查调节阀气开、气关形式的选择是否正确，关闭调节阀的旁路阀，打开上下游的截止阀，并使调节阀能灵活开关。此外，安装阀门定位器的调节阀应检查阀门定位器能否正确动作。

（6）进行联动试验，用模拟信号替代检测变送信号，检查调节阀能否正确动作，显示仪表是否正确显示等；改变比例带、积分和微分时间，观察控制器输出的变化是否正确。

2. 控制系统的投运

合理、正确地掌握控制系统的投运，使系统无扰动地、迅速地进入闭环，是工艺流程稳定运行的必要条件。对控制系统投运的唯一要求，是系统平稳地从手动操作转入自动控制，即按无扰动切换（指手动、自动切换时阀上的信号基本不变）的要求将控制器投入自动控制。

控制系统的投运应与工艺流程的开车密切配合，在进行稳态试车和动态试车的调试过程中，对控制系统和检测系统进行检查和调试。控制系统各组成部分的投运次序一般如下。

1）检测系统投运

温度、压力等检测系统的投运比较简单，可逐个开启仪表和检测变送装置，检查仪表显示值的正确性。流量、液位检测系统应根据检测变送装置的要求，从检测元件的根部开始，逐个缓慢地打开有关根部阀、截止阀，要防止变送器受到压力冲击，直到显示正常。

如果启动以后，变送器各个部分一切都正常，就可以将它投入运行。在运行中如发生故障，需要紧急停车时，停运的操作顺序应和上述的开车步骤相反。

2）控制系统投运

应从手动遥控开始，逐个将控制回路过渡到自动操作，保证无扰动切换。

（1）手动遥控（调节阀的投运）。

手动遥控阀门实际上是在控制室中的人工操作，即操作人员在控制室中，根据显示仪表所示被控变量的情况，直接开关调节阀。由于手动遥控时，操作人员可脱离现场，在控制室中用仪表进行操作，因此这种操作方式很受人们的欢迎。在一些比较稳定的装置上，手动遥控阀门应用较为广泛。

（2）投入自动（控制器的手动和自动切换）。

控制器的手动操作平稳后，被控变量接近或等于设定值。将内/外设定选择为内给定，然后调整内给定值的大小使偏差为0；设置PD参数后即可将控制器由手动状态切换到自动状态。至此，初步投运过程结束。

与控制系统的投运相反，当工艺流程受到较大扰动、被控变量控制不稳定时，需要将控制系统退出自动运行，改为手动遥控，即自动切向手动，这一过程也需要达到无扰动切换。

3）控制系统的参数调整

控制系统投运后，系统的过渡过程不一定满足要求，这时需要根据工艺流程的特点，进一步调整控制器的参数 δ、T_i 和 T_d，直到满足工艺要求和控制品质的要求。

在工艺流程开车后，应进一步检查控制系统的运行情况，发现问题及时分析原因并予以解决。例如，检查调节阀口径是否正确，调节阀流量特性是否合适，变送器量程是否合适等。当改变控制系统中某一参数时，应考虑它的改变对控制系统的影响，如调节阀口径改变或变送器量程改变后，应相应改变控制器的比例带等。

5.4 本章小结

本章主要介绍了单回路控制系统的设计和PID参数的整定方法。在简单控制系统分析和设计时，通常将系统中控制器以外的部分组合在一起，即被控对象、执行器和检测变送装置合并为广义被控对象。

系统设计的主要任务是被控对象和控制变量的选择、建立被控对象的数学模型、控制器的设计、检测变送仪表和执行器的选型。

如果广义被控对象传递函数可用一阶惯性加纯迟延近似，则可根据广义被控对象的 τ/T 的比值来选择PID控制器的调节规律：（1）当 $\tau/T<0.2$ 时，选择比例或比例积分控制；（2）当 $0.2<\tau/T\leqslant1.0$ 时，选择比例微分或比例积分微分控制；（3）当 $\tau/T>1.0$ 时，选用如串级、前馈等复杂控制系统。

为了能保证构成工业过程中的控制系统是一种负反馈控制，单闭环控制系统的4个环节的增益乘积必须为正。

系统整定方法很多，但可归纳为两大类：理论计算法和工程整定法。在工程实际应用中，常采用工程整定法，它一般有动态特性参数法、稳定边界法、衰减曲线法和经验整定法等。PID控制器参数的整定，不论采用的是理论计算法还是工程整定法中的动态特性参数法，都是以由广义被控对象和等效控制器两部分组成的控制系统为基础的。不论如何划分，最终实际控制器的整定参数是一样的。

对于工业PID模拟控制器来说，由于 δ、T_i 和 T_d 各参数之间存在相互扰动，必须考虑控制器各参数实际值与刻度值之间的转换关系。

最后，本章对PID控制器参数的自整定方法进行了简单介绍。

习　题

5.1　为什么要对控制系统进行整定？整定的实质是什么？

5.2　正确选择系统整定的最佳性能指标有什么意义？目前常用的性能指标有哪些？

5.3　动态特性参数法、稳定边界法、衰减曲线法是怎样确定控制器参数的？各有什么特点？分别适用于什么场合？

5.4　在某温度控制系统的被控对象阶跃响应中测得 $K=10$，$T=2$ min，$\tau=0.1$ min，试用动态特性参数法计算PID控制器整定参数。

5.5　对某温度控制系统要求用稳定边界法整定PID控制器参数 δ、T_i 和 T_d。已知 $\delta_{cr}=30\%$，$T_{cr}=60$ s。

5.6　换热器温度控制系统采用电动DDZ－Ⅲ比例积分微分控制器，温度测量仪表量程为50～100 ℃。温度对象在输入电流为DC 5 mA时，温度为85 ℃。当输入电流从DC 5 mA跃变至DC 6 mA时，温度重新稳定为89 ℃；同时求得对象时间常数 $T=2.4$ min，迟延时间 $\tau=1.2$ min。试整定PID控制器的参数。

5.7　气罐压力控制系统采用比例控制器控制。压力变送器量程为0～2 MPa。已知气压对象控制通道特性为：调节阀开度变化 $\Delta\mu=15\%$，压力变化 $\Delta p=0.6$ MPa；时间常数 $T=100$ s，迟延时间 $\tau=10$ s。试求：

（1）控制器比例带 δ；

（2）设定值增大0.2 MPa时系统的余差；

（3）如果系统采用PI控制器，采用动态特性参数法确定控制器参数 δ、T_i。

第 6 章

数字 PID 控制及实现技术

目前，实际工业生产过程控制系统基本上都是计算机控制系统，也就是说被控变量的连续信号首先要转换成数字信号，传送给计算机进行控制运算，并将计算得到的数字控制量转换成模拟信号驱动执行器，调节被控对象。虽然计算机控制系统是在模拟控制系统的基础上发展而来的，但二者系统组成、应用理论和实现方法都有区别。本章首先介绍数字控制系统的基本组成，并简单介绍从模拟系统到数字控制系统过渡所涉及的相关基础知识；然后详细介绍 PID 数字控制算法以及数字 PID 控制系统的工程实现技术。

6.1　数字 PID 控制系统基础知识

随着大规模集成电路技术以及计算机技术的发展，大量的数字芯片、微处理器、计算机已经广泛应用于过程控制系统，可以说现在已经处于完全数字化的控制时代。

当然，强调数字控制系统并不是说模拟控制系统已经不复存在了：在数字控制系统广泛应用的今天，模拟控制系统也同样重要。因为任何一次仪表、执行机构最终大部分是以模拟变量的形式出现的（现场总线仪表是数字变量）。所以，模拟控制系统是过程控制系统的基础，数字控制系统只是在模拟系统的基础上大幅度地提高了整体系统的控制性能和控制水平。

数字控制系统具有以下特点。

（1）计算机运算速度快，可以分时处理多个控制回路，实现几十个甚至更多的 PID 控制。

（2）计算机运算能力强，很容易实现各种比较复杂的控制规律，如串级控制、前馈控制、解耦控制、预测控制等。

（3）对计算机可靠性要求很高，计算机故障会使全部控制回路失灵。一般要求连续无故障运行时间达几千小时以上。

（4）数字 PID 3 种控制作用相互独立，没有模拟控制器电路参数之间的相互关联。由于不受硬件制约，数字控制器可以在更大范围内设置。

（5）数字控制器采用采样控制，引入采样周期，导致了采样迟延和控制迟延，因此数字控制器本身的控制效果不如模拟控制器。

6.1.1　数字控制系统的组成

模拟单回路控制系统典型构成如图6－1（a）所示，模拟控制系统的结构与简单数字控制系统的结构十分相似，其主要区别在于数字控制系统多了2个将数字信号与模拟信号进行连接的环节，也就是在模拟变量与数字变量之间进行转换的环节（不包括现场总线控制系统）。如图6－1（b）所示，数字控制系统的控制器多了一模拟信号到数字信号的变换器（即A/D变换器），以及一数字信号到模拟信号的变换器（即D/A变换器）。对于任何一个数字控制系统，这2个环节总是成对出现的。A/D变换器的主要功能是将模拟信号按照一定的采样周期在每个采样时刻进行采样，并把采样得到的数据保存至下个采样时刻，从而形成数字信号。D/A变换器的主要功能是将控制器或者其他仪表所处理的数字信号按照同样的采样周期在每个采样时刻转换成为模拟信号，并把转换后的模拟数据保存至下一个采样时刻。

图6－1（b）中采用虚线框表示的2个模块是在不同的数字控制系统中均可能采用的模块。如果控制系统采用了数字检测变送装置，如现场总线仪表，那么对于被测量信号的处理就存在多种可能性。如果检测变送装置是数字仪表，则被测信号是在仪表内部经过D/A模块变换成为数字信号，那么仪表可以直接输出数字信号；如果检测变送装置是模拟仪表然后外加一个数字模块，则被测信号在仪表内部是模拟信号，在传输时才被转换为数字信号进行输出，因此在检测变送环节的前后都有可能存在A/D或D/A模块。同样，如果检测变送装置和控制器都是数字仪表，则它们之间可以减少一对A/D模块和D/A模块，从而使得数字检测变送装置和控制器共同构成一个纯数字控制系统，最终通过控制器端的D/A模块直接输出模拟信号。

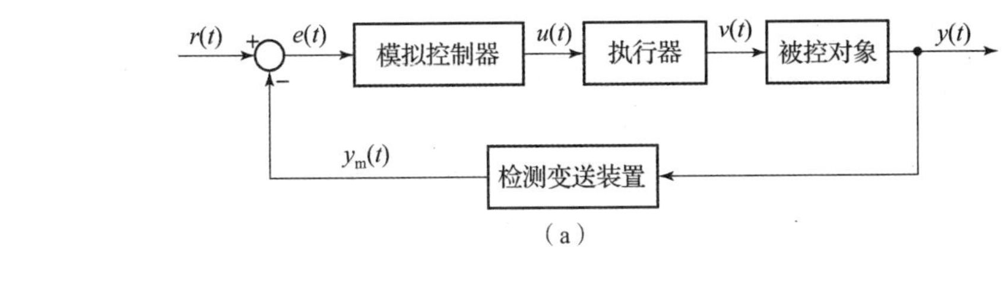

（a）

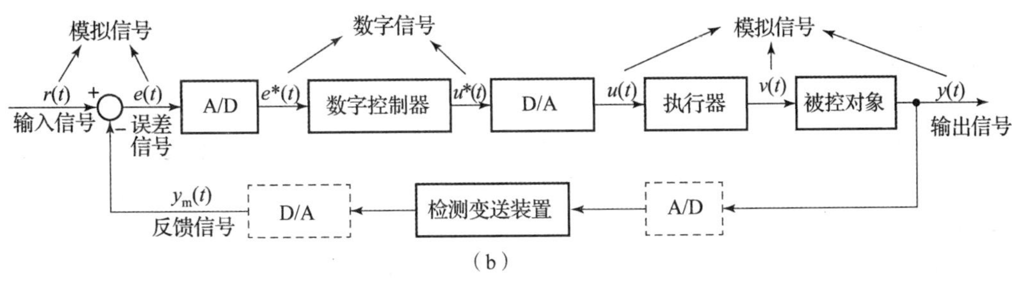

（b）

图6－1　简单控制系统框图——模拟与数字形式的对比

（a）简单模拟控制系统；（b）简单数字控制系统

图6－2给出了连续变量y的采样结果与原数值对比的结果，曲线y表示连续变量y的实际值，折线y_d则表示经过A/D模块采样后采用零阶保持器对采样信号进行保持后变量y

的数值。两次采样之间的时间间隔即采样时间。

从上面的分析可以看出，数字控制系统与原来的模拟控制系统最本质的区别是对于同一个变量，只有在采样时刻采样值才与实际值一致，其他时刻采样值与实际值一般不相等。也正是由于这个原因使之与模拟控制系统在基本理论和基本方法上都有了一些本质的区别。

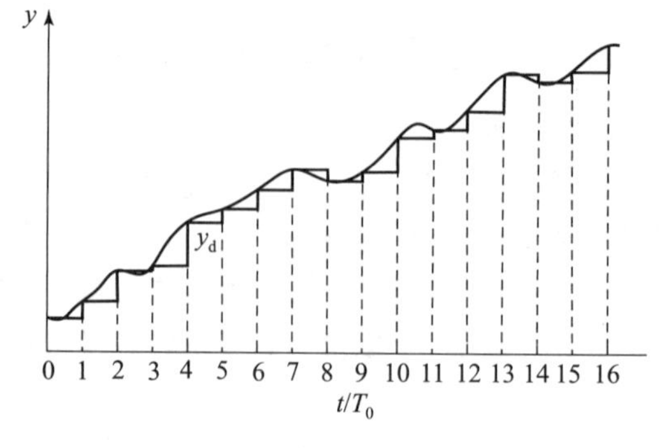

图 6-2 变量采样前后的对比

6.1.2 数字控制系统的基础知识

数字控制系统由于仅在采样时刻的数值才与模拟控制系统的数值完全相等，那么数字控制系统是否能够完全反映模拟控制系统的情况，或者说数字控制系统是否是模拟控制系统的真实再现呢？要回答这个问题，就涉及与数字控制系统相关的一些基础理论知识。完备的相关知识可以从控制理论、信号处理等相关课程内获得，本节仅介绍其中最重要和最基础的一些知识。

1. 采样定理

采样定理（Nyquist - Shannon sampling theorem）是由 Nyquist H、和 Shannon C. E. 分别于 1928 年和 1949 年提出的。采样定理指出，在一定的条件下一个连续的时间信号完全可由该信号在等时间间隔点的样本值来表示，并且可以用这些样本值把该信号全部恢复出来。由此可知，只要数字控制系统满足一定的条件，它与原连续系统是完全等价的。因此，采样定理也就成为数字系统的一个基本原理。

采样定理的内容为：若连续信号 $x(t)$ 是有限带宽的，其频谱的最高频率为 f_x，对于 $x(t)$ 以采样时间 T_0 进行等间隔采样，获得采样结果 $x(nT_0)$，若保证采样频率 $f_s = 1/T_0 \geqslant 2f_x$，那么，可由 $x(nT_0)$ 完全恢复 $x(t)$，即 $x(nT_0)$ 保留了 $x(t)$ 中的全部信息。显然，要满足采样定理，必须满足两个条件：首先，被采样信号是有限带宽的，否则不可能到其两倍频率的采样系统；其次，要保证两倍关系的采样频率。

采样定理所描述的是一种理想采样情况下的数字控制系统与模拟控制系统之间的等价性，而对于任何实际系统应用采样定理时，都要进行适当地近似处理。第一，任何实际系统的频率成分都是十分复杂的，且一般都是无限带宽的。因此，要实现等价的数字控制系统就必须对原系统进行适当的滤波，除去与控制目标或者应用目标无关的高频成分，以滤波后的最高频率为系统的截止频率，并以此频率为基准确定采样频率，从而使得采样后的数字控制系统能够较为准确地反映原系统的特征。第二，采样定理所说采样信号是理想采样，即在采样点的采样数据与原系统完全相等。但对于实际采样系统，采样值本身也不可能与原系统的真实值完全相等，它也是一定精度下的近似值。所以，实际应用的采样系统是原系统在一定精度下的等价系统。

2. 采样周期 T_0 的确定

一般的生产过程都具有较大的时间常数，而数字 PID 控制系统的采样周期则要小得多，所以数字控制器的参数整定，完全可以按照模拟控制器的各种参数整定方法进行分析和综合。但是，数字控制器与模拟控制器相比，即除了比例系数、积分时间和微分时间外，还有一重要的参数——采样周期 T_0。合理地选择采样周期 T_0，也是数字控制系统的关键问题之一。

1）影响采样周期 T_0 的扰动频率

扰动频率愈高，采样频率也应提高，采样周期应缩短。

2）被控对象的动态性

被控对象的动态性主要与被控对象的纯滞后时间 τ 及时间常数 T 有关。当纯滞后比较显著时，采样周期 T_0 与 $\tau/10$ 基本相等。

3）控制的回路数

控制的回路越多，T_0 越大，否则 T_0 越小。

4）被控对象所要求的控制品质

一般来说，控制性能要求越高，采样周期越短，以减小系统的纯滞后。

采样周期的确定有 2 种方法：计算法和经验法。计算法由于比较复杂，特别是控制系统各环节时间常数难以确定，所以工程上用得比较少。工程上应用最多的还是经验法。

所谓经验法实际是试凑法，即根据人们在工作实践中积累的经验以及被控对象的特点、参数，先粗选一个采样周期 T_0，送入计算机控制系统进行试验，根据对被控对象的实际控制效果，反复改 T_0，直到满意为止。经验法所采用的采样周期，如表 6－1 所示。但在实际应用中，也需根据现场控制器型号、性能以及控制回路的多少，灵活调整采样周期的大小，特别是随着控制器性能提高，运算速度越来越快，采样周期的数值往往要提高一个数量级，进而提高控制系统的品质。

表 6－1　采样周期的经验数据

被测参数	采样周期/s	说明
流量	1～5	优先选用 1～2 s
压力	3～10	优先选用 6～8 s
液位	6～8	优先选用 7 s
温度	15～20	或取纯滞后时间；对于串级系统，选择 $T_2=(1/4\sim1/5)T_1$，其中，T_1 为主环采样周期，T_2 为副环采样周期
成分	15～20	优先选用 18 s

在实际应用中还要注意执行器的动作时间，因为大部分执行器（如调节阀）在接收控制指令后要有一动作时间才能到位，因此片面地提高采样频率是没有意义的，一定要结合现场实际，经过综合考虑来确定采样周期。

3. 模拟量的数字化

由于计算机只能处理数字量，因此数字控制系统必须将输入的模拟量转换成数字量。同时，数字控制器根据采样值和设定值完成相关计算后同样需要把数字量转换成模拟量输出到执行器。数字化流程如图 6－3 所示。

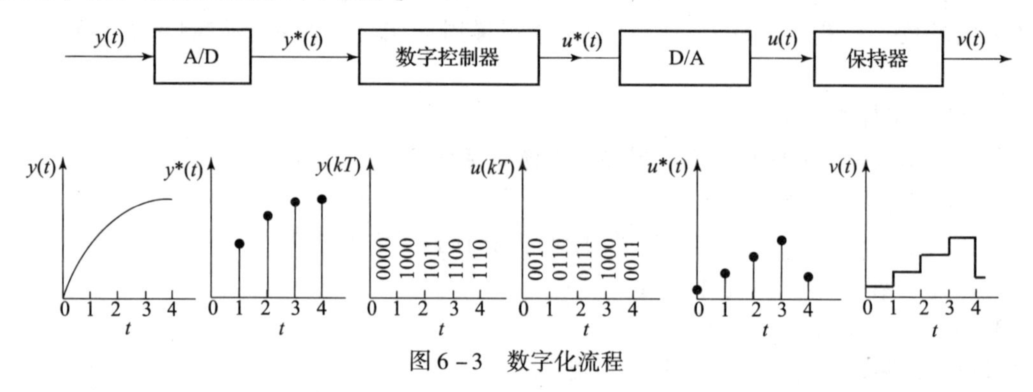

图 6－3　数字化流程

4. 数据采集

当模入点数不多时，可通过输入指令逐点读入；当模入点数较多时，可利用数据通道直接把一批数据送到内存指定的缓冲区，以节省时间。

6.1.3　数字滤波

为了抑制进入数字系统的信号中可能侵入的各种频率的扰动，通常在模入部件的入口处设置模拟 RC 滤波器。这种滤波器能有效地抑制高频扰动，但对低频扰动的抑制效果不佳。而数字滤波对此类扰动（包括周期性和脉冲性扰动）却是一种有效的方法。

所谓数字滤波就是通过一定的计算程序对采样信号进行平滑加工，消除或削减各种扰动和噪声，以提高信号的有效性。其与模拟滤波相比有下列优点：不增加任何硬件设备，只需在程序进入数据处理和控制算法之前，附加一段数字滤波程序；稳定性高；不存在阻抗匹配问题，可供多个通道共用；不像模拟滤波受电容容量的影响，只能对高频扰动进行滤波；使用灵活、方便，可视需要选择不同滤波方法或改变滤波器参数。正因为上述这些优点，数字滤波在计算机控制系统中得到广泛应用。下面介绍几种常用的数字滤波方法。

1. 程序判断滤波

随机扰动、误检测或者变送器可靠性不良会引起采样信号大幅度跳码，导致计算机系统误动作。对这类扰动，可采用程序判断滤波除去错误信号。程序判断滤波根据滤波方法的不同，可分为限幅滤波和限速滤波两种。

1）限幅滤波

限幅滤波就是把两次相邻的采样值进行相减，将其增量（以绝对值表示）与两次采样允许的最大差值 Δy 比较，如果小于或等于 Δy，则取本次采样值；如果大于 Δy，则仍取上次采样值作为本次采样值。具体可表示为

$$|y(k)-y(k-1)|\begin{cases}\leqslant \Delta y, \text{则 } y(k)=y(k)\\ >\Delta y, \text{则 } y(k)=y(k-1)\end{cases} \tag{6-1}$$

式中：$y(k)$为第 k 次采样值；$y(k-1)$为第（$k-1$）次采样值。

Δy 是可选的常数，正确选择该值是应用本方法的关键，Δy 值的选择视被控变量的变化速度而定。

2）限速滤波

限速滤波最多可用3次采样值来决定采样结果，设顺序采样时刻为 t_1，t_2，t_3，采集值分别为 y_1，y_2，y_3，若

$$|y_2 - y_1| \begin{cases} \leqslant \Delta y, \text{则 } y_2 \text{输入计算机} \\ > \Delta y, \text{则 } y_2 \text{不采用,保留,继续采样 } y_3 \end{cases} \tag{6-2}$$

$$|y_3 - y_2| \begin{cases} \leqslant \Delta y, \text{则 } y_3 \text{输入计算机} \\ > \Delta y, \text{则取} \dfrac{y_2 + y_3}{2} \text{输入计算机} \end{cases} \tag{6-3}$$

限速滤波适用于温度、液位等变化比较缓慢的信号。

2. 递推平均滤波（算术平均滤波）

某些过程参数如流量、压力或沸腾状液位等，其变送器的输出总是在某一数值上下波动，如图6-4所示。

图6-4中的黑点表示各采样时刻读入的数值。显然，这类信号会导致控制算式输出紊乱，调节阀动作频繁，从而影响其使用寿命，降低系统的控制品质。为此，采用递推平均滤波，以其算术平均值作为计算机的输入信号，即

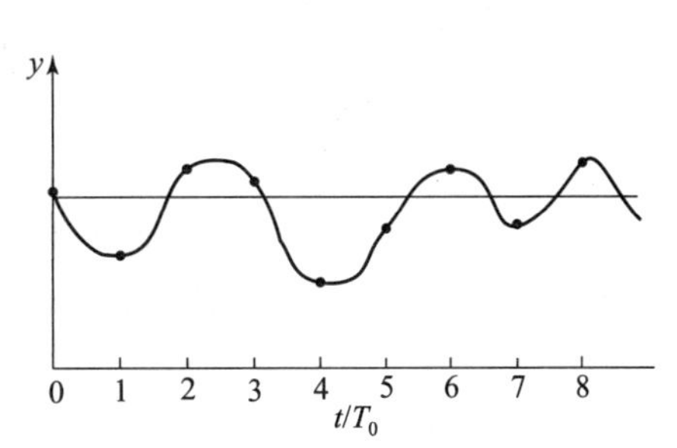

图6-4　算术平均值图

$$\bar{y}(k) = \frac{1}{N}\sum_{i=0}^{N-1} y(k-i) \tag{6-4}$$

式中：$\bar{y}(k)$ 为第 k 次采用的 N 项递推平均值；$y(k-i)$ 为往前递推的第 i 次的采样值；N 为递推平均项数。

这种方法适用于带周期性噪声的采样信号的平滑加工。N 值的大小决定了采样平均值的平滑度和反应的灵敏度。N 值增大，信号平滑度提高，但对信号变化反应的灵敏度降低，占用机时长，实际上可根据不同 N 值下递推平均的输出响应来决定。通常，流量取12项采样信号平均，压力取4项平均，而温度一般比较平稳，可少取几项甚至不加以平均。此方法的缺点是 N 较大时，占用机时较长，效率低。

3. 加权递推平均滤波（滑动平均值法）

式（6-4）中的 N 项递推平均值，其计算结果对 N 次采样值的比重是均等的。为了提高滤波效果，可先将各采样值取不同的比例然后相加，这就是加权递推平均滤波。N 项加权平均值为

$$\bar{y}(k) = \frac{1}{N}\sum_{i=0}^{N-1} C_i y(k-i) \tag{6-5}$$

式中：C_0，C_1，…，C_{N-1} 均为加权系数，并满足

$$\sum_{i=0}^{N-1} C_i = 1 \tag{6-6}$$

C_i 值根据具体情况而定，一般采用次数愈靠后，取值愈大，这样可以增加新采样值在平均值中的比重。

本方法适用于纯迟延较大的被控对象。如果采用 4 项加权递推平均滤波，加权系数的计算式为

$$C_0 : C_1 : C_2 : C_3 = \frac{1}{R} : \frac{e^{-\tau}}{R} : \frac{e^{-2\tau}}{R} : \frac{e^{-3\tau}}{R} \tag{6-7}$$

式中：$R = 1 + e^{-\tau} + e^{-2\tau} + e^{-3\tau}$；$\tau$ 为被控对象的纯迟延时间。

4. 中值滤波

中值滤波是在 3 个采样周期内，连续采样 3 个数据 x_1、x_2、x_3，从中选择一大小居中的数据作为采样结果，用算式表示为：若 $x_1 < x_2 < x_3$，则 x_2为采样结果。

中值滤波对于去掉偶然因素引起的波动或传感器不稳定而造成的误差所引起的脉冲扰动比较有效，对缓慢变化的过程变量的滤波效果比较好，但对快速变化的过程变量（如流量），则不宜采用。中值滤波对于采样点多于 3 个的情况不宜采用。

5. 一阶惯性滤波

上述几种滤波方法基本均属于稳态滤波，适用于响应过程较快的参数，如压力、流量等。对于慢变化过程，为提高滤波效果，可采用动态滤波方法，如一阶惯性滤波方法。

一阶惯性滤波环节的传递函数为

$$\frac{Y(s)}{X(s)} = \frac{1}{T_f s + 1} \tag{6-8}$$

式中：T_f为滤波时间常数，$T_f = RC$。

式（6-8）通过差分变换可得

$$y(k) = \alpha y(k-1) + (1-\alpha)x(k) \tag{6-9}$$

式中：$y(k-1)$ 为滤波器前一周期的输出值；$\alpha = T_f/(T_f + T_0)$，称为滤波平滑系数。

由于 T_0远小于 T_f，因此是惯性环节。此外，上式中 α 也可以采用 $\alpha = e^{-T_0/T_f}$。

通常惯性滤波器的采样周期远小于滤波器的时间常数，也就是输入信号的频率快，而滤波器的时间常数相对较大。

当 $T_0 \ll T_f$时，$\alpha \approx 1$，则采样信号偶然跳变引起的影响小，对信号响应迟缓。因此，应根据实际情况，选择 α 值。

6. 复合数字滤波

为了进一步提高滤波效果，有时可以把两种或两种以上不同滤波功能的数字滤波器组合起来，组成复合数字滤波器，或称多级数字滤波器。例如，前面介绍的算术平均滤波只能对周期性的脉动采样值进行平滑处理，无法消除随机的脉冲扰动，但中值滤波却可以解决这个问题。因此，可以将二者组合起来，形成多功能的复合数字滤波，即把采样值先按从小到大的顺序排列起来，然后将最大值和最小值去掉，再把余下的部分求和并取平均值。该方法兼容了算术平均滤波和中值滤波的优点，当采样点数不多时，它的优点不够明显，但在快、慢速系统中，它却都能削弱扰动，提高控制品质。

7. 各种数字滤波性能的比较

以上介绍的数字滤波方法各有其特点，可以根据具体的测量参数进行合理的选用。

1）滤波效果

一般来说，对于变化比较慢的参数，如温度，可选用程序判断滤波或一阶惯性滤波方

法。对那些变化比较快的脉冲参数（如压力、流量），则可选择算术平均滤波或加权递推平均滤波方法，至于要求比较高的系统，需要用复合数字滤波方法。在算术平均滤波或加权递推平均滤波中，其滤波效果与所选择的采样次数 n 有关，n 越大，则滤波效果越好，但花费的时间也越长。高通或低通滤波是比较特殊的滤波程序，使用时一定要根据参数特点选用。

2）滤波时间

在考虑滤波效果的前提下，应尽量采用执行时间比较短的滤波方法，若计算时间允许，则采用效果更好的复合数字滤波方法。

要注意的是，数字滤波在热工或化工过程控制系统中并非一定需要，要根据具体情况，经过分析、实验加以选用。不适当的数字滤波反而会降低控制效果，甚至导致系统失控。

6.1.4　数据处理

数据处理一般包括以下几个具体内容。

1. 读入数据

根据被测参数的性质和大小，对信号进行分类，各类模入量按照各自规定的采样周期送入计算机内存。当模入采用一个 A/D 转换，而用多点切换开关采样时，要考虑采样周期和转换时间的关系。为使各回路和数据读入工作正确，在编制模入程序时，有必要检验单位时间内读入计算机的数据数目是否超出允许值，即是否满足

$$\frac{a_1}{T_{s1}}+\frac{a_2}{T_{s2}}+\cdots+\frac{a_n}{T_{sn}}\leqslant\frac{1}{t_s}\tag{6-10}$$

式中：T_{s1}，T_{s2}，…，T_{sn}分别为各类模入量的采样周期；a_1，a_2，…，a_n分别为各类模入量的数目；t_s为完成一次 A/D 转换占用的时间。

各模入量的采样周期应按大周期套小周期的方式安排，如图 6－5 所示。其中，$T_{s1}<T_{s2}<\cdots<T_{sn}$。

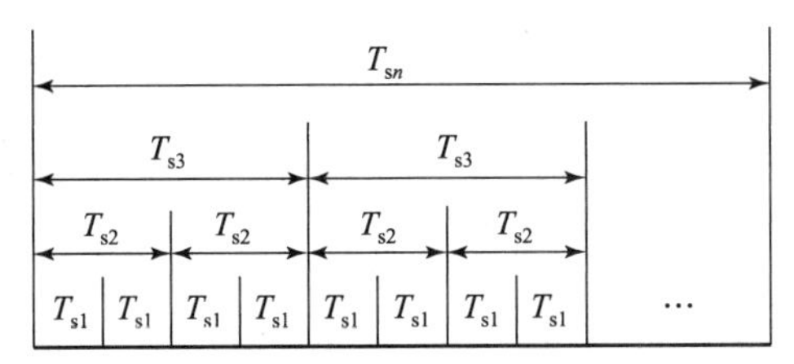

图 6－5　各类模入量采样周期的安排

2. 有效性检查

一般通过检查模入数据量程是否溢出或读入信号是否低于仪表零位来判断系统模入部件（如变送器、输入线路等）是否故障。一旦出现模入数据溢出或读入信号为负值，则表明模入部件故障，读入数据无效，应进行报警处理。可在报警灯或显示器上显示故障标志和故障点号，向操作人员提示。

3. 线性化处理

采样信号与它代表的过程参数往往存在非线性关系，必须进行线性化处理。例如，对代表流量的压差变送器输出信号的开方处理；代表温度的各类热电偶输出热电动势的分段折线线性化处理等；此外，还可同时进行流量、温度、压力补偿以及热电偶冷端温度补偿的处理等。

4. 数字滤波

数字滤波是指采用上述的各种数字滤波方法来去除混入信号的各种扰动。此外，还可以采用屏蔽、接地等方法提高输入装置的共模抑制比，以削弱由信号传输线混入的扰动。

5. 工程量化

工程量化是指把模拟量输入的数码转换成对应的过程参数的工程单位值以及工程中所需的其他单位的换算，如气体流量换算成标准状态下的流量等。

6. 计算处理

计算处理是指采用间接测量方法通过测量其他参数，按照一定算式求出被测参数的真实值。此外，还可根据不同的特殊要求对输入数据进行如累加、平均等计算处理。

7. 上下限检查与报警

读入数据或经过中间计算处理的数据与某一预定的上下限值进行比较，如果超出规定范围则报警。需要注意的是，并不是所有变量都要进行上下限检查与报警，要视该变量的重要性来决定。

6.2 数字 PID 控制算法

PID 控制是过程系统中技术最成熟、应用最广泛的一种控制规律。由于 PID 技术最成熟，技术人员和操作人员比较熟悉，它不要求准确知道被控对象的数学模型，但控制效果好，因而在数字控制系统中仍然得到广泛的应用。即使比较复杂的系统，如串级控制系统等，也仍以 PID 算法为基础。实践证明，这种控制算法能适应许多工业生产过程。

6.2.1 基本 PID 控制算法

1. 模拟 PID 控制算法表达式

在模拟系统中，PID 算法的表达式为

$$u(t) = K_c\left[e(t) + \frac{1}{T_i}\int_0^t e(t)\,dt + T_d\frac{de(t)}{dt}\right] \tag{6-11}$$

式中：$u(t)$为调节器的输出信号；$e(t)$为调节器的偏差输入信号，其等于给定值与测量值之差；K_c为调节器的比例系数，K_c的值可正可负，实践应用中，可根据第 5 章介绍的控制器正反作用确定方法确定；T_i为调节器的积分时间；T_d为调节器的微分时间。

2. 数字 PID 控制算法表达式

对式（6-11）进行数字化处理，用数字形式的差分方程代替模拟系统的微分方程，则积分项和微分项可用求和及增量式表示，即

$$\int_0^t e(t)\,dt = \sum_{j=0}^{k} e(j)\Delta t = T_0\sum_{j=0}^{k} e(j) \tag{6-12}$$

$$\frac{de(t)}{dt} \approx \frac{e(k) - e(k-1)}{\Delta t} = \frac{e(k) - e(k-1)}{T_0} \tag{6-13}$$

1）位置型 PID 控制算法表达式

将式（6-12）和式（6-13）代入式（6-11），可得离散的 PID 表达式为

$$u(k) = K_c\left\{e(k) + \frac{T_0}{T_i}\sum_{j=0}^{k}e(j) + \frac{T_d}{T_0}[e(k) - e(k-1)]\right\} \tag{6-14}$$

式中：$\Delta t = T_0$为采样周期，必须使T_0足够小；k为采样序号，$k=0, 1, 2, \cdots$,；$e(k)$、$e(k-1)$为第k次和第（$k-1$）次采样时的偏差值；$u(k)$为第k次采样时调节器的输出。

或将式（6－14）写成

$$u(k) = K_c e(k) + K_i\sum_{j=0}^{k}e(j) + K_d[e(k) - e(k-1)] \tag{6-15}$$

式中：$K_i = K_c T_0/T_i$为积分系数；$K_d = K_c T_d/\ T_0$为微分系数。

位置型 PID 控制算法的程序流程如图 6－6 所示。

由于式（6－15）的输出值与执行机构（如阀门开度）的位置一一对应，因此，通常把式（6－15）称为位置型 PID 控制算法表达式。位置型 PID 控制算法应用于执行器的控制，每次都需计算执行机构的绝对位置，如果计算结果出现问题，$u(k)$的大幅度变化会引起调节阀开度的大幅度变化，容易引起生产事故。此外，位置型 PID 控制算法需要采用必要的措施来防止积分饱和现象以及进行手、自动的无扰切换。

2）增量型 PID 控制算法表达式

式（6－14）作如下改动，根据递推原理，可写出第（$k-1$）次的 PID 输出表达式为

$$u(k-1) = K_c\left\{e(k-1) + \frac{T_0}{T_i}\sum_{j=0}^{k-1}e(j) + \frac{T_d}{T_0}[e(k-1) - e(k-2)]\right\} \tag{6-16}$$

将式（6－14）与式（6－16）相减，可得

$$\begin{aligned}\Delta u(k) &= u(k) - u(k-1)\\ &= K_c[e(k) - e(k-1)] + K_i e(k) + K_d[e(k) - 2e(k-1) + e(k-2)]\end{aligned} \tag{6-17}$$

式中：$K_i = K_c T_0/T_i$为积分系数；$K_d = K_c T_d/T_0$为微分系数。

为了编写程序方便，可以把式（6－17）进一步改写为

$$\Delta u(k) = Ae(k) - Be(k-1) + Ce(k-2) \tag{6-18}$$

式中：$A = K_c\left(1 + \frac{T_0}{T_i} + \frac{T_d}{T_0}\right)$；$B = K_c\left(1 + 2\frac{T_d}{T_0}\right)$；$C = \frac{K_c T_d}{T_0}$。

增量型 PID 控制算法的程序流程如图 6－7 所示。

增量型 PID 控制算法是常用的数字 PID 控制算法，由于其每次都在积分式执行机构原来计算的位置上计算增量，故称增量型算法。在实际控制系统中，如果执行机构采用的是步进电动机或多圈电位器，就要采用增量型 PID 算法。由于计算机每次只输出控制增量，故计算机发生故障时影响的范围小，不会严重影响生产过程。增量型算法在$e(k)$反向后，积分项立即反向，因此不会引起积分饱和。

但是，增量型 PID 控制算法有一不足，即必须包含积分环节。因为纯比例、微分项除了在设定值改变后的一周期内与设定值有关外，其他时间均与设定值无关（尤其是微分先行算法更是如此）。这样，如果缺少了积分环节，当被控过程变量由于扰动作用而发生漂移（或偏离设定点）时，得不到有效的纠正。

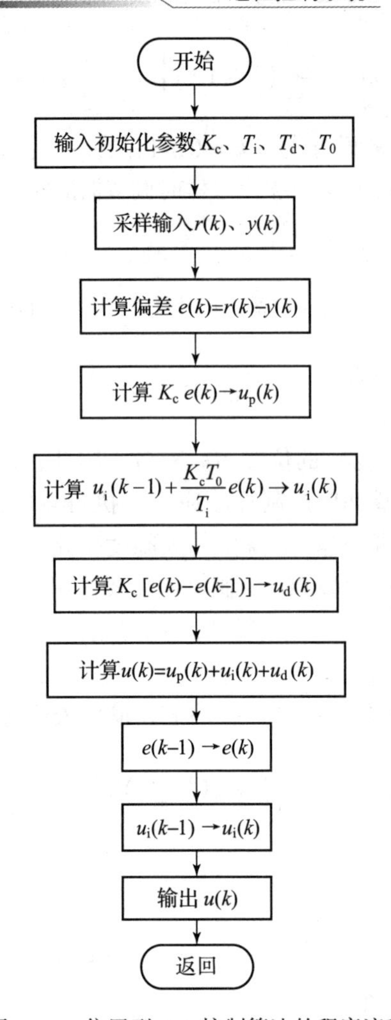

图 6－6　位置型 PID 控制算法的程序流程

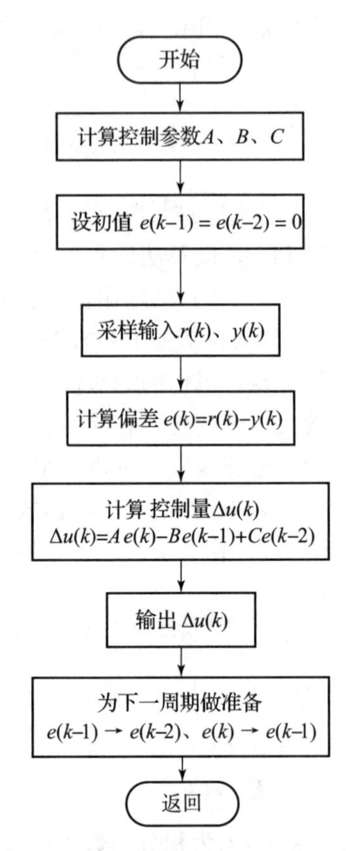

图 6－7　增量型 PID 控制算法的程序流程

3）速度型 PID 控制算法表达式

速度型 PID 控制算法表达式为

$$\begin{aligned}v(k)&=\frac{\Delta u(k)}{T_0}=\frac{u(k)-u(k-1)}{T_0}\\&=K_c\Big\{\frac{1}{T_0}[e(k)-e(k-1)]+\frac{1}{T_i}e(k)+\\&\quad\frac{T_d}{T_0^2}[e(k)-2e(k-1)+e(k-2)]\Big\}\end{aligned}\qquad(6-19)$$

速度型 PID 控制算法需要每次计算输出变化的速率，故称速度型算法。与增量型算法相同，速度型算法也不会引起积分饱和。同时，手动自动切换方便，只需在原手动输出基础上计算增量。此外，速度型 PID 控制算法也需要与积分式执行机构配合使用。

综上，控制算法的选择原则主要从 2 个方面考虑：一是考虑执行器的型式，二是考虑应用时是否方便。

从执行器类型看，采用位置型控制算法的计算机输出可直接与数字式调节阀连接，其他型式的调节阀必须经过 D/A 转换，将输出转化为模拟量，并通过保持电路将其保持到下一采样周期输出信号的到来。增量型控制算法计算机系统适用于步进电动机或多圈电位器这种执行器。速度型控制算法的输出必须采用积分式执行机构。所以，选择 PID 算法类型的主要决定因素是执行器的型式。

从应用方面考虑，增量型控制算法因为输出是增量，手动/自动切换时冲击比较小。即使偏差长期存在，输出 $\Delta u(k)$ 一次次积累，最终可使执行器到达极限位置，但只要偏差 $e(k)$ 换向，$\Delta u(k)$ 也立即改变符号，从而使输出脱离饱和状态，这就消除了发生积分饱和的危险。另外，增量型控制算法只输出增量，计算机误动作时造成的影响比较小。由于以上这些优点，使增量型 PID 控制算法在数字控制系统中获得广泛的应用。

6.2.2　改进的 PID 控制算法

基本 PID 控制是基于偏差来进行调节的，以实现过程的闭环控制。引起偏差的因素主要来自两个方面：一是过程扰动；二是设定值变化。闭环系统对于过程扰动以及设定值变化扰动的响应特性反映了系统的 2 个不同侧面（具有不同的闭环传递函数）。采用同一组 PID 控制器参数往往难以保证 2 个方面的特性都十分理想。为适应不同被控对象和系统的要求，改善系统控制品质，可在标准 PID 控制算法基础上进行某些改进，形成非标准的 PID 控制算法，如不完全微分 PID 算法，微分先行 PID 算法，带不灵敏区的 PID 算法，积分分离 PID 算法等。在实际应用中，一些常用的控制器（如 PLC、DCS 控制系统等）会提供标准类型的 PID 库函数，非常方便编程调用，但对于改进算法往往需要自己编程。下面介绍几种具有代表性的 PID 改进算法及相应的程序流程图。

1. 不完全微分 PID 算法

标准的 PID 算法的缺点是对具有高频扰动的生产过程，微分作用响应过于灵敏，容易引起控制过程振荡，降低控制品质。尤其在数字控制系统中，计算机对每个控制回路的输出时间是短暂的，而驱动执行器动作却需要一定时间。如果输出较大，在短暂时间内执行器达不到应有的开度，会使输出失真。为克服这一弱点，同时又要使微分作用有效，可在 PID 控制器输出串联一阶惯性环节，如图 6-8 所示。

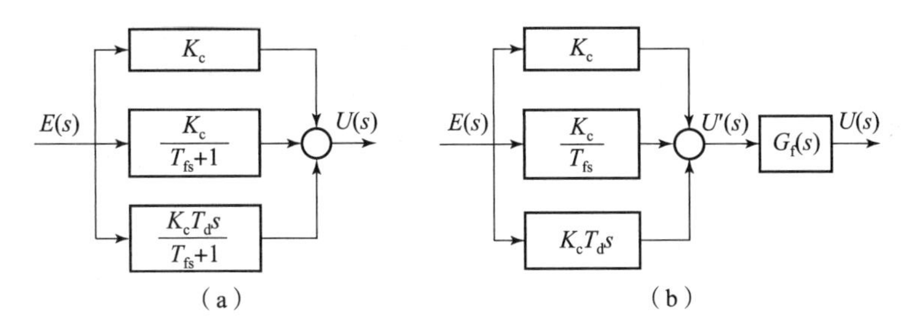

图 6-8　不完全微分 PID 控制器

这就形成了两类不完全微分 PID 控制器，下面以图 6-8（b）为例来说明不完全微分 PID 控制器输出算式的推导过程，即

$$G_f(s) = \frac{1}{T_f s + 1} \tag{6-20}$$

$$\begin{cases} u'(t) = K_c\left[e(t) + \frac{1}{T_i}\int e(t)\mathrm{d}t + T_d\frac{\mathrm{d}e(t)}{\mathrm{d}t}\right] \\ T_f\frac{\mathrm{d}u(t)}{\mathrm{d}t} + u(t) = u'(t) \end{cases} \tag{6-21}$$

所以

$$T_f\frac{\mathrm{d}u(t)}{\mathrm{d}t} + u(t) = K_c\left[e(t) + \frac{1}{T_i}\int e(t)\mathrm{d}t + T_d\frac{\mathrm{d}e(t)}{\mathrm{d}t}\right] \tag{6-22}$$

将式（6-22）数字化，可得不完全微分位置型控制算法表达式为

$$u(k) = \alpha u(k-1) + (1-\alpha)u'(k) \tag{6-23}$$

式中：$\alpha = T_f/(T_0 + T_f)$，T_f为惯性时间常数，通过调整其值的大小改变惯性环节的作用效果；$u'(k) = K_c\left\{e(k) + \frac{T_0}{T_i}\sum_{j=0}^{k}e(j) + \frac{T_d}{T_0}[e(k) - e(k-1)]\right\}$；$\alpha$ 为介于 0～1 之间的系数。

与标准 PID 一样，不完全微分也有增量型控制算法表达式，即

$$\Delta u(k) = \alpha\Delta u(k-1) + (1-\alpha)\Delta u'(k) \tag{6-24}$$

式中：

$$\Delta u'(k) = K_c\left\{[e(k) - e(k-1)] + \frac{T_0}{T_i}e(k) + \frac{T_d}{T_0}[e(k) - 2e(k-1) + e(k-2)]\right\}$$

相应的不完全微分速度型控制算法表达式为

$$v(k) = \alpha v(k-1) + (1-\alpha)v'(k) \tag{6-25}$$

式中：

$$v'(k) = K_c\left\{\frac{1}{T_0}[e(k) - e(k-1)] + \frac{1}{T_i}e(k) + \frac{T_d}{T_0^2}[e(k) - 2e(k-1) + e(k-2)]\right\}$$

图 6-8（b）所示的位置型不完全微分 PID 算法的程序流程如图 6-9 所示。

图 6-10 分别表示标准 PID 算法和不完全微分 PID 算法在单位阶跃响应输入时，输出的控制作用。由图可见，标准 PID 算法中的微分作用只在第一个采样周期起作用，而且作用很强。反之，不完全微分 PID 算法的输出在较长时间内保持微分作用，且作用强度有明显的缓和，可获得较好的控制效果。

2. 微分先行 PID 算法

为了避免给定值阶跃变化，偏差突变，微分引起控制变量大幅度变化等给控制带来冲击（超调量过大或调节阀动作剧烈）。考虑到通常情况下被控变量的变化总是比较和缓，因此微分先行 PID 算法就只对测量值 $y(t)$ 微分，而不对偏差$e(t)$微分，也就是说对给定值 $r(t)$ 无微分作用。这样在调整设定值时，控制器的输出就不会产生剧烈的跳变，也就避免了给定值变化给系统造成的冲击。图 6-11 为微分先行 PID 控制器结构方框图。

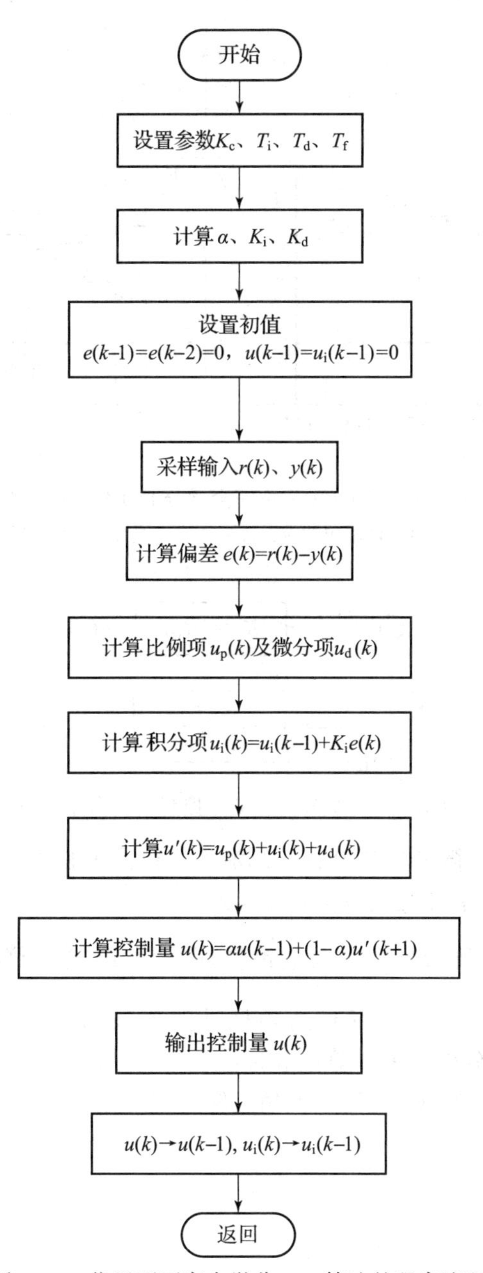

图 6－9　位置型不完全微分 PID 算法的程序流程

增量型 PID 控制算法表达式的微分项为

$$\begin{aligned}&K_d[e(k)-2e(k-1)+e(k-2)]\\&=K_d[r(k)-2r(k-1)+r(k-2)]-K_d[e(k)-2y(k-1)+y(k-2)]\end{aligned}\tag{6-26}$$

如果只对被控变量微分，那么式（6－17）的增量型 PID 控制算法表达式变为

$$\Delta u(k)=K_c[e(k)-e(k-1)]+K_ie(k)-K_d[y(k)-2y(k-1)+y(k-2)]\tag{6-27}$$

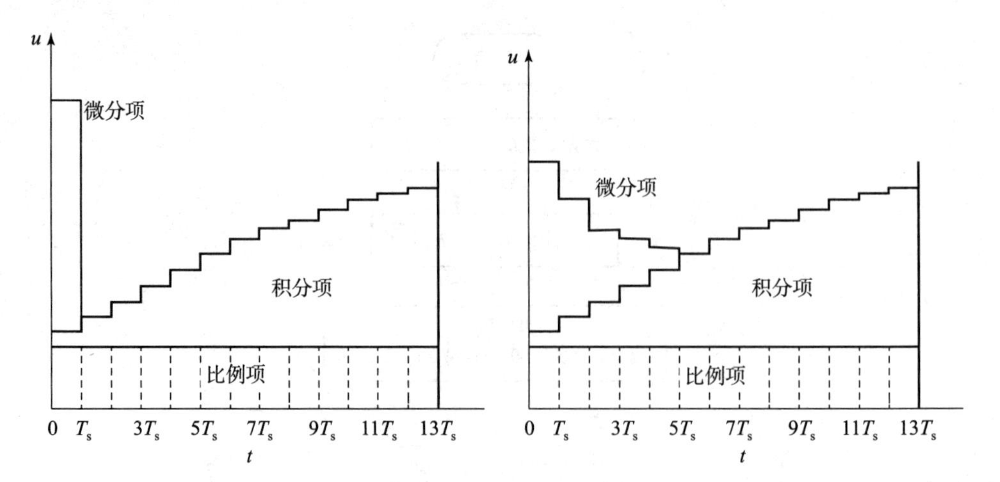

图 6-10 标准 PID、不完全微分 PID 算法输出响应

（a）标准 PID 算法输出响应；（b）不完全微分 PID 算法输出响应

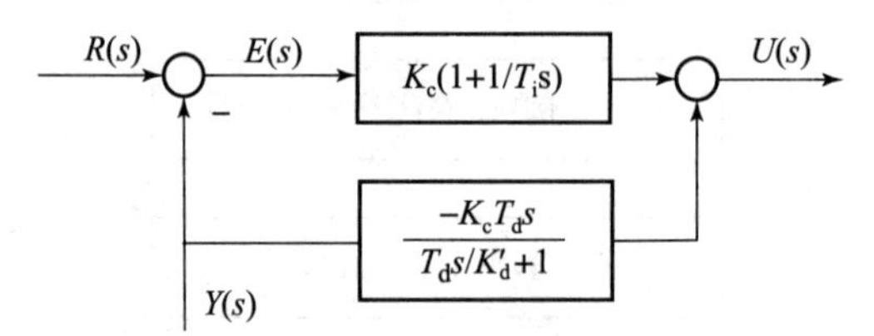

图 6-11 微分先行 PID 控制器结构方框图

由式（6-27）可知，微分先行 PID 控制流程与标准 PID 类似，只是计算微分项时，由 $e(i)$ 变成了 $-y(i)$，其中 i 可为 k，$k-1$，$k-2$。

【例 6-1】 设被控对象为具有时滞的惯性环节，其传递函数为 $G(s)=\frac{e^{-80s}}{60s+1}$，系统采样周期为 20 s。输入信号为带有高频扰动的方波信号 $y_d=\sin(0.000\,5\pi t)^2+0.05\sin(0.03\pi t)$。试比较微分先行 PID 算法和标准 PID 算法的控制效果。

解： 首先通过以下 MATLAB 代码求取仿真输入信号 simin：

```
clear all;
close all;
ts =20;
k =[1:1:400]';
yd =1.0 * sign(square(0.0005 * pi * k * ts)) +0.05 * sin(0.03 * pi * k * ts);
simin.time =k * ts;
simin.signals.values =yd;
simin.signas.dimensions =1;
```

选取 $K_p=0.56$，$K_i=0.008\,1$，$K_d=30$。通过 Simulink 模块实现微分先行 PID 算法，如图 6-12 所示，设置 Gain 为 0.56，Gain1 为 0.008 1，Gain2 为 -30。方波响应结果如图 6-13 所示。

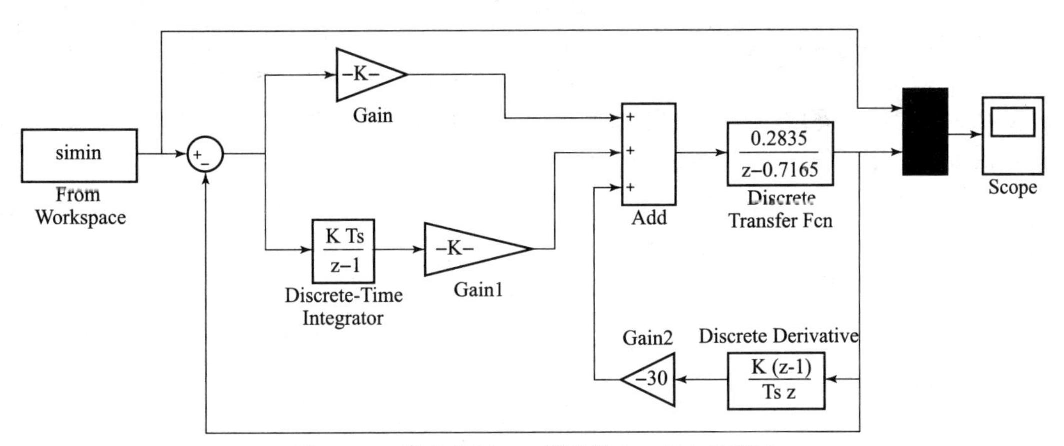

图6-12　微分先行PID算法的Simulink仿真图

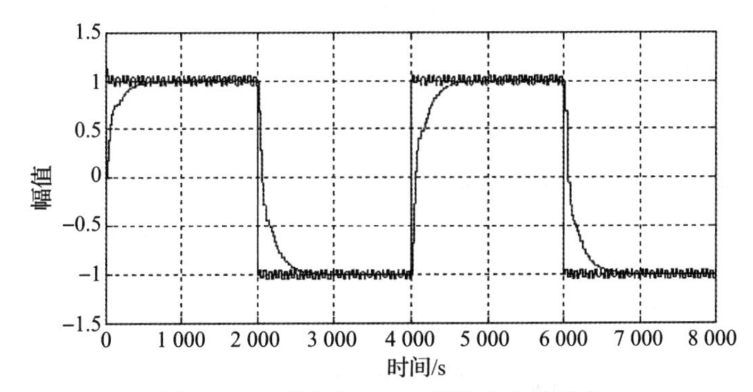

图6-13　微分先行PID算法的方波响应

同样通过Simulink模块实现标准PID算法，其参数均与微分先行PID算法的参数相同。标准PID算法的方波响应如图6-14所示。

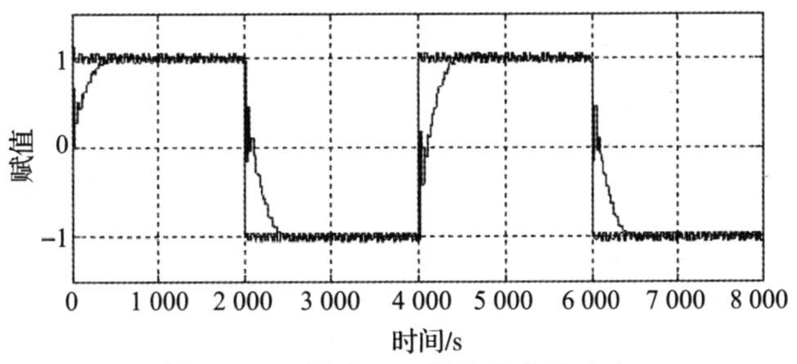

图6-14　标准PID算法的方波响应

由仿真结果可以看出，对于给定值频繁升降的场合，引入微分先行后，可以避免给定值升降所引起的系统振荡，明显地改善系统的动态特性。

3. 带不灵敏区的PID算法

某些过程控制系统，并不要求液位准确控制在给定值，而是允许在规定范围内变化。在这种情况下，为避免调节阀频繁运动以及因此所引起的系统振荡，可采用带不灵敏区（死区）的PID算法，人为地设置一个不灵敏区域B，当偏差$e(t)$的绝对值小于B时，其控制输出不变，否则使其输出为正常输出。即

$$\Delta u(k)=\begin{cases}\Delta u(k), & \text{当}\,|r(k)-y(k)|=|e(k)|>B\\ 0, & \text{当}\,|r(k)-y(k)|=|e(k)|\leqslant B\end{cases} \tag{6-28}$$

式中：B 为不灵敏区宽度，其数值根据被控对象由实验确定。B 值太小，则调节阀动作频繁；B 值太大，则系统迟缓；$B=0$，则为标准 PID 算法。

式（6-28）表明，当偏差绝对值$|e(k)|\leqslant B$时，输出增量为 0。当$|e(k)|>B$时，输出 $\Delta u(k)$ 为 $e(k)$ 经 PID 运算后的结果。

带不灵敏区的 PID 算法的程序流程如图 6-15 所示。

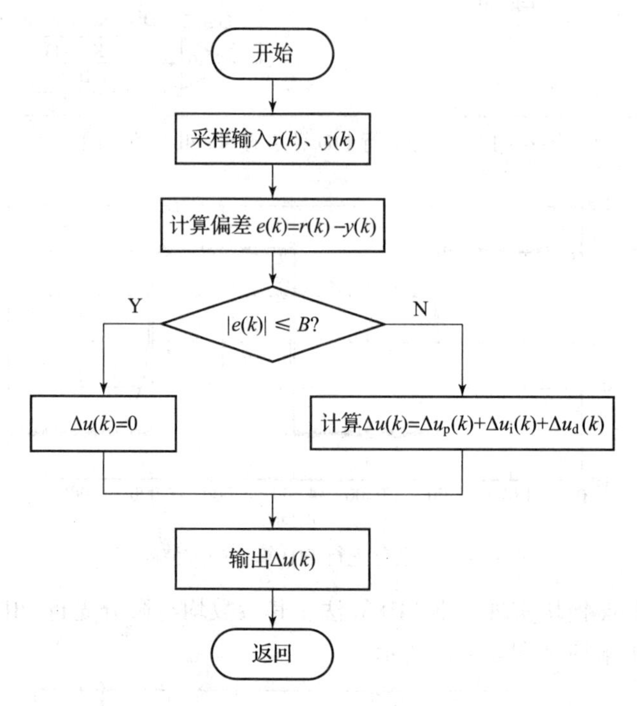

图 6-15 带不灵敏区的 PID 算法的程序流程

4. 积分分离 PID 算法

采用标准 PID 算法的数字系统在开工、停工或给定值大幅度升降时，由于短时间内出现的大偏差，加上系统本身的迟延，在积分项的作用下，将引起系统产生过大的超调量或不停地振荡。为此，可采取积分分离对策，也就是在起始阶段对被控变量开始跟踪，系统偏差较大时，暂时取消积分作用，一旦被控变量接近新给定值，偏差小于某一设定值 A 时，投入积分作用。积分分离 PID 算法表达式为

$$|e(k)|\begin{cases}>\mathrm{A}, & \text{取消积分作用}\\ \leqslant \mathrm{A}, & \text{引入积分作用}\end{cases} \tag{6-29}$$

值得注意的是，为保证引入积分作用后系统的稳定性不变，在引入积分作用的同时，比例增益 K_c 应作相应变化（K_c 应减小），这可以在 PID 算法编程时加以考虑。另外，在设定 A 值时应保证设置合理，否则会因 A 值太小而使得系统的积分控制不能引入。积分分离 PID 算法的程序流程如图 6-16 所示。

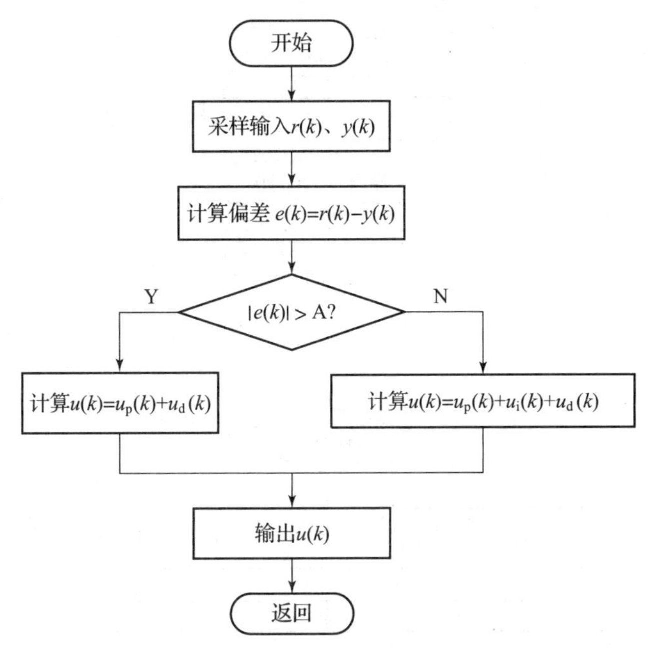

图 6－16　积分分离 PID 算法的程序流程

5. 变速积分 PID 算法

控制系统对积分项的要求是，系统偏差大时积分作用应减弱甚至全无，而在偏差小时应加强。否则，积分系数取大了会产生超调，甚至积分饱和，取小了又迟迟不能消除余差。因此，如何根据系统偏差大小改变积分速度，对于提高系统品质是很重要的。采用变速积分 PID 算法可以较好地解决这一问题。积分分离 PID 算法是它的简化算法。

变速积分 PID 算法的基本思想是设法改变积分项的累加速度，使其与偏差的大小相对应，即偏差越大，积分越慢；偏差越小，积分越快。

为此，设一系数 $f[e(k)]$，它是偏差 $e(k)$ 的函数。当 $|e(k)|$ 增大时，$f[e(k)]$ 减小；反之，$f[e(k)]$ 增大。每次采样后，用 $f[e(k)]$ 乘以 $e(k)$，再进行累加，即

$$u_i(k) = K_i\left\{\sum_{j=0}^{k-1} e(j) + f[e(k)]e(k)\right\} \tag{6-30}$$

式中：$u_i(k)$ 为变速积分项的输出值。

系数 $f[e(k)]$ 与 $|e(k)|$ 的关系可以是线性或非线性的，通常可设为

$$f[e(k)] = \begin{cases} 1, & |e(k)| \leqslant B \\ \dfrac{A - |e(k)| + B}{A}, & B < |e(k)| \leqslant (A+B) \\ 0, & |e(k)| > (A+B) \end{cases} \tag{6-31}$$

式中：A 和 B 根据被控对象的特点和系统的性能指标要求来确定。

将 $u_i(k)$ 代入位置型 PID 控制算法表达式，得到变速积分 PID 算法表达式为

$$u(k) = K_c e(k) + K_i\left\{\sum_{j=0}^{k-1} e(j) + f[e(k)]e(k)\right\} + K_d[e(k) - e(k-1)] \tag{6-32}$$

变速积分 PID 算法的程序流程如图 6－17 所示。

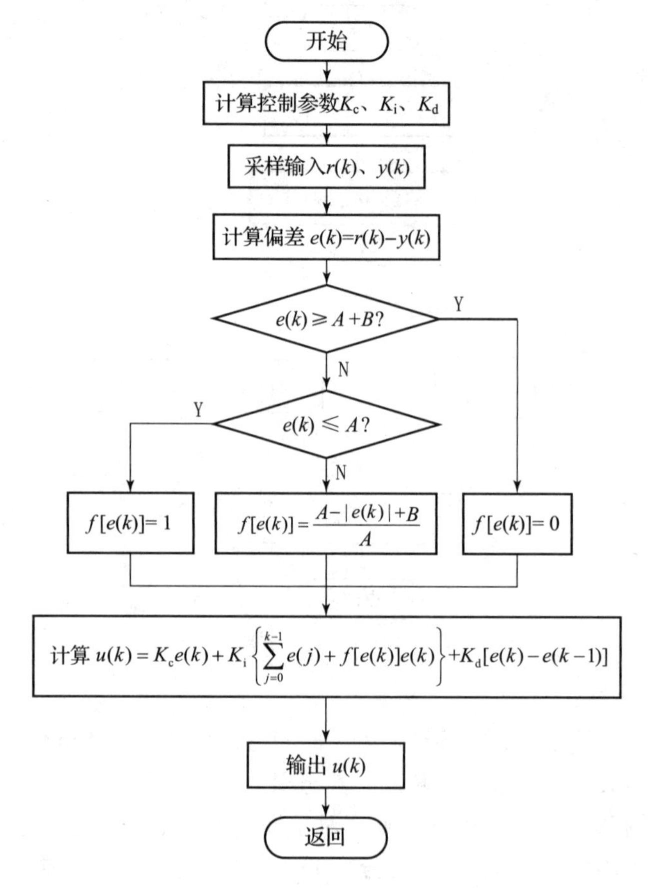

图 6－17　变速积分 PID 算法的程序流程

6.3　数字 PID 控制器参数整定

与模拟 PID 控制器参数整定相同，数字 PID 控制器参数整定就是选择算式中 K_c、T_i和T_d的值，使数字系统输出响应 $y(t)$满足某种选定的准则，可分为以下 2 类。

（1）简单近似准则，如系统输出响应的超调量、衰减比、上升时间和调节时间等准则。其中，4∶1 衰减比通常被认为是最佳的综合准则，它既保证系统的稳定性又照顾系统的快速性。

（2）精确准则，如各类误差的积分准则。对于离散系统可提出各种积分准则为

$$\begin{cases} \text{ISE} = \sum_{k=0}^{\infty} e^2(k) \\ \text{IAE} = \sum_{k=0}^{\infty} |e(k)| \\ \text{ITAE} = \sum_{k=0}^{\infty} k|e(k)| \end{cases} \tag{6-33}$$

PID 控制算法的所谓“最佳参数”就是根据系统在规定的输入下的输出响应能使式（6-33）中某一准则取最小值的参数。显然，不同准则所得的最佳参数值也不同。经对比研究表明，以误差积分准则为基础的各种参数整定方法较好，尤其是被控对象 τ/T 比值较大的情况。而在各类积分准则中，又以 ITAE 为最佳。

与模拟控制器参数整定不同，在整定数字 PID 控制算法各参数的同时，必须考虑采样周期 T_0 的影响。这是因为数字系统的控制品质不仅取决于对象的动态特性和 PID 算法的整定参数（K_c、T_i 和 T_d），而且与采样周期 T_0 的大小有关。下面介绍目前工程上常用的几种数字 PID 参数整定方法。

1. 采样周期的确定

一般说来，计算机控制系统的控制性能会随着采样加快而得到改善，但同时对控制设备软硬件的要求也会更高。所以，在系统性能与成本之间往往需要进行一定的折中。换句话说，要在保证控制性能要求的条件下，来合理选择采样周期。采样周期的选择原则：

（1）提高控制品质，T_0 可取小些；

（2）减小超调量，T_0 可取大些；

（3）减小调节时间，T_0 可取小些；

（4）数字 PID 控制要把 T_0、T_i、T_d 结合在一起考虑。

2. 扩充响应曲线法

鉴于在大部分数字控制系统中各控制回路的时间常数比采样周期大得多，因而可以把模拟控制器动态特性参数整定方法推广应用来整定数字 P1D 算法参数。只要用一个纯迟延环节等效数字系统中的采样-保持器，并引入等效纯迟延时间的概念，那么所有基于对象响应曲线的模拟控制器参数整定方法，如齐格勒-尼科尔斯（Z-N）、柯恩-库恩（C-C）以及基于误差积分的参数整定公式，均可直接用来计算数字 PID 算法中 K_c、T_i、T_d 等参数值。注意，公式中被控对象的延迟时间 τ 要用等效延迟时间 τ_e 代替，此处 τ_e 定义为被控对象的 τ 与采样周期 T_0 的一半之和，即

$$\tau_e = \tau + \frac{T_0}{2} \tag{6-34}$$

式中：$T_0/2$ 是考虑了数字系统中采样-保持器环节引起的滞后。

扩充响应曲线法是开环整定方法。与模拟控制器动态特性参数法类似，预先测得广义被控对象的阶跃响应曲线，并以带纯迟延 τ 和时间常数 T 的一阶惯性环节近似，然后从曲线求得 τ 和 T，具体步骤如下。

（1）如果已知系统的动态特性曲线，那么就可以把模拟控制器动态特性参数法整定方法推广到数字控制系统，采用扩充响应曲线法进行整定。

（2）在应用 Z-N 公式和 C-C 公式时，被控对象的延迟时间 τ 要用等效延迟时间 τ_e 代替。

（3）选择控制度。所谓控制度，就是以模拟控制器为基准，将数字控制系统的控制效果与模拟控制器的控制效果相比较，表示二者控制品质的差异程度，其评价函数通常采用误差平方积分，表示为

$$控制度 = \frac{\left[\int_0^{\infty} e^2(t)\right]_{数字}}{\left[\int_0^{\infty} e^2(t)\right]_{模拟}} \tag{6-35}$$

对于模拟系统，其误差平方积分可按记录曲线上的图形面积计算；而对于 DDC 系统，其误差平方积分可用计算机直接计算。通常情况下，当控制度为 1.05 时，表示数字控制系统与模拟系统控制效果相当；当控制度为 2.00 时，控制品质差一倍。需要注意的是，在选择控制度时，并不是越小越好，要根据实际系统硬件配置和采样周期的大小等因素来选择，否则确定的 PID 参数在投入运行后，控制系统的性能反而会变差。

(4) 根据选择的控制度和求得的 τ_e、T 和 K 值，查表 6-2 即可求出控制器的 T_0、K_c、T_i、T_d。

(5) 由于被控对象的特性不同，经验公式求得的控制器参数整定不一定都能获得满意的结果，需针对具体系统在实际运行过程中作在线修正。

表 6-2　扩充响应曲线法整定参数表

控制度	控制规律	T_0/τ_e	$K_c/T_0/e$	T_i/τ_e	T_d/τ_e
1.05	PI	0.10	0.84	0.34	—
	PID	0.05	0.15	2.00	0.45
1.20	PI	0.20	0.78	3.60	—
	PID	0.16	1.00	1.90	0.55
1.50	PI	0.50	0.68	3.90	—
	PID	0.34	0.85	1.62	0.65
2.00	PI	0.80	0.57	4.20	—
	PID	0.60	0.60	1.50	0.82
模拟控制器	PI		0.90	3.33	—
	PID		1.20	2.00	0.50

3. 扩充临界比例带法

扩充临界比例带法是简易工程参数整定方法，也是基于系统临界振荡参数的闭环整定方法。这种方法实质上是模拟控制器中采用的稳定边界法的推广，用来整定离散 PID 算法中的 T_0、K_c、T_i和 T_d参数，具体步骤如下。

(1) 选择一个足够短的采样周期 T_{min}，如带有纯迟延的系统其采样周期取纯迟延时间的 1/10 以下。

(2) 求出临界比例带 δ_{cr}和临界振荡周期 T_{cr}。具体方法是，将上述的采样周期 T_{min}输入到计算机控制系统，并只采用比例控制，逐渐增大比例系数 K_c，直到系统产生等幅振荡。此时的比例系数即为临界比例带 δ_{cr}，相应的振荡周期称为临界振荡周期 T_{cr}。

(3) 选择控制度。

(4) 根据控制度，查表 6-3 求出参数。

(5) 将参数加到系统中调试运行。

表 6-3　扩充临界比例带法整定参数表

控制度	控制规律	T_0/T_{cr}	K_c/δ_{cr}	T_i/T_{cr}	T_d/T_{cr}
1.05	PI	0.030	0.53	0.88	—
	PID	0.014	0.63	0.49	0.14
1.20	PI	0.05	0.49	0.91	—
	PID	0.043	0.47	0.47	0.16
1.50	PI	0.14	0.42	0.99	—
	PID	0.09	0.34	0.43	0.20
2.00	PI	0.22	0.36	1.05	—
	PID	0.16	0.27	0.40	0.22

4. 归一参数整定法

以上两种方法用于被控对象是一阶滞后环节时有些麻烦。1974 年，Roberts 提出一种简化扩充临界比例带整定法。由于该方法只需整定一个参数即可，故称其为归一参数整定法。

PID 归一参数整定法的指导思想：根据经验数据，对多变量、相互耦合较强的系数，人为地设定“约束条件”，以减少变量的个数，达到减少整定参数数目、简易、快速整定参数之目的。

已知增量型 PID 控制算法的表达式为

$$\begin{aligned}\Delta u(k) &= K_c\left\{[e(k)-e(k-1)]+\frac{T_0}{T_i}e(k)+\frac{T_d}{T_0}[e(k)-2e(k-1)+e(k-2)]\right\}\\ &= K_c\left[\left(1+\frac{T_0}{T_i}+\frac{T_d}{T_0}\right)e(k)-\left(1+2\frac{T_d}{T_0}\right)e(k-1)+\frac{T_d}{T_0}e(k-2)\right]\end{aligned} \tag{6-36}$$

根据经验规律，可以设置各个时间参数之间的关系，即“约束条件”，设

$$T_0=0.1T_{cr},\quad T_i=0.5T_{cr},\quad T_d=0.125T_{cr} \tag{6-37}$$

式中：T_{cr}为纯比例下的临界振荡周期。

将式（3-37）代入式（6-36）化简得

$$\Delta u(k) = K_c[2.45e(k)-3.5e(k-1)+1.25e(k-2)] \tag{6-38}$$

式（6-38）即为归一化参数整定法的表达式。式中参数 K_c 通过实验对其调整，便会达到满意的控制效果。

参数 K_c的实验确定方法：

（1）给一阶跃输入，记录输出曲线，如速度、压力、温度等变化曲线，调整参数 K_c值，使曲线尽量接近理想曲线；

（2）实际运行，再进一步调整参数 K_c值，使实际控制效果达到最佳。

应当指出，第 5 章中有关控制器参数自整定原理同样适用于数字系统 PID 算法中参数的整定。事实上，只有应用了计算机以后，控制器参数的自整定才成为可能。当今 DCS 系统和一些 PLC 控制器一般都配备参数自整定功能。

6.4　数字 PID 控制常用的工程实现技术

前面各节引入了 PID 控制的基本思想、数字实现方法及参数整定，使大家对最常用的数

字 PID 控制算法基本属性有了初步认识。事实上，在工程应用中数字 PID 已经完全取代了模拟 PID，除了前述的优点外，它还能通过软件编程有效处理执行器非线性、积分饱和以及手动/自动无扰切换等工程实际问题。

下面介绍数字 PID 在工程应用中经常面对的手动/自动无扰动切换和抗积分饱和 2 个方面的问题及其工程实现技术。

6.4.1 数字 PID 控制器的手动/自动无扰动切换

不论数字还是模拟控制器都存在着多种控制模式，如手动（MAN）、自动（AUTO）等。在实际运行过程中，经常要在各控制模式间进行切换。例如，在系统投运初期，距离标准运行工况较远时，被控变量往往波动较大，系统非线性也比较严重，因此一般都采用手动控制方式；待到系统运行平稳后，才可切换到自动控制模式，这样既可以保证系统安全运行，同时还有助于提高系统的工作效率。此外，在 PID 自动控制模式下，如果系统发生异常，也经常需要人工手动干预。总之，无论属于上述哪种情况，在切换控制模式时，都有一共同要求，即模式切换操作不会对调节过程带来大的冲击。

实现 PID 自动控制模式（A）与手动控制模式（M）之间无扰动切换（简称 A/M 切换）的关键是在切换前后，控制器输出值不会发生大的跳变。由自动切换到手动时，可通过编程使得自动控制过程中，手动设定值跟踪自动控制输出的变化，就可以使切换后控制器输出维持不变，实现无扰动切换。问题主要出现在从手动切向自动，因为在手动控制模式下，PID 控制器事实上处于开环状态；此时，PID 控制器的状态（如积分器状态、微分状态等）数值在切换前应该是明确和适当的，否则由手动控制模式切换到自动控制模式时，控制器的输出值将是无法预测的，会给系统带来意想不到的冲击，因此，有必要引入无扰动切换算法。

为了实现无扰动切换，在切换之前，即手动控制模式下，PID 控制器的输出可以通过状态更新来跟踪手动输出，即满足

$$u_{\mathrm{PID}}(t-)=u_{\mathrm{MAN}}(t-) \tag{6-39}$$

式中：$u_{\mathrm{PID}}(t-)$为在手动控制模式下（切换前）PID 控制器的计算输出；$u_{\mathrm{MAN}}(t-)$为切换前 PID 控制器的实际输出。

在切换到自动控制模式之后，控制器的实际输出为

$$u_{\mathrm{PID}}(t+)=u_{\mathrm{p}}(t+)+u_{\mathrm{i}}(t+)+u_{\mathrm{d}}(t+) \tag{6-40}$$

式中：$t+$为切换后的 PID 控制运算。

要实现无扰动切换，必须满足

$$u_{\mathrm{PID}}(t+)\approx u_{\mathrm{MAN}}(t-) \tag{6-41}$$

为此，在手动控制模式下，可以令积分项按照下式来进行状态更新，即

$$u_{\mathrm{i}}(t+)=u_{\mathrm{MAN}}(t-)-u_{\mathrm{p}}(t-)-u_{\mathrm{d}}(t-) \tag{6-42}$$

式中：$u_{\mathrm{p}}(t-)$、$u_{\mathrm{d}}(t-)$是在手动控制模式下，比例、微分项的实时计算数值。

换句话说，在 PID 手动控制模式下，仍然要根据现时误差作比例、微分运算。同时，按式（6-42）提前进行积分状态的更新，为可能发生的手动到自动的切换做准备。这样，一旦切换到自动状态，则按照式（6-40）和式（6-42）可得到切换到自动状态下的 PID 控制器的输出为

$$u_{PID}(t+) = u_{MAN}(t-) - u_p(t-) - u_d(t-) + u_p(t+) + u_d(t+) \qquad (6-43)$$

这样就实现了手动到自动的无扰动切换。需要指出，式（6－43）等号右边切换前后比例、微分部分的数值之差实际上反映了PID控制器的正常周期间的调节量。

图6－18给出了控制器A/M切换算法的方框图。图中，在手动控制模式下，PID控制器要跟踪手动控制器的输出，其原始积分项输入可为0；类似地，在自动控制模式下，手动控制器也要跟踪自动控制器的输出。这样，两种控制模式之间无论何时切换，都不会给系统带来冲击，可实现无扰切换。

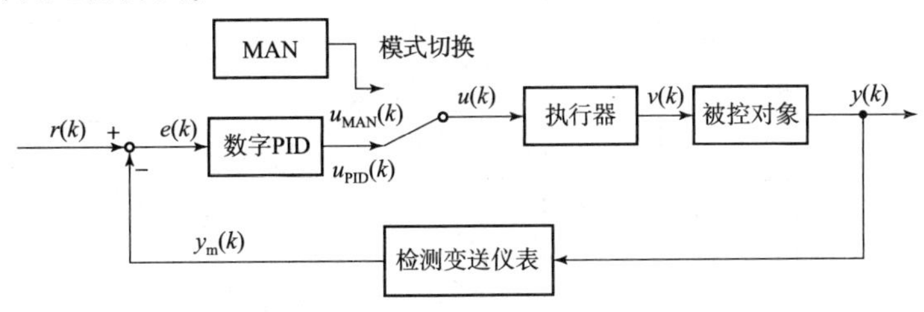

图6－18　数字PID控制器A/M算法的方框图

图6－18对应的控制程序流程如图6－19所示，图中的k和$k+1$代表控制方式切换前后的$t-$和$t+$。

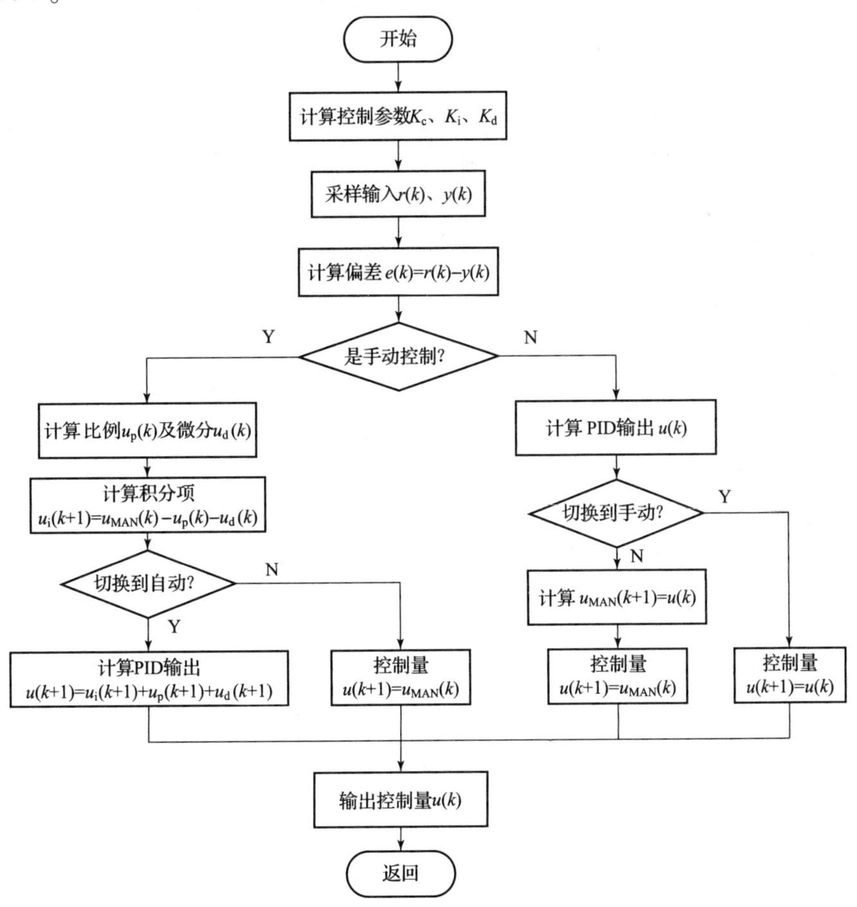

图6－19　手自动切换程序流程

6.4.2 数字 PID 控制器的抗积分饱和措施

数字 PID 控制与模拟 PID 控制一样，只要存在积分环节，就会面临积分饱和的问题，因此，在应用时必须采取相应的措施消除积分饱和现象。

工程上比较常用的方法之一就是遇限削弱积分法，该方法的基本思想就是当控制进入饱和区后，便不再进行积分项的累加，而只执行削弱积分的运算，其抗积分饱和结构如图 6-20 所示。

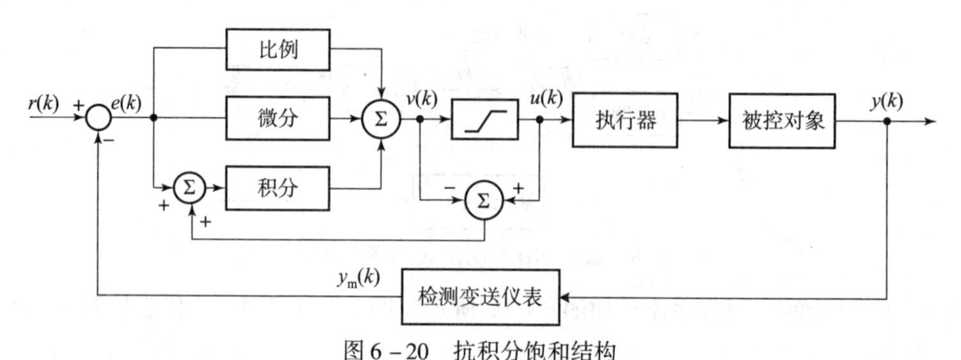

图 6-20　抗积分饱和结构

对应图 6-20 的 PID 控制算法如下。

1）输出更新

在一周期内，首先进行 A/D 采样，得到过程变量 $y(k)$，设定值 $r(k)$，并根据位置型 PID 分别计算比例、微分项。于是，可得到 PID 控制器输出为

$$v(k) = u_p(k) + u_i(k) + u_d(k) \tag{6-44}$$

式中：积分项 $u_i(k)$ 已在上一周期状态更新步骤中提前一周期计算完成。

2）输出限幅

将 $v(k)$ 进行输出限幅处理，计算出 $u(k)$，并送 D/A 转换输出，计算公式为

$$u(k) = f[v(k)] = \begin{cases} u_{max}, & v \geqslant u_{max} \\ v, & u_{min} < v < u_{max} \\ u_{min}, & v \leqslant u_{min} \end{cases} \tag{6-45}$$

3）状态更新

计算新的积分项，为下一周期做准备，计算公式为

$$u_i(k+1) = u_i(k) + \frac{K_c T_0}{T_i} e(k) + \frac{T_0}{T_t}[u(k) - v(k)] \tag{6-46}$$

式中：T_t 为跟踪时间常数。

缓存处理

$$u_i(k) = u_i(k+1) \tag{6-47}$$

同时，进行 PID 输出状态更新；即

$$y(k-1) = y(k) \tag{6-48}$$

4）中断返回

等待下一周期中断，返回 1）。

抗积分饱和 PID 程序流程如图 6－21 所示。

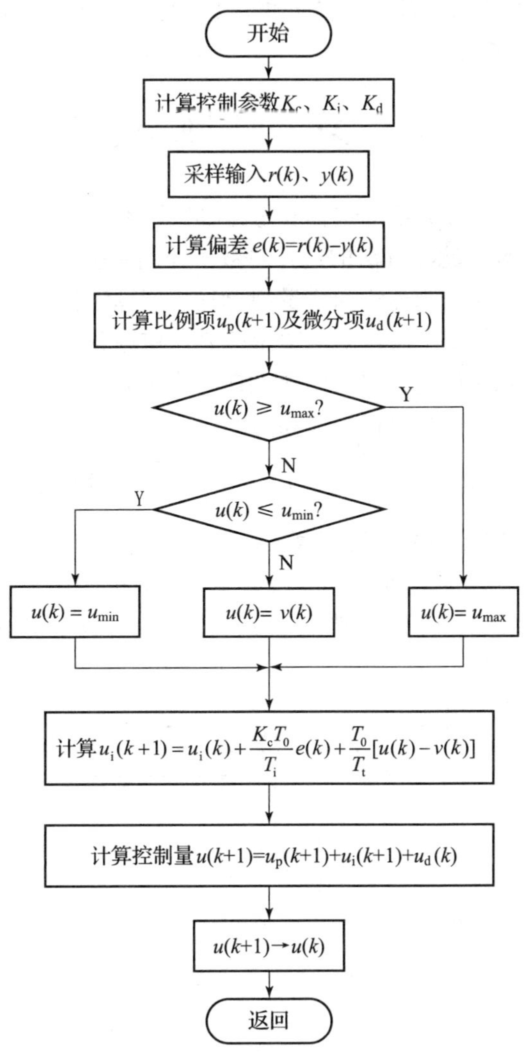

图 6－21　抗积分饱和 PID 程序流程

6.5　本章小结

本章介绍了数字控制系统的组成以及数字控制系统的基本理论和基础知识；并详细给出了数字 PID 控制算法的各种形式及程序流程图；同时对数字控制系统中的抗积分饱和和手动/自动无扰动切换的工程实现技术进行了较为详细的讲述。

随着计算机技术的发展，数字系统已经深入到控制系统的各个环节。由于数字系统对于信号的处理是离散化的，与模拟系统之间存在着本质的差别，因此在构建以数字系统为主的控制系统时就必须考虑由此带来的种种问题，如采样问题、离散化所导致的稳定性问题等。当然，由于采用了数字系统，对于问题的处理能力，如控制算法的计算能力、大量数据的处理能力和系统的人机接口能力都得到了极大的增强，也就为更好地构成过程控制系统提供了强有力的支撑。随着数字化现场总线仪表的推广应用，数字控制系统的优越性会越来越明显，将完全取代模拟控制系统。

习　题

6.1　数字 PID 控制中采样周期的选择要考虑哪些因素？

6.2　采样周期 T_0 和数字滤波方法的选择对数字控制系统有什么意义？

6.3　什么是位置型 PID 控制算法和增量型 PID 控制算法？

6.4　为什么在数字控制器中通常采用增量型 PID 控制算法？

6.5　简述积分分离 PID 算法，它与标准 PID 算法有何区别？

6.6　数字 PID 控制中如何解决积分饱和问题？

6.7　已知模拟控制器的传递函数 $G_c(s)=\dfrac{1+0.2s}{0.4s}$，欲用数字 PID 控制算法实现，试分别写出相应的位置型和增量型 PID 控制算式。采样周期 $T_0=0.2$ s。

6.8　DDC 系统如题图 6－1 所示。$G_c(z)$ 采用 PI 和 PID 控制算法，采样时间 $T_0=2$ min，采用扩充响应曲线法，控制度选取 1.2，分别求取数字 PI 和 PID 控制算法的整定参数。

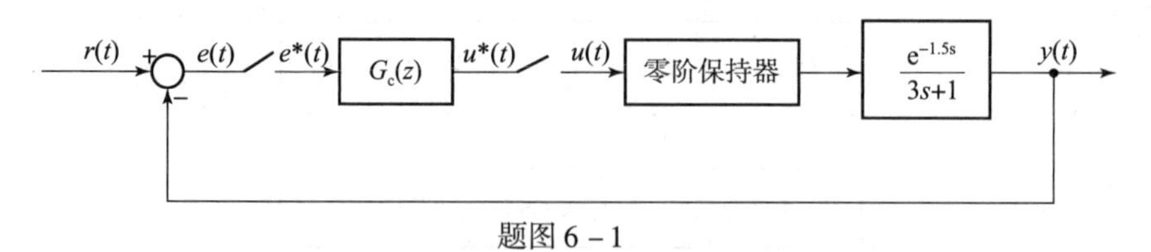

题图 6－1

6.9　试编写程序实现抗积分饱和的 PID 控制算法程序。

6.10　什么叫控制器的无扰动切换？在数字 PID 控制器中如何实现无扰动切换？

6.11　数字调节器如何保证“自动”→“手动”和“手动”→“自动”的无扰动切换？

6.12　在自动化行业有一时常引用的格言，即：如果不能用手动操作来控制一个过程，那么也就不能实现对它的自动控制。虽然对一些响应非常快的过程就不一定如此，但这句格言在很大程度上还是正确的。当对一个过程进行自动控制遇到困难时，可以试着采用手动控制。请问在计算机数字控制系统中，如何实现手动控制？

6.13　为什么增量型 PID 控制算法不会发生积分饱和现象，并且可以实现自动到手动控制的无扰动切换？

第 7 章

串级控制系统

简单控制系统解决了大量的定值控制问题，它是控制系统中最基本、使用最广泛的形式。但是，随着生产过程向着大型、连续和强化方向发展，参数间相互关系更加复杂，对操作条件的要求更加严格，对控制系统的精度和功能也提出了更高的要求，对能源消耗和环境污染也有明确的限制。为适应生产发展的需要，在简单控制系统的基础上，采取其他措施，组成复杂控制系统，也称为多回路系统。这种系统是由多个测量值、多个控制器；或是由多个测量值、1 个控制器、1 个补偿器或 1 个解耦器等组成多个回路的控制系统。

从本章开始将陆续介绍几种已在生产过程中成功应用的复杂控制系统，如串级控制系统、前馈控制系统、比值控制系统、均匀控制系统、分程控制系统和解耦控制系统等。

7.1 串级控制系统的基本概念

7.1.1 串级控制的提出

串级控制系统是在工业不断发展，新工艺不断出现，生产过程日趋强化，对产品质量要求越来越高，简单控制系统已不能满足工艺要求的情况下产生的。

下面以隔焰式隧道窑为例来说明串级控制。隔焰式隧道窑是对陶瓷制品进行预热、烧成、冷却的装置。如果火焰直接在窑道烧成带燃烧，燃烧气体中的有害物质将会影响产品的光泽和颜色，所以火焰实际上是在燃烧室中燃烧，热量经过隔焰板辐射加热烧成带。陶器制品在窑道的烧成带内按工艺规定的温度进行烧结，烧结温度一般为 1 300 ℃，偏差不得超过5 ℃。因此，烧成带的烧结温度是影响产品质量的重要控制指标之一，可将烧成带温度作为被控变量，将燃料的流量作为操作变量。

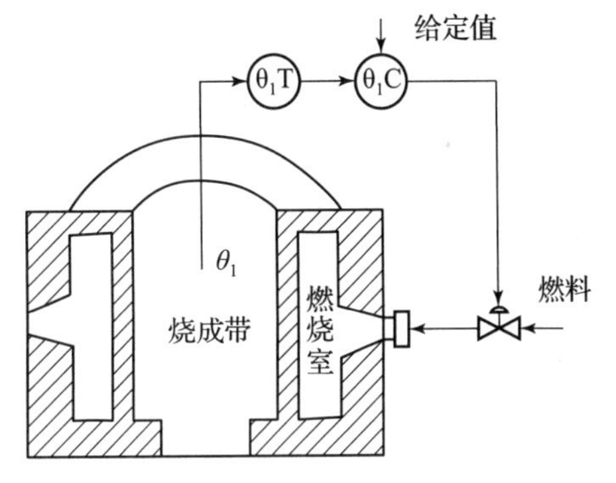

图 7－1　隔焰式隧道窑烧成带温度简单控制系统

为了保证陶瓷制品的质量，必须严格控制烧成带温度 θ_1，为此采用调节阀来改变燃料的流量，被控对象具有 3 个热容积，即燃烧室、隔焰板和烧成带。图 7－1 为隔焰式隧道窑烧成带温度简单控制系统。

为简单起见，在其方框图中，把这 3 个热容积画成了串联的形式，即忽略了它们之间的相互作用，如图 7 – 2 所示。引起温度 θ_1 变化的扰动因素来自 2 个方面：在物料方面有陶瓷制品的移动速度、原料成分和数量等；在燃料方面有它的压力和热值。在图 7 – 2 中，用 D_1 和 D_2 分别代表来自物料方面和燃料方面的扰动，因作用地点不同，则对于温度 θ_1 的影响也不一样。

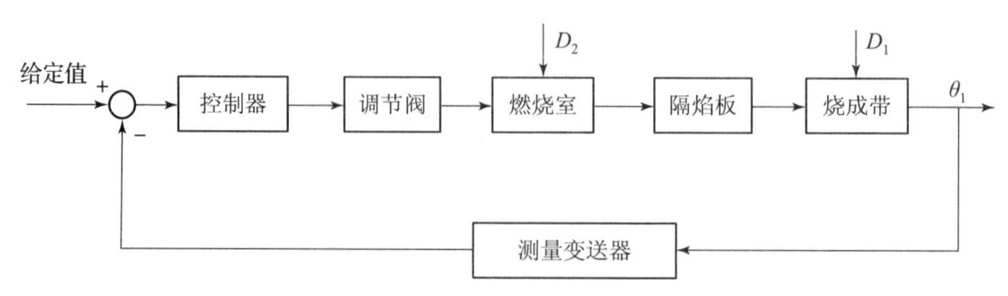

图 7 – 2　隔焰式隧道窑烧成带温度简单控制系统的方框图

在以上简单控制系统中，影响烧成带温度 θ_1 的各种扰动因素都被包括在控制回路中，只要扰动造成 θ_1 偏离设定值，控制器就会根据偏差的情况，通过调节阀改变燃料的流量，从而把变化了的 θ_1 重新调回到设定值。但是实践证明这种控制方案的控制品质很差，远远达不到生产工艺的要求。原因就是从调节阀到窑道烧成带滞后时间太长，如果燃料的压力发生波动，尽管调节阀开度没变，但燃料流量将生变化，必将引起燃烧室温度的波动，再经过隔焰板的传热、辐射，滞后一段时间后才会引起烧成带温度的变化。因为只有烧成带温度出现偏差时，才能发现扰动的存在，所以对于燃料压力的扰动不能够及时发现。烧成带温度出现偏差后，控制器根据偏差的性质立即改变调节阀的开度，改变燃料流量，对烧成带温度加以控制。可是这个调节作用同样要经历燃烧室的燃烧、隔焰板的传热及烧成带温度的变化这个时间滞后很长的通道，当调节过程起作用时，烧成带的温度已偏离设定值很远了，也就是说，即使发现了偏差，也得不到及时调节，造成系统超调量增大，稳定性下降。如果燃料压力扰动频繁出现，对于单回路控制系统，无论 PID 控制器采用什么控制作用，或者参数如何整定，都得不到满意的控制效果。

假定燃料的压力波动是主要扰动，发现它到燃烧室的滞后时间较短，通道也较短，而且还有一些次要扰动，如燃料热值的变化、助燃风流量的改变及排烟机抽力的波动等（图 7 – 2中用 D_2 表示），都是首先进入燃烧室。因此，如果把燃烧室的温度 θ_2 测量出来并送入控制器 θ_2C，让它来控制调节阀，那么调节动作就提前了很多，失去的时间就会争取过来，从而加快了速度。以燃烧室温度 θ_2 为被控变量的单回路控制系统如图 7 – 3 所示，这种控制系统对于上述的扰动有很强的抑制作用，不等到它们影响烧成带温度，就能够较早发现，及时进行控制，将它们对烧成带温度的影响降低到最小限度。

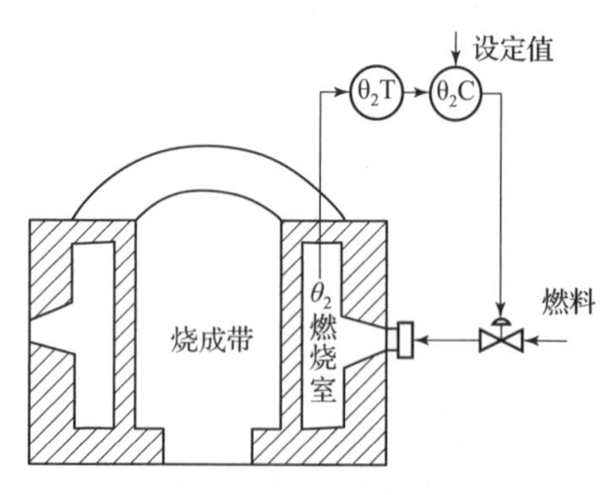

图 7 – 3　燃烧室温度控制系统

但是，又不能简单地仅仅依靠这一个控制器 θ_2C 来代替图 7 – 1 中的控制器 θ_1C 的全部作用。这是因为最后的目标是要保持温度 θ_1 不变，控制器 θ_2C 只能起稳定温度 θ_2 的作用，而在发生物料方面的扰动 D_1（如窑道中装载制品的窑车速度、制品的原料成分、窑车上装载制品的数量及春夏秋冬、刮风下雨带来环境温度的变化等）的情况下，并不能保证温度 θ_1 符合要求。由于在这个控制系统中，烧成带温度不是被控变量，所以对于扰动 D_1 造成烧成带温度的变化，控制系统无法进行调节。

为了解决这个问题，可以设想用改变控制器 θ_2C 的设定值来改变燃烧室温度 θ_2，这样就可以在物料方面发生扰动的情况下，也能把温度 θ_1 调节到所需要的数值上。通过分析可知，如将 θ_1C 的输出作为 θ_2C 的设定值，则系统就可以根据温度 θ_1 的变化而自动改变控制器 θ_2C 的设定值，从而使得系统在扰动 D_1 和 D_2 的作用下都能使 θ_1 满足要求，这就是串级控制的基本思想。

在串级控制系统中，控制燃烧室的温度 θ_2 并不是真正的目的，真正的目的是烧成带的温度 θ_1 稳定不变，所以烧成带温度控制器 θ_1C 应该是定值控制，起主导作用。而燃烧室温度控制器 θ_2C 则起辅助作用，它在克服扰动 D_2 的同时，应该受烧成带温度控制器的操纵，操纵方法就是烧成带温度控制器 θ_1C 的输出作为燃烧室温度控制器 θ_2C 的设定值。隔焰式隧道窑温度串级控制系统如图 7－4 所示。

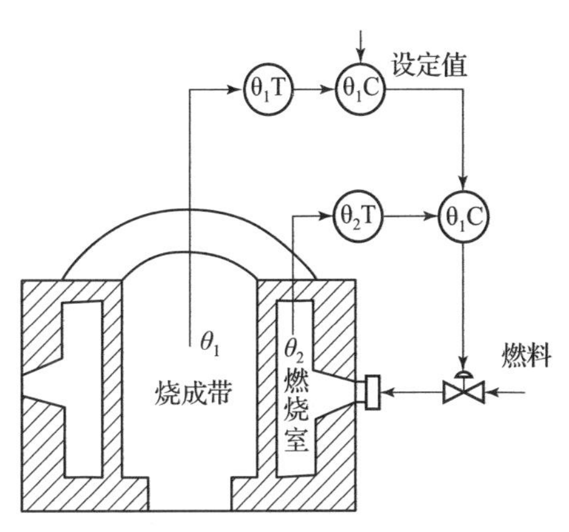

图 7－4　隔焰式隧道窑温度串级控制系统

所谓串级控制系统，就是采用 2 个控制器串联工作，主控制器的输出作为副控制器的设定值，由副控制器的输出去操纵调节阀，从而对主被控变量具有更好的控制效果，这样的控制系统被称为串级控制系统。与图 7－4 串级控制系统对应的方框图如图 7－5 所示。

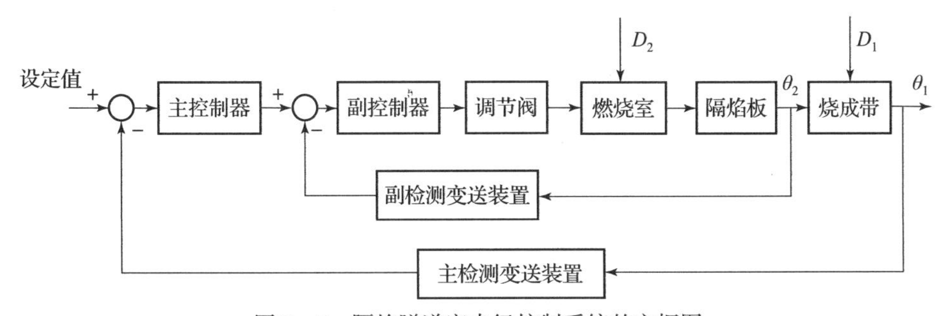

图 7－5　隔焰隧道窑串级控制系统的方框图

7.1.2　串级控制系统的组成

1. 串级控制系统的方框图

根据隔焰式隧道窑串级控制系统的方框图，可得串级控制系统的标准方框图，如图 7－6 所示。

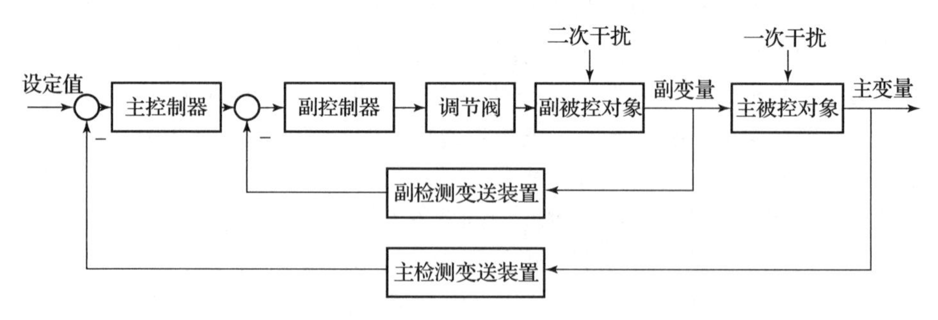

图 7-6　串级控制系统标准方框图

2. 串级控制系统的术语

（1）主、副回路。在外面的闭合回路称为主回路（主环），在里面的闭合回路称为副回路（副环）。

（2）主、副控制器。处于主回路中的控制器称为主控制器，一般用 $G_{c1}(s)$ 表示；处于副回路中的控制器称为副控制器，一般用 $G_{c2}(s)$ 表示。

（3）主、副被控变量。主回路的被控变量称为主被控变量，简称为主变量或主参数，一般用 y_1 表示；副回路的被控变量称为副被控变量，简称为副变量或副参数，一般用 y_2 表示。

（4）主、副被控对象。主回路所包括的对象称为主被控对象，简称为主对象，一般用 $G_{o1}(s)$ 表示；副回路所包括的对象称为副被控对象，简称为副对象，一般用 $G_{o2}(s)$ 表示。

（5）主、副检测变送装置。检测和变送主变量的检测变送装置称为主检测变送装置，一般用 $G_{m1}(s)$ 表示；检测和变送副变量的检测变送装置称为副检测变送装置，一般用 $G_{m2}(s)$ 表示。

（6）一次、二次扰动。进入主回路的扰动称为一次扰动，一般用 D_1 表示；进入副回路的扰动称为二次扰动，一般用 D_2 表示。

7.1.3　串级控制系统的工作过程

虽然串级控制系统是由两个控制器串联工作的，但只有副控制器的输出去操纵调节阀，那么 2 个控制器能否协调一致地工作？会不会发生矛盾？下面以隔焰式隧道窑温度串级控制系统为例来加以说明。考虑到生产的安全，调节阀选择气开工作方式，两个控制器都选择反作用方式。

1. 只存在二次扰动

假定系统只受到来自燃料压力波动的扰动，由于其进入副回路，所以属于二次干扰 D_2。例如，整个系统处于稳定状态下，突然燃料压力升高，这时尽管调节阀开度没变，可燃料的流量增大了，首先将引起燃烧室温度升高，经副温度检测变送装置后，副控制器接受的测量值增大。由于燃料流量的变化，并不能立即引起烧成带温度 θ_1 的变化，所以此时主控制器的输出暂时还没有变化，副控制器处于定值控制状态。根据副控制器的“反”作用，其输出将减小，气开式的调节阀门将被关小，燃料流量将被调节回稳定状态时的大小。如果这个扰动幅度并不大，经副回路的调节，很快得到克服，不至于引起主变量（烧成带温度 θ_1）的改变；如果这个扰动作用比较强，尽管副回路的控制作用已大大削弱了它对主变量的影响，但随着时间的推移，主变量仍然会偏离稳态值而升高。经主温度检测变送装置后，主控制器接收的测量信号增大。由于主控制器是定值控制，而且是反作用，所以其输出将减小，这就意味着副控制器的设定值减小，即副控制器的输出在原来的基础上变得更小，从而调节阀开度也将再减小一点，以克服扰动对主变量的影响。

2. 只存在一次扰动

假定串级控制系统只受到来自窑车速度的扰动，如窑车的速度加快，必然导致窑道中烧成带温度 θ_1 的降低。对于定值控制的主控制器来说，由于测量值减小，根据反作用，其输出必然增大，也就是说副控制器的设定值增大了。因为窑车的速度属于一次扰动，它对副变量（燃烧室温度 θ_2）没有影响，所以这时副控制器的测量值暂时还没有改变。对于副控制器来说，设定值增大而测量值没变，可以等效为其设定值不变而测量值减小。根据副控制器的反作用，其输出将增大，气开式的调节阀开度增大，从而加大燃料的流量，使燃烧室温度升高，进而使窑道烧成带温度回升至设定值。

在整个控制过程中，燃烧室的温度 θ_2 也发生了变化，然而副控制器并没有对它加以调节，原因就在于串级控制系统中，主控制器起着主导作用，体现在它的输出作为副控制器的设定值；副控制器则处于从属地位，它首先接受主控制器的命令，然后才进行控制操作。在这种情况下，燃烧室温度的改变是作为对烧成带温度的控制手段来利用的，而不是作为扰动加以克服的。

3. 一次扰动和二次扰动同时存在

2 种扰动同时存在又可分为以下 2 种不同情况。

（1）一次扰动和二次扰动引起主变量和副变量同方向变化，即同时增大或同时减小。

假定一次扰动为窑车的前进速度减小，将引起主变量（烧成带温度 θ_1）升高；二次扰动为燃料压力增大，导致副变量（燃烧室温度 θ_2）也升高。对于主控制器来说，由于测量值升高，根据反作用，它的输出将在稳态时的基础上减小，即副控制的设定值将减小；对于副控制器来说，由于测量值增大，其输出的变化应该根据反作用及设定值和测量值的变化方向共同决定。不妨将设定值的变化等效为设定值不变而测量值变化的情况，设定值减小可以等效为设定值不变而测量值增大。根据副控制器的反作用，上述 2 种扰动都将使其输出减小，都要求调节阀开度减小。调节阀的调节作用是主、副控制器控制作用的叠加，减小燃料的流量不仅是为了克服二次扰动把燃烧室的温度调回到稳态值，而且使燃烧室的温度比稳态值更低一些，用于克服一次扰动对主变量的影响。

（2）一次扰动和二次扰动引起主、副变量反方向变化，即一个增大而另一个减小。

假定一次扰动为窑车前进速度增大，引起主变量（烧成带温度 θ_1）下降；二次扰动为燃料压力增大，导致副变量（燃烧室温度 θ_2）升高。对主控制器来说，由于测量值减小，根据反作用，它的输出将增大，也将使副控制器的设定值增大；对副控制器来说，由于测量值增大，设定值也增大，如果它们同步增大，幅度相同，即副控制器的输入信号偏差没有改变，控制器的输出当然也就不变，调节阀开度不变。实际上就是用二次扰动补偿了一次扰动，阀门无须调节。

如果2个扰动引起副控制器的设定值和测量值的同向变化不相同，也就是说二次扰动还不足以补偿一次扰动时，副控制器再根据偏差的性质作小范围调节即可将主变量稳定在设定值上。

从串级控制系统的工作过程可以看出，2个控制器串联工作，以主控制器为主导，以主变量稳定为目的，2个控制器协调一致，互相配合，尤其是对二次扰动，副控制器首先进行“粗调”，主控制器再进一步“细调”，因此控制品质必然高于简单控制系统。

7.2 串级控制系统的分析

串级控制系统与简单控制系统相比，只是在结构上增加了一个副回路，但是实践证明，对于相同的二次扰动，串级控制系统的控制品质相比简单控制系统有很大的提高。本节将从理论上对串级控制系统的特点加以分析。

7.2.1 增强系统的抗扰动能力

由于串级控制系统中的副回路具有快速作用，它能够有效地克服二次扰动的影响，因此可以说串级系统主要是用来克服进入副回路的二次扰动的。下面对图7－7所示的串级控制系统的方框图进行分析，可进一步揭示问题的本质。

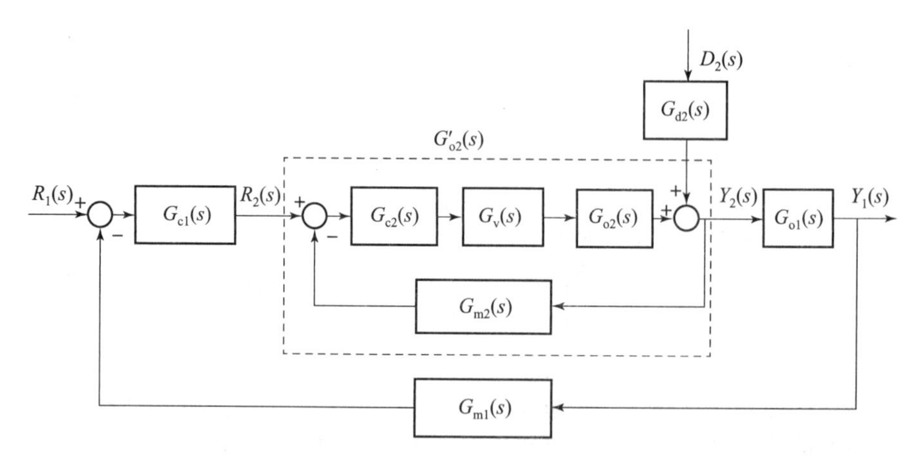

图7－7 串级控制系统的方框图

在图7－7中，$G_{c1}(s)$、$G_{c2}(s)$是主、副控制器传递函数；$G_{o1}(s)$、$G_{o2}(s)$是主、副对象传递函数；$G_{m1}(s)$、$G_{m2}(s)$是主、副检测变送装置传递函数；$G_v(s)$是调节传递函数；$G_{d2}(s)$是二次扰动通道的传递函数。

在图7－7所示的串级控制系统中，当二次扰动D_2经过扰动通道环节$G_{d2}(s)$后，进入副回路，首先影响副变量y_2，于是副控制器立即动作，力图削弱扰动对y_2的影响。显然，扰动经过副回路的抑制后再进入主回路，对y_1的影响将有较大的减弱。根据图7－7所示的串级控制系统的方框图，可以写出二次扰动D_2至主变量y_1的传递函数为

$$\frac{Y_1(s)}{D_2(s)}=\frac{\dfrac{G_{d2}(s)G_{o1}(s)}{1+G_{c2}(s)G_v(s)G_{o2}(s)G_{m2}(s)}}{1+G_{c1}(s)G_{m1}(s)G_{o1}(s)\dfrac{G_{c2}(s)G_v(s)G_{o2}(s)}{1+G_{c2}(s)G_v(s)G_{o2}(s)G_{m2}(s)}} \tag{7-1}$$

$$=\frac{G_{d2}(s)G_{o1}(s)}{1+G_{c2}(s)G_v(s)G_{o2}(s)G_{m2}(s)+G_{c1}(s)G_{c2}(s)G_v(s)G_{o2}(s)G_{o1}(s)G_{m1}(s)}$$

对于如图 7-8 所示的简单控制系统，扰动 D_2 至 y_1 的传递函数为

$$\frac{Y_1(s)}{D_2(s)}=\frac{G_{d2}(s)G_{o1}(s)}{1+G_c(s)G_v(s)G_{o2}(s)G_{o1}(s)G_m(s)} \tag{7-2}$$

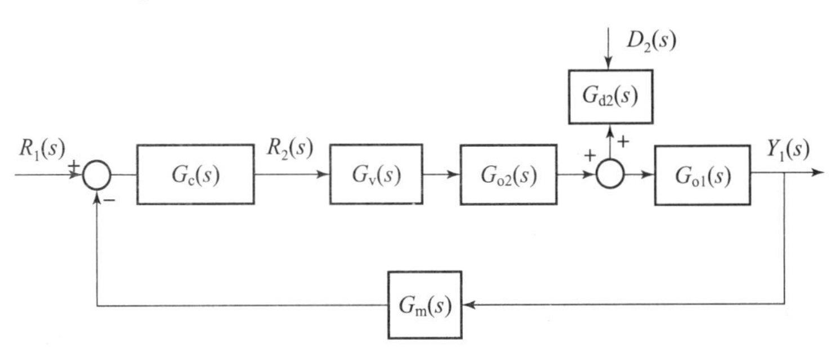

图 7-8　简单控制系统的方框图

比较式（7-1）和式（7-2）。先假定 $G_c(s)=G_{c1}(s)$，且注意到简单控制系统中的 $G_m(s)$ 就是串级控制系统中的 $G_{m1}(s)$，可以看到，式（7-1）中 $Y_1(s)/D_2(s)$ 的分母中多了 $G_{c2}(s)G_v(s)G_{o2}(s)G_{m2}(s)$。在主回路工作频率下，这项乘积的数值一般是比较大的，而且随着副控制器比例增益的增大而加大。另外，式（7-1）的分母中第三项比式（7-2）分母中第二项多了一 $G_{c2}(s)$。一般情况下，副控制器的比例增益是大于 1 的。因此可以说，串级控制系统的结构使二次扰动 D_2 对主参数 y 这一通道的动态增益明显减小。当二次扰动出现时，很快就被副控制器所克服。与简单控制系统相比，被控变量受二次扰动的影响往往可以减小 90%~99%，这要视主回路与副回路中容积分布情况而定。

另外，串级控制系统对于进入主回路的一次扰动 D_1 的抗扰动能力也有一定提高。因为副回路的存在，减小了副对象的时间常数，对于主回路来讲，其控制通道缩短了，克服一次扰动比同等条件下的简单控制系统更及时了。

7.2.2　改善被控对象的动态特性

由于串级控制系统中副回路起了改善对象动态特性的作用，因此可以加大主控制器的增益，从而减小对象的时间常数，提高系统的工作频率。

分析比较图 7-7 和图 7-8，可以发现串级控制系统中的副回路似乎代替了简单控制系统中的一部分对象，即可以把整个副回路看成是一等效对象 $G'_{o2}(s)$，记作

$$G'_{o2}(s)=\frac{Y_2(s)}{R_2(s)}=\frac{G_{c2}(s)G_v(s)G_{o2}(s)}{1+G_{c2}(s)G_v(s)G_{o2}(s)G_{m2}(s)} \tag{7-3}$$

假设副回路中各环节传递函数为

$$G_{c2}(s)=K_{c2},\quad G_{v}(s)=K_{v},\quad G_{o2}(s)=\frac{K_{o2}}{T_{o2}+1},\quad G_{m2}(s)=K_{m2} \tag{7-4}$$

将式（7-4）代入式（7-3），可得

$$G'_{o2}(s)=\frac{Y_2(s)}{R_2(s)}=\frac{K_{c2}K_{v}\frac{K_{o2}}{T_{o2}+1}}{1+K_{c2}K_{v}K_{m2}\frac{K_{o2}}{T_{o2}+1}}=\frac{\frac{K_{c2}K_{v}K_{o2}}{1+K_{c2}K_{v}K_{m2}K_{o2}}}{1+\frac{T_{o2}}{1+K_{c2}K_{v}K_{m2}K_{o2}}} \tag{7-5}$$

若令 $K'_{o2}=\frac{K_{c2}K_{v}K_{o2}}{1+K_{c2}K_{v}K_{m2}K_{o2}}$，$T'_{o2}=\frac{T_{o2}}{1+K_{c2}K_{v}K_{m2}K_{o2}}$，则式（7-5）可改写为

$$G'_{o2}(s)=\frac{K'_{o2}}{T'_{o2}+1} \tag{7-6}$$

式中：K'_{o2}和 T'_{o2}分别为等效对象的增益和时间常数。

由于在任何情况下，$1+K_{c2}K_{v}K_{m2}K_{o2}>1$ 不等式都是成立的，因此有

$$T'_{o2}<T_{o2}$$

这就表明，由于副回路的存在，起到了改善对象动态特性的作用，等效对象的时间常数缩小为原来的$1/(1+K_{c2}K_{v}K_{m2}K_{o2})$，且随着副控制器比例增益的增大而减小。时间常数的减小，意味着控制通道的缩短，从而使控制作用更加及时，响应速度更快，控制品质必然得到提高。

在通常情况下，副对象是单容或双容对象，因此副控制器的比例增益可以取得较大。这样，等效时间常数就可以减小到较小的数值，从而加快了副回路的响应速度，提高了系统的工作频率。

另外，也可以看到，等效对象的增益也减小了，即 $K'_{o2}<K_{o2}$。这种减小不仅不会影响控制品质，反而使此时串级控制系统中主控制器的增益 K_{c1}可以整定得比简单控制系统中更大一些，对提高系统抗扰动能力更加有效。

由以上分析可知，串级控制系统由于副回路的存在，改善了对象的动态特性，使整个系统的工作频率提高了，过渡过程的振荡周期减小了，阻尼比（或衰减率）相同条件下的调节时间缩短了，提高了系统的快速性，改善了系统的控制品质。当主、副对象的特性一定时，副控制器的增益 K_{c2}整定得越大，这种效果越显著。

7.2.3 对负荷变化有一定的自适应能力

由于生产过程往往包含一些非线性因素，随着操作条件和负荷的变化，对象的稳态增益也将发生变化，因此在一定负荷下，即在确定的工作点情况下，按一定控制品质指标整定的控制器参数只适应于工作点附近的小范围。如果负荷变化过大，超出这个范围，那么控制品质就会下降。在简单控制系统中若不采取其他措施是难以解决的。但在串级控制系统中，如果负荷变化引起副回路内各个环节参数的变化，会较少影响或不影响系统的控制品质。这是因为等效副对象可以用式（7-3）来表示，即等效副对象的传递函数为

$$G'_{o2}(s)=\frac{Y_2(s)}{R_2(s)}=\frac{G_{c2}(s)G_{v}(s)G_{o2}(s)}{1+G_{c2}(s)G_{v}(s)G_{o2}(s)G_{m2}(s)}$$

一般情况下，$G_{c2}(s)G_{v}(s)G_{o2}(s)G_{m2}(s)\gg1$，因此

$$G'_{o2}(s) \approx \frac{1}{G_{m2}(s)} \tag{7-7}$$

由式（7-7）可知，串级控制系统中的等效对象仅与检测变送装置有关。如果副对象或调节阀的特性随负荷变化时，对等效对象的影响不大，即副对象和调节阀的非线性特性对整个系统的控制品质影响是很小的。那么，在不改变控制器整定参数的情况下，系统的副回路能自动地克服非线性因素的影响，保持或接近原有的控制品质。

另外，由于副回路通常是流量随动系统，当系统操作条件或负荷改变时，主控制器将改变其输出值，副回路能快速跟踪、及时而又精确地控制流量，从而保证系统的控制品质。从上述两个方面看，串级控制系统对负荷的变化有一定自适应能力。

综上所述，可以将串级控制系统具有较好的控制性能的原因归纳为：

（1）对二次扰动有很强的克服能力；

（2）改善了对象的动态特性，提高了系统的工作频率；

（3）对负荷或操作条件的变化有一定自适应能力。

7.3　串级控制系统的设计

一般来说，对于设计合理的串级控制系统，当扰动从副回路进入时，引起的最大偏差将会减小到简单控制系统时的 1/10 ~ 1/100。即使是扰动从主回路进入，最大偏差也会缩小到简单控制系统时的 1/3 ~ 1/5。但是，如果串级控制系统设计得不合理，其优越性就不能够充分体现。因此，应该十分重视串级控制系统的设计工作。

如果把串级控制系统中整个闭环副回路作为等效对象来考虑，可以看到主回路与一般简单控制系统没有什么区别，主变量的选择原则与简单控制系统的选择原则是一致的，无须特殊讨论。串级控制最主要的作用是抑制回路内的扰动，增强总体控制性能。下面就副回路的设计，副参数的选择，主、副回路之间的关系，一系统中有 2 个控制器会产生什么问题等予以讨论。

7.3.1　副回路的选择

从 7.2 节的分析可知，串级控制系统的种种特点都是因为增加了副回路。可以说，副回路的设计质量是保证发挥串级控制系统优点的关键所在。从结构上看，副回路也是一单回路，问题的实质在于如何从整个对象中选取一部分作为副对象，然后组成一副控制回路，这也可以归纳为如何选择副变量。下面是有关副回路设计的几个原则。

1. 副变量的选择应使副回路的时间常数小，调节通道短，反应灵敏

通常串级控制系统被用来克服对象的容积滞后和纯迟延。也就是说，通过合理选择副变量，使得副回路时间常数小，调节通道短，从而使等效对象的时间常数大大减小，提高系统的工作频率，加快反应速度，缩短控制时间，尽快克服二次扰动的影响。

例如，对于隔焰式隧道窑温度串级控制系统，在组成系统时，选择一个反应灵敏的温度作为副变量时，副对象是一阶对象，它可以迅速反映燃料方面的扰动，然后加以克服，使得在主要扰动影响主变量之前就得到克服，副回路的这种超前控制作用，必然使控制品质有很大提高。

2. 副回路应包含被控对象所受到的主要扰动

由前面的分析可知，串级控制系统的副回路具有动作速度快，对二次扰动有较强的克服能力等特点。所以在设计串级控制系统时，应尽可能地把更多的扰动纳入副回路，特别是那些变化剧烈、幅度较大、频繁出现的主要扰动，一旦出现，副回路首先把它们克服到最低程度，减小它们对主变量的影响，从而提高控制品质。当然也不能走极端，试图把所有扰动都包括进去，这样将使主控制器失去作用，也就不能称之为串级控制了。因此，在要求副回路控制通道短、反应快与尽可能多地纳入扰动这两者之间存在的矛盾，应在设计中加以协调。为此，在串级控制系统设计之前，应对生产工艺中各种扰动来源及其影响程度进行必要的研究。

在具体情况下，将更多的扰动包括在副回路当中只是相对而言，并不是副回路包括的扰动越多越好。副回路的范围应当多大，取决于整个对象的容积分布情况及各种扰动影响的大小。副回路的范围也不是越大越好，太大了会使克服扰动的灵敏度下降，其优越性就体现不出来，同时还可能使主回路的调节性能恶化。一般应使副回路的频率比主回路的频率高得多。当副回路的时间常数加在一起超过了主回路时，采用串级调节没有什么效果。因此，在选择副回路时，究竟要把哪些扰动包括进去，应根据具体情况进行具体分析。

图 7 –9 为管式加热炉温度串级控制系统。管式加热炉是原料油加热或重油裂解的重要设备之一，为了延长设备的使用寿命，保证下一道工序精馏分离的质量，原料油出口温度的稳定十分重要，工艺上只允许波动在 ±2% 以内。显然原料油的出口温度应作为主变量，燃料油的流量作为控制变量，调节阀安装在燃料油的管线上，可供选为副变量的有燃料油的阀后压力、燃料油的流量及炉膛温度。如果燃料油的阀后压力波动是生产过程中的主要干扰，则选择燃料油阀后压力作为副变量构成出口温度与阀后压力串级控制系统，如图 7 –9 中虚线 1 所示；或者选择燃料流量为副变量构成温度 – 流量串级控制系统，如图 7 –9 中虚线 2 所示，这 2 种方案都是正确的。但是，假如燃料的压力和流量都比较稳定，而燃料油热值、助燃风的流量、烟囱抽力等发生变化时，采用上述两个方案都是不可行的，因为它们没有把主要扰动纳入副回路之中。这时，应将炉腔温度选作副变量构成图 7 –9 中虚线 3 的温度 – 温度串级控制系统。

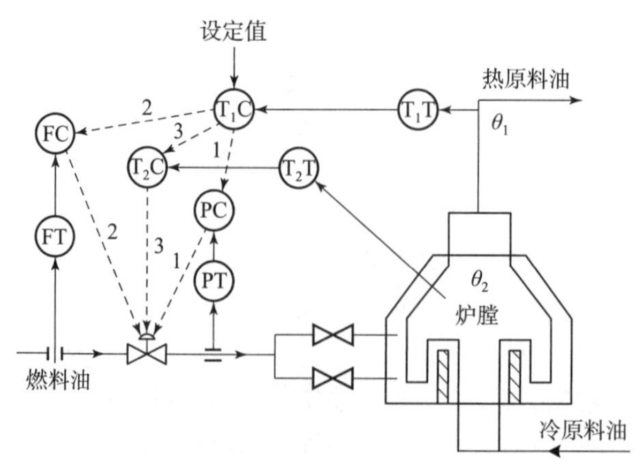

图 7 –9 管式加热炉串级控制系统

3. 应考虑工艺上的合理性、可能性和经济性

以上对副变量选择的讨论都是从控制品质的角度来考虑的，而在实际应用时，首先要考虑生产工艺的要求。

(1) 副变量的选择。应考虑工艺上主、副变量有对应关系，即调整副变量能有效地影响主变量，而且可以在线检测。

(2) 串级控制系统的设计。有时从控制角度看是合理的、可行的，但从工艺角度看，却是不合理的。这时就应该根据工艺的具体情况改进设计。

(3) 在副回路的设计中，若出现几个可供选择的方案时，应把经济原则和控制品质要求有机地结合起来。在保证生产工艺要求的前提下，尽量选择投资少、见效快，成本低、效益高的方案。这个方案应作为工程设计人员的指导思想。

控制（操作）变量的选择原则与简单控制系统中的选择原则基本相同，这里不再赘述。

7.3.2　主、副回路工作频率的选择

为了避免串级控制系统发生共振，应使主、副对象的工作频率匹配。

1. 产生共振的原因

对于二阶系统，当系统阻尼比 $\zeta<0.707$ 时，系统的幅频特性呈现一个峰值，如果外界扰动信号的频率等于谐振频率，则系统进入谐振，或称为共振，这是二阶系统所具有的特性。

对于二阶系统，其传递函数为

$$G(s)=\frac{\omega_n^2}{s^2+2\zeta\omega_n+\omega_n^2}$$

式中：ω_n为系统的自然频率；ζ 为系统的阻尼比。

由自动控制理论可知，系统的工作频率 ω_d和谐振频率 ω_r与自然频率 ω_n、阻尼比 ζ 之间的关系为

$$\omega_d=\omega_n\sqrt{1-\zeta^2},\quad \omega_r=\omega_n\sqrt{1-2\zeta^2} \tag{7-8}$$

系统的幅频特性 $M(\omega)$ 为

$$M(\omega)=\frac{1}{\sqrt{\left[1-(1-2\zeta^2)\left(\frac{\omega}{\omega_r}\right)^2\right]^2+4\zeta^2(1-2\zeta^2)\left(\frac{\omega}{\omega_r}\right)^2}} \tag{7-9}$$

其关系曲线如图 7－10 所示，从图中可以看出，除了当 $\omega=\omega_r$时有一峰值点外，二阶系统还有一个增幅区域，即在谐振频率的一定区域内，系统的幅值有明显的增大，可以称这个区域为广义共振区。这个共振区的频率范围是

$$\frac{1}{3}<\frac{\omega}{\omega_r}<\sqrt{2} \tag{7-10}$$

也就是说，当外界扰动频率在这个区域之外时，系统增幅是很小的，甚至没有增幅。式（7－10）是二阶振荡系统的广义共振频率条件。

在串级控制系统中，由于主、副回路是两个相互独立又紧密相关的回路。如果系统受到扰动作用从副回路看，主控制器无时无刻不向副回路输送信号，相当于副回路一直受到从主

回路来的连续性扰动，这个扰动信号的频率就是主回路的工作频率 ω_{d1}；从主回路看，副回路的输出对主回路也相当于是一个持续作用的扰动，这个扰动信号的频率就是副回路的工作频率 ω_{d2}。如果主、副回路的工作频率很接近，彼此都落入了对方的广义共振区，那么在受到某种扰动作用时，主变量的变化进入副回路时会引起副变量振幅的增加，而副变量的变化传送到主回路后，又迫使主变量的变化幅度增加，如此循环往复，就会使主、副变量长时间地大幅度波动，这就是所谓串级控制系统的共振现象。一旦发生了共振，系统就失去控制，使控制品质恶化，如不及时处理，甚至可能导致生产事故，引起严重后果。为了避免这种现象发生，在设计时必须将主、副回路的工作频率错开。

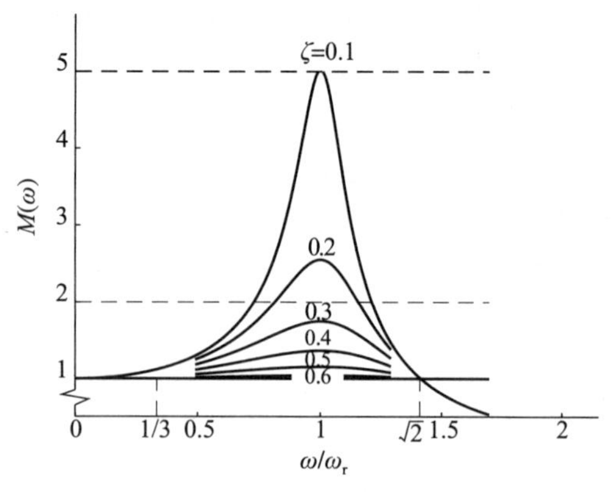

图 7－10　二阶振荡系统的幅频特性

2. 产生共振的条件

假定串级控制系统的主、副回路都是二阶系统，而且都按 4：1 衰减曲线的要求进行整定，即系统阻尼比 $\zeta=0.216$。从副回路看，主控制器一直向副回路输送信号，相当于副回路一直受到从主回路来的频率为 ω_{d1} 的连续性扰动信号。如果要避免副回路进入共振区，则主回路的工作频率 ω_{d1} 与副回路的共振频率 ω_{r2} 必须满足

$$\frac{1}{3} > \frac{\omega_{d1}}{\omega_{r2}} \text{ 或 } \frac{\omega_{d1}}{\omega_{r2}} > \sqrt{2} \tag{7-11}$$

由式（7－8）知，在 $\zeta=0.216$ 时，ω_r 与 ω_d 十分接近。对于副回路，则有 $\omega_{r2}\approx\omega_{d2}$，则式（7－11）可以写成

$$\frac{1}{3} > \frac{\omega_{d1}}{\omega_{d2}} \text{ 或 } \frac{\omega_{d1}}{\omega_{d2}} > \sqrt{2} \tag{7-12}$$

同样，从主回路看，副回路的输出对主回路也相当于是频率为 ω_{d2} 的连续性扰动。为了避免主回路进入共振区，同理可得

$$\frac{1}{3} > \frac{\omega_{d2}}{\omega_{d1}} \text{ 或 } \frac{\omega_{d2}}{\omega_{d1}} > \sqrt{2} \tag{7-13}$$

考虑到副回路通常是快速回路，其工作频率总是高于主回路工作频率，为了保证主、副回路均避免进入共振区，从式（7－12）和式（7－13）可以得到的条件是

$$\omega_{d2} > 3\omega_{d1}$$

为确保串级控制系统不受共振现象的威胁，一般取

$$\omega_{d2} = (3\sim10)\omega_{d1} \tag{7-14}$$

由于系统的工作频率与时间常数近似成反比关系，所以在选择副变量时，应考虑主、副回路时间常数的匹配关系，通常取

$$T_1 = (3\sim10)T_2 \tag{7-15}$$

上述结论虽然是在假定主、副回路均是二阶系统的前提下得到的，但也不失其一般性。

原因是系统经过整定后，总有一对起主导作用的极点，整个回路的工作频率由它们决定，即可以把这个系统看作近似二阶振荡系统。

当然，为了满足式（7-15），使主回路的时间常数为 3~10 倍于副回路的时间常数，除了在副回路的设计中加以考虑外，还与主、副控制器的整定参数有关。

另外，实际应用中 T_1、T_2究竟取多大为好，应根据具体对象的情况和控制系统要达到的目的而定。如果串级控制系统的目的是克服对象的主要扰动，那么副回路的时间常数小一点为好，只要将主要扰动纳入副回路就行了；如果串级控制系统的目的是克服对象时间常数过大和滞后严重，以便改善对象特性，那么副回路的时间常数可适当大一些；如果想利用串级控制系统克服对象的非线性，那么主、副回路的时间常数最好相差大一些。

7.3.3　主、副控制器的选型

主、副控制器的选型包括主、副控制器调节规律的选择，控制器正、反作用方式的选择及防止控制器积分饱和的措施。

1. 主、副控制器调节规律的选择

在串级控制系统中，由于主控制器和副控制器的任务不同，生产工艺对主、副变量的控制要求不同，因而主、副控制器调节规律的选择也不同。

从串级控制系统的结构上看，主回路是一个定值控制系统，因此主控制器调节规律的选择与简单控制系统类似。但凡是需要采用串级控制系统的场合，工艺上对控制品质的要求总是很高的，不允许被控变量存在偏差，因此主控制器都必须具有积分作用，一般采用 *PI* 控制器。如果副回路外面的容积数目较多，同时有主要扰动落在副回路外面，就可以考虑采用 *PID* 控制器。主控制器的任务是准确保持被控变量符合生产要求。

副回路既是随动控制系统又是定值控制系统。而副变量则是为了稳定主变量而引入的辅助变量，一般无严格的指标要求，即副变量并不要求无差，所以副控制器一般都选用 *P* 控制器。如果主、副回路的频率相差很大，也可以考虑采用 *PI* 控制器。副控制器的任务是要快动作以迅速抵消落在副回路内的二次扰动。

总之，主、副控制器的调节规律，应根据生产工艺的具体要求来选择。

2. 控制器正、反作用方式的选择

与简单控制系统一样，一个串级控制系统要实现正常运行，其主、副回路都必须构成负反馈，因而必须正确选择主、副控制器的正、反作用方式。

1）副控制器正、反作用方式的选择

在串级控制系统中，副控制器作用方式的选择，是根据工艺安全等要求，在选定调节阀的气开、气关形式后，按照使副回路构成负反馈系统的原则来确定的。因此，副控制器的作用方式与副对象特性及调节阀的气开、气关形式有关，其选择方法与简单控制系统中控制器正、反作用方式的选择方法相同。这时可不考虑主控制器的作用方式，将主控制器的输出作为副控制器的设定值即可。

在假定副检测变送装置的增益为正的情况下，副控制器正、反作用选择的判别式为：(副控制器运算环节 ±) × (调节阀 ±) × (副对象 ±) = (+)，即

$$K_{c2}K_{v}K_{o2} > 0 \tag{7-16}$$

式中：调节阀的“±”取决于它是气开还是气关形式，气开为“+”，气关为“-”；副对象的“±”取决于控制变量和副变量的关系，控制变量增大副变量也增大时，为“+”，否则为“-”。

2）主控制器正、反作用方式的选择

在串级控制系统中，主控制器作用方式的选择与调节阀的气开、气关形式及副控制器的作用方式完全无关，即只需根据主对象的特性，选择与其作用方向相反的主控制器就行了。

在选择主控制器的作用方式时，首先把整个副回路简化为一个环节，该环节的输入信号是主控制器的输出信号（即副回路的设定值），而输出信号就是副变量。由于副回路是一随动控制系统，其输入信号与输出信号之间总是正作用。因此，整个副回路可看成一个增益为正的环节。这样，在假定主检测变送装置的增益为正的情况下，主控制器正、反作用的选择实际上只取决于主对象的增益符号。

主控制器正、反作用选择的判别式为：（主控制器运算环节±）×（主对象±）=（+），即

$$K_{c1}K_{v}K_{o1} > 0 \tag{7-17}$$

由这个判别式也可看出，当主检测变送装置为正环节时，主控制器的作用方向与主对象的特性相反，即当主对象为正作用时，主控制器选反作用；反之亦然。

在串级系统的设计和实施中，除了上述讨论的几个问题外，还有一点在实施中要特别注意：在选择控制器正、反作用方式时，应当考虑有些生产过程要求控制系统既可以进行串级控制又可以仅由主控制器进行单独控制，此时主控制器的输出信号直接作用到调节阀的输入端，即调节阀直接由主控制器控制，副控制器对调节阀不起作用，它等价于方框图中的副回路反馈信号断开，副控制器运算部分的增益为1。在这两种方式进行切换时，有可能要改变主控制器的作用方向。串级控制与单回路控制（简单控制）互相切换时，其控制器正反作用方式变化如表7-1所示。

表7-1 串级控制与单回路控制切换时控制器作用方式变化

序号	主对象 K_{o1}	副对象 K_{o2}	调节阀 K_{v}	串级控制		单回路控制
				副控制器 K_{c2}	主控制器 K_{c1}	主控制器 K_{c1}
1	+	+	气开（+）	+	+	+
2	+	+	气关（-）	-	+	-
3	-	-	气开（+）	-	-	+
4	-	-	气关（-）	+	-	-
5	-	+	气开（+）	+	-	-
6	-	+	气关（-）	-	-	+
7	+	-	气开（+）	-	+	-
8	+	-	气关（-）	+	+	+

3. 防止控制器积分饱和的措施

对于具有积分作用的控制器，当系统长时间存在偏差而不能消除时，控制器将出现积分

饱和现象，这一现象将造成系统控制品质下降甚至失控。在串级控制系统中，如果副控制器只是 P 控制，而主控制器是 PI 或 PID 控制时，出现积分饱和的条件与简单控制系统相同，只要在主控制器的反馈回路中加一个间歇单元就可以有效地防止积分饱和。

但是如果主、副控制器均具有积分作用，就存在两个控制器输出分别达到极限值的可能。此时，积分饱和的情况显然比简单控制系统要严重得多，虽然利用间歇单元可以防止副控制器的积分饱和，但对主控制器却无所助益。如果由于其他原因，副控制器不能对主控制器的输出变化作出响应，主控制器将会出现积分饱和。同样，如果副控制器逐渐地到达饱和，那么主控制器的输出无须到达极限，主回路就会开环，此时必须采取其他抗积分饱和措施。

图 7－11 为根据副回路的偏差来防止主控制器积分饱和的方案，采用副参数 $Y_2(s)$ 作为主控制器的外部反馈信号。在动态过程中，主控制器的输出为

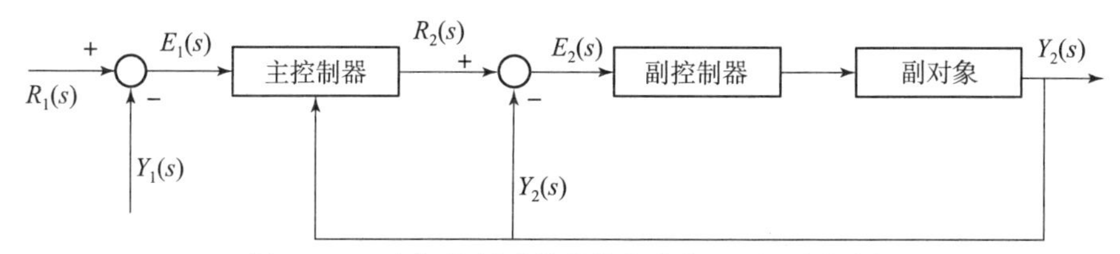

图 7－11　串级控制系统的抗积分饱和原理方框图

$$R_2(s) = K_{c1}E_1(s) + \frac{1}{T_{i1}s+1}Y_2(s) \tag{7-18}$$

在系统正常工作时，$Y_2(s)$ 应不断跟踪 $R_2(s)$，即有 $Y_2(s)=R_2(s)$，此时主控制器输出可写成

$$R_2(s) = K_{c1}\left(1+\frac{1}{T_{i1}s}\right)E_1(s) \tag{7-19}$$

从式（7－19）可以看到，主控制器实现比例积分动作，与通常采用 $R_2(s)$ 作为正反馈信号时相同。当副回路受到某种约束而出现长期偏差，即 $Y_2(s)\neq R_2(s)$，则主控制器的输出 $R_2(s)$ 与输入 $E_1(s)$ 之间存在比例关系，而由 $Y_2(s)$ 决定其偏置项。此时，主控制器失去积分作用，在稳态时有

$$r_2 = K_{c1}e_1 + y_2$$

显然，r_2 不会因副回路偏差的长期存在而发生积分饱和。

这种方案的另一个特点是将副回路包围在主控制器的正反馈回路之中，实现了补偿反馈，这必定会改善主回路的性能。

【例 7－1】 某反应器中进行的是放热反应，釜温过高会发生事故，为此采用夹套水进行冷却。由于对釜温控制要求较高，且冷却水的流量变化幅度较大，故设计如图 7－12 所示的控制系统。

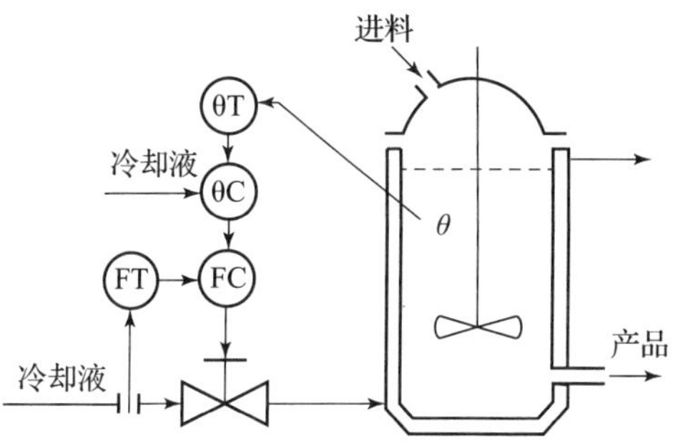

图 7－12　反应器控制系统原理图

试问：（1）这是什么类型的控制系统？说明主变量和副变量是什么；

（2）画出系统方框图；

(3) 选择调节阀的气开、气关形式;

(4) 选择主、副控制器的正、反作用方式;

(5) 如主要扰动冷却水流量升高，试简述系统调节过程。

解: (1) 是串级控制系统，主变量是原料出口温度 θ，副变量是燃料阀前压力 p。

(2) 控制系统的方框图如图 7－13 所示。

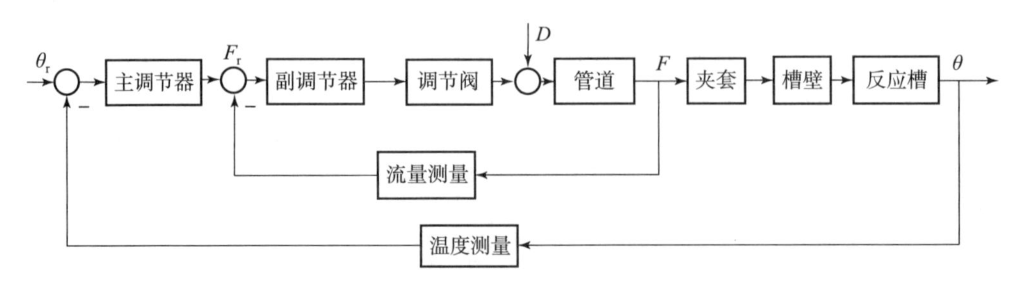

图 7－13　控制系统的方框图

(3) 由于釜温过高会发生事故，为保证异常冷却水不断流，所以选择气关阀。

(4) 副控制器正作用，主控制器正作用。

(5) 冷却水流量增大，副控制器首先开始调节，减小调节阀开度以减小流量，克服流量变化对温度的主要影响。同时，主控制器进行细调，输出减小，即副控制器给定值减小，以克服流量变化导致温度下降的变化，最终使温度恢复到设定值。

7.4　控制器的整定方法

串级控制系统在结构上为主、副两个控制器相互关联，两个控制器的参数都需要进行整定。由于两个控制器中的任一参数值发生变化，对整个串级系统都有影响，因此串级控制系统的参数整定要比简单控制系统复杂一些，但参数整定的实质都是相同的，即通过改变控制器的参数来改善控制系统的稳态、动态特性，从而获得最佳的控制过程。所以，在整定串级控制系统的控制器参数时，首先必须明确主、副回路的作用，以及对主、副变量的控制要求，然后通过控制器参数整定，使系统运行在最佳状态。

从整体上看，串级控制系统的主回路是一定值控制系统，要求主变量有较高的控制精度，其控制品质的要求与简单定值控制系统控制品质的要求相同；但就一般情况而言，串级控制系统的副回路是为提高主回路的控制品质而引入的一个随动控制系统，因此对副回路没有严格的控制品质的要求，只要求副变量能够快速、准确地跟踪主控制器的输出变化，作为随动控制系统考虑。这样，对副控制器的整定要求不高，可以使整定简化。由于两个控制器完成任务的侧重点不同，对控制品质的要求往往也不同。因此，必须根据各自完成的任务和控制品质要求去确定主、副控制器的参数。

串级控制系统的整定方法比较多，如逐步逼近法、二步整定法和一步整定法等。

7.4.1　逐步逼近法

当受到副变量选择的限制，主、副对象的时间常数相差不大，主、副回路的动态联系比较密切时，主、副控制器的变量相互影响比较大，需要在主、副回路之间反复试凑，才能达到最佳的整定。逐步逼近法就是这种依次整定副回路、主回路，然后循环进行，逐步接近主、副控制回路的最佳整定的方法，其步骤如下。

(1) 整定副回路。断开主回路，按照简单控制系统的整定方法，求取副控制器的整定参数，得到第一次整定值，记作 $[G_{c2}]_1$。

(2) 整定主回路。把刚整定好的副回路作为主回路中的一环节，仍按简单控制系统的整定方法，求取主控制器的整定参数，记作 $[G_{c1}]_1$。

(3) 再次整定副回路。注意，此时副回路、主回路都已闭合，在主控制器的整定参数为 $[G_{c1}]_1$ 的条件下，按简单控制系统的整定方法，重新求取副控制器的整定参数为 $[G_{c2}]_2$。至此已完成 1 个循环的整定。

(4) 重新整定主回路。在 2 个回路闭合，副控制器整定参数为 $[G_{c2}]_2$ 的情况下，按照简单控制系统的整定方法重新整定主控制器，得到 $[G_{c1}]_2$。

(5) 如果调节过程仍未达到品质要求，按上面 (3)、(4) 步继续进行，直到控制效果满意为止。

一般情况下，完成 (3) 步甚至只完成 (2) 步时就已满足品质要求，无须继续进行。

逐步逼近法往往费时较多，尤其是副控制器也采用 PI 控制作用时，因此一般情况下很少采用。

7.4.2 二步整定法

当串级控制系统中主、副对象的时间常数相差较大，主、副回路的动态联系不紧密时，可采用二步整定法。这种整定方法的理论根据是：由于主、副对象的时间常数相差很大，因此主、副回路的工作频率差别很大，当副回路整定好以后，将副回路视作主回路的一环节来整定主回路时，可认为对副回路的影响很小，甚至可以忽略。另外，在工业生产中，工艺上对主变量的控制要求较高，而对副变量的控制要求较低，多数情况下副变量的设置目的是进一步提高主变量的控制品质。因此，当副控制器整定好以后，再去整定主控制器时，虽然多少会影响到副变量的控制品质，但只要保证主变量的控制品质，副变量的控制品质差一点也是允许的。二步整定法的步骤如下。

(1) 整定副回路。在主、副回路均闭合，主、副控制器都置于纯比例控制条件下，将主控制器的比例带 δ_1 放在 100% 处。按简单控制系统的衰减曲线法整定副回路，这时得到副控制器衰减率 $\psi=0.75$ 时的比例带 δ_{2s} 和副变量的振荡周期 T_{2s}。

(2) 整定主回路。此时主、副回路仍然闭合，副控制器置于 δ_{2s} 值上，用同样方法整定主控制器，得到主控制器在 $\psi=0.75$ 时的比例带 δ_{1s} 和主变量的振荡周期 T_{1s}。

(3) 依据上面二次整定得到的 δ_{1s}、δ_{2s} 和 T_{1s} 与 T_{2s}，按所选控制器的类型，利用简单控制系统的衰减曲线法的计算公式，分别求出主、副控制器的整定参数值。

(4) 按照“先副后主”“先 P 再 I 再 D”的顺序，将计算出的参数设置到控制器上，做一些扰动试验，观察过渡过程曲线，作适当的参数调整，直到控制品质最佳。

7.4.3 一步整定法

二步整定法虽然比逐步逼近法简便得多，但仍然要分二步进行整定，要寻求 2 个 4：1

的衰减振荡过程，因而仍比较麻烦。在采用二步整定法整定参数的实践中，对二步整定法反复进行总结、简化，从而得到了一步整定法。所谓一步整定法，就是根据经验先确定副控制器的比例带，然后按照简单控制系统的整定方法整定主控制器的参数，一步整定法的整定准确性虽然比二步整定法低一些，但由于方法更简便，易于操作和掌握，因而在工程上得到了广泛的应用。

一步整定法是在工程实践中被发现的，对于串级控制系统，在纯比例控制的情况下，要得到主变量的4∶1衰减振荡过程，主、副控制器的放大系数 K_{c1}、K_{c2} 可以有好几组搭配，其相互关系近似满足 $K_{c1}K_{c2}=K_s$（常数），表7－2所示的实验数据可以说明这一点。

表7－2　主、副控制器放大系数匹配实验数据

序号	副控制器		主控制器		过渡过程时间/min	K_s
	$\delta_2/\%$	K_{c2}	$\delta_1/\%$	K_{c1}		
1	40	2.50	75	1.33	9	3.32
2	30	3.33	100	1.00	10	3.33
3	25	4.00	125	0.80	8	3.20

当采用1～3组整定参数时，主变量均可得到4∶1衰减振荡过程，且过渡过程时间均在9 min左右，而 K_s 一般为3.30。这说明主、副控制器的放大系数可以在一定范围内任意匹配，而控制效果基本相同。这样，就可以依据经验先将副控制器的比例带确定一个数值，然后按一般简单控制系统的参数整定方法整定主控制器的参数。虽然副控制器按经验设置的比例带不一定很合适，但可以通过调整主控制器的比例带进行补偿，使主变量最终得到4∶1的衰减振荡过程。对副控制器的比例带 δ_2 或放大系数 K_{c2} 的估计，可利用表7－3中的经验数值确定一范围。

一步整定法的具体步骤如下。

（1）由表7－3选择副控制器的比例带，使副回路按比例控制运行。

（2）将系统投入串级控制状态运行，按简单控制系统参数整定的方法对主控制器进行参数整定，再通过参数调整，使主变量的控制品质达到满意控制效果。

表7－3　副控制器比例带取值范围

副变量	放大系数 K_{c2}	比例带 $\delta_2/\%$
温度	5.0～1.7	20～60
压力	3.0～1.4	30～70
流量	2.5～1.25	40～80
液位	5.0～1.25	20～80

【例 7-2】某隧道窑系统，构成以烧成带温度为主变量，燃烧室温度为副变量的串级控制系统。假设主、副对象的传递函数分别为

$$G_{p1}(s)=\frac{1}{(30s+1)(3s+1)},\quad G_{p2}(s)=\frac{1}{(10s+1)(s+1)^2}$$

试分析串级控制系统对二次扰动的抗扰动能力，并与采用等效单回路控制时的抗扰动能力进行比对分析。

解：(1) 首先分析采用串级控制时的情况，在 $t=50$ s 时，在副回路施加一宽度为 10 s、幅值为 2 的脉冲扰动。Simulink 仿真框图如图 7-14 所示。

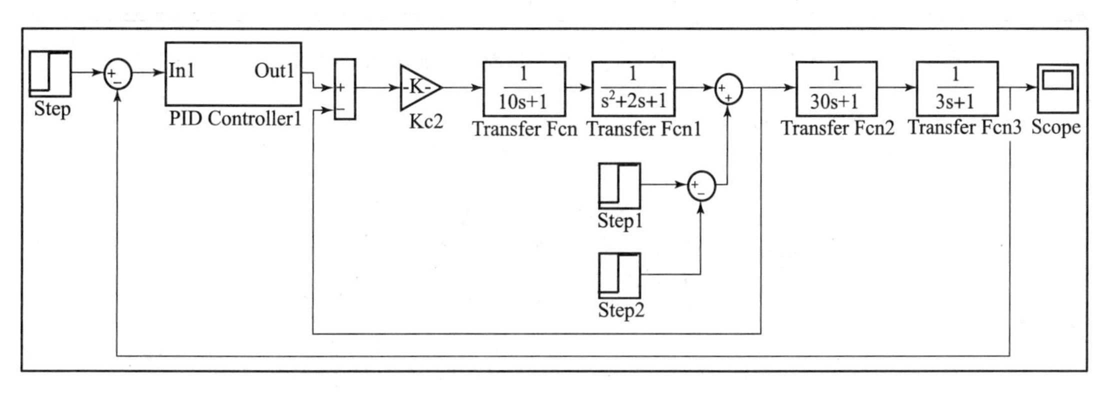

图 7-14　串级控制系统仿真框图

(2) 对主、副控制器采用上述整定方法进行整定，也可以采用 MATLAB 中的 NCD Output模块进行 PID 参数优化计算，最终确定串级控制系统的控制器参数为：主控制器中 $K_{c1}=6.2$、$T_{i1}=33.7$、$T_{d1}=0.7$，副控制器中 $K_{c2}=12.0$。

(3) 利用 Simulink 的 Simulation→Simulation Parameters 命令，将仿真的停止时间设置为 100，其余参数采用默认值。启动仿真，可得到串级控制对进入副回路扰动的抗扰动阶跃响应曲线，如图 7-15 所示。

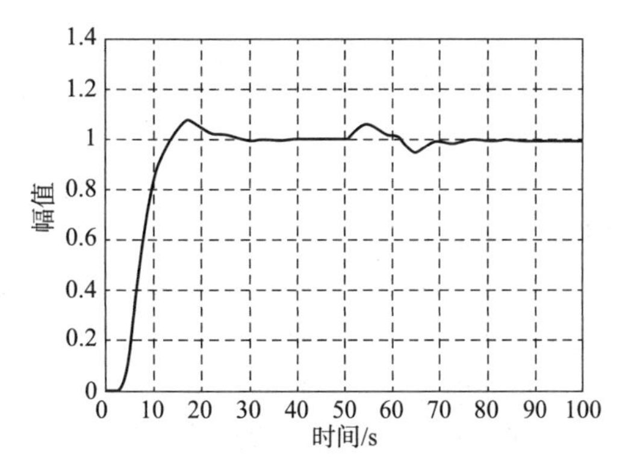

图 7-15　串级控制系统对进入副回路扰动的抗干扰阶跃响应曲线

同样，在图 7-16 所示的等效单回路控制系统中加入相同的扰动，可得到如图 7-17 所示的阶跃响应曲线。同样采用 NCD Output 模块进行 PID 参数优化计算，此时整定的 PID 参数为：$K_c=10.4$、$T_i=81.7$、$T_d=6.9$。

对比图 7-15 和图 7-17，可得出如下结论：在相同的扰动作用下，串级控制系统的超调量明显比等效的单回路控制系统要小得多，可见串级控制系统对二次扰动有很好的抑制能力。

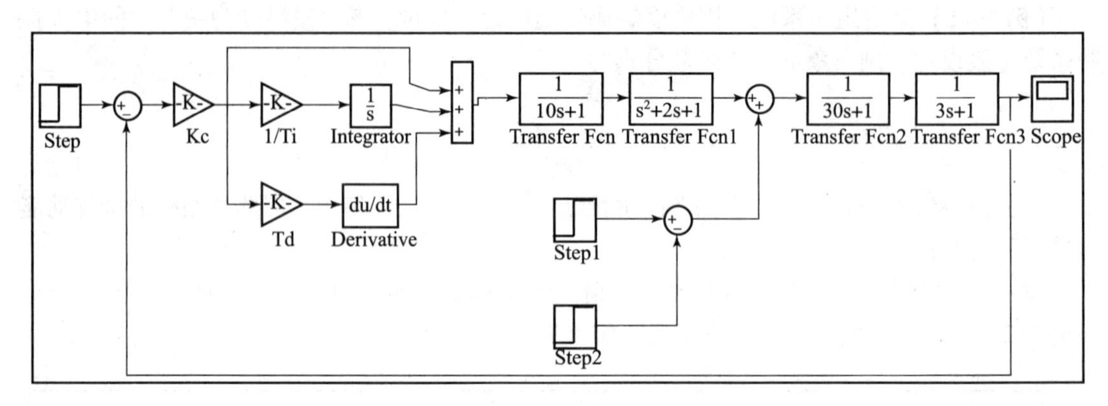

图 7－16 加入扰动的等效单回路控制系统仿真框图

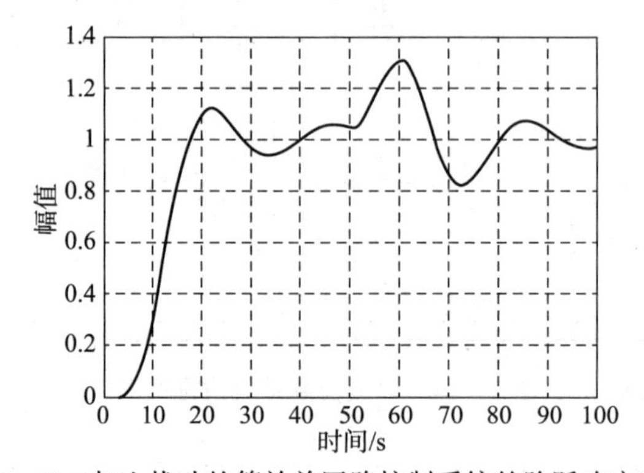

图 7－17 加入扰动的等效单回路控制系统的阶跃响应曲线

7.5 串级控制系统的投运

为了保证串级控制系统顺利地投入运行，并能达到预期的控制效果，必须做好投运前的准备工作，具体准备工作与简单控制系统相同，这里不再赘述。

选用不同类型的仪表组成的串级控制系统，投运方法也有所不同，但是所遵循的原则基本上都是相同的。

一是投运顺序，串级控制系统有 2 种投运方式：一种是先投副回路后投主回路；另一种是先投主回路后投副回路。目前一般都采用“先投副回路，后投主回路”的投运顺序。

二是和简单控制系统的投运要求一样，在投运过程中必须保证无扰动切换。

这里以 DDZ－Ⅲ型仪表组成的串级控制系统的投运方法为例，介绍其投运步骤。

（1）将主、副控制器都置于手动位置，主控制器设置为“内给（定）”，并设置好主设定值；副控制器设置为“外给（定）”，并将主、副控制器的正、反作用方式设置到正确的位置。

（2）在副控制器处于软手动状态下进行遥控操作，使生产处于要求的工况，即使主变量逐步在主设定值附近稳定下来。

（3）调整副控制器手动输出至偏差为 0 时，将副控制器切换到“自动”位置。

（4）调整主控制器的手动输出至偏差为零时，将主控制器切入“自动”，这样就完成了串级控制系统的整个投运工作，而且投运过程是无扰动的。

7.6　本章小结

本章介绍了串级控制系统的基本概念，包括串级控制系统的基本组成，串级控制系统的分析、设计和实施，控制器的选择和整定方法。

串级控制系统是一种具有 2 个闭合回路的复杂控制系统，它采用 2 个控制器串联工作，主控制器的输出作为副控制器的设定值，由副控制器的输出去操纵调节阀；以主控制器为主导，以保证主变量稳定为目的，尤其是对二次扰动，副控制器首先进行“粗调”，主控制器再进一步“细调”。

串级控制系统相比简单控制系统的优点是：（1）减小了对象的时间常数，提高了系统的工作频率，在衰减比相同的条件下，缩短了调节时间；（2）提高了系统的抗扰动能力，尤其是对二次扰动，具有超前控制作用；（3）对负荷或操作条件的改变具有一定的自适应能力。

设计串级控制系统时，副变量的选择条件为：（1）应将主要的扰动包括在副回路当中；（2）应使副回路时间常数小，调节通道短，一般副回路的工作频率为主回路的 3～10 倍。

由于在串级控制系统中，主变量不允许存在偏差，因此主控制器都必须具有积分作用，一般采用 PI 控制器或 PID 控制器；副控制器的任务是要快动作以迅速抵消落在副回路内的二次扰动，一般选 P 控制器。

副控制器正、反作用方式选择的判别式为：(副控制器运算环节 ±) × (调节阀 ±) × (副对象 ±) = (+)。

主控制器正、反作用方式选择的判别式为：(主控制器运算环节 ±) × (主对象 ±) = (+)。

串级控制系统参数整定有 3 种方法，即逐步逼近法、二步整定法和一步整定法。

习　　题

7.1　什么是串级控制系统？请画出串级控制系统的原理方框图。

7.2　串级控制系统与简单控制系统相比有什么特点？

7.3　串级控制系统的副变量选择原则有哪些？

7.4　根据串级控制系统的特点，试分析串级控制系统的应用场合，即分析在生产过程具有什么特点时，采用串级控制系统最能发挥它的作用。

7.5　在生产过程中，为什么大多数副回路都是流量控制回路？

7.6　如果系统中主、副回路的工作周期十分接近，也就是说正好运行在共振区内，应采取什么措施来避免系统的共振，这种措施对控制系统的性能有什么影响？

7.7　图 7－9 为管式加热炉温度－温度串级控制系统。工艺安全条件是一旦发生重大事故，立即切断燃料油的供应。试确定：

(1) 调节阀的作用形式；

(2) 主、副控制器的正反作用方式。

7.8 题图 7－1 为放热化学反应的连续槽反应器温度－温度串级控制系统。要求：

(1) 画出该控制系统的方框图，并说明主变量、副变量分别是什么，主控制器、副控制器是什么；

(2) 若工艺要求反应器温度不能过高，否则会发生安全事故，试确定调节阀的气开、气关形式；

(3) 确定主、副控制器的正反作用方式；

(4) 如冷却水温度突然升高，试简述 2 个控制器的工作过程。

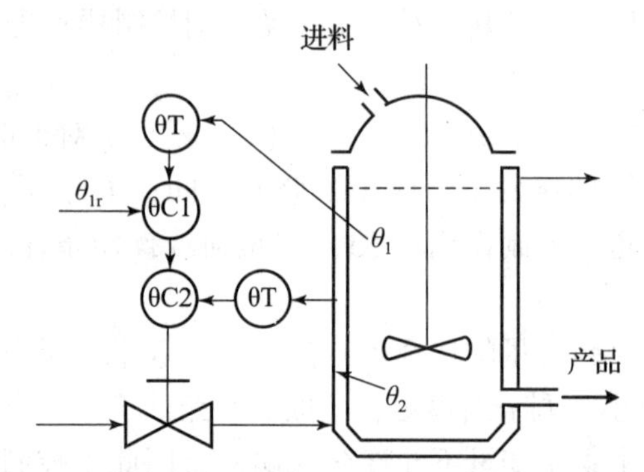

题图 7－1 连续槽反应器温度－温度串级控制系统

7.9 题图 7－2 为锅炉液位和给水量串级控制系统，试确定主、副控制器的正反作用方式。

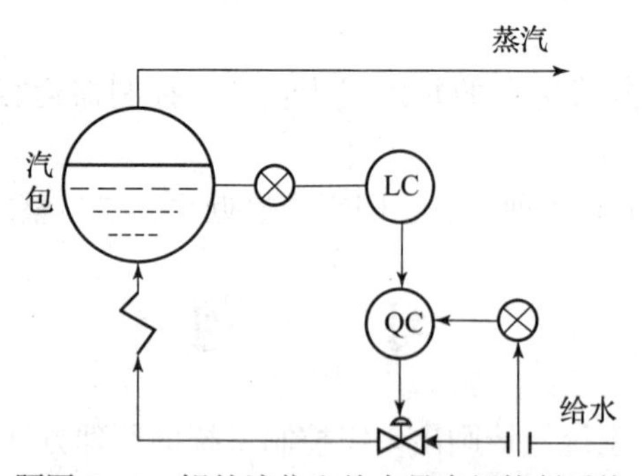

题图 7－2 锅炉液位和给水量串级控制系统

第 8 章

前馈控制系统

前面所讲述的控制系统都是控制器按照偏差信号大小进行控制的闭环反馈控制系统。对于存在较大且频繁变化的扰动的过程，反馈控制系统的控制效果往往不能满足控制要求。本章将针对该问题提出根据扰动大小进行补偿控制的前馈控制系统。

8.1 概　　述

生产过程的强化和设备的大型化对自动控制提出了越来越高的要求，虽然反馈控制能满足大多数被控对象的要求，但是在被控对象特性呈现大迟延（包括容积迟延和纯迟延）、多扰动等难以控制的特性，而又希望得到较好的过程响应时，反馈控制系统往往会令人失望。原因可归纳为：（1）反馈控制的性质意味着存在一个可以测量出来的偏差，并且用以产生一个控制作用，从而达到闭环控制的目的，这说明系统在控制过程中必定存在着偏差，因此不能得到完善的控制效果；（2）反馈控制器不能事先确定它的输出值，而只是不断改变它的输出值直到被控变量与设定值相等为止，所以可以说反馈控制是依靠尝试法来进行控制的。为了适应更高的控制要求，各种特殊控制规律和措施便应运而生。控制理论中提出来的不变性原理在这个发展过程中得到较充分的应用。所谓不变性原理就是指控制系统的被控变量与扰动量绝对无关或者在一定准确度下无关，即被控变量完全独立或基本独立。

设被控对象受到扰动 $D_i(t)$ 的作用如图 8－1 所示，则被控量 $y(t)$ 的不变性可表示为：当 $D_i(t)\neq 0$ 时，则 $y(t)=0$，$i=1, 2, \cdots, n$。

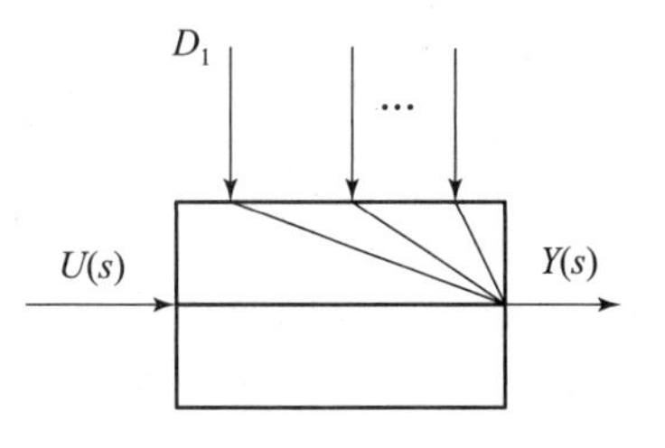

图 8－1　被控对象中的扰动

即被控量 $y(t)$ 与扰动 $D_i(t)$ 独立无关。

在应用不变性原理时，由于各种原因，不可能完全实现上式所规定的 $y(t)$ 与 $D_i(t)$ 独立无关。因此，就被控变量与扰动量之间的不变性程度，提出了几种不变性。

1）绝对不变性

绝对不变性是指被控对象在扰动 $D_i(t)$ 作用下，被控变量 $y(t)$ 在整个过渡过程中始终保持不变，即控制过程的动态偏差和稳态偏差均为零。

由于对被控对象的动态特性描述精度的限制和实现扰动补偿装置的困难等原因，在工程上实现绝对不变性是非常困难的。

2）误差不变性

误差不变性实际上是指准确度有一定限制的不变性，或说与绝对不变性存在一定误差 ε 的不变性，又称为 ε 不变性，可表示为：当 $D_i(t)\neq0$ 时，$|y(t)|<\varepsilon e$。

误差不变性在工程上具有现实意义，如反馈控制从理论上说应该就属于 ε 不变性。由于它允许存在一定的误差，工程上容易实现，而且生产实际也无绝对不变之要求，因此得到广泛的应用。

3）稳态不变性

稳态不变性是指被控变量在稳态工况下与扰动量无关，即在扰动 $D_i(t)$ 作用下，被控变量的动态偏差不等于0，而其稳态偏差为0。在一般控制要求不特别高的场合往往实现稳态不变性就能满足要求。

4）选择不变性

被控变量往往受到若干个扰动的作用，若系统采用了被控变量对其中几个主要的扰动实现不变性就称为选择不变性。这种方法既能减少补偿装置、节省投资，又能达到对主要扰动的不变性，是一种有发展前途的方法。

基于不变性原理组成的自动控制系统称为前馈控制系统，它实现了系统对全部扰动或部分扰动的不变性，实质上是一种按照扰动进行补偿的开环系统。如果预先测出被控对象的动态特性，按照希望的易控对象特性设计出一补偿器，控制器将把难控对象和补偿器看作一新的被控对象进行控制，使控制系统的品质得到很大的改善。

本章将就不变性原理在过程控制中应用的前馈控制系统进行讨论。

8.2 前馈控制系统的结构

8.2.1 前馈控制的概念

前馈控制是以不变性原理为理论基础的一种控制方法，在原理上完全不同于反馈控制系统。反馈控制是按被控变量的偏差进行控制的，其控制原理是将被控变量的偏差信号反馈到控制器，由控制器去修正控制变量，以减小偏差量。因此，反馈控制能产生作用的前提条件是被控变量必须偏离设定值。应当注意，在反馈系统把被控变量调回到设定值之前，系统一直处于受扰动的状态。

考虑到产生偏差的直接原因是扰动，如果直接按扰动实施控制，而不是按偏差进行控制，理论上可以把偏差完全消除。因此，在这样的一种控制系统中，一旦出现扰动，就立即将其测量出来，根据扰动量的大小和方向通过控制器来改变控制变量，以补偿扰动的影响。由于扰动发生后，在被控变量还未出现变化时，控制器就已经进行控制，所以称这种控制方式为前馈控制或扰动补偿控制。这种前馈控制是按扰动量的变化进行补偿控制的，这种补偿作用如能恰到好处，可以使被控变量不再因扰动而产生偏差，因此它比反馈控制及时。

例如，图8-2所示的换热器温度控制系统利用蒸汽对物料进行加热，系统的被控变量为物料的出口温度 θ_2。在此系统中，引起温度 θ_2 改变的因素很多，如进料量 Q_1、入口温度

θ_1和调节阀前的蒸汽压力 p，其中主要的扰动因素是物料的流量，即进料量 Q_1。

为了维持物料的出口温度 θ_2稳定，采用了温度单回路反馈控制系统，如图 8 - 2 中的虚线部分所示。对于蒸汽侧的扰动如蒸汽压力 p 改变，该系统能达到较好的控制效果。如果有其他因素影响了出口温度，也能通过温度反馈控制收到一定的效果。但由于系统的扰动主要是进料量 Q_1，即根据生产的需要进料量 Q_1的大小随时改变。当进料量 Q_1发生改变时，物料的出口温度 θ_2就会偏离设定值。温度控制器 θC 接受偏差信号，运算后改变调节阀的阀位，从而改变蒸汽量 Q 来适应进料量 Q_1的变化。如果进料量 Q_1的变化幅度大而且十分频繁，那么这个系统是难以满足控制要求的，物料出口温度 θ_2将会有较大的波动。

如果根据主要扰动进料量 Q_1的变化设计一个前馈控制系统，如图 8 - 2 中的实线部分所示。此时，可先通过流量变送器 FT 测得进料量 Q_1，并送至前馈控制器 $G_{ff}(s)$，前馈控制器对此信号经过一定的运算处理后，输出合适的控制信号去操纵蒸汽调节阀，从而改变加热蒸汽量，以补偿进料量 Q_1对被控温度的影响。例如，当进料量 Q_1减少时，会使出口温度 θ_2上升。前馈控制器的校正作用是在测取进料量 Q_1减少时，就按照一定的规律减小加热蒸汽量 Q，只要蒸汽量改变的幅值和动态过程合适，就可以显著地减小由于进料量 Q_1的波动而引起的出口温度 θ_2的波动。从理论上讲，只要前馈控制器设计合理，就可以实现对扰动量 Q_1的完全补偿，从而使被控变量 θ_2与扰动量 Q_1完全无关。

由换热器温度控制系统的例子可以看到，反馈控制对于变化幅度较大而且十分频繁的扰动往往是不能满足要求的。而前馈控制却能把影响过程的主要扰动因素预先测量出来，再根据被控对象的物质（或能量）平衡条件，计算出适应该扰动的控制变量，然后进行控制。所以，无论何时，只要扰动出现，就立即进行校正，使它在影响被控变量之前就被抵消掉。因此，在理论上，即使对难控对象，前馈控制也可以做到尽善尽美。当然，事实上前馈控制受到测量和控制模型准确性的影响，一般情况下，不可能达到理想控制效果。

图 8 - 3 为前馈控制系统的方框图。它的特点是信号向前流动，系统中的被控变量没有像反馈控制那样用来进行控制，只是将负荷扰动测出送前馈控制器。十分明显，前馈控制与反馈控制之间存在着一个根本的差别，即前馈控制是开环控制而不是闭环控制，它的控制效果将不通过反馈来加以检验；而反馈控制是闭环控制，它的控制效果却要通过反馈来加以检验。

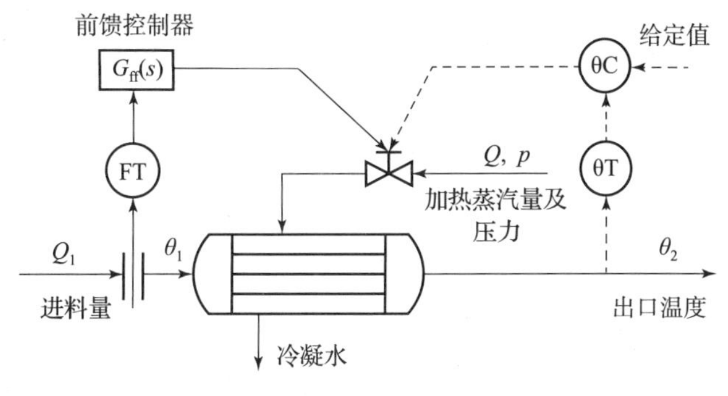

图 8 - 2　换热器温度控制系统

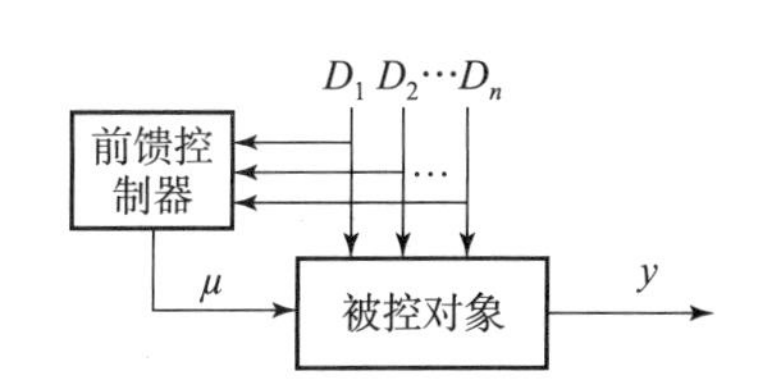

图 8 - 3　前馈控制系统的方框图

8.2.2 前馈控制系统的结构

常用的前馈控制系统有单纯前馈控制系统、前馈 - 反馈控制系统和前馈 - 串级控制系统 3 种结构形式。

1. 单纯前馈控制系统

单纯前馈控制系统是开环控制系统。根据图 8 - 2 中实线所示的换热器前馈控制系统，可得一般单纯前馈控制系统的方框图如图 8 - 4 所示。图中：$D(s)$和 $Y(s)$分别为扰动量和被控变量的拉氏变换；$G_d(s)$为扰动通道的传递函数；$G_p(s)$为控制通道的传递函数；$G_{ff}(s)$为前馈控制器的传递函数。

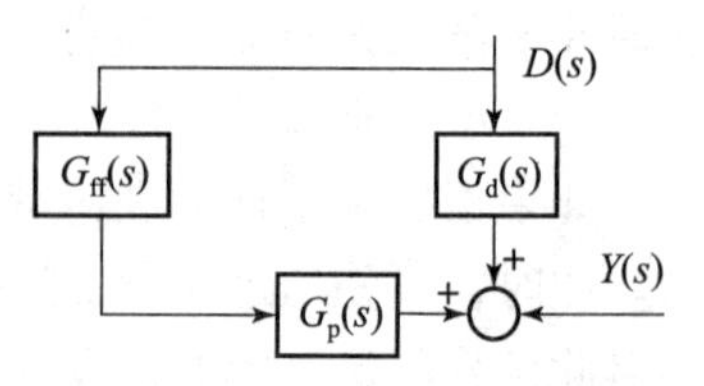

图 8 - 4　一般单纯前馈控制系统的方框图

确定前馈控制器的控制规律是实现对单纯前馈控制系统扰动完全补偿的关键。

由图 8 - 4 可知，在扰动量 $D(s)$作用下，系统的输出 $Y(s)$为

$$Y(s) = G_d(s)D(s) + G_{ff}(s)G_p(s)D(s)$$

或者写为

$$\frac{Y(s)}{D(s)} = G_d(s) + G_{ff}(s)G_p(s) \tag{8-1}$$

系统对于扰动量 $D(s)$实现完全补偿的条件是：$D(s) \neq 0$，而 $Y(s) = 0$，即

$$G_d(s) + G_{ff}(s)G_p(s) = 0$$

于是，可得前馈控制器的传递函数为

$$G_{ff}(s) = -\frac{G_d(s)}{G_p(s)} \tag{8-2}$$

由式（8 - 2）可知，不论扰动量 $D(s)$为何值，总有被控变量 $Y(s) = 0$，即扰动量 $D(s)$对于被控变量 $Y(s)$的影响将为 0，从而实现了完全补偿，这就是“不变性”原理。不难看出，要实现对扰动量的完全补偿，必须保证 $G_d(s)$、$G_p(s)$和 $G_{ff}(s)$等环节的传递函数是精确的。否则，就不能保证 $Y(s) = 0$，被控变量与设定值之间就会出现偏差。因此，在实际工程中，一般不单独采用单纯前馈控制系统方案。

前馈控制分为静态前馈控制和动态前馈控制。

1）静态前馈控制

所谓静态前馈控制，就是指前馈控制器的控制规律为比例特性，即

$$G_{ff}(s) = -\frac{G_d(s)}{G_p(s)} = -\frac{K_d}{K_p} = -K_{ff} \tag{8-3}$$

式中：K_{ff}称为静态前馈系数。

由式（8 - 3）可知，静态前馈控制器的输出仅仅是输入信号的函数，而与时间无关，满足这个条件就称为静态前馈控制。静态前馈控制的目标是在稳态下实现对扰动的补偿，即使被控变量最终的静态偏差接近或等于 0，而不考虑由于 2 个通道时间常数的不同而引起的动态偏差。

静态前馈系数 K_{ff}可以通过实验方法确定，若能建立有关参数的静态方程，则 K_{ff}可通过计算确定，也可根据过程扰动通道的静态增益和控制通道的静态增益确定。

以图 8－2 所示的换热器温度控制系统为例，说明静态前馈控制算法。当换热器进料量 Q_1的变化为主要扰动时，为了实现静态前馈补偿控制，可根据热量平衡关系列写出静态前馈控制方程。在忽略热损失的前提下，其热量平衡关系为

$$QH = Q_1 c_p(\theta_2 - \theta_1) \tag{8-4}$$

式中：Q 为加热蒸汽量；H 为蒸汽汽化潜热；Q_1为被加热物料量；c_p为物料比热容；θ_1为被加热物料入口温度；θ_2为被加热物料出口温度。

由式（8－4）可求得前馈控制器的输出为

$$Q = Q_1 \frac{c_p}{H}(\theta_2 - \theta_1) = -K_{ff}Q_1 \tag{8-5}$$

静态前馈系数 K_{ff}也可根据定义来求解，由式（8－4）可得静态前馈控制方程式为

$$\theta_2 = \theta_1 + \frac{QH}{Q_1 c_p} \tag{8-6}$$

如果被加热物料的入口温度 θ_1不变，则根据式（8－6）可得控制通道的增益为

$$K_p = \frac{d\theta_2}{dQ} = \frac{H}{Q_1 c_p} \tag{8-7}$$

扰动通道的增益为

$$K_d = \frac{d\theta_2}{dQ_1} = -\frac{QH}{Q_1^2 c_p} = -\frac{\theta_2 - \theta_1}{Q_1} \tag{8-8}$$

于是，静态前馈控制器的增益为

$$K_{ff} = \frac{K_d}{K_p} = -\frac{c_p(\theta_2 - \theta_1)}{H} \tag{8-9}$$

由 $-K_{ff}$和扰动 Q_1相乘，即可得到式（8－5）所示的前馈控制器的输出。当 $G_d(s)$与 $G_p(s)$的纯迟延相差不大时，采用静态前馈控制方式仍然可以获得较好的控制精度。

静态前馈控制除了有较高的控制精度外，还具有固有的稳定性和很强的自身平衡倾向。例如，由于任何原因导致料液流量消失时，蒸汽流量会自动截断。这种以物质和能量平衡为基础的控制计算是非常重要的。首先，对于一生产过程来说，物质和能量平衡方程是最容易写出来的，而且通常只包含最少的未知变量。其次，方程参数不随时间而变。另外，静态前馈控制实施是很方便的，由于 $G_{ff}(s)$可以用比例环节作为前馈控制器，不需要特殊仪表，一般的比值器、比例控制器均可用作静态前馈装置，所以生产上应用较广。一般要求不高或者扰动与控制通道的动态特性相近时，均可以采用静态前馈控制获得满意的效果。

但是必须注意静态前馈控制的 2 个缺点：一是每次负荷变化都伴随着一段动态不平衡过程，以瞬时温度误差的形式表现出来；二是如果负荷情况与当初调整系统时的情况不同，那么就有可能出现余差。这是静态前馈补偿所不能解决的。

2）动态前馈控制

在实际的过程控制系统中，被控对象的控制通道和扰动通道的传递函数往往都是时间的函数。因此，采用静态前馈控制方式不能很好地补偿动态误差，尤其是在对动态误差控制精

度要求很高的场合，必须考虑采用动态前馈控制方式。

动态前馈控制的设计思想是：通过选择适当的前馈控制器，使扰动信号经过前馈控制器至被控变量通道的动态特性完全复制被控对象扰动通道的动态特性，并使它们的符号相反，从而实现对扰动信号进行完全补偿的目标。这种控制方式不仅保证了系统的静态偏差等于0或接近于0，又可以保证系统的动态偏差等于0或接近于0。

仍以图8-2所示的换热器温度控制系统为例，说明动态前馈控制算法。在对进料量变化这一扰动的前馈补偿控制中，假设扰动通道和控制通道的传递函数分别为

$$G_d(s)=\frac{K_d e^{-\tau_d s}}{T_d s+1} \text{和} G_p(s)=\frac{K_p e^{-\tau_p s}}{T_p s+1} \tag{8-10}$$

于是，当对扰动量完全补偿时，有

$$G_{ff}(s)=-\frac{G_d(s)}{G_p(s)}=\frac{K_d(T_p s+1)e^{-(\tau_d-\tau_p)s}}{K_p(T_d s+1)} \tag{8-11}$$

若实际系统的 $\tau_p=\tau_d$，则动态前馈控制器的传递函数为

$$G_{ff}(s)=-\frac{K_{ff}(T_p s+1)}{T_d s+1} \tag{8-12}$$

如果 $T_p=T_d$，则

$$G_{ff}(s)=-K_{ff} \tag{8-13}$$

显然，当被控对象的控制通道和扰动通道动态特性完全相同时，动态前馈补偿器的补偿作用相当于一个静态前馈补偿器。实际上，静态前馈控制只是动态前馈控制的特殊情况。

综上所述，前馈控制系统与反馈控制系统的区别如下。

（1）前馈控制是开环控制，不存在稳定性问题，但不能保证被控变量没有余差。反馈控制系统是闭环控制，必须考虑稳定性问题。

（2）控制效果不同。前馈控制是按扰动大小进行补偿的控制，控制作用及时。如在图8-2所示的换热器温度控制系统中，当测量到冷物料流量变化的扰动信号后，前馈控制器就根据扰动信号的大小和方向，及时控制调节阀的开度，从而正确改变加热蒸汽的流量；而不是像反馈控制那样，要待被控变量产生偏差后再进行控制。在理论上，前馈控制可以把偏差完全消除，但实际上很难做到，其原因一是准确模型难以得到，二是有时即使模型准确，在工程上也难以实现。反馈控制相对滞后，但能对控制效果进行检验，可以实现无差控制。

（3）一般情况下，一种前馈控制器只能克服一种扰动。由于前馈控制作用是按扰动进行工作的，而且整个系统也是开环的，因此根据一种扰动设计的前馈控制器只能克服这一扰动。而反馈控制可以克服控制回路内多个扰动。

（4）前馈控制只能抑制可测不可控扰动对被控变量的影响。如果扰动不可测，就无法采用前馈控制；而如果扰动可测又可控，则只要设计简单的定值控制系统就可以，而无须采用前馈控制。

（5）前馈控制使用的是视被控对象特性而定的专用控制器。一般反馈控制系统中的控制器可采用通用类型的PID控制器，而前馈控制器的控制规律与被控对象控制通道和扰动通道的特性有关。

2. 前馈-反馈控制系统

由于单纯的前馈控制是一种开环控制，它的控制效果完全依赖于整个系统的准确性，且在控制过程中完全不测取被控变量的信息，因此只能对指定的扰动量进行补偿控制，而对其他的扰动量无任何补偿作用；即使是对指定的扰动量，由于环节或系统数学模型的简化、工况的变化及被控对象特性的漂移等，也很难实现完全补偿。此外，在工业生产过程中，系统的扰动因素较多，如果对所有的扰动量进行测量并采用前馈控制，必然增加系统的复杂程度。而且有些扰动量本身就无法直接测量，也就不可能实现前馈控制。因此，在实际应用中，通常采用前馈控制与反馈控制相结合的复合控制方式，前馈控制器用来消除可测扰动量对被控变量的影响，而反馈控制器则用来消除前馈控制器不精确和其他不可测扰动所产生的影响。这样，既发挥了前馈控制作用及时的优点，又发挥了反馈控制能克服多个扰动并对被控变量实现反馈检验的长处。

将图 8-2 中的前馈控制和反馈控制结合起来，就可得到前馈-反馈控制系统，典型的前馈-反馈控制系统的方框图如图 8-5 所示。

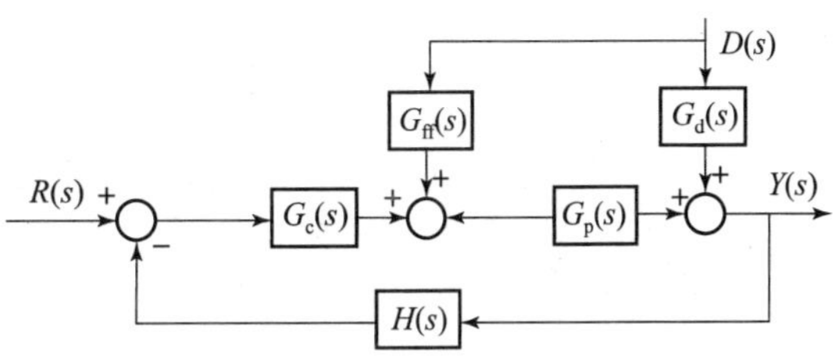

图 8-5　前馈-反馈控制系统方框图

在图 8-5 中：$R(s)$、$D(s)$ 和 $Y(s)$ 分别为系统的输入变量、扰动量和被控变量的拉氏变换；$G_d(s)$ 为扰动通道的传递函数；$G_p(s)$ 为控制通道的传递函数；$G_{ff}(s)$ 为前馈控制器的传递函数；$G_c(s)$ 为反馈控制器的传递函数；$H(s)$ 为反馈通道的传递函数。

根据图 8-5 可得，扰动 $D(s)$ 对被控变量 $Y(s)$ 的闭环传递函数为

$$\frac{Y(s)}{D(s)} = \frac{G_d(s) + G_{ff}(s)G_p(s)}{1 + H(s)G_c(s)G_p(s)} \tag{8-14}$$

在扰动 $D(s)$ 作用下，对被控变量 $Y(s)$ 完全补偿的条件是：$D(s) \neq 0$，而 $Y(s) = 0$，因此有

$$G_{ff}(s) = -\frac{G_d(s)}{G_p(s)} \tag{8-15}$$

由式（8-15）可知，从实现对系统主要扰动完全补偿的条件看，对于前馈-反馈控制，其前馈控制器的特性不会因为增加了反馈回路而改变。

综上所述，前馈-反馈控制系统的优点如下。

（1）在前馈控制中引入反馈控制，既发挥了前馈控制克服主要扰动作用及时的优点，又发挥了反馈控制能克服多个扰动和具有对被控变量实行反馈检验的长处。

（2）由于增加了反馈控制回路，所以降低了前馈控制器精度的要求，这样有利于前馈控制器的设计和实现。

（3）在单纯的反馈控制系统中，提高控制系统动态特性与系统稳定性存在矛盾，往往为保证系统的稳定性而牺牲了控制系统的动态特性。而前馈-反馈控制既可实现高性能控制，又能保证系统稳定运行。

正由于前馈－反馈控制具有上述优点，因而它在实际工程中获得了十分广泛的应用。

3. 前馈－串级控制系统

在实际生产过程中，如果被控对象的主要扰动频繁而又剧烈，而生产过程对被控变量的精度要求又很高，这时可以考虑采用前馈－串级控制方式。

例如，对于如图 8－6 所示的供汽锅炉的水位控制系统。给水 G 经过蒸汽锅炉受热产生蒸汽 D 供给用户。为了维持锅炉水位 H 稳定，采用了液位－给水流量串级控制系统。对于供水侧的扰动如给水压力变化等，串级系统能达到较好的控制效果。如有其他因素影响了水位，也能通过串级控制收到一定的效果。由于工业供汽锅炉主要是负荷扰动，即外界用户根据需要损失改变负荷的大小。当负荷 D 发生扰动时，锅炉水位就会偏离设定值，液位控制器 LC 接受偏差信号，运算后经加法器改变流量控制器 FC 的设定值，流量控制器响应设定值的变化，改变调节阀的阀位，从而改变给水流量来适应负荷 D 的要求。如果 D 的变化幅度大而且十分频繁，那么这个系统是难以满足要求的，水位 H 将会有较大的波动。另外，由于负荷对水位的影响还存在着“假水位”现象，调节过程会产生更大的动态偏差，调节时间也会加长。此时，如果增加图中虚线框内的部分，该部分根据外界负荷的变化先行调节给水量，使得给水量紧紧地跟随负荷量，而不需要像反馈系统那样，一直等到水位变化后再进行调节。如果操作得当，使得锅炉中给水和负荷之间一直保持着物质平衡，水位可以调节到几乎不偏离设定值，这是反馈控制器无法达到的控制效果。

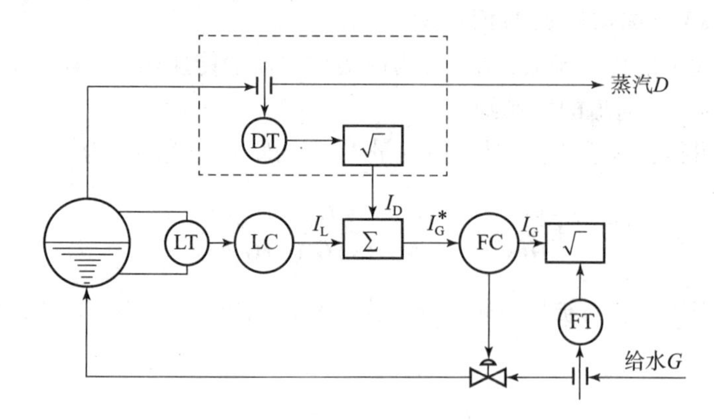

图 8－6　供汽锅炉的水位控制系统

图 8－6 中加法器实现的方程式为

$$I_G^* = I_D + I_L - I_0$$

式中：I_G^* 为给水流量的设定值；I_D是蒸汽的质量流量；I_L为液位控制器的输出，一般等于 I_0，I_0 为一常量。

由上式可以看到，加法器的作用就是使给水的设定值一直跟随着负荷 I_D，从而保持了锅炉水位系统的物质平衡，从根本上消除了由于物质不平衡所引起的水位偏差，这就是前馈控制。

根据图 8－6 所示的供汽锅炉的前馈－串级控制系统，可得典型的前馈－串级控制系统的方框图，如图 8－7 所示。

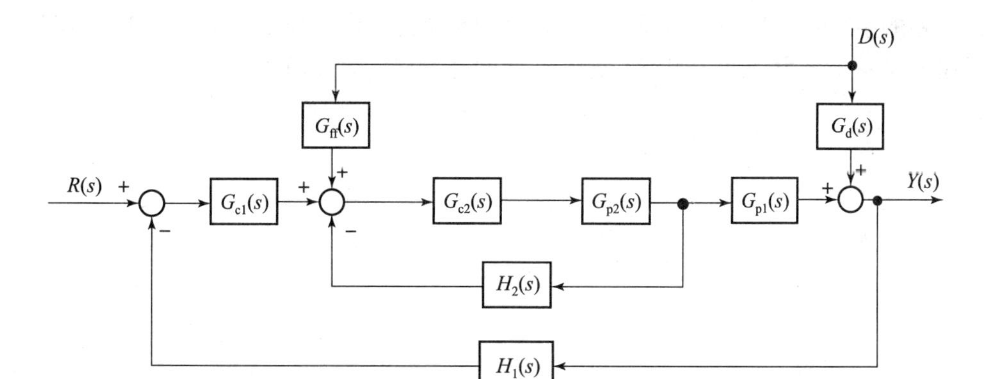

图 8-7　前馈-串级控制系统的方框图

由图 8-7 可知，扰动量 $D(s)$ 对系统输出 $Y(s)$ 的闭环传递函数为

$$\frac{Y(s)}{D(s)}=\frac{G_{d}(s)}{1+\dfrac{G_{c2}(s)G_{p2}(s)}{1+G_{c2}(s)G_{p2}(s)H_{2}(s)}H_{1}(s)G_{c1}(s)G_{p1}(s)}+\frac{G_{ff}(s)\dfrac{G_{c2}(s)G_{p2}(s)}{1+G_{c2}(s)G_{p2}(s)H_{2}(s)}G_{p1}(s)}{1+\dfrac{G_{c2}(s)G_{p2}(s)}{1+G_{c2}(s)G_{p2}(s)H_{2}(s)}H_{1}(s)G_{c1}(s)G_{p1}(s)} \tag{8-16}$$

在扰动量 $D(s)$ 作用下，对被控变量 Y 完全补偿的条件是：$D(s)\neq 0$，而 $Y(s)=0$，因此有

$$G_{ff}(s)=-\frac{G_{d}(s)}{\dfrac{G_{c2}(s)G_{p2}(s)G_{p1}(s)}{1+G_{c2}(s)G_{p2}(s)H_{2}(s)}} \tag{8-17}$$

在串级控制系统中，当副回路的工作频率远大于主回路的工作频率时，此时副回路可采用 PI 控制，实现无差调节，则副回路的传递函数可以近似为

$$\frac{G_{c2}(s)G_{p2}(s)}{1+G_{c2}(s)G_{p2}(s)H_{2}(s)}\approx 1 \tag{8-18}$$

由式（8-17）和式（8-18）可求得简化的前馈控制器的传递函数为

$$G_{ff}(s)=-\frac{G_{d}(s)}{G_{p1}(s)} \tag{8-19}$$

4. 前馈-反馈控制与串级控制的区别

在实际生产过程中，有时会出现前馈-反馈控制与串级控制混淆不清的情况，这将给设计与运行带来困难。下面简要介绍两者的关系与区别，指明在实际应用中需要注意的问题。

由于前馈-反馈控制系统与串级控制系统都是测取被控对象的两个信息，采用两个控制装置，在结构形式上又具有一定的共性，故容易混淆。以加热炉为例说明这个问题。图 8-8 分别为加热炉的串级控制与前馈-反馈控制的系统原理图。图 8-8（a）为以进料流量为主要扰动设计的前馈-反馈控制系统，图 8-8（b）为加热炉出口温度与燃料流量的串级控制系统，二者的系统结构是完全不同的。串级控制系统是由内、外2个反馈回路所组成，而前馈-反馈控制系统是由一反馈回路和另一开环的补偿回路叠加而成。

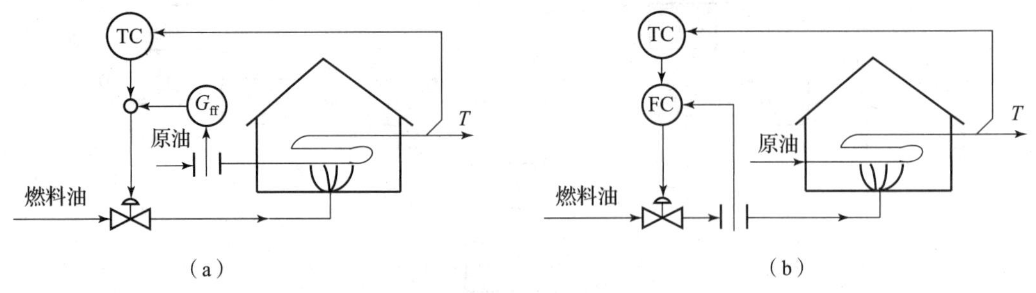

图8-8　加热炉的2种控制方案

(a) 前馈-反馈控制；(b) 串级控制

如果作进一步分析将会发现，串级控制系统中的副变量与前馈-反馈控制中的前馈输入量是截然不同的概念。前者是串级控制系统中反映控制通道中主变量的中间变量，控制作用对它产生明显的调节效果；后者是对主变量有显著影响的扰动量，是完全不受控制作用约束的、控制回路外的独立变量。引入前馈控制器的目的不是保持物料流量对炉出口温度影响的稳定。此外，前馈-反馈控制系统中的前馈控制器与串级控制系统中的副控制器担负着不同的功能。

假如对2个系统的区别不是很清楚，有时会设计出如图8-9所示的加热炉控制系统，其方框图如图8-10所示。它的结构形式不属于串级控制系统，而是很像一个前馈-反馈控制系统，但控制变量（燃油流量）并不能改变加热炉的原油流量。比较图8-8（a）和图8-9所示的2个系统，它们的区别是前者的前馈控制器换成了一流量控制器，而且由扰动测取点至加法器的通路移到了控制通路内。若流量控制器采用纯比例控制，此时系统将因不稳定而无法运行。这就说明，如果不清楚串级控制与前馈-反馈控制的区别，将会造成设计错误。

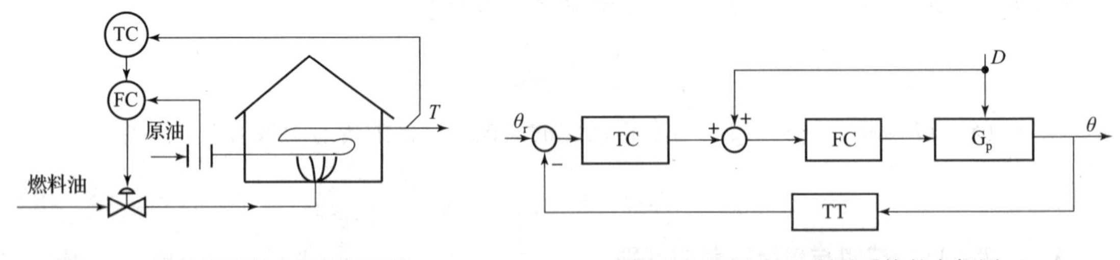

图8-9　设计错误的串级控制系统　　　图8-10　图8-9所示系统的方框图

8.3　前馈控制系统的设计

1. 系统引入前馈控制的原则

如何正确选用前馈控制是设计中首先碰到的问题。当存在反馈控制难以克服的频率高、幅值大、对于被控变量影响大、可测而不可控的扰动或控制系统控制通道纯迟延时间较大而反馈控制又不能得到良好的控制效果时，为了改善和提高系统的控制品质，可以引入前馈控制。一般来说，在系统中引入前馈控制要遵循以下几个原则。

（1）系统中的扰动量是可测不可控的。如果前馈控制所需的扰动量不可测，前馈控制也就无法实现。所谓可测，是指扰动量可以使用检测变送装置在线转化为标准的电信号或气信号。所谓不可控，有 2 个含义：①指这些扰动难以通过设置单独的反馈控制系统予以稳定，这类扰动在连续生产过程中是经常遇到的；②在某些场合，虽然设置了专门的控制系统来稳定扰动，但由于操作上的需要，往往经常要改变其设定值，也属于不可控的扰动。如果扰动量可控，则可设置独立的控制系统予以克服，也就无须设计较为复杂的前馈控制系统。

（2）系统中的扰动量的变化幅值大、频率高。扰动量幅值变化越大，对被控变量的影响也就越大，系统偏差也越大，因此按扰动量变化设计的前馈控制要比反馈控制更有利。高频扰动对被控对象的影响十分显著，特别是对纯迟延时间小的被控对象，如流量，容易导致系统产生持续振荡。采用前馈控制，可以对扰动量进行同步补偿控制，从而获得较好的控制品质。

（3）在有些工业过程中，由于被控变量难以直接测量实现反馈控制，只能采用前馈控制。例如，连铸二冷配水控制系统，由于二冷区内铸坯表面温度难以在线测量，因而不能采用反馈控制，通常采用基于拉速扰动的二冷水前馈控制方案。

（4）当工艺上要求实现变量间的某种特殊关系，需要通过建立数学模型来实现控制时，可选用前馈控制，这实质上是把扰动量代入已建立的数学模型中去，从模型中求解控制变量，从而消除扰动对被控变量的影响。

2. 前馈控制系统的选用原则

当决定选用前馈控制方式后，还需要考虑静态前馈与动态前馈的选择和前馈控制系统结构的选择。

1）静态前馈与动态前馈的选择

在设计过程中可以根据控制通道和扰动通道的时间常数的比值 T_p/T_d 来选择前馈控制的类型。通常，当 $T_p/T_d<0.7$ 时，说明扰动通道时间常数大，扰动对系统输出的影响缓慢，有利于反馈控制克服扰动的影响，可不用前馈；当 $0.7<T_p/T_d<1.3$ 时，可采用静态前馈；当 $T_p/T_d>1.3$ 时，要采用动态前馈。由于动态前馈的结构比静态前馈复杂，而且整定也较麻烦，因此当静态前馈能满足工艺要求时，不必选用动态前馈。如前所述，被控对象的扰动通道和控制通道的时间常数相当时，用静态前馈即可获得满意的控制品质。

2）前馈控制系统结构的选择

前馈控制结构的选择要遵循以下原则。

（1）在满足控制要求的前提下，采用前馈控制的优先性次序为：静态前馈控制、动态前馈控制、前馈－反馈控制和前馈－串级控制。

（2）在实际工业生产过程中，当需要引入前馈控制时，尤其当过程扰动通道与控制通道的纯迟延相差不大时，静态前馈控制可获得较高的控制精度，这时首先考虑采用静态前馈控制。

（3）静态前馈控制只能保证被控变量的静态偏差接近或等于 0，不考虑过程扰动通道的时间常数和控制通道的时间常数不同，不能消除过渡过程中所产生的动态偏差。当系统需要严格控制动态偏差时，就要采用动态前馈控制。

（4）当被控对象的扰动较多，或不能精确辨识扰动对被控对象的影响时，可以采用前馈－反馈控制。利用前馈控制对主要扰动进行控制，通过反馈控制抑制由于辨识不精确及其他扰动引起的误差。也就是说，前馈－反馈控制系统将扰动分成2个等级，影响大的扰动采用前馈补偿，保证系统输出不会有过大波动；影响小的扰动允许引起系统输出的偏差，通过反馈进行修正。

（5）当被控对象较复杂，扰动较多，要求控制精度较高时，应采用前馈－串级控制。

（6）在非自衡系统中，不能采用单纯前馈控制，因为开环系统不能改变被控系统的非自平衡性。

3. 前馈控制系统的实施

通过对前馈控制系统几种典型结构形式的分析可知，前馈控制器的控制规律取决于被控对象的控制通道和扰动通道的动态特性，而工业对象的特性极为复杂，这就导致了前馈控制规律的形式繁多，按不变性原理实现完全补偿在很多情况下只有理论意义，实际上是做不到的。其原因有2个方面：一方面，被控对象的动态特性很难测得准确，而且一般也具有不可忽视的非线性，特别是在不同负荷下动态特性变化很大，因此用一般的线性补偿器就无法满足不同负荷下的要求；另一方面，写出了补偿器的传递函数并不等于能够实现它，如果 $G_p(s)$ 中包含的纯迟延时间比 $G_d(s)$ 的纯迟延时间大，那就没有实现完全补偿的可能。但从工业应用来看，尤其是使用常规控制仪表组成的控制系统，总是力求控制系统的模式具有一定的通用性，以利于设计、投运和维护。

实际上可以采用前馈控制的大部分过程，其扰动通道和控制通道的传递函数在性质上和数量上都是相近的，通常可用一阶环节或二阶环节来表示。虽然在二者中还可能碰到纯迟延，但是它们的数值一般也比较接近。所以，大多数情况下只需要考虑主要的惯性环节，也就是实现部分补偿，通常采用简单的超前－滞后装置作为动态补偿器就能够满足要求了，其的传递函数为

$$G_{ff}(s) = -K_{ff}\frac{T_{f1}s+1}{T_{f2}s+1} \tag{8-20}$$

如超前－滞后环节的输出是 $c_f(t)$，当输入为单位阶跃时，有

$$c_f(t) = 1 + \frac{T_{f1}-T_{f2}}{T_{f2}}e^{-\frac{t}{T_{f2}}} \tag{8-21}$$

式中：T_{f1} 为超前时间；T_{f2} 为滞后时间。

超前－滞后环节的阶跃响应曲线如图8－11所示。当 $T_{f1}>T_{f2}$ 时，前馈补偿具有超前特性，适用于控制通道滞后大于扰动通道滞后的被控对象；当 $T_{f1}<T_{f2}$ 时，前馈补偿具有滞后特性，适用于控制通道滞后小于扰动通道滞后的被控对象；当 $T_{f1}=T_{f2}$ 时，前馈补偿呈现比例特性，即为静态特性。超前－滞后环节的阶跃响应曲线表明，有一瞬时增益为 T_{f1}/T_{f2}，而恢复到稳态值的63%所需的时间

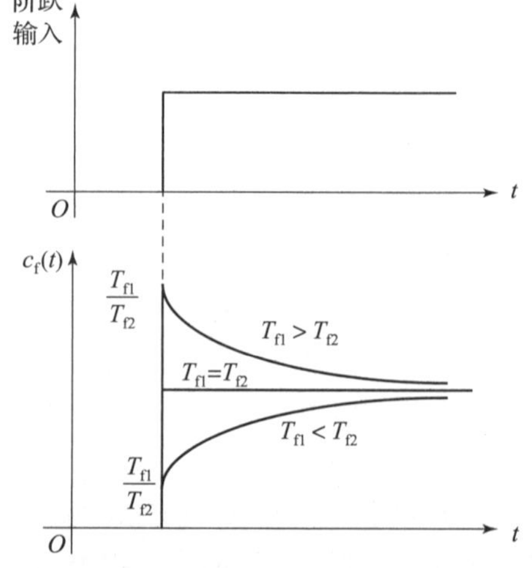

图8－11　超前－滞后环节的阶跃响应曲线

为 T_{f2}。

超前 - 滞后环节最重要的性能是静态精度。如果在静态下不能准确地复现输入，超前 - 滞后环节就要降低前馈控制的性能。

利用超前 - 滞后装置作为动态补偿器进行前馈控制时，当负荷发生变化，补偿器能通过控制通道给过程输入比较多（或比较少）的能量或物质，以改变过程的能量水平。在它的输入和输出函数间的累积面积应该与未经补偿的过程响应曲线中的面积相匹配。如果那样做了，那么响应曲线之净增面积将是 0。

式（8 - 20）所示的超前 - 滞后前馈补偿器已经成为目前广泛应用的动态前馈补偿模式，在定型的 DDZ - Ⅲ型仪表、组合仪表及微型控制器中都有相应的硬件模块，在没有定型仪表的情况下，也可用一些常规仪表组合而成，如用比值器、加法器和一阶惯性环节来实施，如图 8 - 6 所示

在前面所示换热器中，应用超前 - 滞后环节对料液流量改变这一扰动进行动态补偿后，得到的前馈控制系统如图 8 - 12 所示。

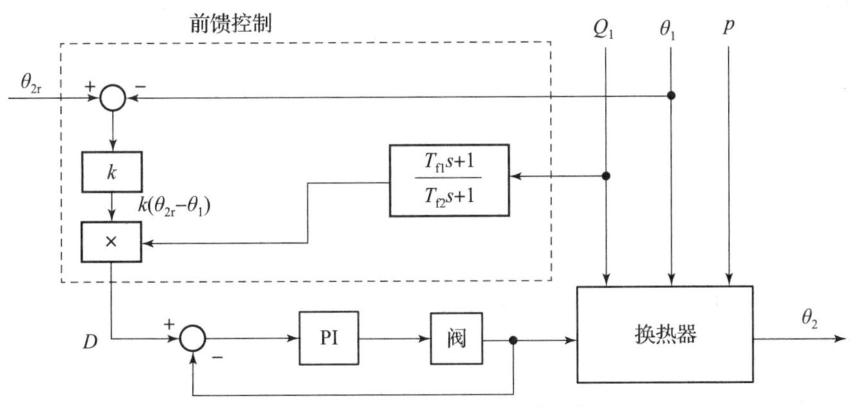

图 8 - 12　换热器前馈控制系统

如图 8 - 13 所示，将换热器出口温度在动态前馈控制下的负荷响应曲线与在反馈控制下的负荷响应曲线进行比较。可以看到，当进料流量 Q_1 发生变化时，静态前馈将使出口温度的静态偏差为零，动态偏差也可以补偿到很小的数值，几乎可以说将基本上保持不变，控制效果显然优于反馈控制。应该指出，对入口温度 θ_1 也可以进行动态补偿，只是由于入口温度变化缓慢，通常无须考虑。

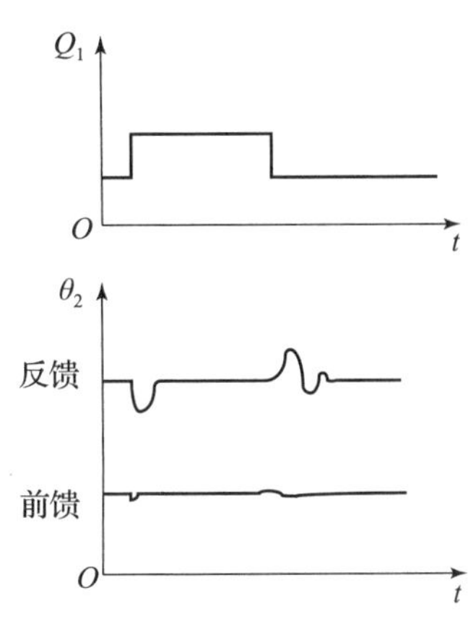

图 8 - 13　换热器前馈和反馈控制下的负荷响应曲线

从以上描述中可以看出前馈控制的优越性：与反馈控制相比，前馈控制不但控制品质好，而且不出现闭环控制系统中所存在的稳定性问题；前馈控制系统中不需要被控变量的测量信号，这种情况有时使得前馈控制成为唯一可行的控制方案。

图 8 - 14 为在换热器中实现前馈 - 反馈控制。当负荷扰动 Q_1 或入口温度 θ_1 变化时，由前馈通道改变蒸汽量

D进行控制，除此以外的其他各种扰动的影响及前馈通道补偿不准确带来的偏差，均由反馈控制器来校正。例如，反馈控制器可以用来校正热损失，即要求在所有负荷下都给过程增添一些热量，这好像对前馈控制起了调零的作用；又如，反馈控制器可以校正和控制加热蒸汽压力p的变化等其他扰动的作用。因此，可以说，在前馈－反馈控制系统中，前馈回路和反馈回路在控制过程中起着相辅相成、取长补短的作用。

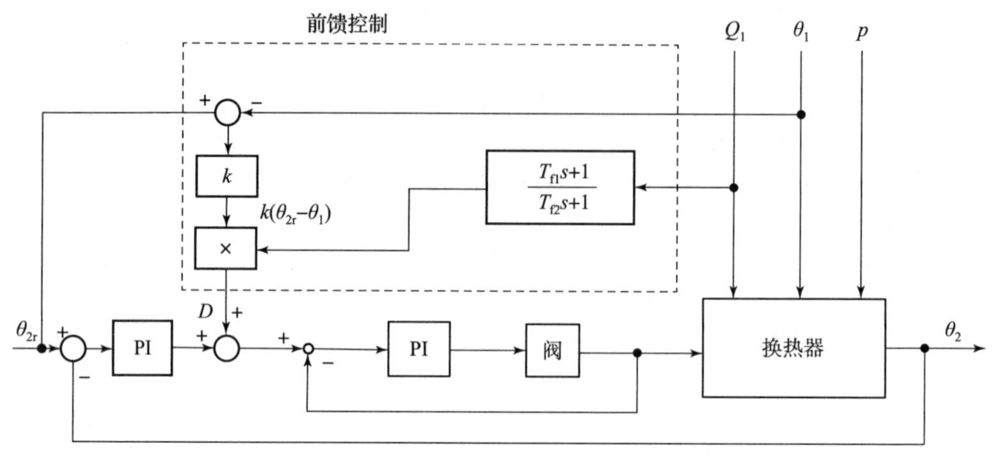

图 8－14 换热器前馈－反馈控制系统方案一

图 8－15 为在换热器上实现前馈－反馈控制的另一种方案。从图中可以看到，由于前馈回路包含了一反馈信号，就能够通过这个反馈信号控制那些未加以测量的扰动。同样，前馈回路也反过来使反馈回路能适应过程增益的变化。从图 8－14 中换热器在反馈控制下的负荷响应可以看到，随着负荷增加，过渡过程衰减很快；随着负荷减小，过渡过程振幅变大，衰减变慢，这表明过程的增益与料液流量成反比，过程呈现出非线性特性。若使反馈控制器的增益与流量成正比，则将弥补此非线性特性，使系统增益不随负荷变化。图 8－15 中的方案恰好能做到这一点。反馈回路把θ_2作为输入信号，把D作为输出。但是在回路的内部，反馈控制器的输出值要先减去θ_1，然后再乘以Q_1。其中，减法是线性运算，而乘法却是非线性运算，它使反馈回路的开环增益与流量成正比，正好抵消了换热器本身增益的变化。

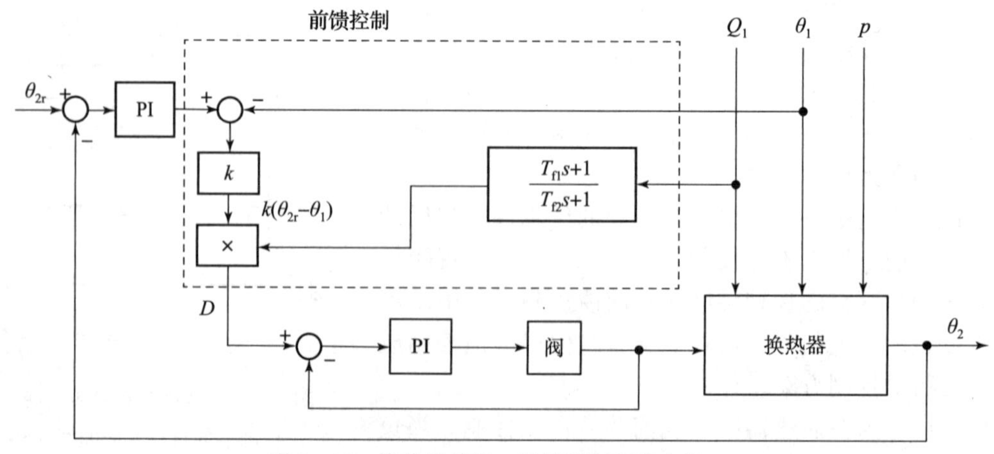

图 8－15 换热器前馈－反馈控制系统方案二

由上例可以看到，前馈控制和反馈控制之间，前馈是快的、有智能的和敏感的，但是它不准确；反馈是慢的，但却是准确的，而且在负荷条件不明的情况下还有控制能力。这 2 种回路的相互补充，相互适应构成了十分有效的控制方案。在实践中，前馈-反馈控制系统正越来越多地得到采用，而且得到了十分显著的控制效果。

8.4　前馈控制系统的整定

前馈控制系统的参数取决于被控对象的特性，并在建模时已经确定了。但是，由于特性的测试精度、测试工况与在线工况的差异，以及前馈装置的制作精度等因素的影响，使得控制效果并不会那么理想。因此，必须对前馈控制系统进行在线整定。

前馈控制系统整定的主要任务是确定反馈控制器（针对前馈-反馈控制系统或前馈-串级控制系统）和前馈控制器的参数，确定前馈控制器的方法与反馈控制器类同，也主要有理论计算法和工程整定法。其中，理论计算法是通过建立物质平衡方程或能量平衡方程，然后求取相应参数的方法，往往所得参数与实际系统相差较大，精确性较差，有时甚至难以进行。因此，工程应用中广泛采用工程整定法。

这里以最常用的前馈模型 $-K_{ff}(T_{f1}s+1)/(T_{f2}s+1)$ 为例，讨论静态参数 K_{ff} 及动态参数 T_{f1}、T_{f2} 的整定方法。

1. 静态前馈控制系统的工程整定

静态前馈控制系统的工程整定就是确定静态前馈控制器的静态前馈系数 K_{ff}，主要有以下 3 种方法。

（1）实测扰动通道和控制通道的增益，然后相除就可得到静态前馈控制器的增益 K_{ff}。

（2）对于如图 8-16 所示的系统，当无前馈控制（图中开关处于打开状态）时，设系统在输入为 r_1（对应的控制变量为 u_1）、扰动为 d_1 作用下，输出为 y_1。改变扰动为 d_2 后，调节输入为 r_2（对应的控制变量为 u_2），使系统输出恢复到 y_1，则所求的静态前馈系数为

$$K_{ff} = -\frac{u_2 - u_1}{d_2 - d_1} \tag{8-22}$$

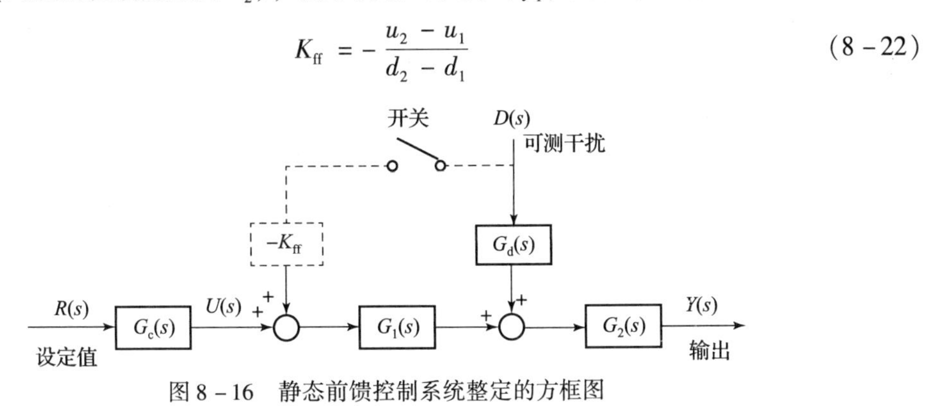

图 8-16　静态前馈控制系统整定的方框图

（3）若系统允许，则可以按图 8-16 进行现场调节：系统无前馈控制（图中开关处于打开状态）时，在输入为 r_1（对应的控制变量为 u_1）、扰动为 d_1 作用下，系统输出为 y_1；关闭开关，调节前馈补偿增益 K，使系统的输出恢复为 y_1，此时的 K 值即为所求的静态前馈系数 K_{ff}。

2. 动态前馈控制系统的工程整定

当采用动态前馈控制时，需确定超前－滞后环节的参数，有以下 2 种方法。

一是实验法，通过实验得到扰动通道和控制通道的带纯迟延的一阶惯性传递函数，其中控制通道的被控对象包含扰动量的检测变送装置、执行器和被控对象。当扰动量是流量时，可用实测的执行器和被控对象的传递函数近似；当扰动量不是流量或动态时间常数较大时，应实测扰动量检测变送装置的传递函数，然后确定动态前馈的超前－滞后环节的参数 T_{f1} 和 T_{f2}。

二是经验法，动态前馈控制系统整定的方框图如图 8－17 所示，整定分成系数整定和时间常数整定二步。

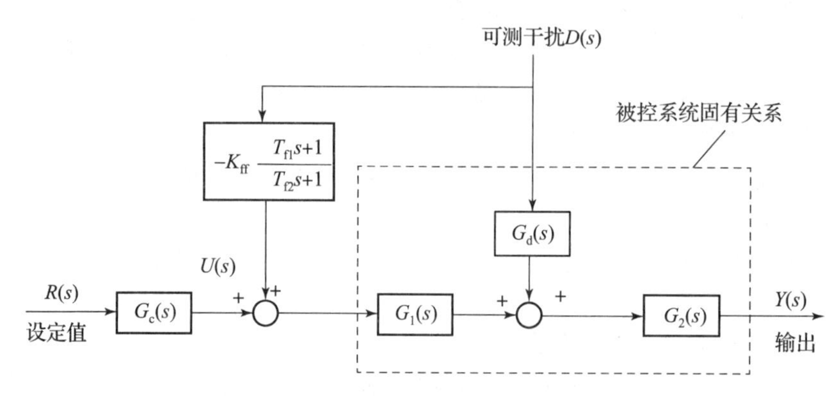

图 8－17　动态前馈控制系统整定的方框图

(1) 系数 K_{ff}的整定。对系数进行整定时，令 $T_{f1}=0$ 和 $T_{f2}=0$，并将系统时间常数和纯迟延均设为 0，即不考虑时间的影响。此时，动态前馈控制相当于静态前馈控制，系数的整定方法同前。

(2) 时间常数 T_{f1}和 T_{f2}的整定。在静态前馈系数整定的基础上，对时间常数进行整定。前馈控制器动态参数的整定较静态参数的整定要复杂得多，在事先未经动态测定求取这 2 个时间常数的情况下，至今尚无完整的工程整定法和定量计算公式来整定这些参数，主要还是依靠经验的或定性的分析，通过在线运行曲线来判断与整定 T_{f1} 和 T_{f2}。动态参数 T_{f1} 和 T_{f2} 决定了动态补偿的程度，当 T_{f1} 过小或 T_{f2} 过大时，会产生欠补偿现象，不能有效地发挥前馈补偿的功能；当 T_{f1} 过大或 T_{f2} 过小时，则会产生过补偿现象，所得的控制品质较纯粹的反馈控制系统还差。显然，当 T_{f1} 和 T_{f2} 分别接近或等于被控对象控制通道和扰动通道的时间常数时，过程控制品质最佳。

整定步骤：首先，判别系统扰动通道和前馈通道的超前和滞后关系；其次，利用超前或滞后关系确定超前－滞后环节中 2 个时间常数的大小关系，即若起超前补偿作用，$T_{f1}>T_{f2}$，若起滞后补偿作用，$T_{f1}<T_{f2}$；最后，逐步细致地调整 T_{f1} 和 T_{f2}，使系统输出 $y(t)$ 的振荡幅度最小。

3. 前馈－反馈和前馈－串级控制系统的工程整定

前馈－反馈控制系统和前馈－串级控制系统的工程整定主要有 2 种方法：一是前馈控制系统和反馈或串级控制系统分别整定，各自整定好参数后再把两者组合在一起；二是首先整定反馈或串级控制系统，然后再在整定好的反馈或串级控制系统基础上，引入并整定前馈控制系统。

1）前馈控制系统和反馈或串级控制系统分别整定

整定前馈控制系统时，不接入反馈或串级控制系统。前馈控制系统的整定方法与静态前馈控制系统或动态前馈控制系统相同。

整定反馈或串级控制系统时，不引入前馈控制系统，整定方法与单独采用简单控制系统和串级控制系统的整定方法相同。

前馈控制系统和反馈或串级控制系统分别整定好后，将它们组合在一起即可。

2）先整定反馈或串级控制系统，后整定前馈控制系统

前馈 - 反馈控制系统和前馈 - 串级控制系统的工程整定方法基本相同，下面针对前馈 - 反馈控制系统的整定过程予以介绍，该系统整定的方框图如图 8 - 18 所示。

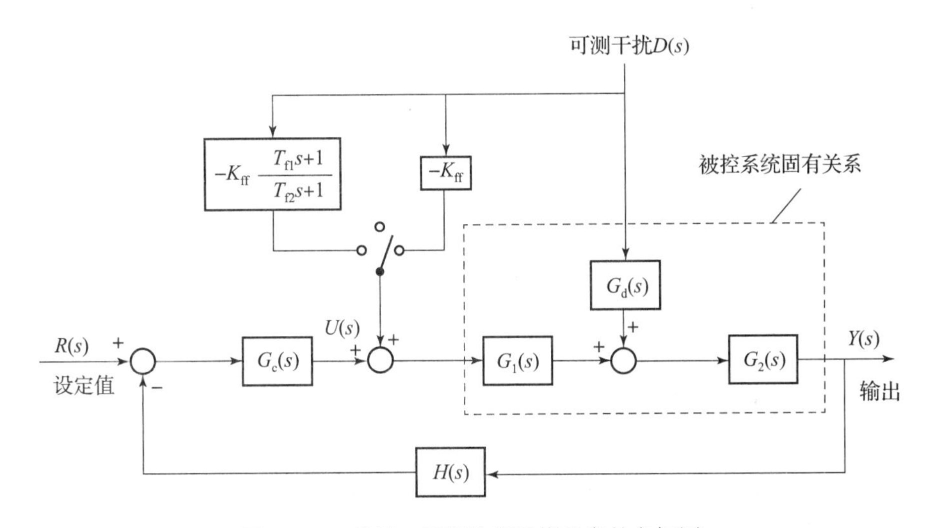

图 8 - 18 前馈 - 反馈控制系统整定的方框图

（1）整定反馈或串级控制系统。

当整定反馈或串级控制系统时，将图 8 - 18 中的开关置于中间位置，整定方法与单独采用简单控制系统或串级控制系统的整定方法相同。

（2）整定静态前馈系数。

当整定静态前馈控制系统时，首先把图 8 - 18 中的开关置于右侧，将静态前馈系数引入控制系统。然后保证系统的设定值端信号不变，扰动端产生一个阶跃扰动信号。整定的过程就是逐步调整静态前馈系数使系统的输出减小振荡幅度的过程，系统输出的振荡幅度为最小时的静态前馈系数即为所求。

（3）整定动态前馈的超前 - 滞后环节的参数。

当整定动态前馈控制系统时，把图 8 - 18 中的开关置于左侧，将超前 - 滞后环节引入控制系统。首先，要判别系统扰动通道和前馈通道的超前和滞后关系；其次，利用超前或滞后关系确定超前 - 滞后环节中两个时间常数的大小关系；最后，逐步调整各系数使系统的输出振荡幅度最小。

8.5 前馈 - 反馈控制系统设计案例

下面通过两个设计案例，来说明前馈控制系统的设计与工程实现，并对前馈 - 反馈控制系统设计进行简要总结。

【例 8 - 1】 石油工业中的管式加热炉的任务是把原油或重油加热到一定的温度，以保证下道工序的顺利进行，加热炉前馈 - 反馈控制系统如图 8 - 19 所示。被加热的原料油流过炉膛四周的排管后，被加热到出口温度 T，工艺上要求油料出口温度的波动不能超过 ±2 ℃。加热炉出料温度为被控变量，用装设在燃料油管道上的调节阀来控制燃料油流量，以达到调节温度的目的。已知原料油及燃料油流量波动是主要的扰动源，试设计前馈 - 串级复合控制系统。

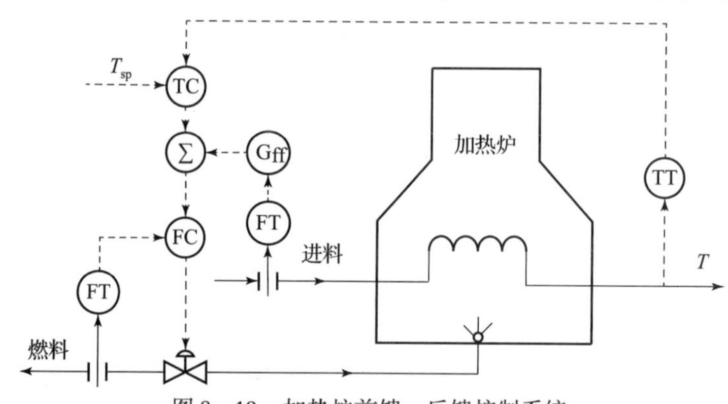

图 8 - 19 加热炉前馈 - 反馈控制系统

解：先进行扰动分析，使原料油出口温度变化的扰动主要有原料油的流量和进口温度的变化，燃料油流量、压力和喷油用的过热蒸汽的波动以及燃烧供风和大气温度的变化等。考虑到原料油的流量不稳定是主要的扰动源，属于负荷扰动，并且不可控（受到上一道工序的制约），因此应考虑引入前馈补偿通道，在原料油流量变大的同时，加大燃料油流量，以便维持能量的平衡。至于燃料油流量波动，可通过调节燃料进料阀予以调节，属于闭环反馈调节，因而构成串级控制的内回路。至于其他扰动，可通过直接检测出温度 $T=0$ 并与设定温度进行比较，采用 PID 控制规律进行有效的抑制。加热炉前馈 - 反馈控制系统的方框图如图 8 - 20 所示。

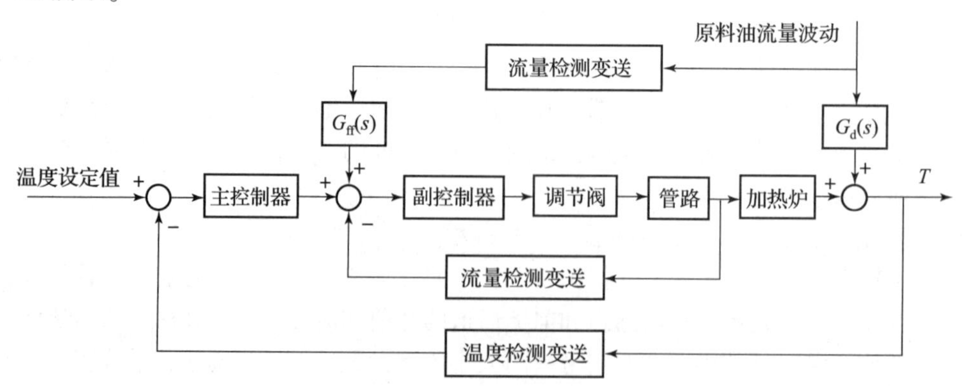

图 8 - 20 加热炉前馈 - 反馈控制系统的方框图

通过这个例子，可以看出串级控制与前馈控制有以下明显的区别。

（1）串级内环。燃料油流量波动时，通过内环控制器及时调节燃料进料阀开度，以稳定燃料流入量，避免进一步影响被控温度，因而属于闭环反馈结构。

（2）前馈补偿。负荷介质流入量改变时，通过前馈补偿器，调整燃料流入量，进而维持能量的平衡，减少对被控变量的影响，但这不会影响负荷介质本身流入量，因而属于开环结构。

【例 8 – 2】 已知某换热器温度控制系统，要求物料出口温度稳定在设定值。由于被加热物流流量变化剧烈，系统采用前馈 – 反馈控制方案，如图 8 – 21 所示。

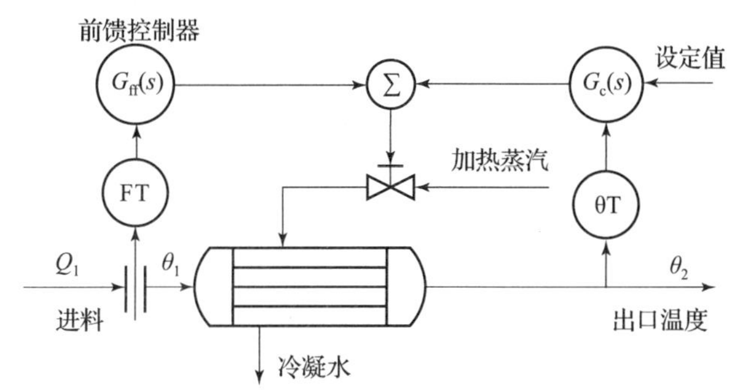

图 8 – 21　换热器前馈 – 反馈控制系统

已知系统控制通道的传递函数和扰动通道的传递函数分别为

$$G_p(s) = \frac{1}{10s+1}e^{-s}, \quad G_d(s) = \frac{1}{2s+1}e^{-2s}$$

流量测量环节的传递函数 $G_{md}(s)=1$，温度测量环节的传递函数 $G_{ml}(s)=1$，$G_{ff}(s)$ 为前馈控制器，$G_c(s)$ 为反馈控制器。反馈控制器采用 PI 控制规律，试整定反馈控制器的参数和前馈控制器的参数，并比较存在阶跃扰动作用时，反馈控制和前馈 – 反馈控制的响应情况。

解：（1）反馈控制器的整定。

首先根据前馈 – 反馈控制系统的工作原理，建立如图 8 – 22 所示的 Simulink 仿真图。

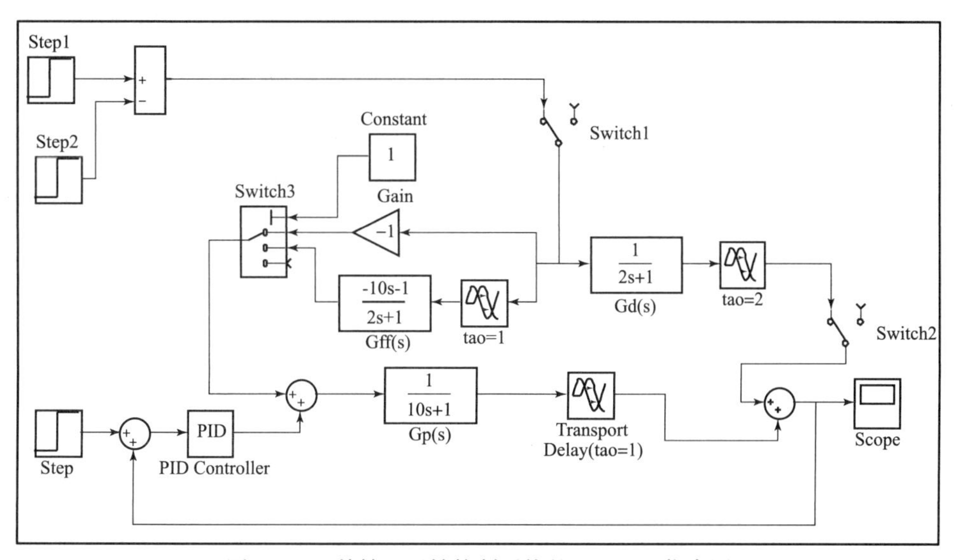

图 8 – 22　前馈 – 反馈控制系统的 Simulink 仿真图

PID 模块采用 PI 控制，断开图中开关 Switch1 和 Switch2，使系统在无扰动的反馈控制下运行，按照 PID 反馈控制系统参数整定方法整定系统的 PID 参数，采用 Z－N 公式可求得 $K_c=9$，$K_i=2.72$。通过仿真运行，阶跃响应超调量偏大，需要减小比例增益和积分增益；通过调整，当 $K_c=6$、$K_i=0.618$ 时可得到满意的结果。反馈控制系统的单位阶跃响应曲线如图 8－23 所示。

将图 8－22 的开关 Switch1 和 Switch2 闭合，即将开关置于左侧，同时使开关 Switch3 处于断开状态，即设置 Constant＝3，使系统在扰动状态下闭环运行。其中，扰动信号为在 30 s 时加入的一幅值为 0.5、宽度为 20 s 的脉冲信号。此时其单位阶跃响应曲线如图 8－24 所示。

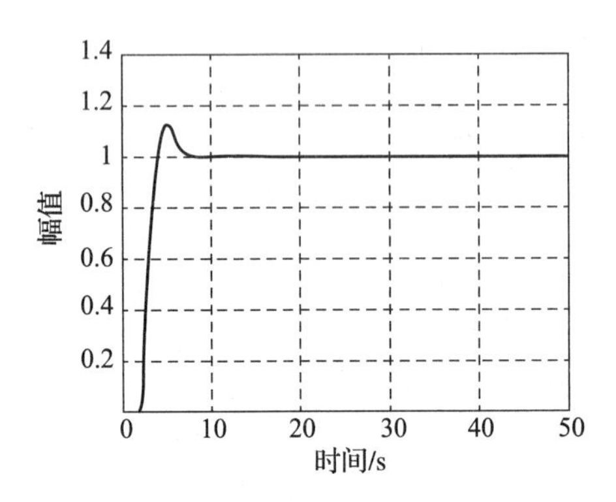

图 8－23 反馈控制系统的单位阶跃响应曲线

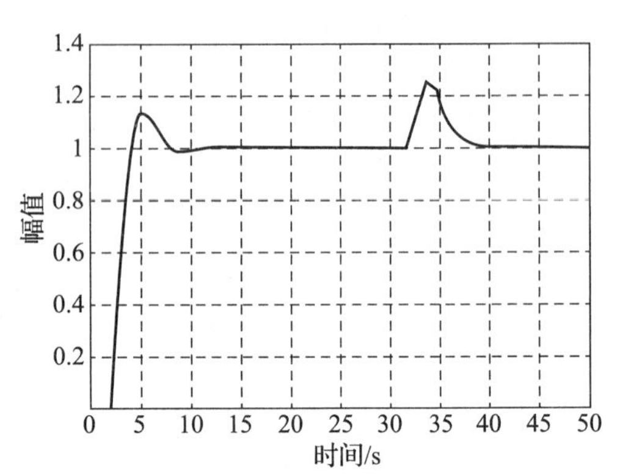

图 8－24 阶跃扰动下反馈控制系统的单位阶跃响应曲线

（2）前馈控制器的参数整定。

根据已知的控制通道和扰动通道的传递函数 $G_p(s)$、$G_d(s)$，可以求出静态前馈放大系数 $K_{ff}=-1$ 和 $G_{ff}(s)=-(10s+1)e^{-s}/(2s+1)$，将开关 Switch3 的输入控制端 Constant 分别置于 1 位和 2 位，即使前馈处于静态前馈和动态前馈 2 种控制方式，可得到如图 8－25 和图 8－26 所示的阶跃扰动下，静态前馈－反馈控制系统和动态前馈－反馈控制系统的单位阶跃响应曲线。

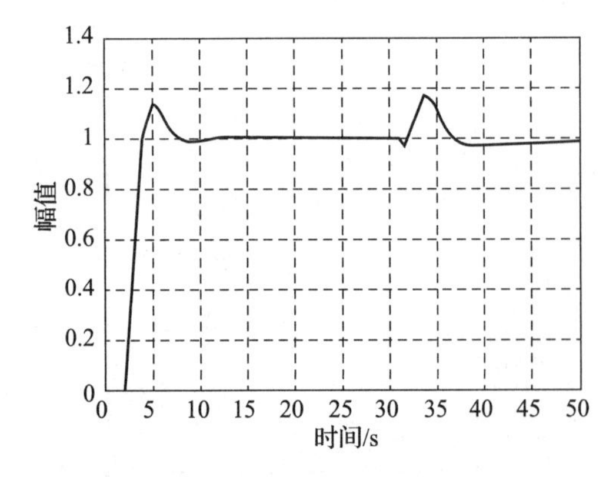

图 8－25 静态前馈－反馈控制系统的单位阶跃响应曲线

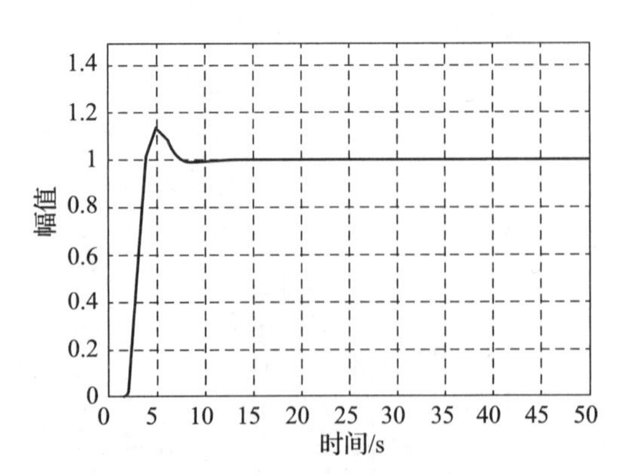

图 8－26 动态前馈－反馈控制系统的单位阶跃响应曲线

由图 8－25 和图 8－26 可知静态前馈－反馈可以减小扰动脉冲的影响，但不能完全消除；而动态前馈－反馈控制可以完全消除扰动脉冲的影响。

一般来说，前馈控制系统总是在不停地调整传送给过程的物质和能量，使之与负荷的需求保持平衡，因此可根据过程的物质和能量平衡关系，来进行前馈控制系统的设计，完成前馈控制器增益的计算。如果考虑系统的动态过程，可采用超前－滞后环节，并依据扰动通道与控制通道的具体情况来整定其时间常数，则可实现简单的动态补偿。

这里需要指出，前馈控制系统的输出最好用作流量串级回路的设定值，而不要直接用于控制调节阀，因为根据调节阀的位置不能足够准确地确定流量的大小。

综上所述，理想的过程控制一般都要求被控变量在过程特性呈现大滞后和多扰动情况下，持续保持在工艺所要求的数值上。可是，由于控制器只有在输入被控变量与设定值之差后才发出控制指令，因而系统在反馈控制过程中必然存在偏差，不能得到完美的控制效果。而前馈控制直接按照扰动大小进行补偿控制，在理论上能够实现完美的控制。但前馈控制也有局限性，只能够作为反馈控制的重要补充，而不能够完全取代反馈控制。

8.6　本章小结

本章介绍了前馈控制系统，它是基于不变性原理实现对全部扰动或部分扰动的补偿控制。

前馈控制属于开环控制，常用的前馈控制结构形式有前馈控制、前馈－反馈控制和前馈－串级控制。

采用前馈控制的优先顺序为：静态前馈控制、动态前馈控制、前馈－反馈控制和前馈－串级控制。

前馈控制系统的整定可以分别进行前馈和反馈参数的整定，然后把整定好的参数一起投入运行；或者先整定反馈参数，在反馈控制投入运行后，在此基础上引入并整定前馈参数。

习　　题

8.1　前馈控制和反馈控制各有什么特点？为什么采用前馈－反馈复合控制系统能较大地改善控制品质？

8.2　在什么条件下，静态前馈和动态前馈在克服扰动影响方面具有相同的效果？

8.3　在前馈控制中，如何达到全补偿？静态前馈与动态前馈有什么联系和区别？

8.4　前馈控制有哪些结构形式？在工业控制中为什么很少单独使用单纯前馈控制系统，而选用前馈－反馈控制系统？

8.5　试为下述过程设计一前馈控制系统，已知过程的传递函数为

$$G_{\mathrm{p}}(s)=\frac{Y(s)}{\mu(s)}=\frac{s+1}{(s+2)(2s+3)}$$

$$G_{\mathrm{d}}(s)=\frac{Y(s)}{D(s)}=\frac{5}{s+2}$$

试画出前馈控制系统的方框图，求出前馈控制器的传递函数。

8.6　某前馈－串级控制系统的方框图如题图 8－1 所示。

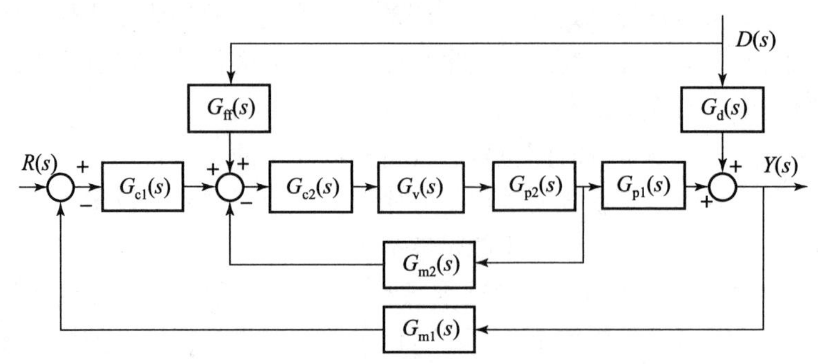

题图 8－1　前馈－串级控制系统的方框图

已知：$G_{c1}(s)=1+\frac{1}{2s}$；$G_{c2}(s)=9$；$G_v(s)=2$；$G_{m1}(s)=G_{m2}(s)=1$；$G_{p1}(s)=\frac{3}{2s+1}$；$G_{p2}(s)=\frac{3}{2s+1}$；$G_d(s)=\frac{0.5}{2s+1}$。

（1）计算前馈控制器 $G_{ff}(s)$ 的数学模型；（2）假定调节阀为气开形式，试确定各控制器的正、反作用。

第 9 章

特殊控制系统

随着现代工业的发展，控制质量的要求越来越高，控制任务也越来越复杂或特殊，于是出现了一类特殊控制系统，其中有的是 2 个控制器同时工作的控制系统，如双闭环比值控制系统和均匀控制系统等；有的是 1 个控制器控制多个执行装置，如分程控制系统等。这些系统有的以其结构命名，有的以功能特征或原理命名。本章将分别对这类特殊控制系统的系统结构、工作原理和整定方法等进行讨论。

9.1 比值控制系统

9.1.1 比值控制系统的原理和类型

在许多生产过程中，常常要求 2 种或 2 种以上的物料保持一定的比例关系。一旦比例失调，就会影响生产的正常进行，造成产量下降、质量降低、能源浪费、环境污染，甚至造成安全事故，下面举例说明。

燃气隧道窑在陶瓷制品的烧结过程中，利用的是煤气燃料，煤气在窑内燃烧时应混合一定比例的助燃空气。工艺上要求煤气与助燃空气的比例为 1∶1.05，此时的燃烧效果最佳。若助燃空气不足，煤气得不到充分燃烧，造成能源浪费、环境污染；若助燃空气过量，空气中不助燃的气体又将大量热量带走，造成热效率降低。因此，在考虑节能、环保的情况下，对煤气和助燃空气流量的比例加以控制是非常必要的。

在硝酸的生产过程中，氨气和空气按一定比例在氧化炉中进行氧化反应。为了使氧化反应能顺利进行，二者的流量应保持一合适的比例。同时，还应考虑生产安全，因为当低温下氨气在空气中的含量为 15%~28%，高温下为 14%~30%时，都会有发生爆炸的危险。因此，对进入氧化炉的氨气和空气的流量比例要加以控制，不让其进入爆炸范围，这对于安全生产具有重要意义。

在尿素生产过程中，送入尿素合成塔的二氧化碳压缩气与液氨的流量要保持一定比例；在聚乙烯醇生产过程中，树脂和氢氧化钠必须以一定比例混合，否则树脂将会自聚而影响生产；在锅炉或任何加热炉的燃烧过程中，需要保持燃料量和空气量按一定比例进入炉膛，才能保持燃烧的经济性。

这种自动保持 2 种或 2 种以上物料之间一定比例关系的控制系统，称为比值控制系统（rate control system）。比值控制系统是以功能来命名的。

需要保持一定比例关系的 2 种物料中，总有一种起主导作用的物料，称这种物料为主物料；另一种物料在控制过程中则跟随主物料的变化而成比例地变化，这种物料称为从物料。由于主、从物料均为流量参数，故又分别称为主物料流量（简称主流量）和从物料流量（简称从流量）。通常，主物料流量用 Q_1表示，从物料流量用 Q_2表示，工艺上要求 2 种物料的流量比值为 K，即

$$K = \frac{Q_2}{Q_1} \tag{9-1}$$

由此可见，在比值控制系统中，从流量是跟随主流量变化的物料流量。因此，在比值控制系统中，对从流量的控制是一种随动控制。

9.1.2 比值控制系统的类型

在生产过程中，根据工艺允许的负荷波动幅度、扰动因素的性质、产品质量的要求不同，实现对两物料流量比值的控制方案也不同。按系统结构分类，常用的比值控制系统可分为单闭环比值控制系统、双闭环比值控制系统和变比值控制系统。

1. 单闭环比值控制系统

单闭环比值控制系统在结构上与单回路控制系统一样。常用的控制方案有 2 种形式：一种是把主流量的测量值乘以某一系数后作为从流量控制器的设定值，这种方案称为相乘方案，是典型的随动控制系统，如图 9－1（a）所示；另一种是把 2 个流量的比值作为从流量控制回路的被控变量，这种方案称为相除方案，如图 9－1（b）所示。其中，F_1T 和 F_2T 为流量检测变送器；R 为比值器；F_2C 为流量控制器。

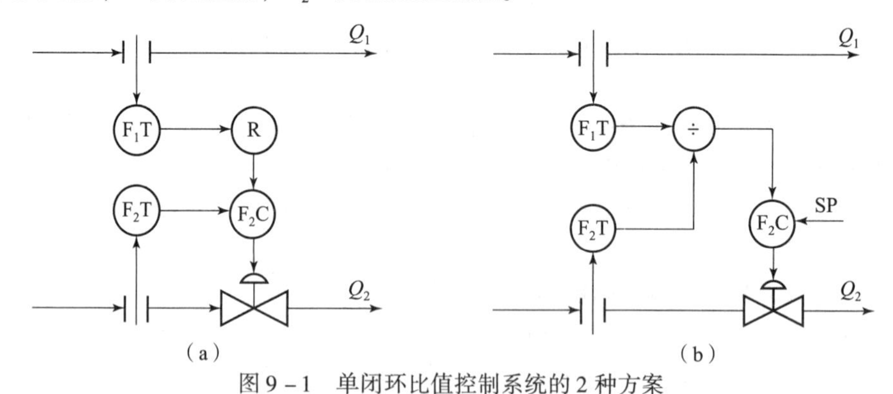

图 9－1　单闭环比值控制系统的 2 种方案

图 9－1 所对应的控制系统方框图如图 9－2 所示。

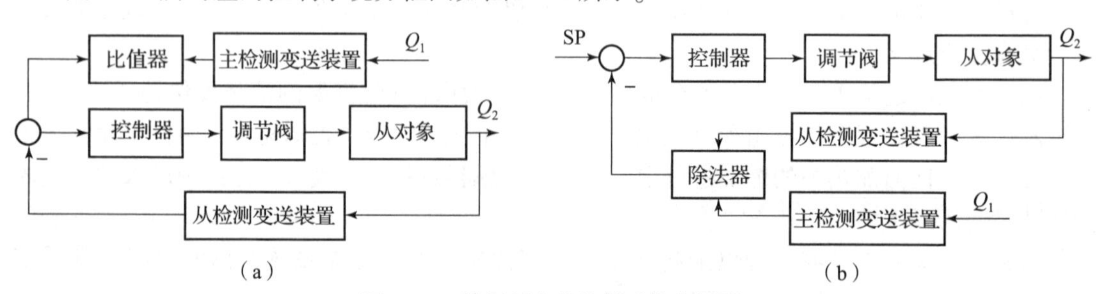

图 9－2　单闭环比值控制系统方框图

在稳定状态下，单闭环比值控制系统中的 2 种物料流量保持 $Q_2 = KQ_1$ 的比值关系。当主流量不变时，比值器的输出保持不变，此时从流量控制回路是一定值控制系统，如果从流量 Q_2 受到外界扰动发生变化，经过从流量控制回路的控制作用，把变化了的 Q_2 再调回到稳态值，维持 Q_1 与 Q_2 的比值关系不变；当主流量 Q_1 受到扰动发生变化时，比值器（或除法器）经过运算后其输出也相应发生变化，即从流量控制回路的设定值（或反馈量）发生变化，经过从流量控制回路的调整使从流量 Q_2 随着主流量 Q_1 的变化而成比例变化，变化后的 Q_2 和 Q_1 仍维持原来比值关系不变。可以看出，此时从流量控制回路是一随动控制系统。当主流量 Q_1 和从流量 Q_2 同时受到扰动而发生变化时，从流量控制回路的控制过程是上述 2 种情况的叠加，不过从流量控制回路首先应满足使 Q_2 随 Q_1 呈比值关系的变化。

应当指出的是，由于从流量的调整需要一定的时间，不可能做到理想的随动，所以单闭环比值控制系统一般只用于主流量参数变化不大的场合。原因是该方案中主流量不是确定值，它是随系统负荷升降或受扰动的作用而任意变化的。因此，当主流量 Q_1 出现大幅度波动时，从流量 Q_2 难以跟踪，主、从流量的比值在调节过程中会偏离工艺的要求，这在有的生产过程中是不允许的，需要考虑改变比值控制方案。

2. 双闭环比值控制系统

在比值控制精度要求较高而主流量 Q_1 又允许控制的场合下，很自然地就想到对主流量也进行定值控制，这就形成了双闭环比值控制系统。常用的控制方案有 2 种形式：一种是把主流量的测量值乘以某一系数后作为从流量控制器的设定值，这种方案称为相乘的方案，如图 9 - 3（a）所示；另一种是把 2 个流量的比值作为从流量控制回路的被控变量，这种方案称为相除方案，如图 9 - 3（b）所示。

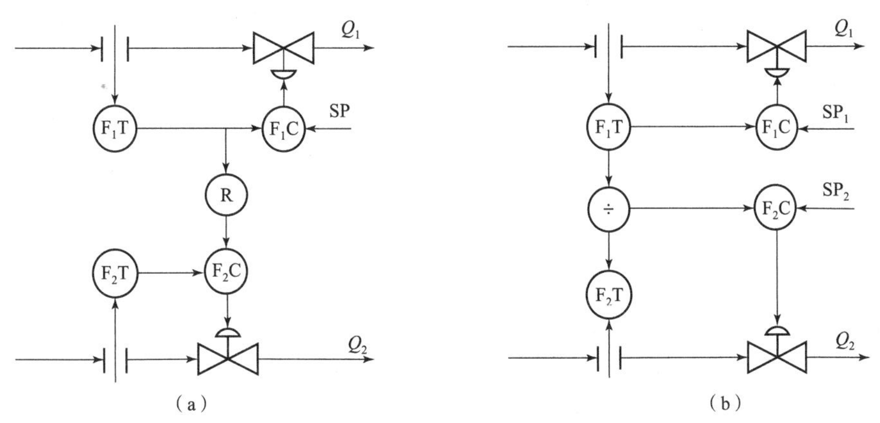

图 9 - 3　双闭环比值控制系统的 2 种方案

图 9 - 3 所对应的控制系统方框图如图 9 - 4 所示。

在双闭环比值控制系统中，当主流量 Q_1 受到扰动发生波动时，主流量控制回路对其进行定值控制，使主流量始终稳定在设定值附近，因此主流量控制回路是一定值控制系统。而从流量控制回路是一随动控制系统，主流量 Q_1 发生变化时，通过比值器（除法器）的输出使从流量控制回路控制器的设定值（反馈值）也发生改变，从而使从流量 Q_2 随着主流量 Q_1 的变化而成比例地变化。当从流量 Q_2 受到扰动时，和单闭环比值控制系统一样，经过从流量控制回路的调节，使从流量 Q_2 稳定在要求的输出值。

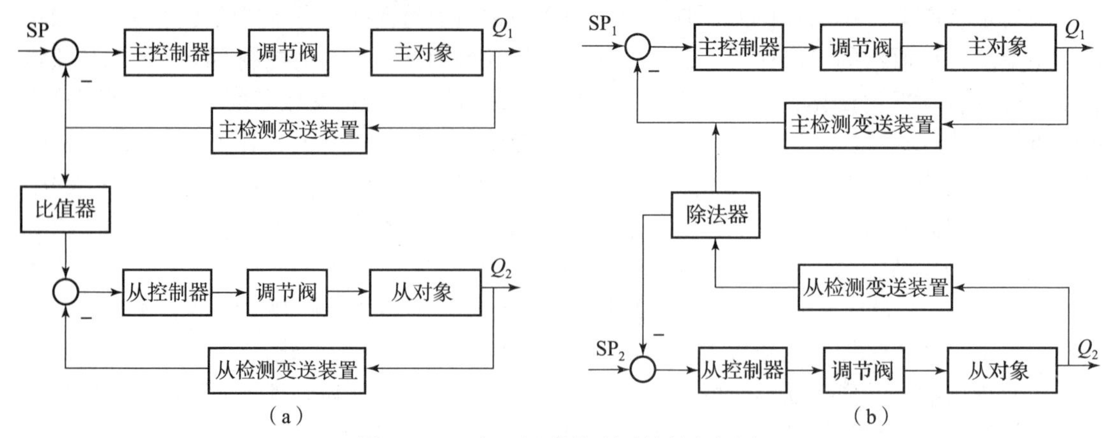

图 9－4　双闭环比值控制系统的方框图

双闭环比值控制系统和单闭环比值控制系统的区别仅在于增加了主流量控制回路。显然，由于实现了主流量 Q_1的定值控制，克服了扰动的影响，使主流量 Q_1变化平稳。当然，与之成比例的从流量 Q_2变化也将比较平稳。当系统需要升降负荷时，只要改变主流量 Q_1的设定值，主、从流量就会按比例同时增大或减小，从而克服了上述单闭环比值控制系统的缺点。

3. 变比值控制系统

前面介绍的 2 种比值控制系统都属于定比值控制系统，因为它们的主、从流量之间的比值都是确定的，控制的目的是要保持主、从流量的比值关系为恒值。但在有些生产过程中，要求 2 种物料流量的比值能灵活地根据另一个参数的变化来不断修正，这是一个变比值控制问题。在实际生产过程中，使 2 种物料的流量比值恒定往往并不是目的，真正的控制目的大多是 2 种物料混合或反应以后的产品的产量、质量或系统的节能、环保及安全等。也就是说，比值控制只是生产过程的中间手段。如果 2 种物料流量的比值对被控变量影响比较显著，可以将 2 物料流量的比值作为操作变量加以利用，用于克服其他扰动对被控变量的影响。采用这种通过控制中间变量、保证最终目标的方式，是因为最终目标往往不易测量或这两种物料成分稳定且其流量比值对最终目标影响显著。例如，燃烧系统中，由于燃烧效率不易测量，当燃料的热值稳定、空气中的氧含量稳定时，就可以采用空燃比作为高效燃烧的控制参数。但是，如果燃料的品质无法保持稳定，如燃烧劣质煤的锅炉；或空气中的氧含量不确定，如汽车在不同的海拔高度运行，就不能简单地采用空燃比作为高效燃烧的被控变量，而必须引入可以直接反应燃烧效率的直接参数。例如，燃烧系统可以引入烟气中的氧含量作为直接控制参数，并以此修订空燃比。

图 9－5 为氧化炉温度与氨气/空气变比值控制系统。氧化炉是硝酸生产中的一关键设备，原料氨气和空气首先在混合器中混合，经过滤器后通过预热器进入氧化炉中，在铂触媒的作用下进行氧化反应，生成一氧化氮气体，同时放出大量热量。反应后生成的一氧化氮气体通过预热器进行热量回收，并经快速冷却器降温，再进入硝酸吸收塔，在空气中第二次氧化后再与水作用生成稀硝酸。整个生产过程中，稳定氧化炉的操作是保证优质高产、低耗、无事故的首要条件。而稳定氧化炉操作的关键条件是反应温度，一般要求炉内反应温度为 (840 ±5) C°。因此，氧化炉温度可以间接表征氧化生产的质量指标。

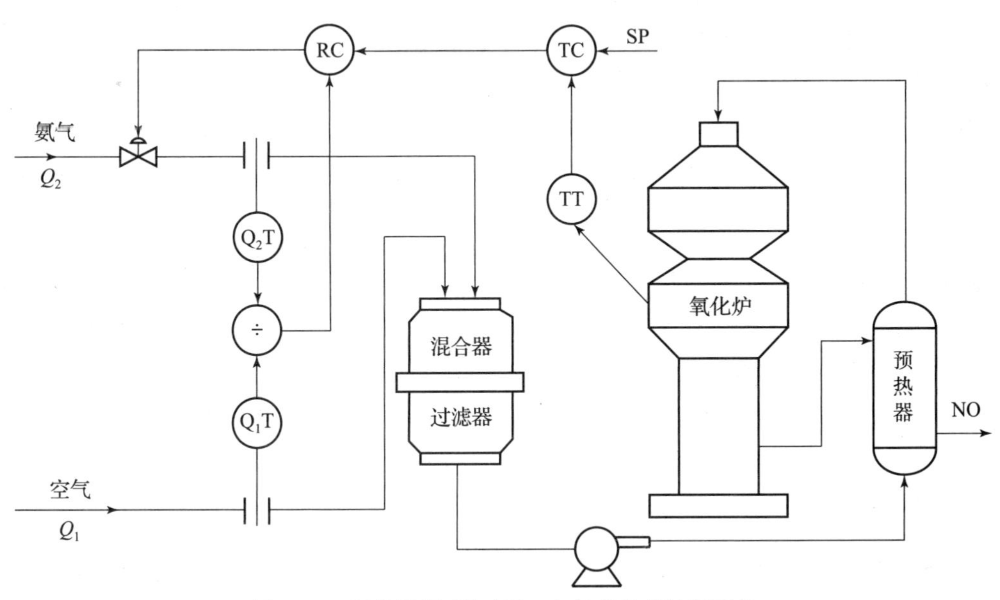

图9-5 氧化炉温度与氨气/空气变比值控制系统

经测定，影响氧化炉反应温度的主要因素是氨气和空气的比值，当混合器中氨气含量减小1%时，氧化炉温度将会下降64 ℃。因此，可以设计一比值控制系统，使进入氧化炉的氨气和空气的比值恒定，从而达到稳定氧化炉温度的目的。然而，对氧化炉温度构成影响的还有其他很多因素，如进入氧化炉的氨气、空气的初始温度、负荷的变化、进入混合器前氨气和空气的压力变化、铂触媒的活性变化及大气环境温度的变化等。也就是说，单靠比值控制系统使氨气和空气的流量比值恒定，还不能最终保证氧化炉温度的恒定。因此，必须根据氧化炉温度的变化，适当改变氨气和空气的流量比，以维持氧化炉温度不变。所以就设计出了图9-5所示的以氧化炉温度为主变量、以氢气和空气的比值为副变量的串级比值控制系统，也称为变比值控制系统。变比值控制系统的方框图如图9-6所示。

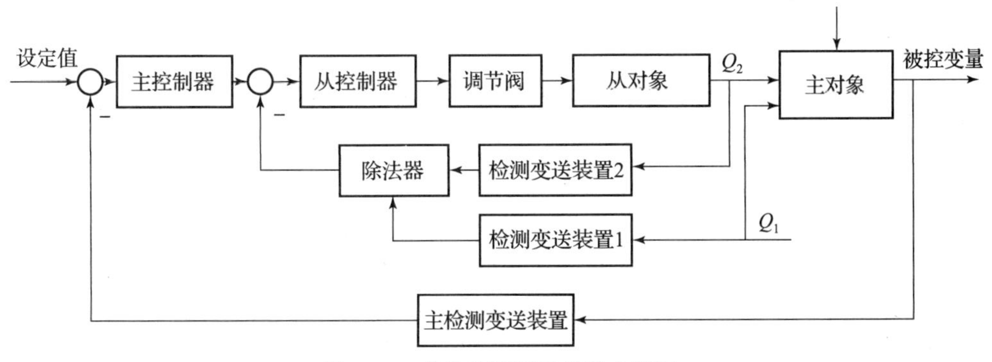

图9-6 变比值控制系统的方框图

变比值控制系统在稳定情况下，主流量 Q_1 和从流量 Q_2 经过检测变送装置后送入除法器相除，除法器的输出即为它们的比值，同时又作为副控制器的反馈值。当主被控变量（氧化炉温度）y 稳定不变时，主控制器的输出也稳定不变，并且和比值信号相等，调节阀稳定于某一开度。当主流量 Q_1 受到扰动发生波动时，除法器输出要发生改变，从控制器动作改变调节阀开度，使从流量 Q_2 也发生变化，保证 Q_1 和 Q_2 的比值不变。但当主对象受到扰动引起主被控变量 y 发生变化时，主控制器的测量值将发生变化，当系统设定值不变时，主控制器的输出将发生改变，也就是改变从控制器的设定值，从而引起从流量 Q_2 的变化。在主流量 Q_1 不变时，除法器输出要发生改变。所以流量系统最终利用主流量 Q_1 和从流量 Q_2 的比值变化来稳定主对象的主被控变量 y。

由此可见，变比值控制系统是 2 种物料流量比值随另一个参数变化的比值控制系统，其结构是串级控制系统与比值控制系统的结合，实质上是以某种质量指标为主变量，2 种物料比值为副变量的串级控制系统，所以也称为串级比值控制系统。根据串级控制系统具有一定自适应能力的特点，当系统中存在温度、压力、成分、触媒活性等随机扰动时，这种变比值控制系统也具有能自动调整 2 种物料流量比值，保证质量指标在规定范围内的自适应能力。因此，在变比值控制系统中，保证 2 种物料流量比值只是一种控制手段，其最终目的通常是保证表征产品质量指标的主被控变量恒定。

9.1.3 比值系数的计算

控制系统中物料流量的大小往往差异很大，而仪表之间的联络信号是统一的。例如，数显仪表的标准信号为 4~20 mA 的直流电流或 1~5 V 的直流电压信号；DDZ－Ⅱ型电动仪表的标准信号为 0~10 mA 的直流电流；DDZ－Ⅲ型电动仪表的标准信号为 4~20 mA 的直流电流信号；QDZ 型气动仪表的标准信号是 0.02~0.1 MPa 的压力信号等。这就使得不管多大的流量都会通过检测变送装置（以下简称变速器）变为统一的信号范围，仅从仪表间的联络信号的大小并不能看出实际流量的大小，对比值系统而言，2 个仪表联络信号的比值不能直接反映 2 个流量的实际比值是多少，要想通过仪表联络信号的大小了解比值，还必须考虑变送器的量程。例如，2 个流量变送器，一个将 0~100 m^3/h 变成 4~20 mA 的信号，另一个将 0~10 m^3/h 变成 4~20 mA 的信号，当 2 个流量变送器的输出都是 12 mA 时，并不能说这 2 个信号代表的流量就相等。也就是说，对于比值控制系统，不能仅用仪表联络信号的比值作为控制的依据，判定比值时，还必须考虑变送器的量程，这样的问题称为比值系数的换算。

因为工艺上要求的 2 种物料的比值，不是重量比就是体积比或流量比，如前面所讲 2 种物料的比值 $K=Q_2/Q_1$ 是 2 种物料的实际流量之比，而仪表上体现参数与参数之间的关系是相应的电流（压）信号或气压信号，即仪表联络信号之间的比值 α。因此，工艺上所要求的电流量比不能直接在比值器上设置。所以，当采用常规仪表实施比值控制系统时，由于受仪表测量范围及所采用仪表类型的影响，通常要将工艺上要求的流量比 K 折算成仪表上设置的对应的电信号或气信号之间的比 α。当利用计算机控制来实现比值控制时，如果采用标度变换后的量进行比值计算（直接用流量进行比值计算），则不必考虑比值系数折算，直接根据工艺所需 2 种物料的比值采用乘法或除法运算即可；如果采用流量变送器的采集信号直接进行比值计算，同样也需要进行比值系数折算。

由于流量测量的许多场合采用压差的测量方法，而压差与流量存在非线性关系，因此比值系数的折算问题还应当考虑变送器的非线性问题。

下面以标准信号范围为4~20 mA的常规仪表为例，讨论仪表比值系数α的折算问题。

1. 流量与其测量信号之间成非线性关系

在如图9-7所示比值控制系统中，对于节流元件来说，压差与流量的平方成正比，故A、B管路上的节流元件的压差与流量的关系可以分别写为

$$\begin{cases}\Delta p_1 = k_1 Q_1^2 \\ \Delta p_2 = k_2 Q_2^2\end{cases} 和 \begin{cases}\Delta p_{1\max} = k_1 Q_{1\max}^2 \\ \Delta p_{2\max} = k_2 Q_{2\max}^2\end{cases} \quad (9-2)$$

式中：k_1和k_2分别为节流元件的放大系数；Δp_1、Δp_2为相应流量时的压差输出；$\Delta p_{1\max}$、$\Delta p_{2\max}$为流量等于变送器量程上限流量$Q_{1\max}$和$Q_{2\max}$时的压差输出。

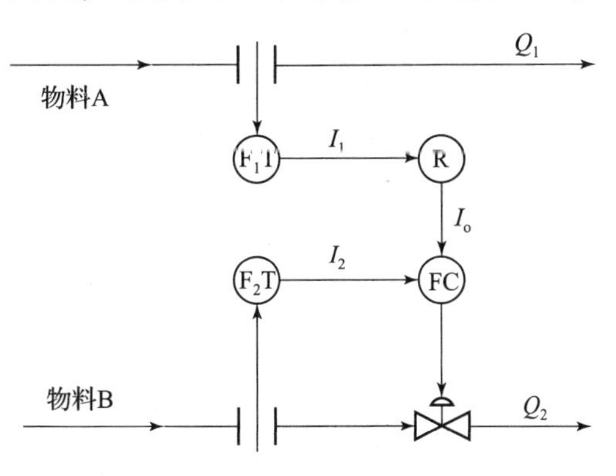

图9-7　无开方器的比值控制系统

流量变送器$\mathrm{F_1T}$和$\mathrm{F_2T}$是将压差信号线性地转换为电信号。当流量由0变至最大值$Q_{\max}$时，由于仪表对应的输出信号范围为4~20 mA（DC），因此可以写出变送器转换式为

$$I_1 = \frac{\Delta p_1}{\Delta p_{1\max}}(20-4)+4 \text{ 和 } I_1 = \frac{\Delta p_2}{\Delta p_{2\max}}(20-4)+4 \quad (9-3)$$

将式（9-2）代入式（9-3）可得

$$I_1 = 16\left(\frac{Q_1}{Q_{1\max}}\right)^2+4 \text{ 和 } I_2 = 16\left(\frac{Q_2}{Q_{2\max}}\right)^2+4 \quad (9-4)$$

对于电动仪表和气动仪表来说，比值器R的输出信号与输入信号以及比值系数之间的一般关系为：输出信号=仪表比值系数×（输入信号-零点）+零点。

所以，物料A的流量信号I_1经过比值器R后的信号I_o为

$$I_o = \alpha(I_1-4)+4 \quad (9-5)$$

式中：α是比值器R的仪表比值系数，需根据流量Q_1与Q_2之比值来计算确定的仪表比值系数。

根据式（9-4）和式（9-5）得到

$$I_o = \alpha\times 16\left(\frac{Q_1}{Q_{1\max}}\right)^2+4 \text{ 和 } I_2 = 16\left(\frac{Q_2}{Q_{2\max}}\right)^2+4 \quad (9-6)$$

为了保证比值控制的准确，比值控制系统中的控制器通常采用PI调节规律，以做到稳态无差。也就是说，系统调整结束后，测量信号I_2与设定值I_o相等，则根据式（9-6）可得

$$\alpha = \left(\frac{Q_2}{Q_1}\frac{Q_{1\max}}{Q_{2\max}}\right)^2 \quad (9-7)$$

假设工艺要求主流量与从流量之比为

$$\frac{Q_2}{Q_1} = K \quad (9-8)$$

将式（9-8）代入式（9-7）得

$$\alpha = K^2\left(\frac{Q_{1\max}}{Q_{2\max}}\right)^2 \quad (9-9)$$

式（9-9）中的 α 就是比值器 R 所需的仪表比值系数。式（9-9）说明，虽然流量与其测量信号呈非线性关系，但是仪表比值系数却是一常数，它不仅与工艺要求的流量比值相关，还与主、从流量变送器的量程相关。

2. 流量与其测量信号之间呈线性关系

在有些系统中，在流量变送器后又加上开方器，使流量与测量信号之间不再是非线性关系，此时构成的系统如图 9-8 所示。

主、从流量变送器 F_1T 和 F_2T 输出的信号 I_1 和 I_2 仍为式（9-4）的形式，经过开方器后的信号为

$$I_1^* = \sqrt{I_1 - 4} + 4 = 4\left(\frac{Q_1}{Q_{1\max}}\right) + 4 \text{ 和 } I_2^* = \sqrt{I_2 - 4} + 4 = 4\left(\frac{Q_2}{Q_{2\max}}\right) + 4 \qquad (9-10)$$

同样，信号 I_1^* 经过比值器 R 后得到的信号 I_o 为

$$I_o = \alpha(I_1^* - 4) + 4 = \alpha\sqrt{I_1 - 4} + 4 = \alpha \times 4\left(\frac{Q_1}{Q_{1\max}}\right) + 4 \qquad (9-11)$$

利用式（9-10）和式（9-11），并使 $I_o = I_2^*$，最后得到仪表比值系数为

$$\alpha = \frac{Q_2}{Q_1}\frac{Q_{1\max}}{Q_{2\max}} = K\frac{Q_{1\max}}{Q_{2\max}} \qquad (9-12)$$

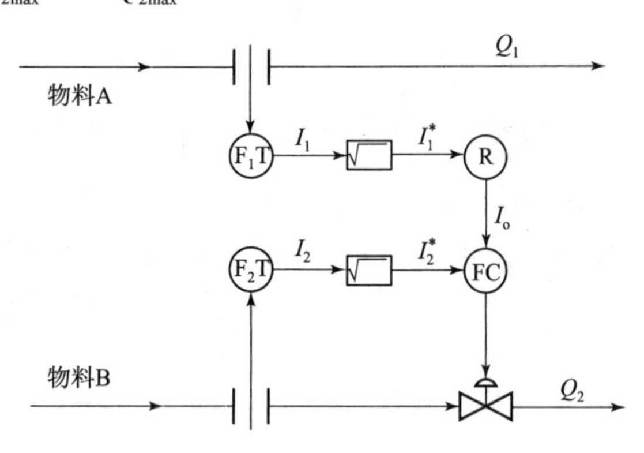

图 9-8 带开方器的比值控制系统

在以上推导仪表比值系数换算公式的过程中，采用的是标准信号范围为 4～20 mA 的仪表。对于标准信号范围为其他的仪表，利用同样方法也可以得到式（9-9）或式（9-12）。这说明仪表比值系数的换算方法与仪表的结构型号无关，仅与仪表的测量范围和测量方法有关。

通过仪表比值系数的计算可以看到，在比值控制系统中，仪表的零点调整非常重要，否则可能得到虚假的比值。对于其他比值控制系统方案的仪表设定参数可参照同样的方法求取。

在实际应用中，有时由于生产不够稳定或物料成分的变化，即使比值系数计算正确，两种物料的真实比值仍然不能完全达到要求。这时，也可以适当调节比值系数，直到满意为止。

9.1.4 比值控制系统的设计及整定

1. 主、从物料的选择

在比值控制系统中，主、从物料的选择影响系统的控制方向、产品质量、经济性及安全性。主、从物料的确定是比值控制系统设计的首要一步。在实际生产中，主、从物料的选择主要遵循以下原则。

（1）在可测的 2 种物料中，如果一种物料流量是可控的，另一种物料流量是不可控的，

将可测不可控的物料作为主物料，可测又可控的物料作为从物料。

（2）分析 2 种物料的供应情况，将有可能供应不足的物料作为主物料，供应充足的物料作为从物料。

（3）将对生产负荷起关键作用的物料作为主物料。

（4）一般选择流量较小的物料作为从物料，这样可以降低系统建设成本，且易于控制。

（5）从安全角度出发，如某种物料供养不足会导致不安全时，应选择该物料为主物料。

2. 比值控制系统的选用原则

比值控制系统常用的类型有单闭环、双闭环和变比值 3 种，可根据工艺过程的控制要求进行选择。

1）单闭环比值控制系统

如果 2 种可测物料，一种物料流量是可控的，另一种物料流量是不可控的，可选用单闭环比值控制系统，此时不可控的物料作为主物料，可控的物料作为从物料。

如果主物料流量为可测可控，但变化不大，受到的扰动较小或扰动的影响不大时，宜选用单闭环比值控制系统。

2）双闭环比值控制系统

如果主物料流量是可测可控，并且变化较大时，宜选用双闭环比值控制系统。

3）变比值控制系统

当比值根据生产过程的需要由另一个控制器进行调节时，或是当质量偏离控制指标需要改变流量的比值时，或者是应根据第三被控变量选择过程的质量指标时，应采用变比值控制系统。

3. 比值控制系统实施

比值控制系统有多种类型，每种类型均可以采用不同仪表构成，因而其构成的方案也有很多。但最根本的是比值控制系统采用什么方式来实现主、从流量的比值运算和控制。分析所有比值控制系统，其具体实施方案分为相乘方案和相除方案两大类。

1）相乘方案

要实现 2 种流量之间的比值关系 $Q_2 = KQ_1$，就是对 Q_1 乘以某一系数作为 Q_2 控制回路的设定值，称为相乘方案。如果使用常规仪表实现，则可以采用比值器、乘法器、分流器等运算装置。至于数字控制系统，采用乘法运算即可得到从流量的设定值。下面分别介绍采用比值器和乘法器实现比值控制的方案。

（1）用比值器组成的方案。

比值器是比值控制系统中最常见的比值计算装置，它的作用是实现一输入信号乘以一常数的运算，如图 9－2（a）所示。在实施过程中，根据流量变送器后有、无开方器分别按照式（9－12）或式（9－9）设置比值器的仪表系数即可。这种方案结构简单，使用仪表少，性能可靠，比值调整范围较广，比值精度也较高，但不能用于变比值控制。

（2）用乘法器组成的方案。

乘法器能实现 2 个信号相乘，或一个信号乘以一个常数的运算。首先分析乘法器输出信号与输入信号之间的关系，按照工艺要求的流量关系，正确设置乘法器的设定值 I_s。用乘法器实现单闭环比值控制系统的信号流程如图 9－9 所示。

由图 9－9 可知，乘法器以无量纲的方式进行乘法运算，其运算信号为

$$\frac{I_o - 4}{20 - 4} = \frac{(I_1 - 4)(I_s - 4)}{(20 - 4)(20 - 4)} \quad (9-13)$$

变换后得

$$I_o = \frac{(I_1 - 4)(I_s - 4)}{20 - 4} + 4 \quad (9-14)$$

式中：I_1、I_s为乘法器的输入信号；I_o为乘法器的输出信号。

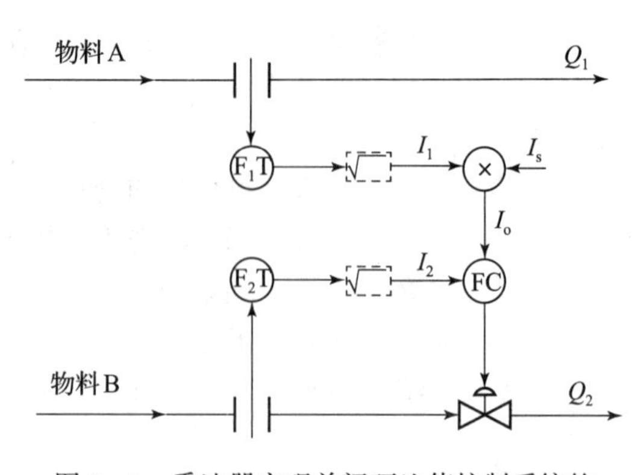

图 9－9　乘法器实现单闭环比值控制系统的信号流程

因为控制器采用 PI 控制，系统在稳态时，控制器的设定值 I_o 和测量值 I_2 相等，所以将 $I_o = I_2$ 代入式（9－14），可得

$$I_s = \frac{I_2 - 4}{I_1 - 4}(20 - 4) + 4 \quad (9-15)$$

如果没有使用开方器，且流量为非线性变送时，将式（9－4）代入式（9－15）得

$$I_s = K^2 \frac{Q_{1\max}^2}{Q_{2\max}^2}(20 - 4) + 4 = \alpha(20 - 4) + 4 \quad (9-16)$$

如果使用开方器，且流量为线性变送时，将式（9－10）代入式（9－15）可得

$$I_s = K \frac{Q_{1\max}}{Q_{2\max}}(20 - 4) + 4 = \alpha(20 - 4) + 4 \quad (9-17)$$

由于仪表的输出信号不可能超出其信号值范围，由式（9－16）和式（9－17）可以看出，在该方案中，仪表比值系数不能大于 1，即

$$K^2 \frac{Q_{1\max}^2}{Q_{2\max}^2} \leqslant 1 \quad 或 \quad K \frac{Q_{1\max}}{Q_{2\max}} \leqslant 1 \quad (9-18)$$

2）相除方案

相除方案就是利用除法器实现 $K = Q_2/Q_1$，单闭环比值控制系统的信号流程如图 9－10 所示。按照工艺要求的流量关系，正确设置乘法器的设定值 I_s。

由图 9－10 可知，除法器的输出与输入的关系为

$$\frac{I_o - 4}{20 - 4} = \frac{(I_2 - 4)/(20 - 4)}{(I_1 - 4)/(20 - 4)} \quad (9-19)$$

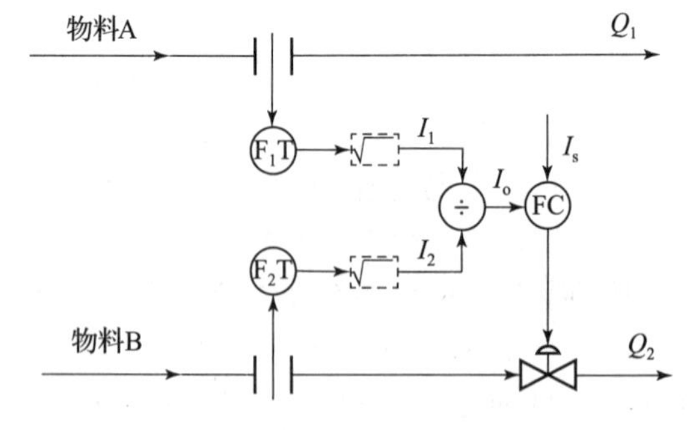

图 9－10　除法器实现单闭环比值控制系统的信号流程

变换后可得

$$I_o = \frac{I_2 - 4}{I_1 - 4}(20 - 4) + 4 \quad (9-20)$$

由于稳态时 $I_s = I_o$，所以

$$I_s = \frac{I_2 - 4}{I_1 - 4}(20 - 4) + 4 \tag{9-21}$$

与式（9-15）完全一样，可见应用除法器和应用乘法器时计算的设定值I_s完全相同。

相除方案中除法器的输出就是两流量的比值，所以对比值可直接显示，非常直观，且易于精确设定。但此方案也有以下缺点，使用时应加以注意。

（1）为不使输出信号超出范围，除法器总是用小信号除以大信号，同时避免相除值在1附近，否则会有溢出现象，这是应用过程中特别需要注意的问题。

（2）除法器本身具有非线性特性，且又包括在从流量控制回路中，这使得当从流量控制对象负荷变化时，会引起控制性能的波动。

4. 比值控制系统中的非线性特性

所谓非线性特性，是指系统的稳态增益不是定值，而是随负荷而变化的，在比值控制系统中要特别注意。

1）相除方案中的非线性

在相除方案中，对于从流量控制回路而言。除法器被包含在控制回路中，除法器的非线性特性会对控制系统的品质造成影响。由式（9-20）可知，除法器的稳态增益k_{+}为

$$k_{+} = \left.\frac{dI_1}{dI_2}\right|_{\substack{I_1 = I_{10} \\ I_2 = I_{20}}} = \frac{16}{I_{10} - 4} \tag{9-22}$$

式中：I_{10}、I_{20}分别为I_1、I_2的稳态工作点。

由上式可知，除法器的增益是与主流量大小成反比的。除法器的非线性补偿可采用具有相反特性的对数调节阀，这种方法只能得到部分补偿。另一种方法是当主、从流量均采用压差法测量时，主流量测量加开方器，从流量测量不加开方器，利用流量检测变送环节的非线性去补偿除法器的非线性，这种方法会引起无开方器回路的检测变送环节增益的非线性。

2）流量测量的非线性

当比值控制系统中流量测量采用压差测量仪表，且无开方器时，如果采用标准信号4～20 mA的变送装置，由式（9-4）可知，测量信号与流量Q的稳态增益为

$$k_P = \frac{dI_1}{dQ_1} = \frac{32Q_1}{Q_{1max}^2} \tag{9-23}$$

由式（9-23）可以看出，检测变送环节的稳态增益k_P与Q_1成正比，即随负荷的增大而增大。这样的环节，将影响系统的动态品质，即小负荷时系统稳定，随着负荷的增大，系统的稳定性将下降。若将测量信号经过开方运算后，则其输出信号与流量呈线性关系，从而使包括开方器在内的变送环节成为线性环节，它的稳态放大系数与负荷大小无关，系统的动态性能不再受负荷变化的影响。

就采用压差法测量流量的比值控制系统来说，是否采用开方器，要根据对被控变量的控制精度要求及负荷变化的情况来决定。当控制精度要求不高，负荷变化又不大时，可忽略非线性的影响而不使用开方器。反之，就必须使用开方器，使检测变送环节线性化。

5. 控制器的选型与整定

比值控制系统同其他控制系统一样，为了保证和提高控制品质，在适当选择好控制器的类型后，必须正确选择控制器的参数。由于在比值控制系统中，各个控制器的作用不同，其

参数的整定方法也有所不同。

1）单闭环比值控制系统

在单闭环比值控制系统中，从流量回路是跟随主流量变化的随动控制系统。因此，要求从流量能准确、快速地跟随主流量的变化而变化。稳态时，无论负荷高低，主、从流量的比值应严格满足规定的比值要求，故从流量回路控制器应采用 PI 控制规律。由于不希望动态过程严重超调，因此比值控制系统整定时，不能按一般定值控制系统 4∶1 或 10∶1 衰减过程的要求进行，而应当将从流量回路的过渡过程整定成非周期临界情况，这时的过渡过程既不振荡反应又快。对从流量回路控制器参数的整定步骤可归纳如下。

（1）根据工艺要求的流量比值 K，换算出仪表信号比值系数，按照 α 对比值器进行设置。

（2）将从流量回路控制器的积分时间置于最大值，由大到小逐步改变比例带 δ，直到在阶跃扰动下过渡过程处于振荡与不振荡的临界过程为止。

（3）在适当放宽比例带（一般为 20%）的情况下，逐步缓慢地减小积分时间，直到出现振荡与不振荡的临界过程或稍有一点超调的情况为止。

控制器正、反作用方式的选择与单回路控制系统完全类同。

2）双闭环比值控制系统

双闭环比值控制系统中的主流量回路是定值控制系统，往往工艺要求主流量恒定在设定值上。从流量回路是随动控制系统，它在实现自身稳定控制的同时还要对主流量的变化进行跟踪，从而实现主、从流量的比值恒定。再者，因为比值控制系统的被控对象一般都是流量对象，滞后时间比较小，而且在管路中存在有很多不规则的扰动噪声，因此主、从控制器都不宜采用微分作用。所以，主、从控制器都应选择 PI 控制作用。从整定的角度看，应使从流量回路响应较主流量回路快一些，以便从流量能跟得上主流量的变化，保证主、从流量的比值恒定。因此，应该分别将从流量和主流量控制回路的过渡过程整定成非周期临界状态和非周期状态。

另外，从流量回路通过比值器和主流量回路发生联系，主流量的变化必然引起从流量回路控制器设定值的变化，如果主流量的变化频率接近从流量回路的工作频率，则有可能引起从流量回路的共振，以致系统的控制品质变坏。因此，主、从流量控制回路工作频率的错开，可以有效地防止这种情况的发生。

主、从控制器正、反作用方式的选择与单回路控制系统完全类同。

3）变比值控制系统

变比值控制系统，因其结构上是串级控制系统，又可称为串级比值控制系统。因此，其主控制器一般选择 PI 或 PID 控制作用，其参数整定可按串级控制系统进行。而从流量回路是一个随动控制系统，因此对从控制器的要求和整定方法与单闭环比值控制系统基本相同。

主、从控制器正、反作用方式的选择与串级控制系统完全类同。

【例 9－1】某冷热水混合器比值控制系统要求从流量跟随主流量变化，工艺上要求主从流量的比值为 4，假设该系统的广义主、从对象的传递函数为

$$G_{o1}(s)=\frac{3}{15s+1}e^{-5s},\quad G_{o2}(s)=\frac{3}{(10s+1)(20s+1)}e^{-5s}$$

试采用 Simulink 设计一双闭环比值控制系统，并仿真运行验证主、从流量的阶跃响应及跟随情况。

解：（1）根据双闭环比值控制系统的方框图，建立如图 9－11 所示的 Simulink 仿真图，其中主、从流量控制回路的控制器均选择 PI 控制，来验证主、从流量的阶跃响应及跟随情况，在主流量的给定值施加一阶跃脉冲序列，即 Repeating Sequence Stair 模块的参数输出幅值向量和采样时间分别置为［3 1 4 2 1］和 100。

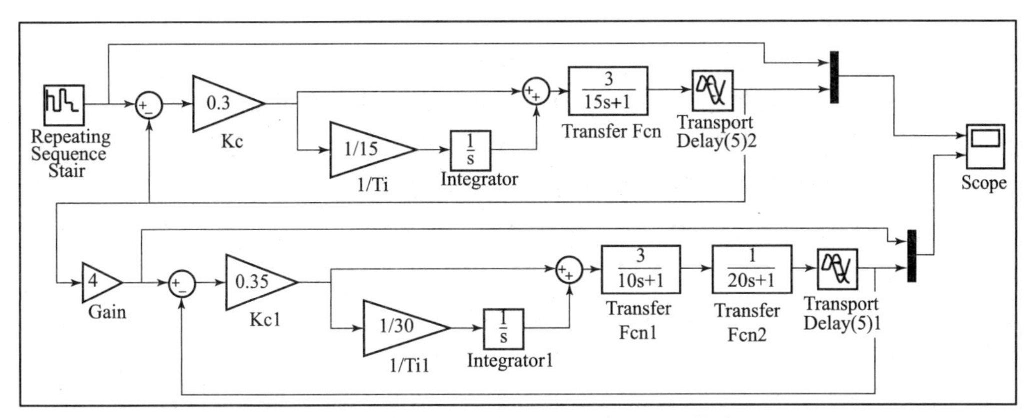

图 9－11　双闭环比值控制系统 Simulink 仿真图

（2）对 2 个控制回路的控制器参数进行整定，这里需要注意的是按照第 5 章讲述的稳定边界法整定后，还需要减小比例增益，以减小系统阶跃响应的超调，调整后可得 PID 控制器的参数分别为：$K_{c1}=0.3$，$T_i=15$ 和 $K_{c2}=0.35$，$T_{i2}=30$。在此基础上将图 9－11 所示的双闭环比值控制系统的仿真时间设置为 500。启动仿真，可得如图 9－12 所示的响应曲线。

从图 9－12 可见，除起始阶段有延迟外，从流量能较好地跟随主流量的变化而变化，并基本保持流量比值为 4。

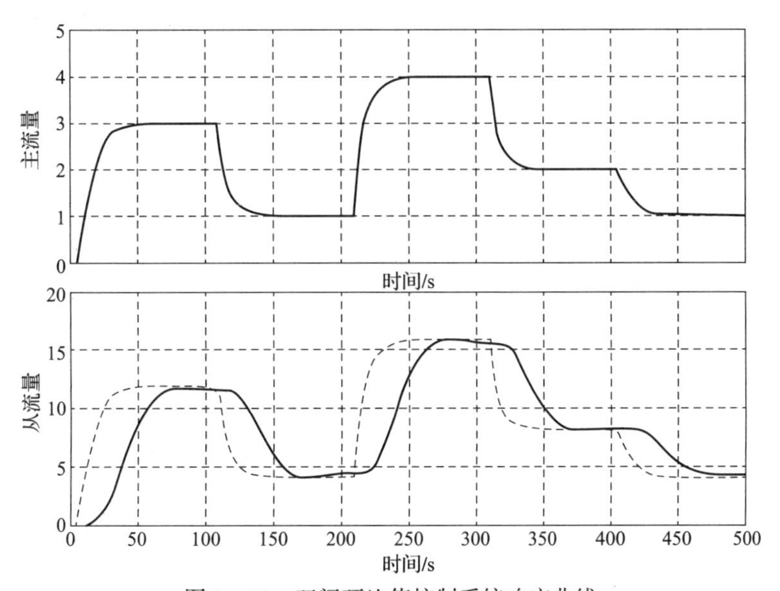

图 9－12　双闭环比值控制系统响应曲线

9.2 均匀控制系统

9.2.1 均匀控制问题的提出及特点

在连续生产过程中，前一设备的出料往往是后一设备的进料，而且随着生产的进一步强化，前后生产过程联系更加紧密，此时设计自动控制系统应该从全局来考虑。例如，用精馏方法分离多组分的混合物时，总是几个塔串联运行。在石油裂解气深冷分离的乙烯装置中，前后串联了8个塔进行连续生产，为了保证这些相互串联的塔能正常地连续生产，每个塔都要求进料流量保持在一定的范围内，同时也要求塔底液位不能过高或过低。

图9－13为2个连续操作精馏塔，为了保证分馏过程的正常运行，要求将1号塔釜液位稳定在一定的范围内，故设有液位控制系统。而后一个2号精馏塔又希望进料量稳定，设有流量控制系统。显然，这2个控制系统工作起来是相互矛盾的。

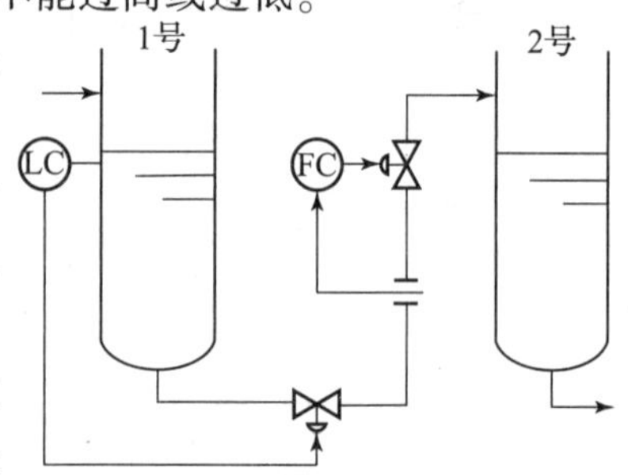

图9－13　2个连续操作的精馏塔

为了解决前后2个塔之间在物料供求上的矛盾，可在前后2个串联的塔中间增设一个缓冲设备。但是，增加缓冲设备不仅要增加投资，而且要增加物料输送过程中的能量消耗，尤其是有些生产过程的中间物料或产品不允许中间停留，否则会使这些中间物料或产品分解或重新聚合。所以，必须从自动控制设计方案上找出路，以满足前后装置或设备在物料供求上互相协调、统筹兼顾的要求。通常，把能实现这种控制目的控制系统称为均匀控制系统。均匀控制系统把液位、流量统一在一个控制系统中，从系统内部解决工艺参数之间的矛盾。具体来说，就是让1号塔的液位在允许的限度内波动，与此同时让流量作平稳缓慢地变化。

假如把图9－13中的流量控制系统删去，只设置1个液位控制系统，此时可有3种情况出现，如图9－14所示。其中，图9－14（a）所示的液位控制系统具有较强的控制作用（控制器的K_c较大），所以在扰动作用后，液位变化不大，而流量发生较大的波动。图9－14（b）所示的液位控制系统的控制作用减弱（控制器的K_c较小），在扰动作用后，液位经较弱的控制发生了一些变化，但流量的波动相对减弱了，此时液位、流量参数都产生一定的缓慢变化。图9－14（c）所示的液位控制器控制作用基本上消除（控制器的$K_c \to 0$），在扰动作用后，由于控制系统基本不工作，所以液位大幅度波动，而流量变化较小。由此可以看出，图9－14（b）所示情况符合均匀控制的要求。

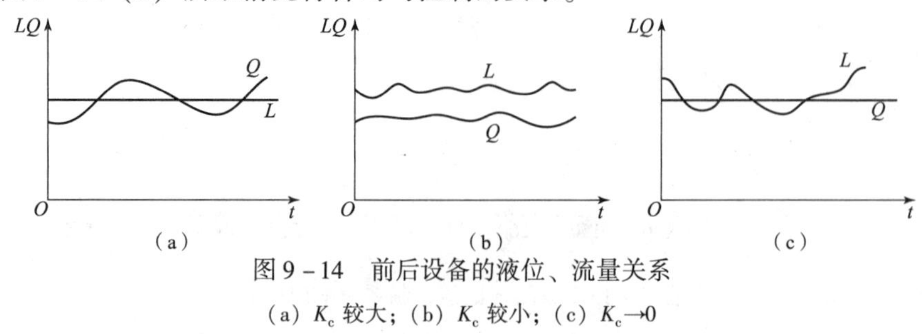

图9－14　前后设备的液位、流量关系

（a）K_c 较大；（b）K_c 较小；（c）$K_c \to 0$

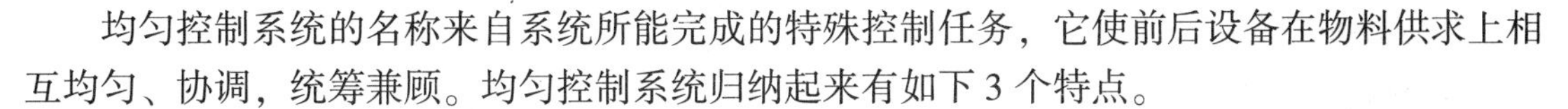

均匀控制系统的名称来自系统所能完成的特殊控制任务，它使前后设备在物料供求上相互均匀、协调，统筹兼顾。均匀控制系统归纳起来有如下 3 个特点。

1）结构上无特殊性

从图 9－14 可看出，同样一单回路液位控制系统，由于控制作用强弱不一，它可以是个单回路液位定值控制系统，如图 9－14（a）所示；也可以是一简单均匀控制系统，如图 9－14（b）所示。因此，均匀控制是由控制目的来定的，而不是由控制系统的结构来定的。均匀控制系统在结构上无任何特殊性，它可以是一单回路控制系统的结构形式，也可以是一串级控制系统的结构形式，或者是一双冲量控制系统的结构形式。所以，普通结构形式的控制系统，能否实现均匀控制的目的，主要在于系统控制器的参数整定如何。可以说，均匀控制是通过降低控制回路灵敏度来获得的，而不是靠结构变化得到的。

2）参数应变化，而且应是缓慢地变化

因为均匀控制是前后设备物料供求之间的均匀，所以表征这 2 个物料的参数都不应为某一固定的数值。图 9－14（a）、（c）均不符合均匀控制的要求，必须像图 9－14（b）那样 2 个参数都变化，且变化得比较缓慢才行。那种试图把 2 个参数都稳定不变的想法是不能实现的。

需要注意的是，均匀控制在有些场合不是简单地让 2 个参数平均分摊，而是视前后设备的特性及重要性等因素来确定均匀的主次。这就是说，有时应以液位参数为主，有时则以流量参数为主，在确定均匀方案及参数整定时要考虑到这一点。

3）参数应限定在允许范围内变化

均匀控制系统中被控变量是非单一、定值的，允许它在设定值附近的范围内变化，即根据供求矛盾，2 个参数的设定值不是定点而是定范围。例如，图 9－13 中 2 个串联的塔中，前塔的液位升降有规定的变化上下限，过高或过低可能造成冲塔现象或有抽干的危险。同样，后塔的进料流量也不能超越它所能承受的最大负荷和最低处理量，否则不能保证精馏过程的正常进行。

明确均匀控制的目的及其特点是十分必要的，因为在实际运行中，有时会因不清楚均匀控制的设计意图而变成单一参数的定值控制，或想把 2 个参数都调成一条直线，最终导致均匀控制系统的失败。

9.2.2　均匀控制系统的结构形式

均匀控制系统经常采用 3 种结构形式。

1. 简单均匀控制系统

简单均匀控制系统与单回路定值控制系统的结构和所用的仪表完全是一样的，但由于它们的控制目的不同，因此对控制的动态过程要求不同，在控制器的参数整定上也不同。简单均匀控制系统的控制器整定时，比例作用和积分作用均不能太强，要求有较大的比例带和较长的积分时间，通常比例带要大于 100%，以较弱的控制作用达到均匀控制的目的。

图 9－15 为简单均匀控制系统的结构形式。简单均匀控制系统结构简单，投运方便，成本低。但是，当前后设备的压力变化较大时，尽管控制阀的开度不变，输出流量也会发生相应的变化，所以只适用于扰动不大、要求不高的场合。此外，在液位对象的自衡能力较强

时，均匀控制的效果较差。

2. 串级均匀控制系统

串级均匀控制系统与一般的串级控制系统在结构上是一致的，其副回路的作用也与串级控制系统的副回路相同，可以有效克服扰动的影响。

串级均匀控制方案能克服较大的扰动，适用于系统前后压力波动较大的场合。图 9－16 为串级均匀控制系统的结构形式。

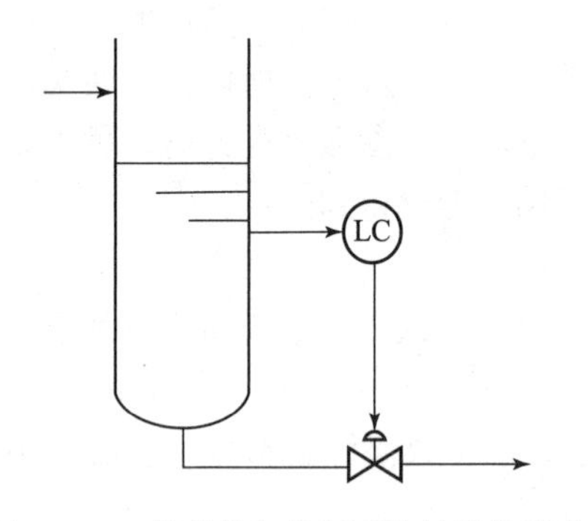

图 9－15　简单均匀控制系统的结构形式

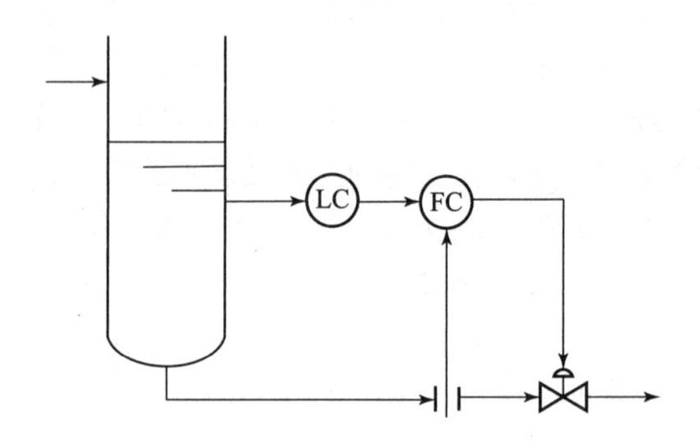

图 9－16　串级均匀控制系统的结构形式

3. 双冲量均匀控制系统

“冲量”本来的含义是短暂作用的信号或参数，这里引申为连续的信号或参数。双冲量均匀控制就是用 1 个控制器，以综合 2 个测量信号（液位和流量）为被控变量的系统。图 9－17为双冲量均匀控制系统的原理图及方框图，它以塔釜液位与采出流量 2 个信号之差为被控变量（如流量为进料时，则为两信号之和），通过控制，使液位和流量 2 个参数均匀缓慢地变化。

假设采用电动仪表构成系统，则电动加法器在稳定状态下的输出为

$$I_0 = I_L - I_F + I_S \tag{9-24}$$

式中：I_0、I_L、I_F、I_S分别表示加法器的输出、液位变送器的输出、流量变送器的输出和恒流源的输出。

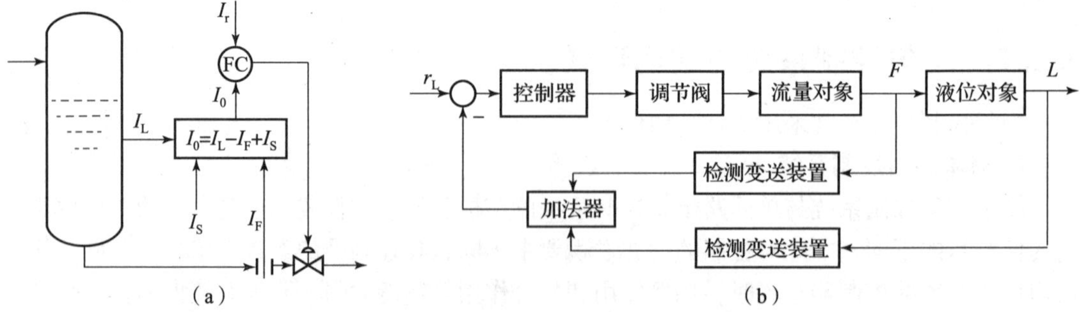

图 9－17　双冲量均匀控制系统

(a) 原理图；(b) 方框图

在工况稳定的情况下，I_L与I_F符号相反，互相抵消，为此，通过调整I_S值，使加法器的输出等于控制器的设定值。当受到扰动时，若液位升高，则加法器的输出I_0也增加，控制器

感受到偏差信号进行控制，发出信号去开大控制阀，于是流量开始增加。与此同时，液位从某一瞬间开始逐渐下降，当液位和流量变送器的输出逐渐接近到某一数值时，加法器的输出重新恢复到控制器的设定值，系统逐渐趋于稳定，控制阀停留在新的开度上，液位的平衡数值比原来有所提高，流量的平衡数值也比原来有所增加，从而达到了均匀控制的目的。

双冲量均匀控制系统与串级均匀控制系统相比，是用一个加法器取代了其中的主控制器，而从结构上看，它相当于以 2 个信号的综合值（相加或者相减）为被控变量的单回路控制系统，参数整定可按简单均匀控制系统来考虑。因此，双冲量均匀控制系统既具有简单均匀控制系统的参数整定方便的特点，同时由于加法器综合考虑液位和流量两信号变化的情况，故又有串级均匀控制系统的优点。

9.2.3　均匀控制系统控制规律的选择

简单均匀控制系统的控制器及串级均匀控制系统的主控制器一般采用纯比例控制，有时也可采用比例积分控制。串级均匀控制系统的副控制器一般用纯比例控制，如果为了照顾流量副变量，使其变化更稳定，也可选用比例积分控制。双冲量均匀控制系统的控制器一般应采用比例积分控制。在所有的均匀控制系统中，都不应加微分控制，因为微分控制是加快控制作用的，刚好与均匀控制要求相反。

在均匀控制中积分控制的引入主要对液位参数有利，它可以避免由长时间单方向扰动引起液位的超限。此外，由于加入积分，比例带将适当增加，这有利于液位存在于高频噪声的场合。然而积分控制的引入也有不利的方面，首先其对流量参数产生不利影响，如果液位偏离设定值的时间长而幅值又大，则积分控制会使控制阀全开或全关，造成流量有较大的波动。同时，积分控制的引入使系统的稳定性变差，系统几乎不断地处于控制之中，只是控制过程较为缓慢而已，因此平衡状态相比纯比例控制时短得多，这不符合均匀的要求。此外，由于积分饱和，会产生洪峰现象，如在开车前，因比例积分控制使控制阀全关，产生积分饱和，此时若系统开车，迟迟才打开阀门，会出现洪峰现象。因此，使用比例积分控制的均匀控制系统，在开、停车时需转入手动，而对于来势凶猛的扰动，显然比例积分控制是不能适应的。

9.2.4　均匀控制系统的参数整定

对于一般的简单均匀控制系统的控制器，都可以选用纯比例控制。这是因为均匀控制系统所控制的变量都允许有一定范围的波动且对余差无要求。而纯比例控制简单明了，整定简单便捷，响应迅速。对于一些输入流量存在急剧变化的场合或液位存在噪声的场合，特别是希望液位在正常稳定工况时保持在特定值附近时，则应选用比例积分控制。这样，在不同的工作负荷情况下，都可以消除余差，保证液位最终稳定在某一特定值。

均匀控制系统的具体整定原则和方法如下。

1. 整定原则

（1）以保证液位不超过允许的波动范围为前提，先设置好控制器参数。

（2）修正控制器参数，使液位在允许的范围内波动，输出流量尽量平稳。

（3）根据工艺对流量和液位 2 个参数的要求，适当调整控制器的参数。

2. 方法步骤

1）纯比例控制

（1）先将比例带置于液位不会越限的数值。

（2）观察记录曲线，若液位的最大波动小于允许范围，则可增加比例带，比例带的增加必将使液位控制品质降低，而使流量过程曲线变好。

（3）如发现液位将超过允许的波动范围，则应减小比例带。

（4）反复调整比例带，直到液位、流量的曲线都满足工艺提出的均匀要求为止。

2）比例积分控制

（1）按纯比例控制进行整定，得到合适的比例带。

（2）在适当加大比例带值后，加入积分控制，逐步减小积分时间，直到流量曲线将要出现缓慢的周期性衰减振荡过程为止，而液位有回复到设定值的趋势。

（3）根据工艺要求调整参数，直到液位、流量的曲线都符合要求为止。

9.3 分程控制系统

9.3.1 分程控制的概念

在单回路控制系统中，1 台控制器的输出信号只操纵 1 个调节阀工作。然而，在实际生产中还存在另一种情况，即由 1 台控制器的输出信号去控制 2 个或 2 个以上的调节阀工作，而且每 1 个调节阀上的控制信号，只是控制器整个输出信号的某一段。分程的意思就是将控制器的输出信号分割成不同的量程范围，去控制不同的调节阀，习惯上称这种控制方式为分程控制。

为了实现分程的目的，在采用气动调节阀的场合，往往要借助于附设在每个阀上的阀门定位器，将控制器的输出压力信号分成若干个区间，再由阀门定位器将不同区间内的压力信号转换成能使相应的调节阀做全行程动作的压力信号，即 0.02～0.1 MPa。如图 9－18 所示，某系统有 2 个调节阀，A 阀和 B 阀。要求 A 阀在控制器输出压力信号为 0.02～0.06 MPa时，做全行程动作，B 阀在控制器输出压力信号为 0.06～0.1 MPa 时，做全行程动作。利用 A 阀上的阀门定位器将 0.02～0.06 MPa 的控制压力信号转换成 0.02～0.1 MPa 的信号。利用 B 阀上的阀门定位器将 0.06～0.1 MPa 的控制信号转换成 0.02～0.1 MPa 的信号，从而使 A 阀在控制器输出信号小于 0.06 MPa 时动作；当信号大于 0.06MPa 时，A 阀已处于极限位置，B 阀开始动作，实现了分程控制过程。分程控制系统的方框图如图 9－19 所示。

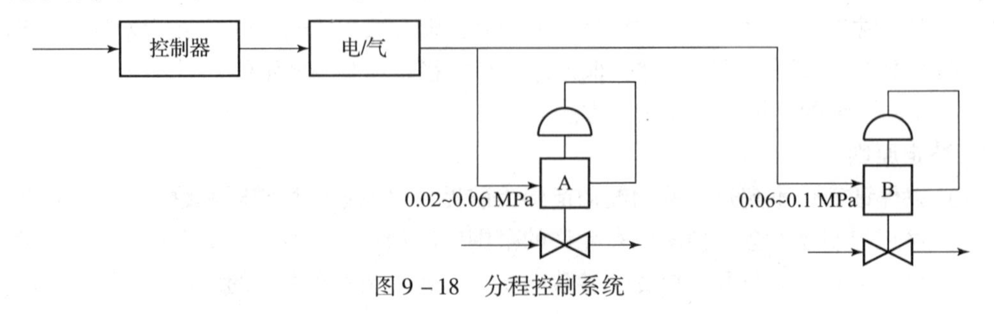

图 9－18　分程控制系统

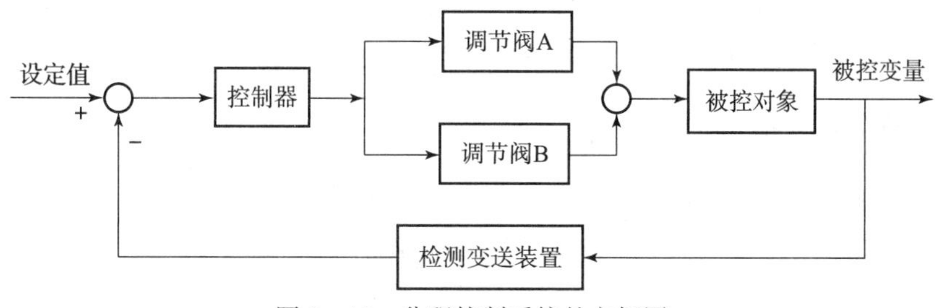

图9－19　分程控制系统的方框图

根据调节阀的气开和气关作用方式，以及2个调节阀是同向动作还是异向动作，在分程控制的应用中，可以形成4种不同的组合形式，如图9－20所示。图9－20（a）为2个阀同方向动作，随着控制信号的增大（减小），2个阀都同方向开大（关小）。以气开式为例，控制器输出压力信号为0.02 MPa时，A、B阀都全关，随着控制信号的增大，A阀开始打开，直到控制信号增大到0.06 MPa时，A阀全开，此时，B阀才开始打开，直到控制信号增大到0.1 MPa时，B阀也全开。当控制信号由0.1 MPa减小时，B阀先关小，直到其全关后A阀才开始关闭。

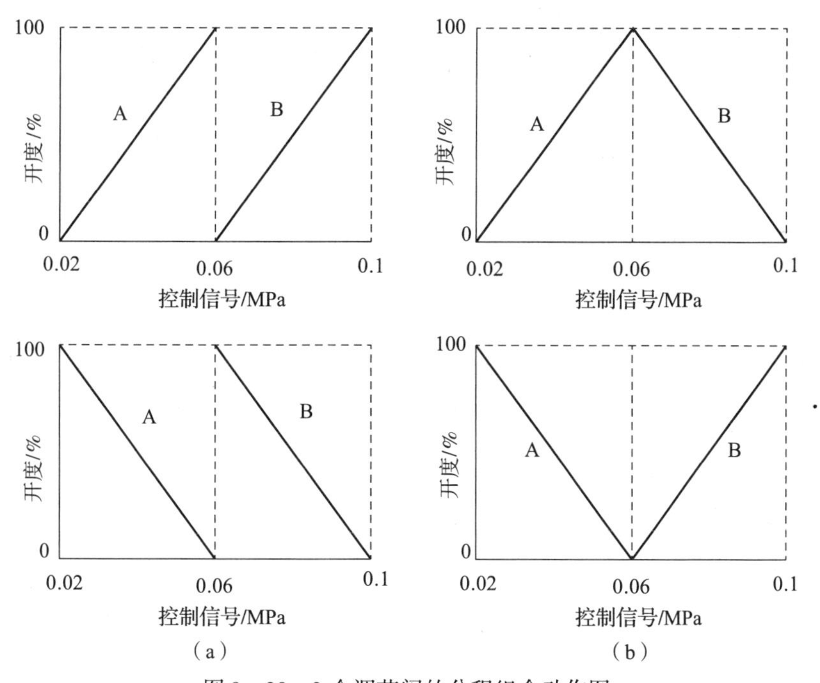

图9－20　2个调节阀的分程组合动作图

图9－20（b）为2个阀异方向动作，一个阀是气开式，另一个阀就是气关式。以A阀为气开式，B阀为气关式为例，控制压力信号为0.02 MPa时，A阀为全关，B阀为全开。随着控制压力信号的增大，A阀开始打开，B阀不动作。当控制压力信号至0.06 MPa时，A阀全开，B阀仍全开。控制信号再增大，B阀开始关闭，直到控制信号为0.1 MPa时，B阀全关闭。此时，A阀全开，B阀全关闭。

对于电动单元组合仪表构成的分程控制系统，要采用分程器将一路电流信号分成两路。

而由 DCS、PLC 等构成的分程控制系统，一般有专用的分程模块，或是用一个特定的算法，将一控制器的输出分成 2 个，然后占用 2 个输出通道，去分别控制 2 个阀门。

9.3.2 分程控制系统的应用

1. 扩大调节阀的可调范围

在过程控制中，有些场合需要调节阀的可调范围很宽。如果仅用 1 个大口径的调节阀，当调节阀工作在小开度时，阀门前后的压差很大，流体对阀芯、阀座的冲蚀严重，并会使阀门剧烈振荡，影响阀门寿命，破坏阀门的流量特性，从而影响控制系统的稳定。若将调节阀换小，其可调范围又满足不了生产需要，致使系统不能正常工作。在这种情况下，可将大小 2 个阀并联分程后当作 1 个阀使用，从而扩大可调比，改善阀的工作特性，使得在小流量时有更精确的控制。假定并联的 2 个阀中，小阀 A 的流通能力为 $C_A=4$；大阀 B 的流通能力为 $C_B=100$。2 个阀的可调比相同，即 $R_A=R_B=30$。根据可调比的定义，可以算出小阀 A 的最小流通能力为 $C_{A\min}=C_A/R_A=4/30=0.133$。那么 2 个阀并联组合在一起的可调比为 $R_{AB}=(C_A+C_B)/C_{A\min}=(4+100)/0.133=782$。可见，2 个阀组合后的可调比为 1 个阀可调比的 26 倍多。

图 9-21 为锅炉主蒸汽减压分程控制系统，当主蒸汽压力由于某些原因（如突然甩负荷）突然升高时，系统通过把高压蒸汽向低压侧泄放达到保护高压管网的目的。当高压侧压力升高是由于负荷略微减少或燃烧系统扰动引起时，则稍加泄放就能将压力调回安全值以内；而如果是由于保护等原因，造成高压负荷突然全部甩掉，则需要大量地向低压侧泄放才能满足高压管网安全的要求。如果采用单只调节阀，根据可能出现的最大流量，则需要安装一口径很大的调节阀。而该阀在正常的生产条件下开度就很小，再加上压差大、温度高，不平衡力使调节阀振荡剧烈，会严重影响调节阀的寿命和控制系统品质。为此，改为一小阀和一大阀分程控制，在正常的小流量时，只有小阀进行控制，大阀处于关闭状态，如果流量增大到小阀全开时还不够，则在分程控制信号的操纵下，大阀打开参与控制。从而扩大了调节阀的可调范围，改善控制品质，保证控制精度。

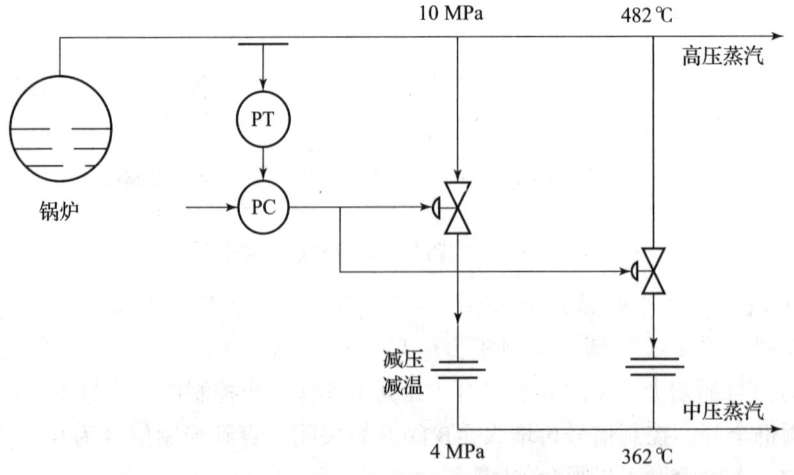

图 9-21 蒸汽减压分程控制系统

2. 满足工艺操作过程中的特殊要求

在某些间歇式生产的化学反应过程中，当反应物投入设备后，为了使其达到反应的起始温度，往往在反应开始前需要给它提供一定的热量。一旦达到反应温度后，就会随着化学反应的进行而不断释放出热量，这些放出的热量如不及时移走，反应就会越来越剧烈，会有发生爆炸的危险。因此，对这种间歇式化学反应器，既要考虑反应前的预热问题，又要考虑反应过程中及时移走反应热的问题。为此，针对该化学反应器可设计如图9－22所示的分程控制系统。

从安全的角度考虑，图9－22中冷水控制阀A选用气关式，蒸汽控制阀B选用气开式，控制器选用反作用的比例积分控制器，用一控制器带动2个调节阀进行分程控制。这一分程控制系统，既能满足生产上的控制要求，也能满足紧急情况下的安全要求，即当供气突然中断时，B阀关闭蒸汽，A阀打开冷水，使生产处于安全状态。

A、B控制阀的关系是异向动作的，它们的动作过程如图9－23所示。当控制信号从0.02 MPa增大到0.06 MPa时，A阀由全开到全关。当控制信号从0.06 MPa增大到0.1 MPa时，B阀由全关到全开。

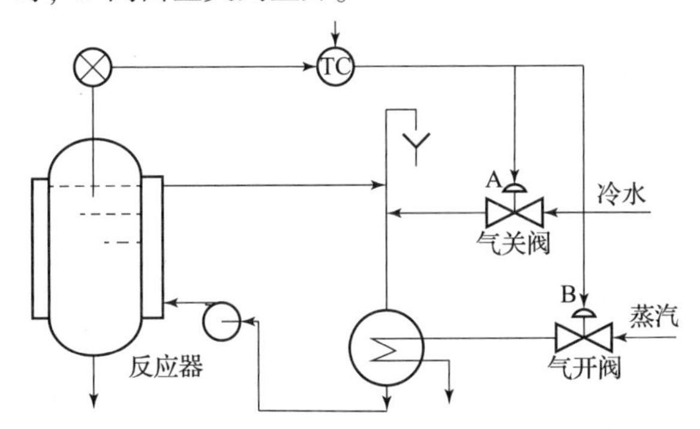

图9－22　反应器温度分程控制系统

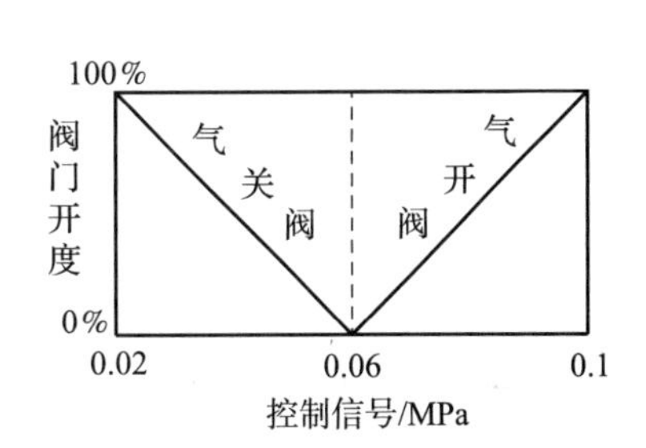

图9－23　反应器温度分程控制系统中控制阀的动作图

针对该分程控制系统，当反应器配料工作完成以后，在进行化学反应前的升温阶段，由于起始温度低于设定值，因此反作用的控制器输出信号将逐渐增大，A阀逐渐关小至完全关闭，而B阀则逐渐打开。此时，蒸汽通过热交换器使循环水被加热，再通过夹套对反应器进行加热、升温，以便使反应物温度逐渐升高。当反应物温度达到反应温度时，化学反应发生，于是就有热量放出，反应物的温度将继续升高。当反应物温度升高至超过设定值后，控制器的输出将减小，随着控制器输出的减小，B阀将逐渐关闭，而A阀则逐渐打开。这时反应器夹套中流过的将不再是热水而是冷水，反应所产生的热量就被冷水带走，从而达到维持反应物温度的目的。

3. 用于安全生产的防护措施

在炼油厂或石油化工厂中，有许多储罐存放着各种油品或石油化工产品。这些储罐建造在室外，为使这些油品或产品不与空气中的氧气接触（氧气接触可能会使产品被氧化变质，或引起爆炸危险），常采用罐顶充氮气（N_2）的办法，使其与外界空气隔绝，如图9－24所示的罐顶氮气封分程控制系统。实行氮气封的技术要求是要始终保持罐内的N_2气压为微量正压。储罐内储存的物料量增减时，将引起罐顶压力的升降，应及时进行控制，否则将会造成储罐变形。因此，当储罐内液位上升时，应停止继续补充 N_2，并将罐顶压缩的 N_2 适量排出。反之，当液位下降时，应停止排放 N_2 而继续补充 N_2。只有这样才能达到既隔绝空气，又保证储罐不变形的目的。

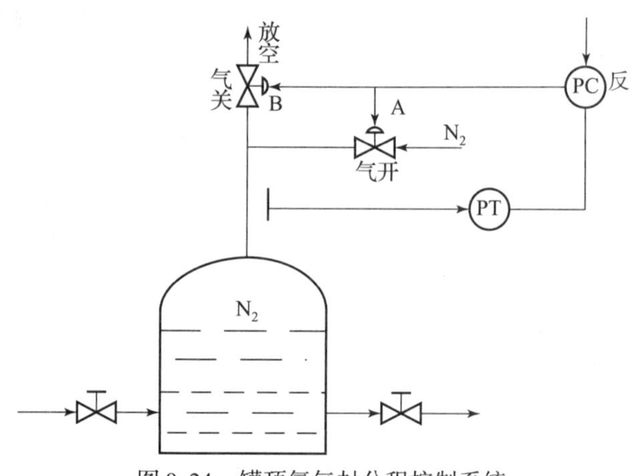

图 9.24　罐顶氮气封分程控制系统

在罐顶氮气封分程控制系统中，PT 为压力变送器，PC 为压力控制器，选择 PI 控制，具有反作用；充气阀 A 选择气开式，排气阀 B 选择气关式。当罐顶压力减小时，控制器输出增大，从而将打开充气阀而关闭排气阀。反之，当罐顶压力增大时，控制器输出减小，将关闭充气阀，打开排气阀。

为了避免 A、B 阀频繁开关并有效地节省氮气，针对一般罐顶空隙较大，压力对象时间常数较大，同时对压力的控制精度要求又不高的情况，设置 B 阀的控制信号为 0.02~0.058 MPa，A 阀的控制信号为 0.062~0.1 MPa，中间存在一间歇区或称为不灵敏区，如图 9－25 所示。

9.3.3　分程控制系统的实施

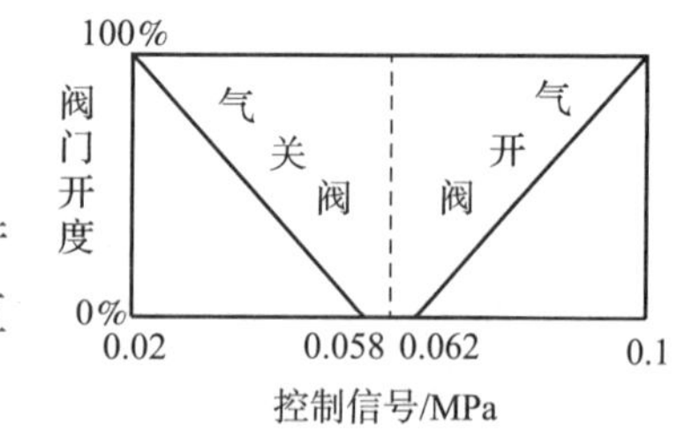

图 9－25　氮气封分程控制系统中控制阀的动作图

1. 分程信号的确定

在分程控制系统中，控制器输出信号的分段是由生产工艺要求决定的。控制器输出信号 需要分成几段，哪个区间段控制哪个阀完全取决于生产工艺的要求。

2. 对调节阀泄漏量的要求

泄漏量即为阀门完全关闭时的物料流量。在分程控制系统中，应尽量使两个调节阀都无泄漏量。特别在大阀与小阀并联分程使用时，如果大阀的泄漏量过大，小阀将不能正常发挥其控制作用，甚至不起控制作用。

3. 利用阀门定位器实现信号分程

仪表厂家生产的调节阀，接受的控制信号范围一般都为 0.02~0.1 MPa，自身没有信号分程能力。此时，可利用阀门定位器，通过调整阀门定位器的 0 点和范围来实现信号分程。对采用数字控制系统的分程控制，如果有多个 D/A 通道，可以用计算的方法，将控制器输出分为多个工作范围，通过程序判断输入范围，输出到各自的调节阀进行控制。

4. 分程信号的衔接

2个阀并联分程时，实际上就是将2个阀当作1个阀来使用，这时存在由一个阀向另一个阀平滑过渡的问题。例如，使用2个线性阀进行并联分程，小阀流通能力 $C_1=4$，大阀流通能力 $C_2=100$，若按控制信号 P 的范围对称分程，则分程信号范围：小阀为0.02～006 MPa，大阀为0.06～0.1 MPa。2个阀的合成流量特性如图9－26中实线所示。由于小阀和大阀流量特性的增益不同，大阀的增益是小阀增益的24倍，致使两阀在衔接处有突变现象，形成一折点，这对控制品质带来不利影响。要克服这种现象，维持全行程的增益恒定，只有令小阀分程信号的范围为0.02～0.023 2 MPa，动作范围为0%～4%；大阀分程信号的范围为0.023 2～0.1 MPa，动作范围为4%～100%，大小阀衔接处才没有折点，如图9－26中虚线所示。但这样的分程信号范围太悬殊，几乎和不分程一样。因此，将线性阀用于这种两阀增益差别过大的分程控制，对控制品质是不利的，只有当两个调节阀的流通能力很接近时，采用线性阀作为分程控制使用才比较合适。

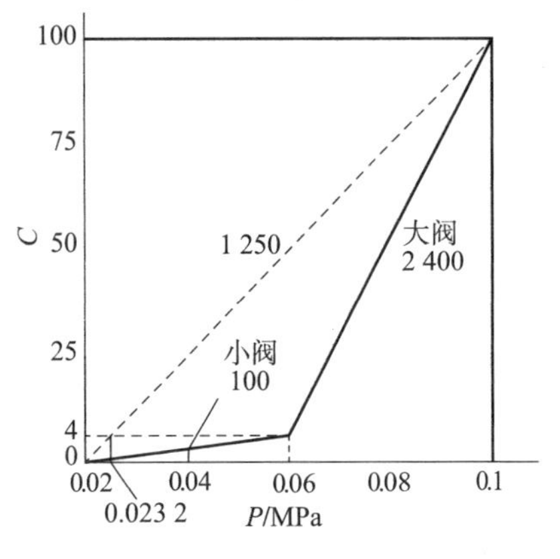

图9－26　线性阀分程特性

如果使用2个对数流量特性的阀（简称对数阀）进行并联分程，效果要比2个线性阀分程好得多。例如，小阀和大阀的流通能力分别为 $C_1=4$ 和 $C_2=100$，它们的分程信号范围仍是小阀为0.02～0.06 MPa，大阀为0.06～0.1 MPa，其合成流量特性如图9－27所示。

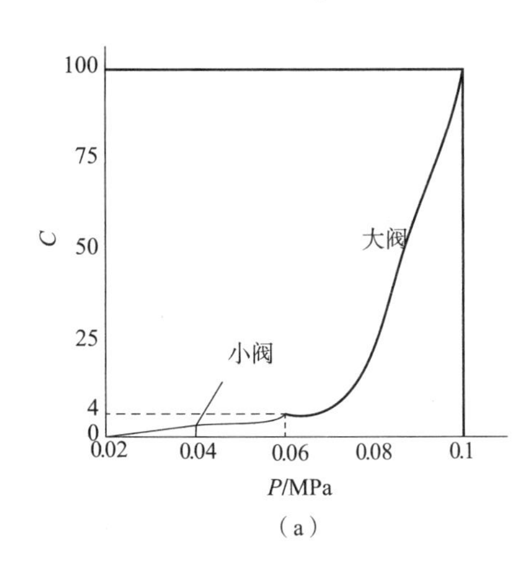

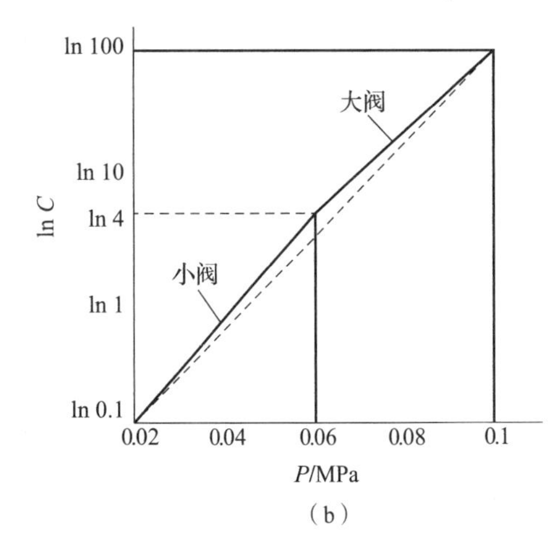

图9－27　对数阀分程特性

(a) 直角坐标平面；(b) 半对数坐标平面

但是，从图9－27可以看出，在2个阀的衔接处仍不平滑，还存在一定的突变现象。此时，可采用部分分程信号重叠的办法加以解决。例如，小阀和大阀的流通能力分别为 $C_1=4$ 和 $C_2=100$，可调范围分别为 $R_1=25$ 和 $R_2=30$，则它们的最小流通能力分别为 $C_{1\min}=0.16$ 和 $C_{2\min}=3.33$。具体步骤如下。

(1) 如图9-28所示，在以控制信号为横坐标，流通能力 C 的对数值为纵坐标的坐标系中，找出0.02 MPa对应小阀的最小流通能力点 D 和0.1 MPa对应大阀的最大流通能力点 A，连接 AD 即为对数阀的分程流量特性。

(2) 在纵坐标上找出小阀的最大流通能力（$C_1=4$）点 B' 和大阀的最小流通能力（$C_{2\min}=3.33$）点 C'。

(3) 过 B'、C' 点作水平线与直线 AD 交于点 B、C。

(4) 找出点 B、C 在横轴的对应坐标值0.065 MPa和0.055 MPa。

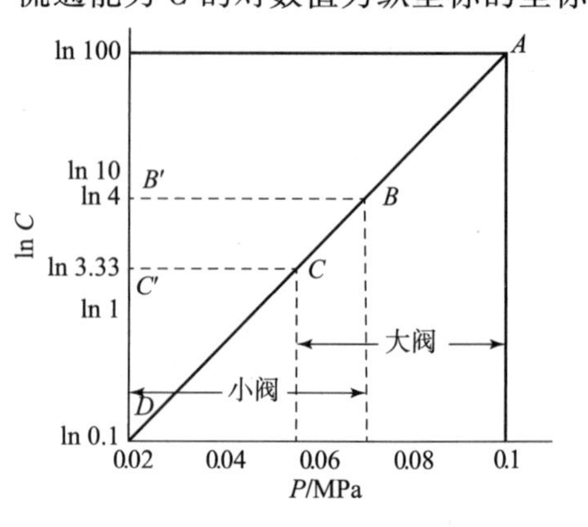

图9-28 确定重叠分程信号图

由此可以得到分程信号范围：小阀为0.02~0.065 MPa，大阀为0.055~0.1 MPa。这样，分程控制时不等到大阀全关，小阀已开始关小；不等到小阀全开，大阀已开始打开，从而使两阀在衔接处平滑过渡。利用这种重叠信号可以弥补2个调节阀在衔接处流量特性的突变现象，使控制品质得以改善。信号重叠部分的多少，取决于2个阀 C 值的差，其差越大则信号重叠部分越多。由于对数阀合成的流量特性比线性阀效果好，一般都采用2个对数阀并联分程。如果系统要求合成阀的流量特性为线性，则可以通过添加其他非线性补偿环节的方法，将合成的对数特性校正为线性特性。

分程控制系统属于单回路控制系统。因此，其控制器的选型和参数整定方法与一般单回路控制系统相同。但是，与单回路控制系统相比，分程控制系统的主要特点是分程且阀多。所以，在分程控制系统中，当2个调节阀分别控制2个串级变量时，这2个调节阀所对应的控制通道特性可能差异很大。这时必须注意，控制器的参数整定需要选取一组合适的控制器参数来兼顾两种情况。

另外，在分程控制系统中，除不要把控制器的设定值设在2个分程调节阀的交接处，以免引起2个阀门频繁动作降低阀门寿命外，还要注意调节阀的泄漏问题。特别是大阀与小阀并联分程时，大阀的泄漏量要小，否则小阀不能充分发挥作用，流量的可调范围仍然没有很好地被扩大。

9.4 本章小结

本章介绍了比值控制系统、均匀控制系统和分程控制系统3种特殊控制系统。

比值控制系统是为了满足工艺上要求两种或两种以上物料流量保持一定比例关系而设置的。常用的比值控制系统有单闭环比值控制系统、双闭环比值控制系统和变比值控制系统等类型。比值控制系统的设计中要考虑的问题有主、从物料的选择，仪表比值系数的换算，选择具体的实施方案，开方器的选用及从物料对主物料的动态跟踪等。比值控制系统的参数整定，重点为从流量控制回路的整定，要求从流量控制回路能快速、准确地跟随主流量的变化而变化，而且不宜有超调。

均匀控制系统是在连续生产过程中的各种设备前后紧密联系的情况下，提出来的一种特殊的控制系统。它可解决前后设备在物料供求上的矛盾，特点是2个被控变量都是变化的，对2个变量的调节过程都是缓慢的，2个被控变量的变化应在工艺允许的范围内。均匀控制系统包括简单串级及双冲量均匀控制系统等。

分程控制系统属于单回路控制系统，主要用于扩大调节阀的可调范围，以提高控制系统的控制品质，或用来满足生产工艺上的特殊要求。信号的分程由阀门定位器来实现。要使两分程信号的衔接处平滑无折点，应采用2个流通能力十分接近的线性阀或采用对数阀并且分程信号部分重叠。

习 题

9.1 比值控制系统的结构形式有哪几种？对应的工艺原理图和方框图如何画？

9.2 比值控制系统中的主、从物料选择原则是什么？控制器的控制规律如何选取？

9.3 单闭环比值控制系统的主、从流量之比 Q_2/Q_1 是否恒定？总流量 $Q_\Sigma = Q_1 + Q_2$ 是否恒定？双闭环比值控制系统中 Q_2/Q_1 与 Q_Σ 的情况又是怎样？

9.4 比值控制系统有无开方器的情况下，仪表比值系数的计算公式各是什么？

9.5 在用乘法器实施比值控制时，为什么要求 $K(Q_{1\max}/Q_{2\max}) \leqslant 1$？如果 $K(Q_{1\max}/Q_{2\max}) > 1$ 时该怎么办？

9.6 某比值控制系统，主流量 Q_1 的变送器量程为 0～400 m^3/h，从流量 Q_2 的变送器量程为 0～1 000 m^3/h，流量经开方后再用气动比值器或气动乘法器时，若保持 $Q_2/Q_1 = 1.2$，问比值器和乘法器上的比值系数应设为何值？并画出相应的系统方框图。

9.7 设置均匀控制的目的是什么？均匀控制系统有哪些特点？

9.8 如何对均匀控制系统进行参数整定？控制器的调节规律应如何选取？

9.9 分程控制有哪些用途？控制器的调节规律如何选取？

第 10 章

解耦控制系统

前面所讨论的控制系统中，假设过程只有一个被控变量（即输出量），在影响这个被控变量的诸多因素中，仅选择一个控制变量（即输入量），而把其他因素都看成扰动，这样的系统就是所谓的单输入单输出系统。但实际的工业过程往往有多个过程参数需要进行控制，影响这些参数的控制变量也不止一个，这样的系统称为多输入多输出系统。当多输入多输出系统中输入和输出之间相互影响较强时，通常不清楚用哪个输入来控制哪个输出是合理的，这种变量之间的配对问题就涉及控制系统结构的选择，不能简单地化为多个单输入单输出系统，此时必须考虑到变量间的耦合，以便对系统采取相应的解耦措施后再实施有效的控制。本章将讨论多输入多输出系统的基本概念、分析和设计方法。

10.1 解耦控制的基本概念

10.1.1 控制回路间的耦合

随着现代工业的发展，生产规模越来越复杂，对过程控制系统的要求也越来越高，大多数工业过程是多输入多输出的过程，其中 1 个输入将可能影响到多个输出，而 1 个输出也将可能受到多个输入的影响。如果将一对输入输出的传递关系称为 1 个控制通道，则在各通道之间存在相互作用，这种输入与输出间或通道与通道间复杂的因果关系称为过程变量间的耦合或控制回路间的耦合。因此，许多生产过程都不可能仅在一单回路控制系统作用下实现预期的生产目标。换言之，在生产过程中，被控变量和控制变量往往不止一对，只有设置若干个控制回路，才能对生产过程中的多个被控变量进行准确、稳定的调节。在这种情况下，多个控制回路之间就有可能产生某种程度的相互关联、相互耦合和相互影响。而且这些控制回路之间的相互耦合还将直接妨碍各被控变量和控制变量之间的独立控制作用，有时甚至会破坏各系统的正常工作，使之不能投入运行。

图 10 - 1 是化工生产中的精馏塔温度控制系统。图中，T_1C 为塔顶温度控制器，它的输出 u_1用来控制阀门 1，调节塔顶回流量 Q_r，以便控制塔顶温度 y_1。T_2C 为塔釜温度控制器，它的输出 u_2用来控制阀门 2，调节加热蒸汽量 Q_s，以便控制塔底温度 y_2。被控变量分别为塔顶温度 y_1和塔底温度 y_2，控制变量分别为 u_1和 u_2，参考输入量（设定值）分别为 r_1和 r_2。显然，u_1的改变不仅影响 y_1，同时还会影响 y_2；同样地，u_2的改变不仅影响 y_2，同时还会影

响 y_1。因此，这 2 个控制回路之间存在着相互关联、相互耦合。这种相关与耦合关系如图 10－2 所示。

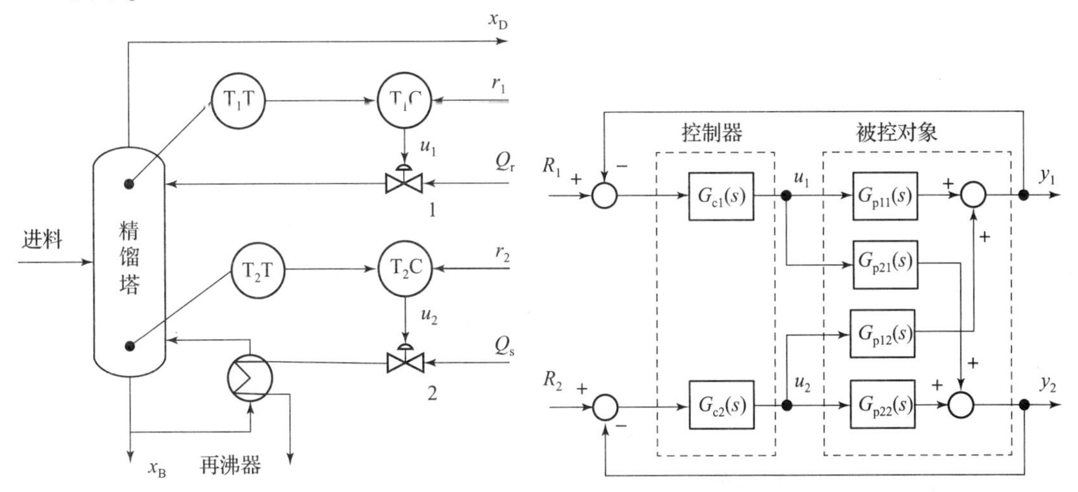

图 10－1　精馏塔温度控制系统　　　图 10－2　精馏塔温度控制系统的方框图

耦合是过程控制系统普遍存在的一种现象。耦合结构的复杂程度主要取决于实际的被控对象及对控制系统的品质要求。因此，如果对工艺生产不了解，那么设计的控制方案不可能是完善和有效的。

10.1.2　被控对象的典型耦合结构

对于具有相同数目输入量和输出量的被控对象，典型的耦合结构（即 P 规范耦合结构）如图 10－3 所示。它有 n 个输入和 n 个输出，并且每一个输出变量 $Y_i(i=1,2,\cdots,n)$ 都受到所有输入变量 $U_j(j=1,2,\cdots,n)$ 的影响。如果用 $p_{ij}(s)$ 表示第 j 个输入量 U_j 与第 i 个输出量 Y_i 之间的传递函数，则 P 规范耦合对象的数学表达式为

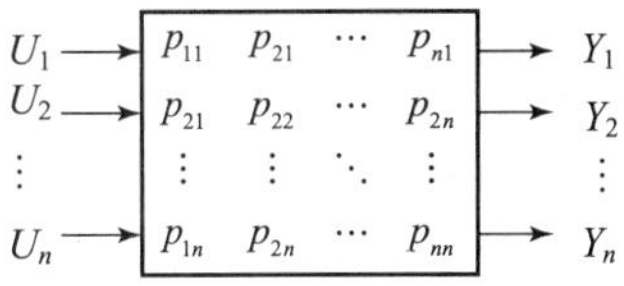

$$\begin{array}{ccccc} U_1 \rightarrow & p_{11} & p_{21} & \cdots & p_{n1} & \rightarrow Y_1 \\ U_2 \rightarrow & p_{21} & p_{22} & \cdots & p_{2n} & \rightarrow Y_2 \\ \vdots & \vdots & \vdots & \ddots & \vdots & \vdots \\ U_n \rightarrow & p_{1n} & p_{2n} & \cdots & p_{nn} & \rightarrow Y_n \end{array}$$

图 10－3　P 规范耦合结构

$$\begin{cases} Y_1 = p_{11}U_1 + p_{12}U_2 + \cdots + p_{1n}U_n \\ Y_2 = p_{21}U_1 + p_{22}U_2 + \cdots + p_{2n}U_n \\ \qquad\vdots \\ Y_n = p_{n1}U_1 + p_{n2}U_2 + \cdots + p_{nn}U_n \end{cases} \tag{10-1}$$

将式（10－1）写成矩阵形式，则有

$$\boldsymbol{Y} = \boldsymbol{P}\boldsymbol{U} \tag{10-2}$$

式中：$\boldsymbol{P} = \begin{bmatrix} p_{11} & p_{12} & \cdots & p_{1n} \\ p_{21} & p_{22} & \cdots & p_{2n} \\ \vdots & \vdots & \ddots & \vdots \\ p_{n1} & p_{n2} & \cdots & p_{nn} \end{bmatrix}$。

10.2 耦合程度分析和相对增益

10.2.1 耦合程度分析

首先通过实例来说明多变量系统中存在的系统关联情况。图 10－4 为搅拌储槽加热器的控制回路，其中包含温度与液位 2 个控制回路，当进口介质流入量 Q_i（负荷）波动或者液位的设定值改变时，回路 1 通过调整出口介质的流出量 Q_o，使液位保持在设定值上，但出口流量 Q_o。的变化就会对槽内温度产生扰动，使回路 2 通过控制加热蒸汽量来进行补偿。

另外，如果入口介质的温度发生变化（扰动）或控制器的温度设定值改变，回路 2 就会调整蒸汽的流量来稳定温度。此时，液位并不会受到扰动。以上分析说明，这 2 个回路之间是单向耦合的。

图 10－5 是具有双向耦合的压力和流量控制系统，在这 2 个系统中，单把任一个系统投入运行都不成问题，在生产中也大量使用，但若把这两个控制系统同时投入运行，问题就出现了，控制阀门 1 和 2 对系统的压力都有相同的影响程度。因此，当管路压力 p_1 偏低而开大控制阀 1 时流量也将增大，于是流量控制器将产生作用，关小控制阀 2，其结果又使管路压力 p_1 上升。流量的控制也有类似的情况。这种情况在许多控制系统中均存在，如锅炉设备的进风（送氧）、炉膛（副压）、烟道、引风等一系列环节就存在如图 10－5 所示的管路情况，氧气的进风流量与炉膛副压控制之间就存在耦合，而且相互之间影响较大。又如，2 种料液混合控制系统中，被控变量成分和总流量与两路输入流量之间也存在着较强的耦合作用。

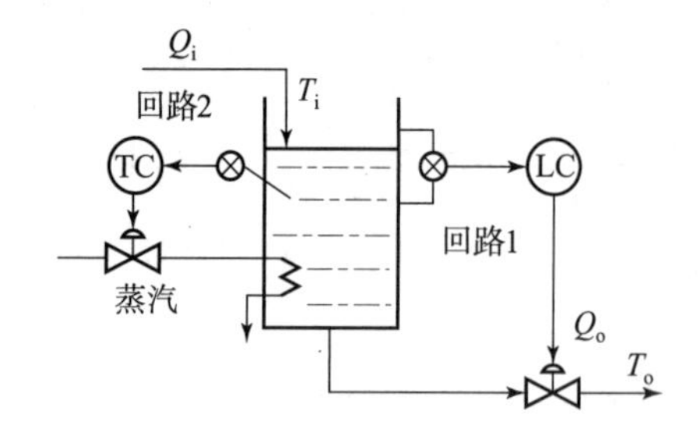

图 10－4　搅拌储槽加热器的控制回路

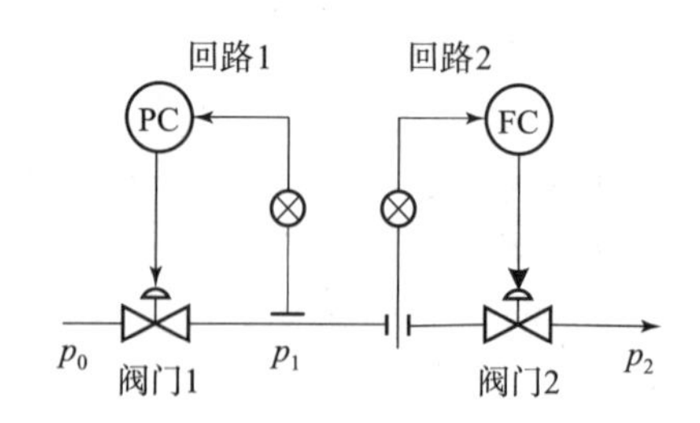

图 10－5　具有双向耦合的压力和流量控制系统

下面通过传递函数矩阵来对系统的关联情况作进一步分析。设具有 2 个被控变量和 2 个控制变量的过程如图 10－6 所示。

图 10－6（a）中开环系统的传递函数可写为

$$\boldsymbol{Y}(s) = \begin{bmatrix} Y_1(s) \\ Y_2(s) \end{bmatrix} = \begin{bmatrix} G_{11}(s) & G_{12}(s) \\ G_{21}(s) & G_{22}(s) \end{bmatrix} \begin{bmatrix} U_1(s) \\ U_2(s) \end{bmatrix} \tag{10-3}$$

式中：传递函数 $G_{ij}(s)$ 反映了在开环情况下，输入 u_j 对输出 y_i 控制通道的传递函数。

如果传递函数 $G_{12}(s)$ 和 $G_{21}(s)$ 都等于 0，则 2 个控制回路各自独立，其间不存在关联，系统间无耦合。此时，一个控制回路不管是处于开环还是闭环状态，对另一个控制回路均无影响。过程的输入输出关系应为

$$Y_1(s) = G_{11}(s)U_1(s) \tag{10-4}$$

$$Y_2(s) = G_{22}(s)U_2(s) \tag{10-5}$$

如果 $G_{12}(s)$ 和 $G_{21}(s)$ 有一个不等于0，则称系统为单向耦合或单向关联系统；如果2个都不等于0，则称系统为双向耦合或双向关联系统，这时情况就比较复杂。

例如，在回路2开环时，$u_1 \to y_1$ 的传递函数是 $G_{11}(s)$，只有1条通道。当回路2闭环时，$u_1 \to y_1$ 除了上述直接通道外，还存在 $u_1 \to y_2 \to u_2 \to y_1$ 间接通道的影响。

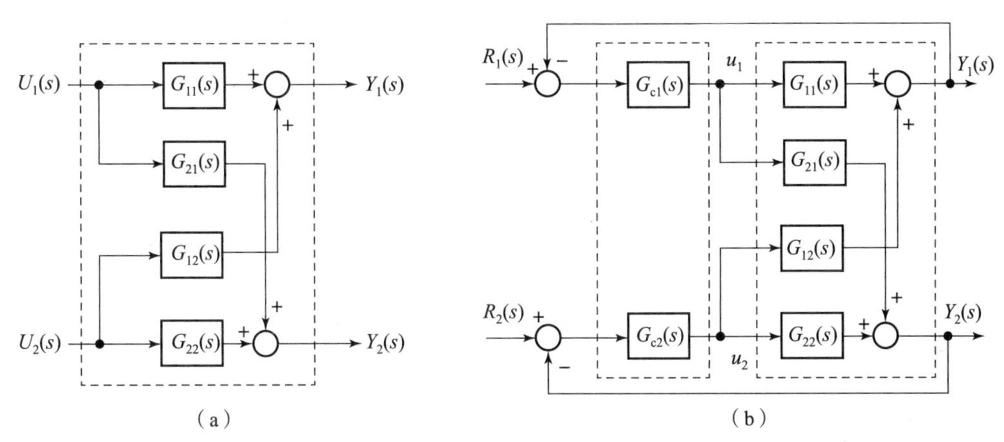

图10－6　双输入双输出系统

在回路2闭环的情况下，且 $R_2(s)=0$ 时，如图10－6（b）所示，如果回路2运行理想，就有 $Y_2(s)=0$，即 y_2 在设定值上不变化，则式（10－3）可写为

$$Y_1(s) = G_{11}(s)U_1(s) + G_{12}(s)U_2(s) \tag{10-6}$$

$$0 = G_{21}(s)U_1(s) + G_{22}(s)U_2(s) \tag{10-7}$$

由式（10－7）可得

$$U_2(s) = -\frac{G_{21}(s)}{G_{22}(s)}U_1(s)$$

代入式（10－6）可得

$$Y_1(s) = G_{11}(s)\left[\frac{G_{11}(s)G_{22}(s) - G_{12}(s)G_{21}(s)}{G_{11}(s)G_{22}(s)}\right]U_1(s) \tag{10-8}$$

将式（10－8）与式（10－4）进行对比，可以看出回路2开环与闭环时对通道 $u_1 \to y_1$ 影响的差别。

通过以上分析可以看出，衡量选定的控制变量对特定的被控变量的影响，只计算在所有控制变量都固定不变的情况下的开环增益显然是不够的。假如过程是关联的，则每个控制变量不只影响1个被控变量。这样，特定被控变量对选定的控制变量的响应还将取决于其他控制变量处于何种状态（开环还是闭环）。

根据上述思想，布里斯托尔于1966年提出了相对增益的概念，用来定量给出各变量之间（稳态）耦合程度的度量。相对增益虽有一定的局限性，但利用它完全可以选出使回路关联程度最弱的被控变量和控制变量的配对关系，是分析多变量系统耦合程度最常用最有效的方法。

10.2.2 相对增益

1. 相对增益的定义

相对增益分析法通过利用相对增益矩阵确定过程中每个被控变量相对每个控制变量的响应特性，并以此为依据去设计控制系统。另外，相对增益分析法还可以指出过程关联的程度和类型，以及对回路控制性能的影响。

相对增益分析法作为衡量多变量系统性能尺度的方法，通常称为布里斯托尔－欣斯基方法，用来评价一预先选定的控制变量 U_j 对一特定的被控变量 Y_i 的影响程度。而且这种影响程度是相对于过程中其他控制变量对该被控变量 Y_i 而言的。

对于一多变量系统，假设 $\boldsymbol{Y}$ 是包含系统所有被控变量 Y_i 的列向量；$\boldsymbol{U}$ 是包含所有控制变量 U_j 的列向量。为了衡量系统的关联性质首先在所有其他回路均为开环，即所有其他控制变量都保持不变的情况下，得到开环增益矩阵 $\boldsymbol{P}$。这里记作

$$\boldsymbol{Y}=\boldsymbol{PU} \tag{10-9}$$

式中：矩阵 $\boldsymbol{P}$ 的元素 p_{ij} 的稳态值称为 U_j 到 Y_i 通道的第一放大系数，是指控制变量 U_j 改变了 ΔU_j 时，在其余控制变量 $U_k(k\neq j)$ 均不变的情况下，U_j 与 Y_i 之间通道的开环增益。显然 p_{ij} 就是除 U_j 到 Y_i 通道以外，其余通道全部断开时所得到的 U_j 到 Y_i 通道的稳态增益，p_{ij} 可表示为

$$p_{ij}=\frac{\partial Y_i}{\partial U_j} \tag{10-10}$$

然后，在所有其余回路均闭合，即保持其余被控变量都不变的情况下，找出各通道的开环增益，记作矩阵 $\boldsymbol{Q}$。它的元素 q_{ij} 的稳态值称为 U_j 与 Y_i 通道的第二放大系数。q_{ij} 是指利用闭合回路固定其余被控变量 $Y_k(k\neq j)$ 时，U_j 与 Y_i 之间通道的开环增益。q_{ij} 可以表示为

$$q_{ij}=\frac{\partial Y_i}{\partial U_j} \tag{10-11}$$

p_{ij} 与 q_{ij} 之比定义为相对增益或相对放大系数 λ_{ij}，λ_{ij} 可表示为

$$\lambda_{ij}=\frac{p_{ij}}{q_{ij}}=\frac{\dfrac{\partial Y_i}{\partial U_j}}{\dfrac{\partial Y_i}{\partial U_j}} \tag{10-12}$$

由相对增益 λ_{ij} 元素构成的矩阵称为相对增益矩阵 $\boldsymbol{\Lambda}$，即

$$\boldsymbol{\Lambda}=\begin{bmatrix}\lambda_{11} & \lambda_{12} & \cdots & \lambda_{1n}\\ \lambda_{21} & \lambda_{22} & \cdots & \lambda_{2n}\\ \vdots & \vdots & \ddots & \vdots\\ \lambda_{n1} & \lambda_{n2} & \cdots & \lambda_{nn}\end{bmatrix} \tag{10-13}$$

如果在上述 2 种情况下，开环增益没有变化，即相对增益 $\lambda_{ij}=1$，这就表明由 Y_i 和 U_j 组成的控制回路与其他回路之间没有关联。这是因为无论其他回路闭合与否都不影响 U_j 到 Y_i 通道的开环增益。当其他控制变量都保持不变时，Y_i 不受 U_j 的影响，那么 λ_{ij} 为 0，因而就不能用 U_j 来控制 Y_i。如果存在某种关联，则 U_j 的改变不但影响 Y_i，而且还影响其他被控变量 $Y_k(k\neq i)$。因此，在确定第二放大系数 q_{ij} 时，使其余回路闭环，被控变量 Y_k 保持不变，则

其余的控制变量 $U_k(k\neq j)$ 必然会改变，其结果在 2 个放大系数之间就会出现差异，即既不是 0，也不是 1。另外，还有一种极端情况，当式（10-12）中分母趋于 0，则其他闭合回路的存在使得 Y_i 不受 U_j 的影响，此时 λ 趋于无穷大。关于相对增益具有不同数值时的含义将在下面关于相对增益矩阵的性质中予以讨论。

通常，过程一般都用稳态增益和动态增益来描述，所以相对增益也同样包含这 2 个分量。然而，在大多数情况下，可以发现稳态增益具有更大的重要性，而且容易求取和处理。

2. 相对增益的计算

从相对增益矩阵的定义可以看出，确定相对增益矩阵，关键是计算第一放大系数和第二放大系数。最基本的方法有 2 种：一种方法是按相对增益的定义对过程的参数表达式进行微分，分别求出第一放大系数和第二放大系数，最后得到相对增益矩阵；另一种方法是先计算第一放大系数，再由第一放大系数直接计算第二放大系数，从而得到相对增益矩阵，即所谓的第二放大系数直接计算法。

1）定义计算法

（1）第一放大系数 p_{ij} 的计算。

第一放大系数 p_{ij} 是在其余通道开路且保持 $U_k(k\neq j)$ 恒定的情况下，该通道的稳态增益。下面以图 10-7 所示的双变量稳态耦合系统为例，说明 p_{ij} 的计算。

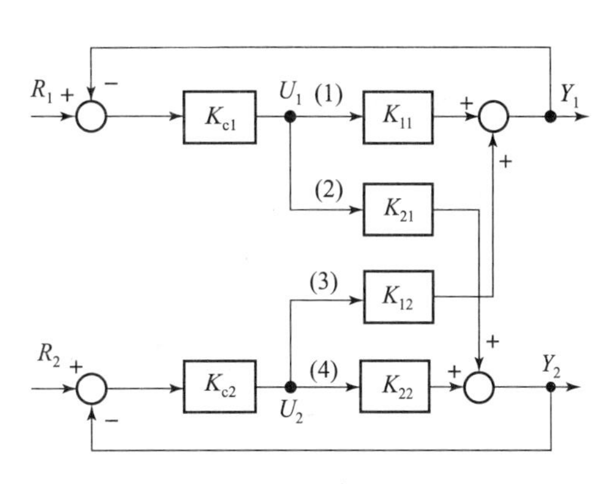

图 10-7 双变量稳态耦合系统的方框图

如图 10-7 所示，当计算 p_{11} 时，可将支路（2）、（3）和（4）断开，或令控制器 $G_{c1}(s)$ 的增益 $K_{c1}=0$，改变控制变量 U_1，求出被控变量 Y_1，这两者的变化量之比即为 p_{11}，不难看出，$p_{11}=K_{11}$。

实际上，由图 10-7 所示的双变量稳态耦合系统的方框图可得

$$\begin{cases} Y_1 = K_{11}U_1 + K_{12}U_2 \\ Y_2 = K_{21}U_1 + K_{22}U_2 \end{cases} \tag{10-14}$$

根据第一放大系数 p_{ij} 的定义，对式（10-14）求偏导可得

$$p_{11} = \left.\frac{\partial Y_1}{\partial U_1}\right|_{U_2\text{const}} = K_{11}$$

同理可得，$p_{21}=K_{21}$，$p_{12}=K_{12}$，$p_{22}=K_{22}$。

（2）第二放大系数 q_{ij} 的计算。

第二放大系数 q_{ij} 是在其他通道闭合且保持 $Y_k(k\neq i)$ 恒定的条件下，该通道的稳态增益。

仍以图 10-7 双变量稳态耦合系统为例，说明 q_{ij} 的计算。为了确定 U_1 到 Y_1 通道之间的第二放大系数 q_{11}，必须保持 Y_2 恒定。利用式（10-14）得 Y_1 与 U_1 和 Y_2 之间的关系表达式为

$$Y_1 = K_{11}U_1 + K_{12}\frac{Y_2 - K_{21}U_1}{K_{22}} \tag{10-15}$$

根据第二放大系数 q_{ij} 的定义，对式（10-15）求偏导可得

$$q_{11}=\left.\frac{\partial Y_1}{\partial U_1}\right|_{Y_2=\text{const}}=K_{11}-\frac{K_{12}K_{21}}{K_{22}}=\frac{K_{11}K_{22}-K_{12}K_{21}}{K_{22}}$$

类似地，可求得

$$q_{21}=-\frac{K_{11}K_{22}-K_{12}K_{21}}{K_{12}},\quad q_{12}=-\frac{K_{11}K_{22}-K_{21}K_{12}}{K_{21}},\quad q_{22}=-\frac{K_{11}K_{22}-K_{12}K_{21}}{K_{22}} \tag{10-16}$$

根据相对增益 λ_{ij}的定义，可得

$$\begin{cases}\lambda_{11}=\dfrac{p_{11}}{q_{11}}=\dfrac{K_{11}K_{22}}{K_{11}K_{22}-K_{12}K_{21}},\quad \lambda_{21}=\dfrac{p_{21}}{q_{21}}=\dfrac{K_{12}K_{21}}{K_{12}K_{21}-K_{11}K_{22}}\\ \lambda_{12}=\dfrac{p_{12}}{q_{12}}=\dfrac{K_{12}K_{21}}{K_{12}K_{21}-K_{11}K_{22}},\quad \lambda_{22}=\dfrac{p_{22}}{q_{22}}=\dfrac{K_{11}K_{22}}{K_{11}K_{22}-K_{12}K_{21}}\end{cases} \tag{10-17}$$

从上述分析可知，第一放大系数 p_{ij}是比较容易确定的，但第二放大系数 q_{ij}则要求其他回路开环增益为无穷大的情况才能确定，这不是在任何情况下都能达到的。事实上，由式（10－14）和式（10－16）可看出，第二放大系数 q_{ij}完全取决于各个第一放大系数 p_{ij}，这说明有可能由第一放大系数直接求出第二放大系数，从而求得耦合系统的相对增益 λ_{ij}。

2）直接计算法

以图 10－7 所示双变量耦合系统为例，说明如何由第一放大系数直接求第二放大系数。引入矩阵 $\boldsymbol{P}=\begin{bmatrix}p_{11} & p_{12}\\ p_{21} & p_{22}\end{bmatrix}$，式（10－14）可写成矩阵形式，即

$$\begin{bmatrix}Y_1\\ Y_2\end{bmatrix}=\begin{bmatrix}p_{11} & p_{12}\\ p_{21} & p_{22}\end{bmatrix}\begin{bmatrix}U_1\\ U_2\end{bmatrix}=\begin{bmatrix}K_{11} & K_{12}\\ K_{21} & K_{22}\end{bmatrix}\begin{bmatrix}U_1\\ U_2\end{bmatrix} \tag{10-18}$$

由式（10－18）得

$$\begin{cases}U_1=\dfrac{K_{22}}{K_{11}K_{22}-K_{12}K_{21}}Y_1-\dfrac{K_{12}}{K_{11}K_{22}-K_{12}K_{21}}Y_2\\ U_2=\dfrac{-K_{21}}{K_{11}K_{22}-K_{12}K_{21}}Y_1+\dfrac{K_{11}}{K_{11}K_{22}-K_{12}K_{21}}Y_2\end{cases} \tag{10-19}$$

引入矩阵 $\boldsymbol{H}=\begin{bmatrix}h_{11} & h_{12}\\ h_{21} & h_{22}\end{bmatrix}$，则式（10－19）可写成矩阵形式，即

$$\begin{bmatrix}U_1\\ U_2\end{bmatrix}=\begin{bmatrix}h_{11} & h_{12}\\ h_{21} & h_{22}\end{bmatrix}\begin{bmatrix}Y_1\\ Y_2\end{bmatrix} \tag{10-20}$$

式中：

$$h_{11}=\frac{K_{22}}{K_{11}K_{22}-K_{12}K_{21}},\quad h_{12}=-\frac{K_{12}}{K_{11}K_{22}-K_{12}K_{21}}$$

$$h_{21}=\frac{-K_{21}}{K_{11}K_{22}-K_{12}K_{21}},\quad h_{22}=\frac{K_{11}}{K_{11}K_{22}-K_{12}K_{21}}$$

根据第二放大系数的定义，不难看出

$$q_{ij}=\frac{1}{h_{ji}} \tag{10-21}$$

由式（10－18）和（10－20）可知

$$PH = I \tag{10-22}$$

或表示为

$$H = P^{-1} \tag{10-23}$$

根据相对增益的定义，得

$$\lambda_{ij} = \frac{p_{ij}}{q_{ij}} = p_{ij}h_{ij} \tag{10-24}$$

由此可见，相对增益可表示为矩阵 P 中的每个元素与 H 的转置矩阵中的相应元素的乘积。于是，相对增益矩阵 Λ 可表示为矩阵 P 中每个元素与逆矩阵 P^{-1} 的转置矩阵中相应元素的乘积（点积），即

$$\Lambda = P \cdot H^{\mathrm{T}} = P \cdot (P^{-1})^{\mathrm{T}} \tag{10-25}$$

相对增益的具体计算公式可写为

$$\lambda_{ij} = p_{ij}\frac{P_{ij}}{\det P} \tag{10-26}$$

式中：P_{ij} 为矩阵 P 中元素 P_{ij} 的代数余子式；$\det P$ 为矩阵 P 的行列式。

式（10－26）是由第一放大系数 p_{ij} 计算相对增益 λ_{ij} 的一般公式。

3. 相对增益矩阵的性质

由式（10－25）可知，相对增益矩阵

$$\Lambda = \begin{bmatrix} p_{11} & p_{12} & \cdots & p_{1n} \\ p_{21} & p_{22} & \cdots & p_{2n} \\ \vdots & \vdots & \ddots & \vdots \\ p_{n1} & p_{n2} & \cdots & p_{nn} \end{bmatrix}\begin{bmatrix} P_{11} & P_{12} & \cdots & P_{1n} \\ P_{21} & P_{22} & \cdots & P_{2n} \\ \vdots & \vdots & \ddots & \vdots \\ P_{n1} & P_{n2} & \cdots & P_{nn} \end{bmatrix}\frac{1}{\det P} \tag{10-27}$$

可以证明，矩阵 Λ 第 i 行元素之和

$$\sum_{j=1}^{n}\lambda_{ij} = \frac{1}{\det P}\sum_{j=1}^{n}p_{ij}P_{ij} = \frac{\det P}{\det P} = 1 \tag{10-28}$$

类似地，矩阵 Λ 第 j 列元素之和

$$\sum_{i=1}^{n}\lambda_{ij} = \frac{1}{\det P}\sum_{i=1}^{n}p_{ij}P_{ij} = \frac{\det P}{\det P} = 1 \tag{10-29}$$

式（10－28）和式（10－29）表明相对增益矩阵中每行元素之和为1，每列元素之和也为1。此结论也同样适用于多变量耦合系统。

【例10－1】 如图10－8所示，液体 U_1、U_2 在管道中均匀混合后，生成所需成分的混合液。要求对混合液的成分 Y_1 和总流量 Y_2 进行控制，设利用混合液的成分 Y_1 控制总流量 Y_2 的质量百分数为20%，试求被控变量与控制变量之间的正确配对关系。

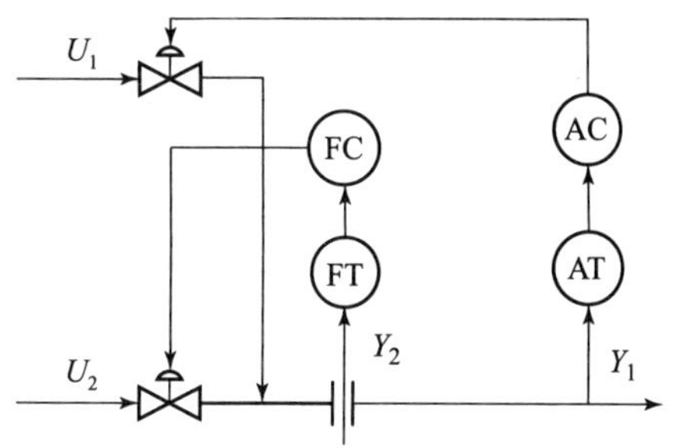

图10－8　液体混合系统

解： 由前面的分析可知，要得到正确的变量配对关系，必须首先计算相对增益矩阵。由于此系统的传递函数未知，不能直接用稳态增益求取相对增

益。但是，此系统的稳态关系非常清楚，因此可以利用相对增益的定义直接计算。

依题意知，系统的被控变量分别为混合液成分 Y_1 和总流量 Y_2，控制变量分别为液体 U_1 和 U_2，满足稳态关系为

$$Y_1 = \frac{U_1}{U_1 + U_2}, \quad Y_2 = U_1 + U_2$$

根据定义，先计算 U_1 到 Y_1 通道间的第一放大系数和第二放大系数，得

$$p_{11} = \left.\frac{\partial Y_1}{\partial U_1}\right|_{U_2=\mathrm{const}} = \left.\frac{\partial}{\partial U_1}\left(\frac{U_1}{U_1+U_2}\right)\right|_{U_2=\mathrm{const}} = \frac{U_1}{(U_1+U_2)^2} = \frac{1-Y_1}{Y_2}$$

$$q_{11} = \left.\frac{\partial Y_1}{\partial U_1}\right|_{Y_2=\mathrm{const}} = \left.\frac{\partial}{\partial U_1}\left(\frac{U_1}{U_1+U_2}\right)\right|_{Y_2=\mathrm{const}} = \left.\frac{\partial}{\partial U_1}\left(\frac{U_1}{Y_2}\right)\right|_{Y_2=\mathrm{const}} = \frac{1}{Y_2}$$

因此，可求得相对增益系数

$$\lambda_{11} = \frac{p_{11}}{q_{11}} = 1 - Y_1$$

由相对增益矩阵的性质，可得相对增益矩阵

$$\boldsymbol{\Lambda} = \begin{bmatrix} \lambda_{11} & \lambda_{12} \\ \lambda_{21} & \lambda_{22} \end{bmatrix} = \begin{matrix} \\ Y_1 \\ Y_2 \end{matrix} \begin{matrix} U_1 & U_2 \\ \begin{bmatrix} 1-Y_1 & Y_1 \\ Y_1 & 1-Y_1 \end{bmatrix} \end{matrix}$$

由此可见，系统的相对增益主要取决于混合液成分 Y_1。因为要选择较大的相对增益的 2 个变量进行配对，所以，当 $Y_1 = 20\%$ 时，用控制变量 U_1 控制混合液成分 Y_1，用控制变量 U_2 控制混合液总流量 Y_2 是比较合理的。

【例 10－2】 一母管上有 2 个并联支路，如图10－9所示。各支路均有流量控制，流经两管的总流量是不变的。假设两管道情况相同，它们的增益也相同，试进行耦合特性分析。

解： 当回路开环时，μ_1 的增加将导致 Q_1 的增加及 Q_2 的减少。所以有

$$\begin{cases} Q_1 = K_{11}\mu_1 - K_{12}\mu_2 \\ Q_2 = K_{22}\mu_2 - K_{21}\mu_1 \end{cases}$$

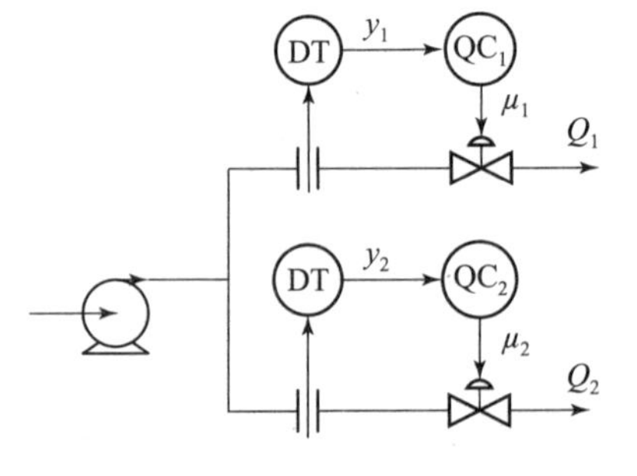

图 10－9 并联管道的耦合情况

可见，第一放大系数中，有 2 个为正，2 个为负；同时由于管道情况相同，所以有 $K_{11} = K_{22}$，$K_{12} = K_{21}$。它们的相对增益

$$\lambda_{11} = \lambda_{22} = \frac{K_{11}^2}{K_{11}^2 - K_{12}^2} = \frac{1}{1 - (K_{12}^2/K_{11}^2)}$$

设 $K_{11} > K_{12}$，则有

$$\lambda_{11} = \lambda_{22} > 1, \quad \lambda_{21} = \lambda_{12} < 0$$

由此可见，相对增益 λ_{ij} 均落在 0～1 的范围之外。$\lambda_{21} = \lambda_{12} < 0$ 表明，当用 μ_1 控制 Q_2 时，μ_2 控制 Q_1 回路开、闭环将引起 μ_1 控制 Q_2 回路增益的改变，即当另一个控制回路由开环到闭环时将引起一个不稳定的控制过程，因而不能选择用 μ_1 控制 Q_2 或 μ_2 控制 Q_1。而 $\lambda_{11} = \lambda_{22} > 1$

表明，λ_{11}值越大，则μ_1对Q_1的控制作用越弱；λ_{22}值越大，则μ_2对Q_2的控制作用越弱。下面从相对增益的定义也可以说明这个现象：

$$\lambda_{11}=\frac{\left.\dfrac{\partial Q_1}{\partial \mu_1}\right|_{\mu_2}}{\left.\dfrac{\partial Q_1}{\partial \mu_1}\right|_{Q_2}}$$

λ_{11}值越大，则表明分母越小，也就是说其他控制回路闭环时，μ_1对Q_1的控制作用在全部μ_j（$j\neq 1$）的作用中占的比重越小。

上述分析表明，相对增益可以反映如下耦合特性。

（1）如果相对增益λ_{ij}接近1，如$0.8<\lambda_{ij}<1.2$，则表明其他通道对该通道的关联作用很小，可以选为控制通道，同时该通道无须进行解耦系统设计。

（2）如果相对增益λ_{ij}小于0或接近于0，则表明使用本通道控制器不能得到良好的控制效果。换言之，这个通道的变量选配不恰当，应重新选择。

（3）如果$0.3<\lambda_{ij}<0.7$或$\lambda_{ij}>1.5$，则表明系统中存在着非常严重的耦合，必须进行解耦设计。

（4）无耦合系统的相对增益矩阵必为单位矩阵。反之，系统的相对增益矩阵为单位矩阵时，系统中还可能存在单方向耦合。

10.2.3 减小或解除耦合的方法

1. 被控变量和控制变量间的最佳变量配对

对于多变量系统，减少或解除耦合的途径可通过被控变量与控制变量之间的最佳的变量配对来解决，这是最简单有效的方法。具体依据相对增益选择控制回路的原则如下。

（1）相对于每个被控变量y_i，应选择具有最大且接近于1相对增益的控制变量u_j作为变量配对。

（2）不能用相对增益为负数的被控变量与控制变量配对来构成控制回路。

（3）相对增益矩阵提供了系统变量间稳态耦合程度的尺度，但要注意的是上述控制回路的选择原则并不保证回路间动态关联程度也最小。

由例10－1可知，选择变量配对时，当$Y_1=20\%$时，用控制变量U_1控制混合液成分Y_1，用控制变量U_2控制混合液总流量Y_2是比较合理的。如果被控变量$Y_1=70\%$，则变量配对要进行对调才是合理的。

2. 重新整定控制器的参数

对于系统之间的耦合，有些也可以通过重新整定控制器参数的方法加以克服。这样使得两个控制回路的工作频率错开，2个控制器的作用强弱不同。例如，图10－5所示的流量和压力控制系统中，如果把流量作为主被控变量，要求响应灵敏，那么在进行流量控制回路的整定时可以使比例增益大一些，积分时间小一些；压力作为从被控变量，在进行压力控制回路的整定时，可使比例增益小一些，积分时间长一些。这样就会减小关联作用，但这种方法会使得从被控变量的控制品质变差。

10.3 解耦控制系统的设计

对于有些多变量控制系统，在耦合非常严重的情况下，即使采用最好的变量匹配关系或重新整定控制器的方法，有时也得不到满意的控制效果。2 个特性相同的回路尤其麻烦，因为回路之间具有共振的动态响应。如果都是快速回路（如流量回路），把 1 个或更多的控制器加以特殊的整定就可以克服相互影响；但这并不适用于都是慢速回路（如成分回路）的情况。因此，对于耦合严重的多变量系统需要进行解耦设计，否则系统不可能稳定。

解耦控制设计的主要任务是解除控制回路或系统变量之间的耦合。解耦设计可分为完全解耦和部分解耦。完全解耦的要求是，在实现解耦之后，不仅控制变量与被控变量之间可以进行一对一的独立控制，而且扰动与被控变量之间同样产生一对一的影响。目前，对多变量耦合系统的解耦。常用以下 4 种方法。

10.3.1 前馈补偿解耦法

前馈补偿解耦法是多变量解耦控制中最早使用的一种解耦方法。该方法结构简单，易于实现，效果显著，因此得到了广泛应用。图 10－10 是一个带前馈补偿解耦器的双变量 P 规范对象的全解耦系统的方框图。

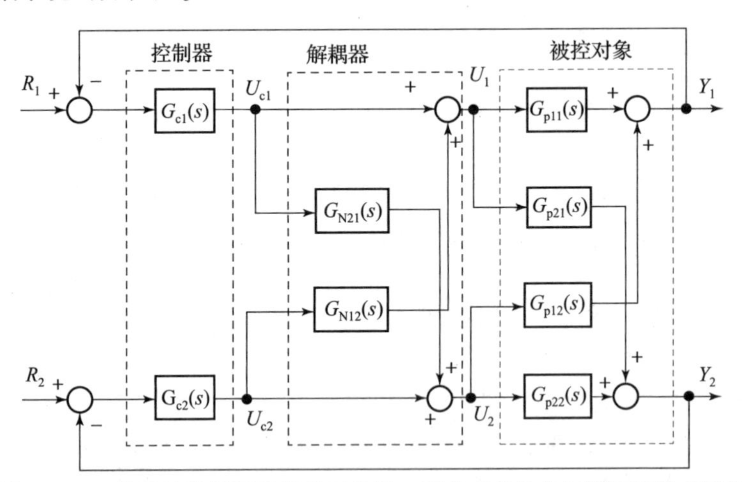

图 10－10 带前馈补偿解耦器的双变量 P 规范对象的全解耦系统的方框图

如果要实现对 U_{c2} 与 Y_1、U_{c1} 与 Y_2 之间的解耦，根据前馈补偿原理可得

$$Y_1=[G_{p12}(s)+G_{N12}(s)G_{p11}(s)]\ U_{c2}=0 \tag{10-30}$$

$$Y_2=[G_{p21}(s)+G_{N21}(s)G_{p22}(s)]\ U_{c1}=0 \tag{10-31}$$

因此，前馈补偿解耦器的传递函数为

$$G_{N12}(s)=-G_{p12}(s)/G_{p11}(s) \text{ 和 } G_{N21}(s)=-G_{p21}(s)/G_{p22}(s) \tag{10-32}$$

利用前馈补偿解耦还可以实现对扰动信号的解耦。图 10－11 是控制器结合解耦器的前馈补偿全解耦系统的方框图。

如果要实现对扰动量 D_1 和 D_2 的解耦，根据前馈补偿原理得

$$Y_1=[G_{p12}(s)+G_{p22}(s)G_{cN12}(s)G_{p11}(s)]\ D_2=0 \tag{10-33}$$

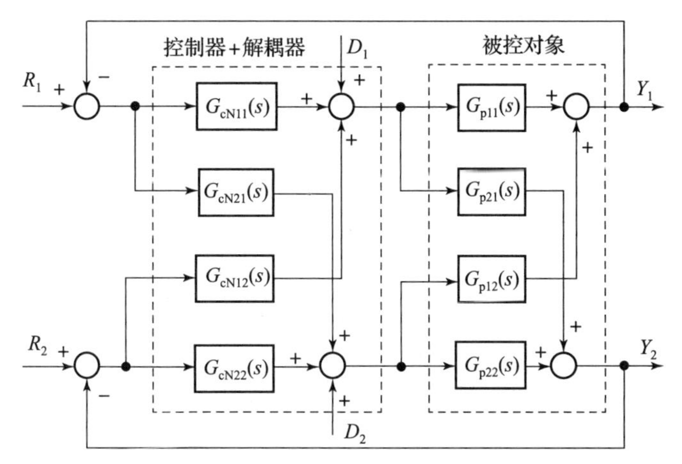

图 10－11　控制器结合解耦器的前馈补偿全解耦系统的方框图

$$Y_2 = [G_{p21}(s) + G_{p11}(s)G_{cN21}(s)G_{p22}(s)]\ D_1 = 0 \tag{10-34}$$

于是得

$$G_{cN12}(s) = \frac{G_{p12}(s)}{G_{p11}(s)G_{p22}(s)} \text{ 和 } G_{cN21}(s) = \frac{G_{p21}(s)}{G_{p11}(s)G_{p22}(s)} \tag{10-35}$$

如果要实现对参考输入量 $R_1(s)$、$R_2(s)$ 和输出量 $Y_1(s)$、$Y_2(s)$ 之间的解耦，则根据前馈补偿原理得

$$Y_1 = [G_{cN22}(s)G_{p12}(s) + G_{cN12}(s)G_{p11}(s)]\ R_2(s) = 0 \tag{10-36}$$

$$Y_2 = [G_{p21}(s) + G_{p11}(s)G_{cN21}(s)G_{p22}(s)]\ R_1(s) = 0 \tag{10-37}$$

故

$$G_{cN12}(s) = -\frac{G_{p12}(s)G_{cN22}(s)}{G_{p11}(s)} \text{ 和 } G_{cN21}(s) = -\frac{G_{p21}(s)G_{cN11}(s)}{G_{p22}(s)} \tag{10-38}$$

比较以上分析结果，不难看出，若对扰动量能实现前馈补偿全解耦，则参考输入与对象输出之间就不能实现解耦。因此，单独采用前馈补偿解耦一般不能同时实现对扰动量及参考输入对输出的解耦。

【例 10－3】已知双变量非全耦合系统的方框图如图 10－12 所示。要求解耦后的闭环传递矩阵为

$$\boldsymbol{G}(s) = \begin{bmatrix} \dfrac{1}{s+1} & 0 \\ 0 & \dfrac{1}{5s+1} \end{bmatrix}$$

试求控制器结合解耦器的参数。

解：由图 10－12 可知，系统的闭环传递矩阵为

$$\boldsymbol{G}(s) = [\boldsymbol{I} + \boldsymbol{G}_p(s)\ \boldsymbol{G}_{cN}(s)]^{-1}\ \boldsymbol{G}_p(s)\ \boldsymbol{G}_{cN}(s)$$

因此，控制器结合解耦器的传递矩阵为

$$\boldsymbol{G}_{cN}(s) = [\boldsymbol{G}_p(s)]^{-1}\boldsymbol{G}(s)\ [\boldsymbol{I} - \boldsymbol{G}(s)]^{-1}$$

故

$$G_{cN}(s)=\begin{bmatrix}G_{cN11}(s) & G_{cN12}(s)\\ G_{cN21}(s) & G_{cN22}(s)\end{bmatrix}=\begin{bmatrix}\dfrac{1}{2s+1} & 0\\ 1 & \dfrac{1}{s+1}\end{bmatrix}^{-1}\begin{bmatrix}\dfrac{1}{s+1} & 0\\ 1 & \dfrac{1}{5s+1}\end{bmatrix}\begin{bmatrix}\dfrac{s}{s+1} & 0\\ 1 & \dfrac{5s}{5s+1}\end{bmatrix}^{-1}$$

$$=\begin{bmatrix}\dfrac{2s+1}{s} & 0\\ -\dfrac{(2s+1)(s+1)}{s} & \dfrac{s+1}{5s}\end{bmatrix}$$

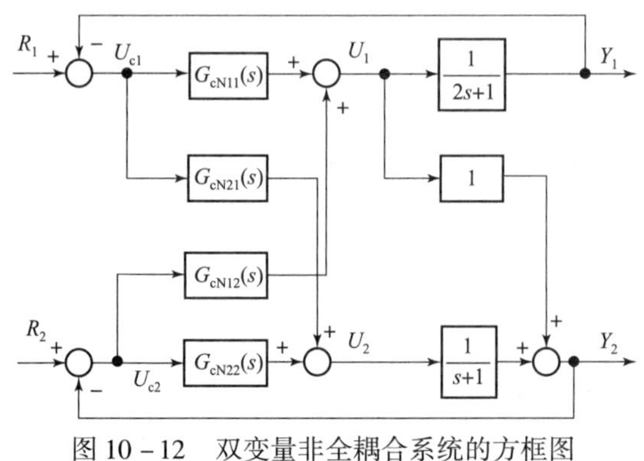

图 10-12 双变量非全耦合系统的方框图

由 $G_{cN}(s)$ 可知，$G_{cN11}(s)$ 和 $G_{cN22}(s)$ 是比例积分控制器，$G_{cN21}(s)$ 是比例微分控制器，解耦后，系统等效成 2 个一阶单回路控制系统，从而实现了被控对象的输出与输入变量之间的解耦。

必须指出的是，对于两变量以上的耦合系统，经过类似的矩阵运算就能求出解耦器的数学模型，但变量越多，解耦器的模型越复杂，解耦器实现的难度就越大。

10.3.2 反馈解耦法

反馈解耦法是多变量系统解耦控制非常有效的方法。该方法的解耦器通常配置在反馈通道上，而不是配置在系统的前向通道上。图 10-13 和图 10-14 分别为双变量反馈解耦系统的 2 种形式的方框图。

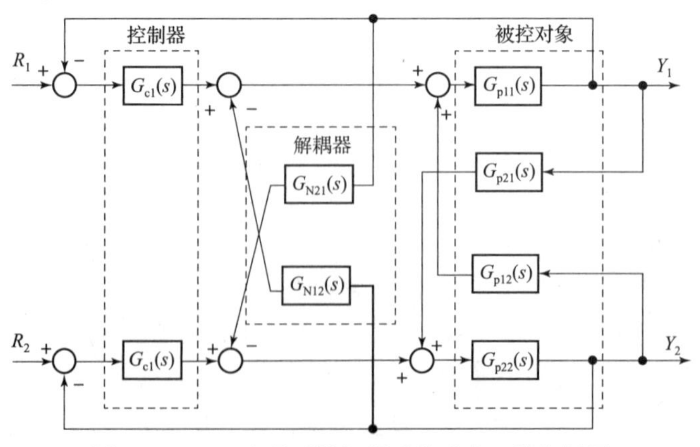

图 10-13 双变量反馈解耦系统形式 1 的方框图

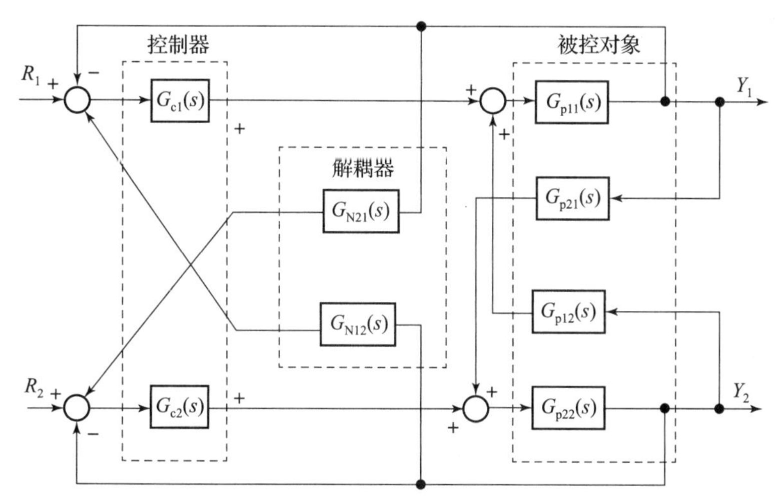

图 10－14　双变量反馈解耦系统形式 2 的方框图

由于 2 种形式的效果相同，以下仅对形式 2 进行分析。

针对图 10－14，如果对输出量 Y_1 和 Y_2 实现解耦，则

$$Y_1 = [G_{p12}(s) - G_{N12}(s)G_{c1}(s)]\ G_{p11}(s)Y_2 = 0 \tag{10-39}$$

$$Y_2 = [G_{p21}(s) - G_{N21}(s)G_{c2}(s)]\ G_{p22}(s)Y_1 = 0 \tag{10-40}$$

于是得反馈解耦器的传递函数为

$$G_{N12}(s) = G_{p12}(s)/G_{c1}(s) \text{ 和 } G_{N21}(s) = G_{p21}(s)/G_{c2}(s) \tag{10-41}$$

因此，系统的输出分别为

$$Y_1 = \frac{G_{p11}(s)G_{c1}(s)}{1+G_{p11}(s)G_{c1}(s)} \text{ 和 } Y_2 = \frac{G_{p22}(s)G_{c2}(s)}{1+G_{p22}(s)G_{c2}(s)} \tag{10-42}$$

由此可见，反馈解耦可以实现完全解耦。解耦后的系统相当于断开一切耦合关系，即断开 $G_{p12}(s)$，$G_{p21}(s)$，$G_{N12}(s)$ 和 $G_{N21}(s)$ 后，原耦合系统等效成具有两个独立控制通道的系统。

10.3.3　对角矩阵解耦法

对角矩阵解耦法是常见的解耦方法，尤其对复杂系统应用非常广泛。其目的是通过在控制系统中附加一个解耦器矩阵，使该矩阵与被控对象特性矩阵的乘积等于对角矩阵。下面以图 10－15 所示的双变量解耦系统为例，说明对角矩阵解耦的设计过程。

根据对角矩阵解耦设计要求，即

$$\begin{bmatrix} G_{p11}(s) & G_{p12}(s) \\ G_{p21}(s) & G_{p22}(s) \end{bmatrix}\begin{bmatrix} G_{N11}(s) & G_{N12}(s) \\ G_{N21}(s) & G_{N22}(s) \end{bmatrix} = \begin{bmatrix} G_{p11}(s) & 0 \\ 0 & G_{p22}(s) \end{bmatrix} \tag{10-43}$$

因此，被控对象的输出与输入变量之间应满足的矩阵方程为

$$\begin{bmatrix} Y_1(s) \\ Y_2(s) \end{bmatrix} = \begin{bmatrix} G_{p11}(s) & 0 \\ 0 & G_{p22}(s) \end{bmatrix}\begin{bmatrix} U_{c1}(s) \\ U_{c2}(s) \end{bmatrix} \tag{10-44}$$

假设对象传递矩阵 $\boldsymbol{G}_p(s)$ 为非奇异矩阵，即

$$\begin{bmatrix} G_{p11}(s) & G_{p12}(s) \\ G_{p21}(s) & G_{p22}(s) \end{bmatrix} \neq 0$$

于是得到解耦器的数学模型为

$$\begin{bmatrix} G_{N11}(s) & G_{N12}(s) \\ G_{N21}(s) & G_{N22}(s) \end{bmatrix} = \begin{bmatrix} G_{p11}(s) & G_{p12}(s) \\ G_{p21}(s) & G_{p22}(s) \end{bmatrix}^{-1} \begin{bmatrix} G_{p11}(s) & 0 \\ 0 & G_{p22}(s) \end{bmatrix}$$

$$= \frac{1}{G_{p11}(s)G_{p22}(s) - G_{p12}(s)G_{p21}(s)} \begin{bmatrix} G_{p22}(s) & -G_{p12}(s) \\ -G_{p21}(s) & G_{p11}(s) \end{bmatrix} \begin{bmatrix} G_{p11}(s) & 0 \\ 0 & G_{p22}(s) \end{bmatrix}$$

$$= \begin{bmatrix} \dfrac{G_{p11}(s)G_{p22}(s)}{G_{p11}(s)G_{p22}(s) - G_{p12}(s)G_{p21}(s)} & \dfrac{-G_{p12}(s)G_{p22}(s)}{G_{p11}(s)G_{p22}(s) - G_{p12}(s)G_{p21}(s)} \\ \dfrac{-G_{p11}(s)G_{p21}(s)}{G_{p11}(s)G_{p22}(s) - G_{p12}(s)G_{p21}(s)} & \dfrac{G_{p11}(s)G_{p22}(s)}{G_{p11}(s)G_{p22}(s) - G_{p12}(s)G_{p21}(s)} \end{bmatrix} \tag{10-45}$$

下面验证 $U_{c2}(s)$ 与 $Y_1(s)$ 之间已经实现解耦，即控制变量 $U_{c2}(s)$ 对被控变量 $Y_1(s)$ 没有影响。由图 10-15 可知，在 $U_{c1}(s)$ 作用下，被控变量 $Y_2(s)$ 为

$$Y_2(s) = [G_{N11}(s)G_{p21}(s) + G_{N21}(s)G_{p22}(s)]\ U_{c1}(s) \tag{10-46}$$

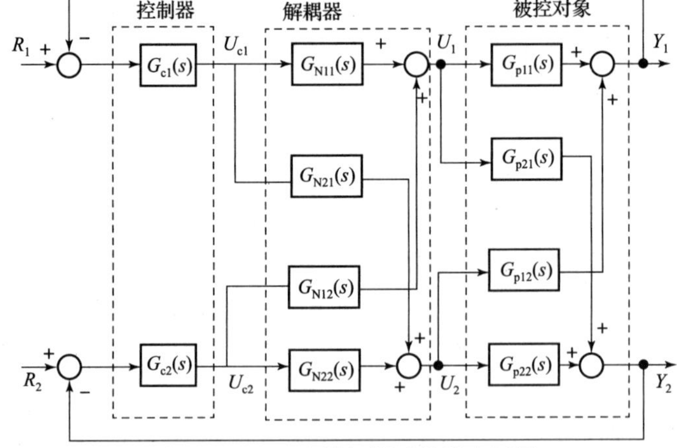

图 10-15　双变量解耦系统的方框图

将式（10-45）中的 $G_{N11}(s)$ 和 $G_{N21}(s)$ 代入式（10-46），则有 $Y_2(s)=0$。

同理可证，$U_{c2}(s)$ 与 $Y_1(s)$ 之间也已解除耦合，即控制变量 $U_{c2}(s)$ 对被控变量 $Y_1(s)$ 没有影响。图 10-16 是利用对角矩阵解耦得到的 2 个彼此独立的等效控制系统的方框图。

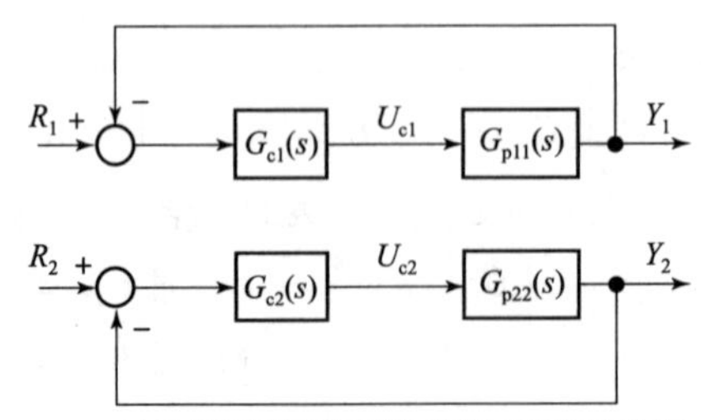

图 10-16　对角矩阵解耦后的等效控制系统的方框图

10.3.4　单位矩阵解耦法

单位矩阵解耦法是对角矩阵解耦法的特殊情况，要求被控对象特性矩阵与解耦器矩阵的乘积等于单位矩阵。即

$$\begin{bmatrix} G_{p11}(s) & G_{p12}(s) \\ G_{p21}(s) & G_{p22}(s) \end{bmatrix} = \begin{bmatrix} G_{N11}(s) & G_{N12}(s) \\ G_{N21}(s) & G_{N22}(s) \end{bmatrix} \begin{bmatrix} 1 & 0 \\ 0 & 1 \end{bmatrix} \tag{10-47}$$

因此，系统输入输出方程满足如下关系

$$\begin{bmatrix} Y_1(s) \\ Y_2(s) \end{bmatrix} = \begin{bmatrix} G_{N11}(s) & G_{N12}(s) \\ G_{N21}(s) & G_{N22}(s) \end{bmatrix} \begin{bmatrix} U_{c1}(s) \\ U_{c2}(s) \end{bmatrix} \tag{10-48}$$

于是得解耦器的数学模型为

$$\begin{bmatrix} G_{N11}(s) & G_{N12}(s) \\ G_{N21}(s) & G_{N22}(s) \end{bmatrix} = \begin{bmatrix} G_{p11}(s) & G_{p12}(s) \\ G_{p21}(s) & G_{p22}(s) \end{bmatrix}^{-1}$$

$$= \frac{1}{G_{p11}(s)G_{p22}(s) - G_{p12}(s)G_{p21}(s)} \begin{bmatrix} G_{p22}(s) & -G_{p12}(s) \\ -G_{p21}(s) & G_{p11}(s) \end{bmatrix}$$

$$= \begin{bmatrix} \dfrac{G_{p22}(s)}{G_{p11}(s)G_{p22}(s) - G_{p12}(s)G_{p21}(s)} & \dfrac{-G_{p12}(s)}{G_{p11}(s)G_{p22}(s) - G_{p12}(s)G_{p21}(s)} \\ \dfrac{-G_{p21}(s)}{G_{p11}(s)G_{p22}(s) - G_{p12}(s)G_{p21}(s)} & \dfrac{G_{p11}(s)}{G_{p11}(s)G_{p22}(s) - G_{p12}(s)G_{p21}(s)} \end{bmatrix} \tag{10-49}$$

同理可以证明，$U_{c1}(s)$对 $Y_2(s)$影响等于 0，$U_{c2}(s)$对 $Y_1(s)$影响等于 0，即 $U_{c1}(s)$对 $Y_2(s)$之间、$U_{c2}(s)$对 $Y_1(s)$之间的耦合关系已被解除。图 10－17 是利用单位矩阵解耦得到的 2 个彼此独立的等效控制系统的方框图。

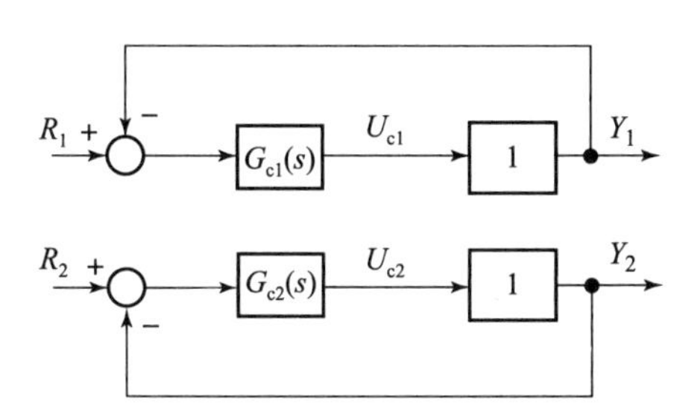

图 10－17　单位矩阵解耦后的等效控制系统的方框图

综上所述，采用不同的解耦方法都能达到解耦的目的，但是采用单位矩阵解耦法的优点更突出。对角矩阵解耦法和前馈补偿解耦法得到的解耦效果和系统的控制品质是相同的，这两种方法都是设法解除交叉通道，并使其等效成两个独立的单回路控制系统。而单位矩阵解耦法，除了能获得优良的解耦效果之外，还能提高控制品质，减少动态偏差，加快响应速度，缩短调节时间。值得注意的是，本节介绍的几种解耦设计方法，一般都要涉及解耦器或控制器与被控对象之间零点/极点抵消问题，这在某些情况下可能会引起系统不稳定，或是解耦器是物理不可实现的。因此，如果遇到这类问题比较严重，建议采用其他解耦方法，如非零点/极点抵消解耦法等。

必须指出的是，多变量解耦有动态解耦和稳态解耦之分。动态解耦的补偿是时间补偿，而稳态解耦的补偿是幅值补偿。由于动态解耦要比稳态解耦复杂得多，因此一般只在要求较高、解耦器又能实现的条件下使用。当被控对象各通道的时间常数非常接近时，采用稳态解耦一般都能满足要求。由于稳态解耦结构简单、易于实现、解耦效果较佳，故稳态解耦在很多场合得到了广泛的应用。

【例 10－4】现有某混凝土快干性和强度控制系统，其中混凝土快干性和强度受到纯原料量和含水量的影响，系统的输入量为纯原料量和含水量，系统的输出量为混凝土的快干性和强度，系统输入与输出之间的传递函数矩阵为

$$\begin{bmatrix} Y_1(s) \\ Y_2(s) \end{bmatrix} = \begin{bmatrix} \dfrac{11}{7s+1} & \dfrac{0.5}{3s+1} \\ \dfrac{-3}{11s+1} & \dfrac{0.3}{5s+1} \end{bmatrix} \begin{bmatrix} X_1(s) \\ X_2(s) \end{bmatrix}$$

试采用对角矩阵解耦法求出解耦控制器，并对该系统进行控制仿真。

解：（1）求系统相对增益及系统耦合分析。

由已知输入输出之间的传递函数矩阵可得系统稳态放大系数矩阵为

$$\boldsymbol{P} = \boldsymbol{K} = \begin{bmatrix} K_{11} & K_{12} \\ K_{21} & K_{22} \end{bmatrix} = \begin{bmatrix} 11 & 0.5 \\ -3 & 0.3 \end{bmatrix}$$

系统相对增益矩阵为

$$\boldsymbol{\Lambda} = \boldsymbol{P} \cdot (\boldsymbol{P}^{-1})^{\mathrm{T}} = \begin{bmatrix} 11 & 0.5 \\ -3 & 0.3 \end{bmatrix} \cdot \begin{bmatrix} 0.0625 & 0.625 \\ -0.1042 & 2.2917 \end{bmatrix} = \begin{bmatrix} 0.6975 & 0.3125 \\ 0.3125 & 0.6875 \end{bmatrix}$$

由相对增益矩阵可以看出，控制系统输入输出的配对选择正确，但通道间存在较强的相互耦合，需要对系统进行解耦设计。

（2）确定解耦控制器。

根据式（10－45）求解的对角矩阵含有 s 的 4 次方项，实际构造时结构复杂、计算量大，对此进行改进。令

$$\boldsymbol{G}_{\mathrm{p}}(s)\boldsymbol{G}_{\mathrm{N}}(s) = \begin{bmatrix} G_{\mathrm{p11}}(s)G_{\mathrm{p22}}(s) - G_{\mathrm{p12}}(s)G_{\mathrm{p21}}(s) & 0 \\ 0 & G_{\mathrm{p11}}(s)G_{\mathrm{p22}}(s) - G_{\mathrm{p12}}(s)G_{\mathrm{p21}}(s) \end{bmatrix}$$

则解耦装置 $\boldsymbol{G}_{\mathrm{N}}(s)$ 为

$$\begin{aligned} \boldsymbol{G}_{\mathrm{N}}(s) &= \begin{bmatrix} G_{\mathrm{p11}}(s) & G_{\mathrm{p12}}(s) \\ G_{\mathrm{p21}}(s) & G_{\mathrm{p22}}(s) \end{bmatrix}^{-1} \begin{bmatrix} G_{\mathrm{p11}}(s)G_{\mathrm{p22}}(s) - G_{\mathrm{p12}}(s)G_{\mathrm{p21}}(s) & 0 \\ 0 & G_{\mathrm{p11}}(s)G_{\mathrm{p22}}(s) - G_{\mathrm{p12}}(s)G_{\mathrm{p21}}(s) \end{bmatrix} \\ &= \begin{bmatrix} G_{\mathrm{p11}}(s) & G_{\mathrm{p12}}(s) \\ G_{\mathrm{p21}}(s) & G_{\mathrm{p22}}(s) \end{bmatrix}^{-1} \begin{bmatrix} G_{\mathrm{p11}}(s) & G_{\mathrm{p12}}(s) \\ G_{\mathrm{p21}}(s) & G_{\mathrm{p22}}(s) \end{bmatrix} \begin{bmatrix} G_{\mathrm{p22}}(s) & -G_{\mathrm{p12}}(s) \\ -G_{\mathrm{p21}}(s) & G_{\mathrm{p11}}(s) \end{bmatrix} \\ &= \begin{bmatrix} G_{\mathrm{p22}}(s) & -G_{\mathrm{p12}}(s) \\ -G_{\mathrm{p21}}(s) & G_{\mathrm{p11}}(s) \end{bmatrix} = \begin{bmatrix} \dfrac{0.3}{5s+1} & -\dfrac{0.5}{3s+1} \\ \dfrac{3}{11s+1} & \dfrac{11}{7s+1} \end{bmatrix} \end{aligned}$$

（3）仿真结果比较。

系统存在耦合时，其 Simulink 仿真图如图 10－18 所示。采用经验法对 PI 控制器进行参

数整定。当 x_1y_1 通道 $K_{c1}=2$、$T_{i1}=100$，x_2y_2 通道 $K_{c2}=1.6$、$T_{i2}=60$ 时，整个系统的阶跃响应曲线如图 10－19 所示。可能看出，耦合对系统动态特性造成了一定影响，使 x_2y_2 通道的动态品质变差。

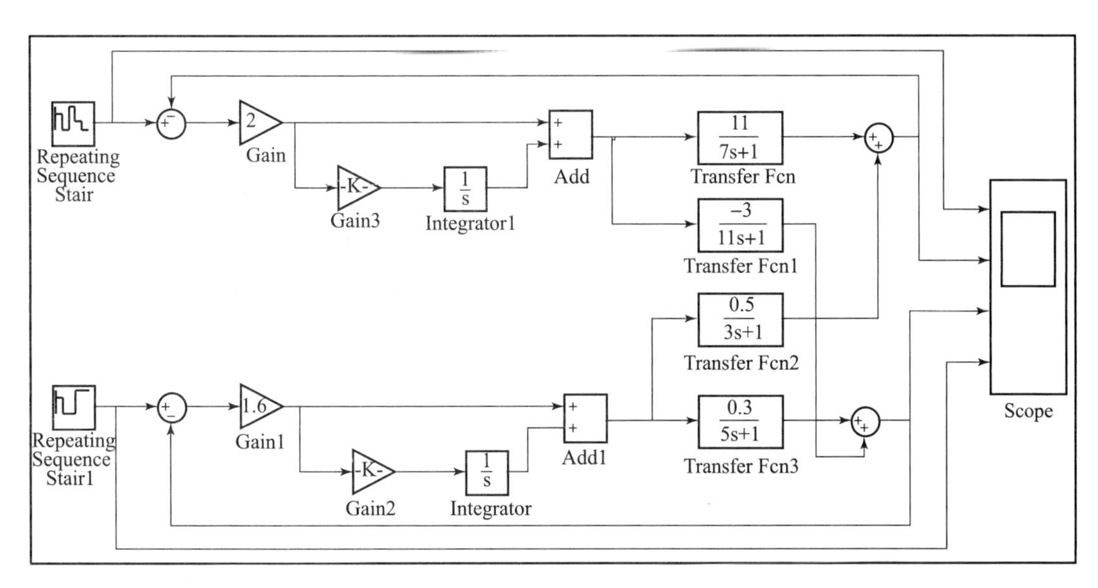

图 10－18　系统存在耦合时的 Simulink 仿真图

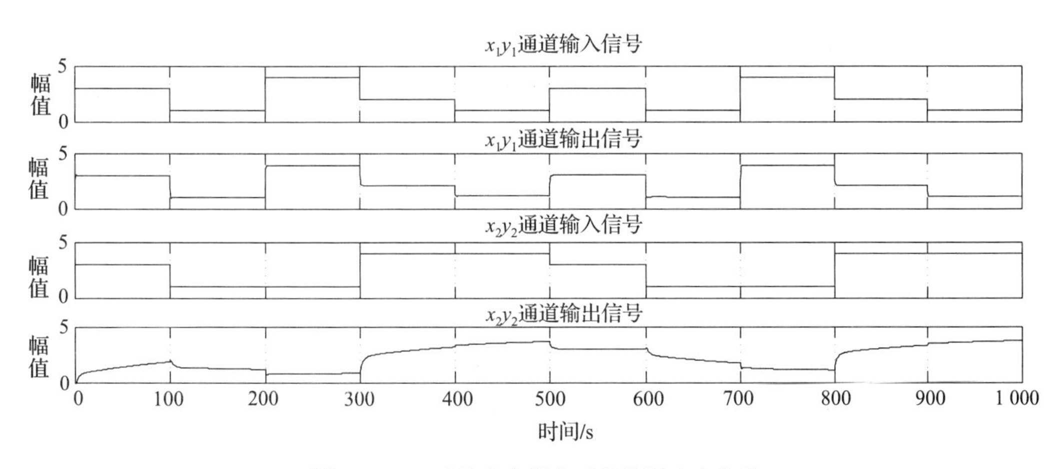

图 10－19　系统存在耦合时的阶跃响应曲线

采用对角矩阵解耦后整个系统的 Simulink 仿真图如图 10－20 所示，通过经验法整定两个 PI 控制器的参数，当 $K_{c1}=2$、$T_{i1}=150$、$K_{c2}=1.6$、$T_{i2}=60$ 时，其 Simulink 仿真结果如图 10－21 所示。由图可见，系统实现了系统的解耦。

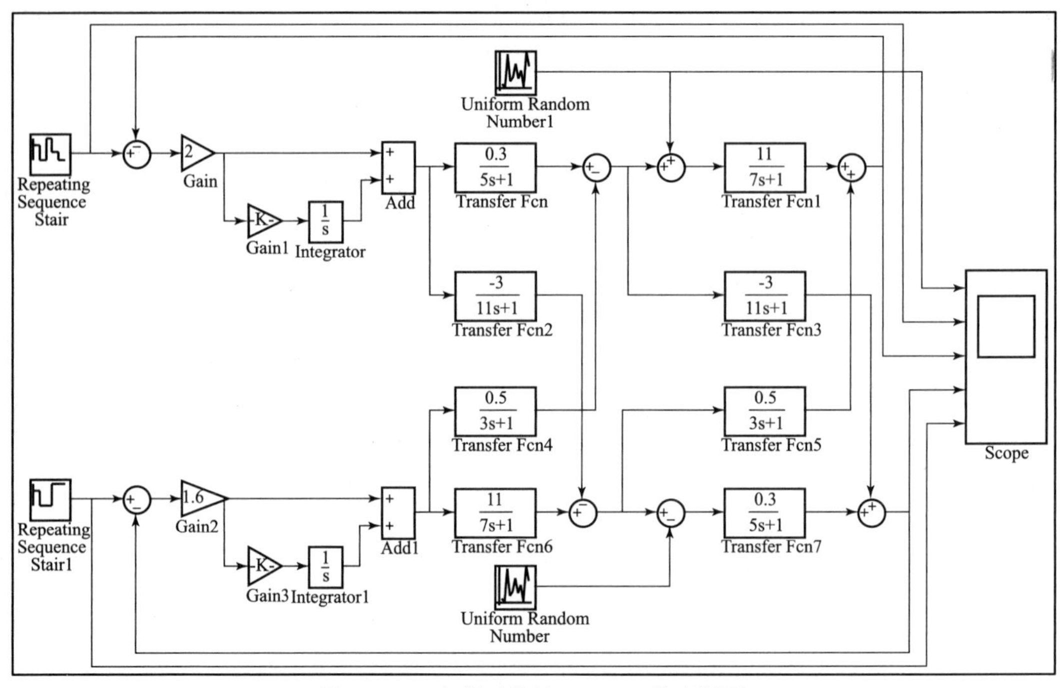

图 10-20　解耦系统的 Simulink 仿真框图

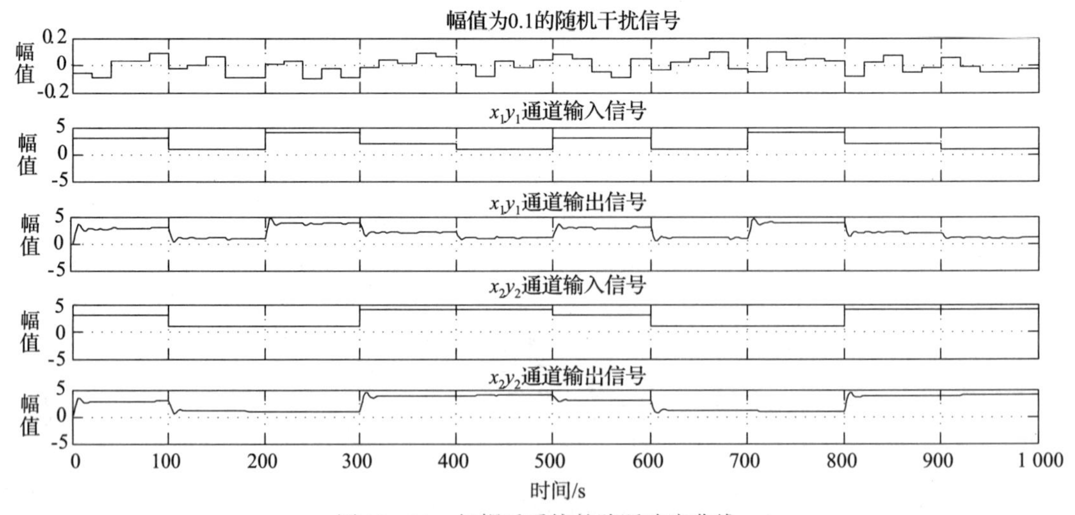

图 10-21　解耦后系统的阶跃响应曲线

10.4　解耦控制系统的实施

在多变量系统的解耦设计过程中，还要考虑解耦控制系统的实现问题。事实上，求出了解耦器的数学模型并不等于实现了解耦。解耦器一般比较复杂，由于它要用来补偿过程的时滞或纯迟延，往往需要超前，有时甚至需要有高阶微分环节，而后者是不可能实现的。因此，在解决了解耦系统的设计后，需进一步研究解耦控制系统的实现问题，如稳定性、部分解耦及系统的简化等，才能使这种系统得到广泛应用。

10.4.1　解耦控制系统的稳定性

虽然确定解耦器的数学模型比较容易，但要获得并保持它们的理想值就完全是另外一回事了。由于过程通常是非线性和时变的，因此对于绝人多数情况来说，解耦器的增益并不是常数。如果要达到最优化，则解耦器必须是非线性的，甚至是适应性的。如果解耦器是线性和定常的，那么可以预料解耦将是不完善的。在某些情况下解耦器的误差可能引起不稳定。为了研究发生这种情况的可能性，需要推导出解耦过程的相对增益。对于相对增益在 0 ~ 1 之间的回路，无论解耦器误差多大都不会降低回路的性能；而相对增益大于 1（小于 0）时解耦就有可能引起系统的不稳定。

由于过程的增益很少是常数，所以在设计解耦器时，一定要考虑允许极限误差。如果过程增益随着被控变量的大小改变，而解耦器的增益是固定的，那么解耦器的误差就要变化。因此，即使在设定点上解耦是完善的，那么随着被控变量的变化所产生的偏差就可能导致系统的不稳定，这是设计时需要特别注意的。

10.4.2　多变量控制系统的部分解耦

当系统中出现相对增益大于 1 时的情况，就必然存在着小于 0 的增益，如前所述的相对增益意味着系统存在着不稳定回路。此时，若采用部分解耦，即只采用 1 个解耦器解除部分系统的关联，就可能切断第三反馈回路，从而消除系统的不稳定性；此外，还可以防止第一回路的扰动进入第二个回路，虽然第二个回路的扰动仍然可以传到第一个回路，但是绝不会再返回到第二个回路。

实现部分解耦，首先，要决定哪些参数需要解耦，一般来说，重要被控变量的控制采取解耦，其他参数不解耦。在生产过程中，重要的被控变量决定着产品的质量，决定着生产过程能否顺利进行，该类参数控制要求高，应设计解耦控制性能优越的控制器和完善的控制系统，保证对该类参数的控制品质。控制过程对不重要的参数要求不高，耦合的存在对这些参数的控制虽造成一定的影响，但对产品质量或生产过程的顺利进行所产生的影响可以忽略，为了降低解耦装置的复杂程度，对该类参数可以不进行解耦。例知，在图 10 - 11 所示的控制系统中，如果控制 Y_1 比控制 Y_2 更为重要，那么就应该采用 $G_{N12}(s)$ 而不是 $G_{N21}(s)$ 来进行解耦，这样就补偿了 U_{c2} 对 Y_1 的关联影响，而 U_{c1} 对 Y_2 的耦合依然存在，但是不会再返回到 Y_1 回路。当系统存在约束条件时，图 10 - 11 中的约束是加在 U_{c2} 而不是 U_{c1} 上，在这种情况下，约束可能引起 Y_2 的失控和对 Y_1 产生扰动，然而解耦器 $G_{N12}(s)$ 可从前馈通道防止约束条件影响 Y_1。因此，部分解耦在有、无约束条件下都是有用的。

其次，在选择采用哪个解耦器时，还需要考虑变量的相对响应速度。响应速度慢的被控变量采取解耦措施，响应速度快的参数不解耦，被控对象的多个被控变量对输入的响应速度是不一样的，如温度等参数响应较慢；压力、流量等参数响应较快。响应快的被控变量受响应慢的参数通道的耦合影响小，可以不考虑耦合作用；响应慢的被控变量受响应快的被控变量通道的耦合影响大，应对响应慢的通道采取解耦措施。

显然，部分解耦过程的控制性能介于不解耦过程和完全解耦过程之间，对那些重要的被控变量要求比较突出，控制系统又要求不太复杂的控制过程经常采用部分解耦控制方案，由于部分解耦具有以下优点：

（1）切断了经过2个解耦器的第三回路，从而避免此反馈回路不稳定；

（2）阻止扰动进入解耦回路；

（3）避免解耦器误差所引起的不稳定；

（4）比完全解耦更易于设计和调整。

因此部分解耦得到了较广泛的应用。例如，已成功地应用于精馏塔的成分控制。

10.4.3 解耦控制系统的简化

由解耦控制系统的各种设计方法可知，它们都是以获得过程数学模型为前提的，而工业生产过程千变万化，影响因素众多，要想得到精确的数学模型相当困难，即使采用机理分析方法或实验方法得到了数学模型，利用它们来设计的解耦器往往也非常复杂、难以实现，因此必须对过程的数学模型进行简化，简化的方法很多，但从解耦的目的出发，可以有一些简单的处理方法：如果过程各通道的时间常数不等，且最大的时间常数与最小的时间常数相差甚多，则可忽略最小的时间常数；如果各时间常数虽然不等，但相差不多，则可让它们相等。

有时尽管作了简化，解耦器还是十分复杂，往往需要十多个功能部件来组成，因此在实际中又常常采用一种基本而有效的解耦方法，即稳态解耦。

对于某些系统，如果动态解耦是必需的，那么一般也与前馈控制系统一样，只采用超前-滞后环节来进行不完全动态解耦，这样可以不需花费太大而又可取得较大的收益。当然，如果有条件利用计算机来进行解耦，就不会受到算法实现的种种限制，解耦器可以复杂得多，但也不是越复杂效果越好。

10.5 本章小结

多输入多输出系统的各个控制回路之间有可能存在的相互关联（耦合），会妨碍各回路变量的独立控制作用，甚至破坏系统的正常工作。因此，必须设法减少或消除耦合。

确定各变量之间的耦合程度是多变量耦合控制系统设计的关键问题。常用的耦合程度分析方法有相对增益分析法。相对增益分析法作为衡量多变量系统性能尺度的方法，可以确定过程中每个被控变量相对每个控制变量的响应特性，并以此为依据去设计控制系统。相对增益矩阵中每行元素之和为1，每列元素之和也为1。相对增益矩阵的计算有两种最基本的方法：定义计算法和直接计算法。

常用的减少与解除耦合的方法有：最佳的变量配对、重新整定控制器参数、减少控制回路、采用模式控制系统及多变量解耦控制器等。

多变量解耦有动态解耦和稳态解耦之分。动态解耦的补偿是时间补偿，而稳态解耦的补偿是幅值补偿。解耦控制设计的主要任务是解除控制回路或系统变量之间的耦合。解耦设计可分为完全解耦和部分解耦。对于多变量耦合系统的解耦，目前用得较多的有4种方法：前馈补偿解耦法、反馈解耦法、对角矩阵解耦法和单位矩阵解耦法。

多变量系统解耦后，需进一步研究解耦系统的实现问题，如稳定性、部分解耦及系统的简化等问题，只有这样才能使这种系统得到广泛应用。

习　题

10.1　常用的多变量解耦控制系统设计方法有哪几种？

10.2　在所有回路均为开环时，某一过程的开环增益矩阵为

$$\boldsymbol{K}=\begin{bmatrix}0.58 & -0.36 & -0.36\\ 0.73 & -0.61 & 0\\ 1 & 1 & 1\end{bmatrix}$$

试推导出相对增益矩阵，并选出最佳的控制回路。分析此过程是否需要解耦。

10.3　设有 3 种液体混合的系统，其中一种是水。混合液流量为 Q，系统被控变量是混合液的密度 ρ 和黏度 v。已知它们之间的关系为

$$\rho=\frac{A\mu_1+B\mu_2}{Q},\quad v=\frac{C\mu_1+D\mu_2}{Q}$$

式中：A、B、C、D 为物理常数；μ_1和μ_2为可控流量。

试求出该系统的相对增益矩阵。若 $A=B=C=0.5$，$D=1.0$，则相对增益是多少？对计算结果进行分析。

10.4　已知某液体混合系统，其 2×2 控制对象的开环增益矩阵为

$$\begin{bmatrix}K_{11} & K_{12}\\ K_{21} & K_{22}\end{bmatrix}=\begin{bmatrix}0.6 & 0.1\\ 0.3 & 0.4\end{bmatrix}$$

初步确定采用 U_1控制 Y_1，U_2控制 Y_2，试计算该系统的相对增益矩阵 $\boldsymbol{\Lambda}$，并说明原系统变量之间的配对是否合理？是否需要解耦？

10.5　已知被控对象的传递函数矩阵为

$$\boldsymbol{G}_{\mathrm{p}}(s)=\begin{bmatrix}\dfrac{1}{(s+1)^2} & \dfrac{-1}{2s+1}\\ \dfrac{1}{3s+1} & \dfrac{1}{s+1}\end{bmatrix}$$

期望的闭环传递函数矩阵为

$$\boldsymbol{G}(s)=\begin{bmatrix}\dfrac{1}{s+1} & 0\\ 0 & \dfrac{1}{s+1}\end{bmatrix}$$

试设计解耦控制器并求出相关参数。

第 11 章

典型的工业生产过程控制

本章将介绍工业中锅炉设备和连铸设备的控制系统组成和控制方案。

11.1　锅炉设备控制

锅炉是石油、化工、发电等工业生产过程中必不可少的重要动力设备，它所产生的高压蒸汽不仅可以作为精馏、蒸发、干燥、化学反应等过程的热源，还可以为压缩机、风机等提供动力源。锅炉种类很多，按所用燃料不同，分为燃煤锅炉、燃气锅炉、燃油锅炉，还有利用残渣、残油、释放气等为燃料的锅炉；按所提供蒸汽压力不同，又可分为常压锅炉、低压锅炉、高压锅炉、超高压锅炉等。不同类型的锅炉的燃料种类和工艺条件各不相同，但蒸汽发生系统的工作原理基本上是相同的。

常见的锅炉设备的主要工艺流程如图 11－1 所示。其中，蒸汽发生系统由给水泵、给水控制阀、省煤器、汽包及循环管等组成。在锅炉运行过程中，燃料和空气按照一定比例送入炉膛燃烧，产生的热量传给蒸汽发生系统，产生饱和蒸汽，然后再经过过热器，形成满足一

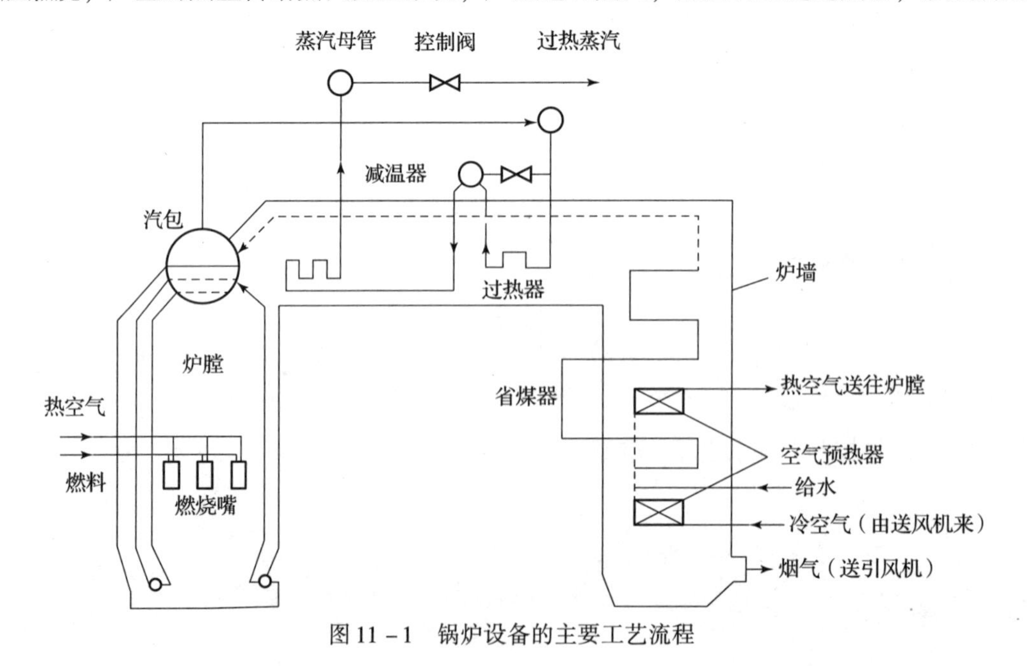

图 11－1　锅炉设备的主要工艺流程

定质量指标的过热蒸汽输出，供给用户。同时，燃烧过程中产生的烟气，经过过热器将饱和蒸汽加热成过热蒸汽后，再经省煤器预热锅炉给水和空气预热器预热空气，最后经引风机送往烟囱排入大气。

锅炉设备是复杂的控制对象，其主要的操纵变量有燃料流量、锅炉给水流量、减温水流量、送风量和引风量等。主要的被控变量有汽包水位、过热蒸汽温度、过热蒸汽压力、炉膛负压等。这些操纵变量与被控变量之间相互关联。例如，燃料量的变化不仅影响蒸汽压力，同时还会影响汽包水位、过热蒸汽温度、炉膛负压和烟气含氧量；给水量变化不仅会影响汽包水位，而且对蒸汽压力、过热蒸汽温度都有影响。因此，锅炉设备是一个多输入多输出且相互关联的控制对象。

锅炉设备的控制任务是根据生产负荷的需要，提供一定压力或温度的蒸汽，同时要使锅炉在安全经济的条件下运行。其主要控制要求如下：

（1）锅炉供应的蒸汽量应适应用户负荷变化的需要；

（2）锅炉供给用气设备的蒸汽压力保持在一定范围内；

（3）过热蒸汽温度保持在一定范围内；

（4）汽包中的水位保持在一定范围内；

（5）保持锅炉燃烧的经济性、安全运行和环保要求；

（6）炉膛负压保持在一定范围内。

为了实现上述控制要求，将锅炉设备的控制分为以下3个主要控制系统。

（1）锅炉汽包水位控制系统。该系统的被控变量是汽包水位，控制变量是给水流量，主要任务是保持汽包内部的物料平衡，使给水量适应锅炉的蒸发量，维持汽包水位在工艺允许的范围内。这是保证锅炉安全运行的必要条件，是锅炉正常运行的主要标志之一。

（2）锅炉燃烧控制系统。该系统的被控变量有3个，即蒸汽压力、烟气含氧量（经济燃烧指标）和炉膛负压；控制变量也有3个，分别是燃料量、送风量和引风量。这3个被控变量和3个控制变量之间相互关联。锅炉燃烧控制系统的基本任务是使燃料燃烧时所产生的热量适应蒸汽负荷的需要；使燃料与空气量之间保持一定的比值，保证燃烧的经济性和环保要求；使引风量和送风量相适应，保持炉膛负压在一定范围内。

（3）锅炉过热蒸汽温度控制系统。该系统的被控变量是过热蒸汽，控制变量是减温器的喷水量，主要任务是维持过热器出口温度保持在允许范围内，并保护过热器，使其管壁温度不超过允许的工作温度。

下面将分别讨论这3个控制系统的典型控制方案。

11.1.1 锅炉汽包水位控制系统

汽包水位是锅炉运行的主要指标，维持水位在一定范围内是保证锅炉安全运行的首要条件，原因如下。

（1）水位过高时，会影响汽包内汽水分离，导致饱和水蒸气带水增多，从而使过热器管壁结垢并损坏，同时使过热蒸汽的温度急剧下降。如果该过热蒸汽作为汽轮机动力的话，会使汽轮机发生水冲击而损坏叶片。

（2）水位过低时，由于汽包内的水量较少，而负荷很大，水的汽化速度加快，因而汽包内的水量变化速度很快，若不及时加以控制，将使汽包内的水全部汽化，导致水冷壁烧坏，甚至引起爆炸。

因此，必须对锅炉汽包水位进行严格控制。

1. 锅炉汽包水位的动态特性

锅炉汽包水位控制系统结构如图 11 －2 所示。影响汽包水位变化的因素主要有给水流量、蒸汽流量、燃料量、汽包压力等，其中最主要的是蒸汽流量和给水流量。

锅炉的给水通过水泵进入省煤器，在省煤器中，水吸收烟气的热量，使温度升高到本身压力下的沸点，成为饱和水，然后引入汽包。汽包中的水经下降管进入锅炉底部的下联箱，又经炉膛四周的水冷壁进入上联箱，随即又回入汽包。水在水冷壁中吸收炉内火焰直接辐射的热，在温度不变的情况下，一部分蒸发成蒸汽，成为汽水混合物。汽水混合物在汽包中分离成水和蒸汽，水和给水一起再次进入下降管参加循环，蒸汽则由汽包顶部的管道引往过热器，蒸汽在过热器中吸热、升温达到规定温度，成为合格蒸汽送入蒸汽母管。

1）汽包水位在给水流量扰动下的动态特性

给水流量作用下锅炉汽包水位的阶跃响应曲线如图 11 －3 所示。如果把汽包和给水看作单容无自衡过程，则水位的阶跃响应曲线如图中的 H_1 线所示。

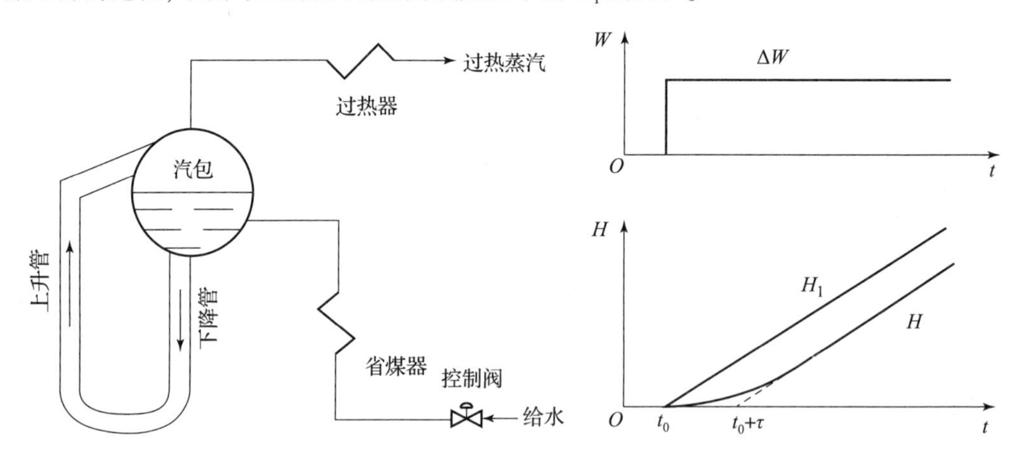

图 11 －2　锅炉汽包水位控制系统结构

图 11 －3　给水流量扰动下锅炉汽包水位的阶跃响应曲线

但是，由于给水温度比汽包内饱和水的温度低，所以当给水流量 W 增加后，进入汽包的给水会从饱和水中吸收一部分热量，这使得汽包内水汽温度下降，导致汽包内水位下降。当汽包容积的变化过程逐渐平衡时，水位由于汽包中储水量的增加而逐渐上升。最后当汽包容积不再发生变化时，水位就随着储水量的增加而直线上升。因此，实际水位曲线如图中 H 线所示，即当给水流量作阶跃变化后，汽包水位一开始并不立即增加，而是要呈现出一段起始惯性段。用传递函数描述时，近似为一积分环节和纯滞后环节的串联，可表示为

$$\frac{H(s)}{W(s)} = \frac{k_0}{s}e^{-\tau s} \tag{11-1}$$

式中：k_0 为响应速度，即给水流量变化单位流量时水位的变化速度；τ 为纯滞后时间。

给水温度越低，滞后时间 τ 越大，一般 τ 在 15 ~ 100 s 之间。如果采用省煤器，由于省

煤器本身的延迟，会使 τ 增加为 100～200 s。

2）汽包水位在蒸汽流量扰动下的动态特性

在蒸汽流量 D 扰动作用下，汽包水位的阶跃响应曲线如图 11－4 所示。

当蒸汽流量 D 突然增加 ΔD 时，从锅炉的物料平衡关系来看，蒸汽流量 D 大于给水量 W，水位应下降，如图中 H_1 线所示。但实际情况并非这样，由于蒸汽流量的增加，瞬间导致汽包压力的下降。汽包内的水沸腾突然加剧，水中气泡迅速增加，由于汽包容积增加而使水位变化的曲线如图中 H_2 线所示。而实际显示的水位响应曲线 H 应为 H_1 和 H_2 的叠加，即 $H = H_1 + H_2$。从而看出，当蒸汽用量增加时，在开始阶段水位不会下降反而先上升，然后再下降，这种由于压力下降而非给水流量增加导致汽包水位上升的现象称为“虚假水位”。应当指出，当时水位下汽包容积变化而引起水位的变化速度是很快的，图中 H_2 的时间常数只有 10～20 s。

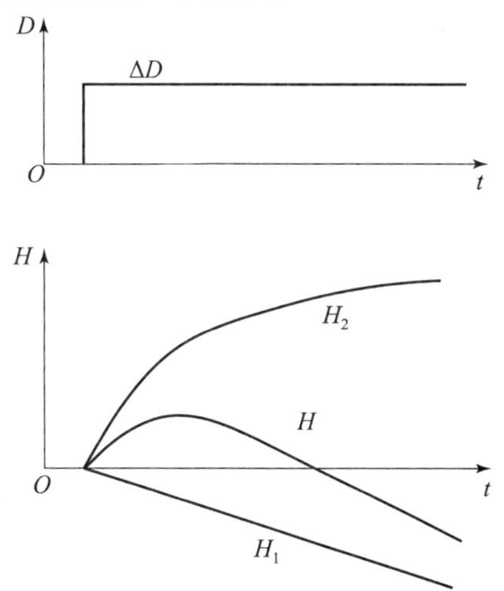

图 11－4　蒸汽流量扰动下锅炉汽包水位的阶跃响应曲线

蒸汽流量 D 作阶跃变化时，水位变化的动态特性可用传递函数描述为

$$\frac{H(s)}{D(s)} = \frac{H_1(s)}{D(s)} + \frac{H_2(s)}{D(s)} = -\frac{k_f}{s} + \frac{k_2}{T_2 s + 1} \qquad (11-2)$$

式中：k_f 为响应速度，即蒸汽流量变化单位流量时水位的变化速度；k_2 为响应曲线 H_2 的增益；T_2 为响应曲线 H_2 的时间常数。

“虚假水位”变化的大小与锅炉的工作压力和蒸发量有关。一般蒸发量为 100～230 t/h 的中高压锅炉，当负荷变化 10% 时，“虚假水位”可达 30～40 mm。“虚假水位”现象属于反向特性，这给控制带来一定困难，在设计控制方案时，必须加以考虑。

2. 锅炉汽包水位控制方案

1）单冲量水位控制系统

单冲量水位控制系统是以汽包水位为被控变量，以给水流量为控制变量的单回路控制系统。这里的冲量指的是变量，单冲量即汽包水位。图 11－5 为一单冲量水位控制系统。这种控制系统结构简单，参数整定方便，是典型的单回路定值控制系统。

对于小型锅炉，由于水在汽包内停留时间长，当蒸汽负荷变化时，“虚假水位”现象不明显，再配上一些联锁报警装置，这种单冲量控制系统也可以满足工艺要求，并保证安全操作。

对于中、大型锅炉，由于“虚假水位”现象明显，控制器不但不能开大控制阀增加给水流量，以维持锅炉的物料平衡，反而是关小控制阀的开度，减少给水流量。等到“虚假水位”消失时，由于蒸汽流量增加，给水流量反而减少，将使汽包水位严重下降，造成汽包水位在动态过程中超调量较大、波动剧烈、稳定性差，严重时甚至会使汽包水位下降到危险下限而发生事故。因此，中、大型锅炉不宜采用此控制方案。

2）双冲量水位控制系统

在汽包水位控制系统中，最主要的扰动是蒸汽流量的变化，如果利用蒸汽流量的变化信号对给水流量进行补偿控制，不仅可以消除或减小“虚假水位”现象对汽包水位的影响，而且使给水控制阀的调节及时，这就构成了双冲量水位控制系统，如图 11－6 所示。

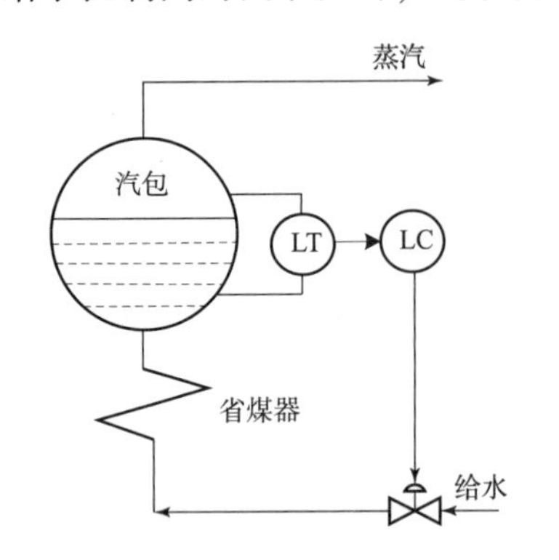

图 11－5　单冲量水位控制系统

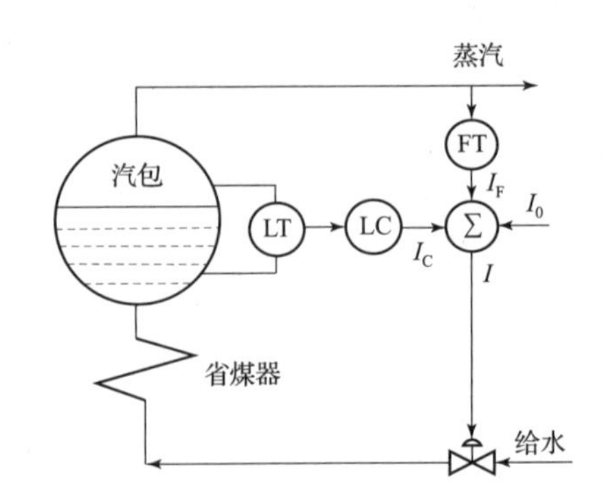

图 11－6　双冲量水位控制系统

从本质上看，双冲量水位控制系统实际上是蒸汽流量稳态前馈加单回路反馈的前馈－反馈控制系统。当蒸汽流量变化时，控制阀及时按照蒸汽流量的变化情况对给水流量进行补偿，而其他扰动对水位的影响则由反馈控制回路克服。

当蒸汽流量变化时，通过前馈补偿直接调节给水控制阀，使汽包进出水量不受“虚假水位”现象的影响而及时达到平衡，以免汽包水位剧烈波动。加法器的输出 I 为

$$I = C_1 I_C + C_2 I_F + I_0 \tag{11-3}$$

式中：I_C为水位控制器的输出；I_F为蒸汽流量变送器（一般经开方器）的输出；C_1、C_2为加法器系数；I_0为初始偏置值。

双冲量水位控制系统引入前馈，补偿了“虚假水位”对控制的不良影响，前馈控制改善了系统的稳态特性，提高了控制品质。但是，对给水系统（给水量或给水压力）的扰动，双冲量水位控制系统不能直接补偿。此外，由于控制阀的工作特性不一定完全是线性的，做到稳态补偿也比较困难。对此，将给水流量信号引入，构成三冲量水位控制系统。

3）三冲量水位控制系统

现代工业锅炉都向着大容量多参数的方向发展，一般锅炉容量越大，汽包的容量就相对越小，允许波动的储水量就越少。如果给水流量和蒸汽流量不适应，可能在几分钟内就出现缺水和满水事故，这样对汽包水位的控制要求就更高了。

为了更加准确有效地控制锅炉汽包水位，现代大型锅炉广泛采用了三冲量水位控制系统。在三冲量水位控制系统中，汽包水位为被控变量，是主冲量信号，蒸汽流量和给水流量是辅助冲量信号。汽包水位作为主信号，用以消除内外侧扰动对水位的影响，保证锅炉水位在允许范围内；蒸汽流量作为前馈信号，用以克服负荷变化所引起的“虚假水位”所造成的控制阀的误动作，改善负荷扰动下的控制品质；给水流量作为反馈信号，用以消除给水侧的扰动，稳定给水流量。

三冲量水位控制系统又可分为单级三冲量水位控制系统和串级三冲量水位控制系统。

由于单级三冲量水位控制系统是只有一控制器的三冲量水位控制系统，且采用稳态前

馈，要求蒸汽流量信号和给水流量信号的测量值在稳态时必须相等，否则汽包水位将存在稳态偏差，所以在现实中已很少采用。

由于锅炉水位被控对象的特点，决定了采用单回路反馈控制系统不能满足生产对控制品质的要求，同时由于单级三冲量水位控制系统存在的一些问题，所以发电厂锅炉汽包的水位控制普遍采用了前馈－串级三冲量水位控制系统，如图 11－7 所示。

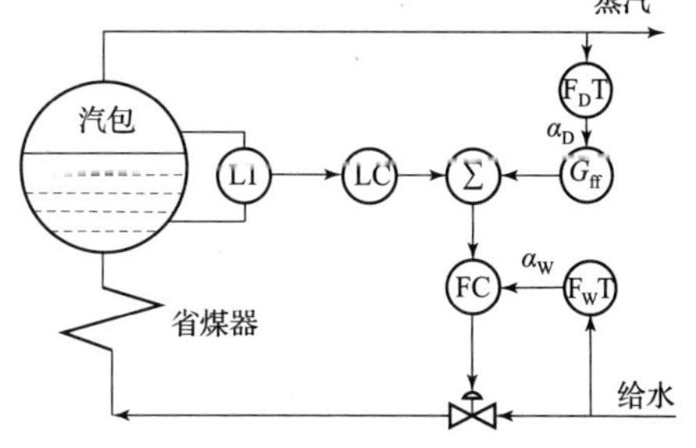

图 11－7　前馈－串级三冲量水位控制系统

图 11－8 为前馈－串级三冲量水位控制系统的方框图。整个控制系统是串级－前馈控制系统，主控制器是液位控制器，副控制器是流量控制器。前馈补偿用微分环节时是动态前馈。

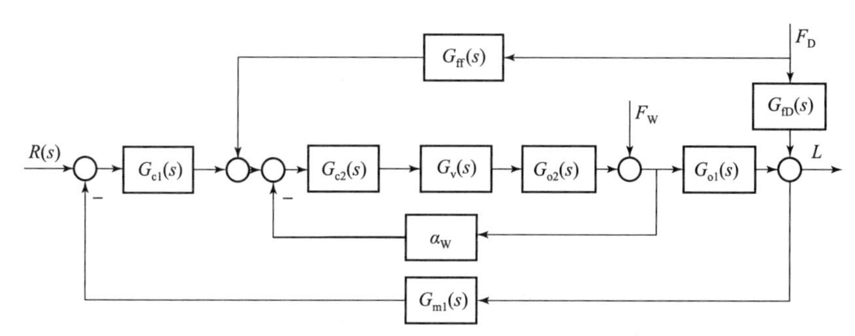

图 11－8　前馈－串级三冲量水位控制系统的方框图

11.1.2　锅炉燃烧控制系统

1. 锅炉燃烧控制系统的任务

锅炉燃烧控制系统的目的是在保证生产安全性、燃烧经济性和环保性要求的前提下，使燃料所产生的热量能够满足锅炉的需要。为了实现上述目的，锅炉燃烧控制系统要满足以下 3 方面的要求。

（1）满足负荷要求，使锅炉出口蒸汽压力稳定。锅炉蒸汽压力作为表征锅炉运行状态的重要参数，不仅直接关系到锅炉设备的安全运行，而且其是否稳定反映了燃烧过程中的能量供求关系。为此需设置蒸汽压力控制系统，当负荷扰动而使蒸汽压力变化时，通过控制燃料量（或送风量）使之稳定。

（2）保证燃烧过程的经济性和环保性。不能因空气过量而送风量不足导致烟囱冒黑烟。在蒸汽压力恒定的情况下，要使燃烧效率最高，且燃烧完全，燃料量与送风量应保持一合适的比例（保持一定的数值）。

（3）保持炉膛负压稳定。锅炉炉膛负压是否稳定反映了燃烧过程流出炉膛的烟气量之间的工质平衡关系。如果炉膛负压太小，则炉膛内热烟气甚至火焰会向外冒出，影响设备和操作人员的安全；负压太大，会使大量冷空气漏进炉内，从而使热量损失增加，降低燃烧效率，一般通过调节引风量（烟气量）和送风量的比例使炉膛压力保持在设定值。

此外，还须加强安全措施。例如，喷嘴背压太高时，可能使燃料流速过高而导致脱火；

喷嘴背压过低时又可能导致回火，这些都应该是设法防止的。

燃烧过程的3项控制任务，对应着3个控制变量（燃料量、送风量和引风量）以保证3个被控变量（蒸汽压力p_r、过剩空气系数α或最佳烟气含氧量、炉膛压力p_s）维持稳定。其中，蒸汽压力p_r是锅炉燃料热量与汽轮机需要能量是否平衡的指标；过剩空气系数α是燃料量与送风量是否保持适当比例的指标；炉膛压力p_s是送风量和引风量是否平衡的指标。

燃烧过程3个被控变量的控制存在着明显的相互影响。这主要是由于被控对象内部（各控制变量和各被控变量之间）存在相互作用。其中，每个被控变量都同时受到几个控制变量的影响，而每个控制变量的改变又能同时影响几个被控变量，如图11－9所示。所以，燃烧过程是一个多输入、多输出且变量间具有相互耦合的被控对象。

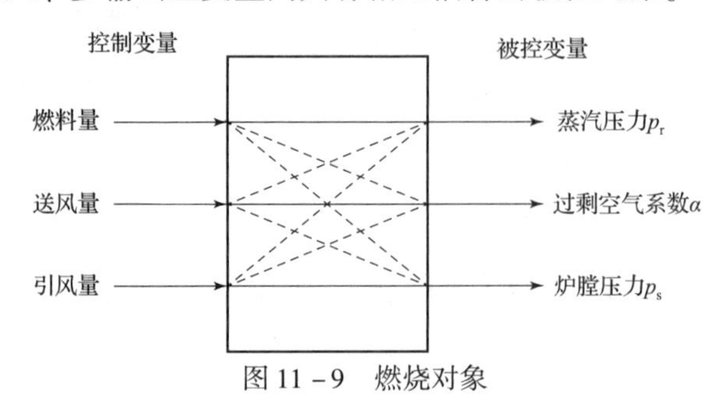

图11－9　燃烧对象

虽然燃烧过程中3个控制变量对3个被控变量都有严重影响，但如果在锅炉运行过程中，严格保持燃料量、送风量和引风量这3个控制变量按比例变化，就能保持蒸汽压力p_r、过剩空气系数α和炉膛压力p_s基本不变。也就是说，当锅炉负荷要求变化时，锅炉燃烧控制系统应使3个控制变量同时按比例地快速改变，以适应外界负荷的需要，并使p_r、α、p_s基本不变；当锅炉负荷要求不变时，锅炉燃烧控制系统应能保持相应的控制变量稳定不变。

2. 蒸汽压力控制系统

1）基本控制方案

蒸汽压力的主要扰动是蒸汽负荷的变化与燃料量的波动。当蒸汽负荷及燃料量波动较小时，可以采用蒸汽压力来控制燃料量的单回路控制系统；当燃料量波动较大时，可采用蒸汽压力对燃料量的串级控制系统。图11－10为燃烧过程的基本控制方案。

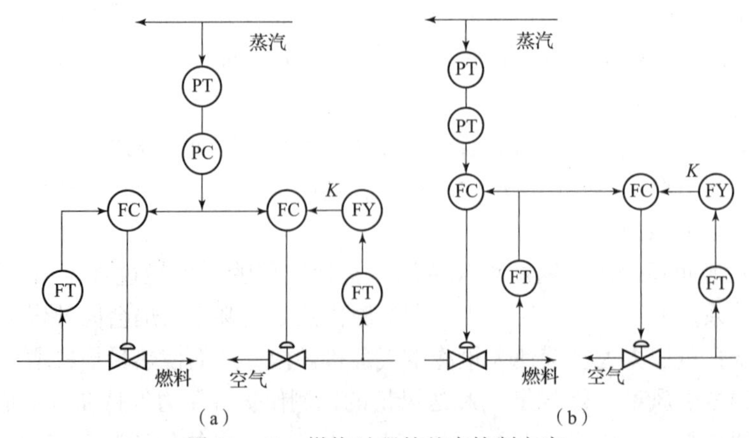

图11－10　燃烧过程的基本控制方案

图 11－10（a）所示方案是蒸汽压力控制器的输出，同时作为燃料量和送风量（也称空气量）控制器的设定值，这样，这个方案就包含了 2 个串级控制系统，即蒸汽压力燃料量串级控制系统和蒸汽压力送风量串级控制系统。该方案可以保持蒸汽压力恒定，缺点是较难实现燃料量和送风量的正确配比，并且对完全燃烧缺乏衡量指标。图 11－10（b）所示方案是蒸汽压力与燃料量组成串级控制系统，燃料量与送风量组成比值控制系统。该方案可以确保燃料量与送风量的配比，缺点是在负荷发生变化时，送风量的变化必然滞后于燃料量的变化，并且对完全燃烧缺乏衡量指标。

2）逻辑增量和逻辑减量燃烧控制系统

图 11－11 为逻辑提量和逻辑减量燃烧控制系统。该方案在负荷增加（增量）时，先加大送风量，后加大燃料量，以使燃烧完全；在负荷减少（减量）时，先减少燃料量，后减少送风量。这种方案满足了环保性要求，不冒黑烟。另外，此方案可增加烟气含氧量控制器，组成变比值控制系统。

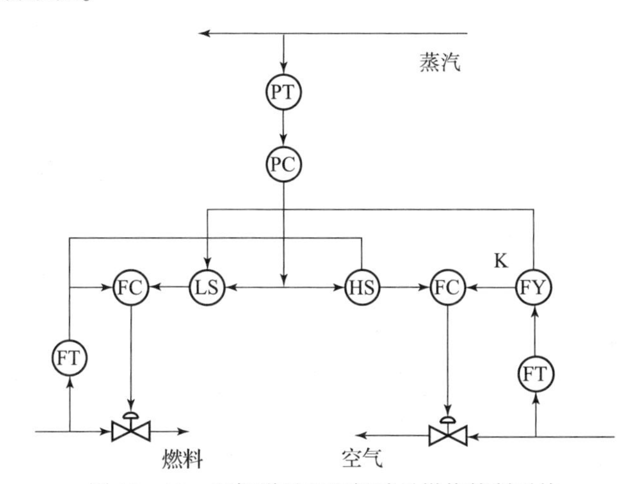

图 11－11　逻辑增量和逻辑减量燃烧控制系统

3）双交叉燃烧控制系统

双交叉燃烧控制系统是以蒸汽压力为主被控变量，燃料量和送风量并列为副被控变量的串级控制系统。其中，2 个并列的副回路具有逻辑比值功能，使该控制系统在稳定工况下能够保证送风量和燃料量的配比为最佳值，也能在动态过程中尽量维持送风量、燃料量的配比在最佳值附近。

双交叉燃烧控制系统如图 11－12 所示。其中，HLM 和 LLM 分别是高限限幅器和低限限幅器。稳定工况时，蒸汽压力在设定值，压力控制器 PC 输出经高、低限限幅器后，分别经燃料系统的低选器 LS_1 和高选器 HS_1，作为燃料量控制器的设定值 SP_1；经空气系统的低选器 LS_2 和高选器 HS_2，并乘以比值系数后，作为送风量控制器的设定值 SP_2。因此，稳定工况时，有 $SP_2 = K \cdot SP_1$。由于 2 个流量控制器具有积分控制作用，因此稳态时设定值与测量值相等，无余差，即 $F_1 = SP_1$，$F_2 = SP_2$；则有 $F_2 = K \cdot F_1$。这表明，稳定工况下，燃料量与送风量能够保持所需的比值 K。此外，稳定工况下，控制系统中所有的高选器和低选器、高限限幅器和低限限幅器都不起作用，则输出都是蒸汽压力信号值 OP。

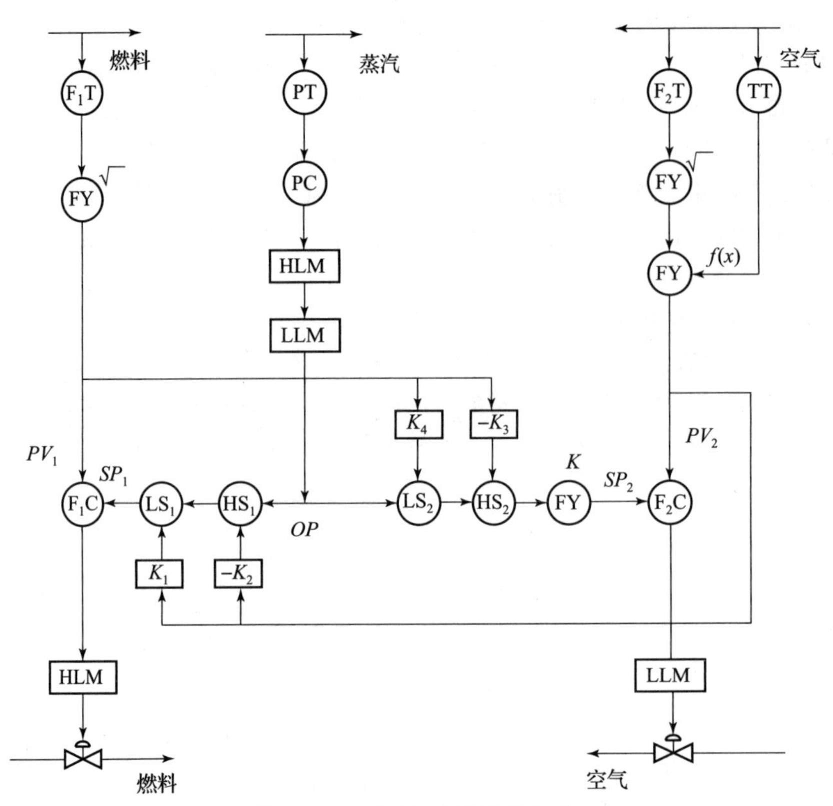

图 11－12　双交叉燃烧控制系统

蒸汽用量增加时，蒸汽压力下降，反作用控制器 PC 的输出增加，即 OP 增加，从而导致 SP_1 和 SP_2 同时增加。但 SP_1 受 LS_1 限幅，最大增量为 K_1，SP_2 受 LS_2 限幅，最大增量为 K_4。设置 $K_4>K_1$，使 SP_1 的增加不如 SP_2 明显，从而达到增量时先增加送风量，后增加燃料量的控制目的。

蒸汽用量减小时，蒸汽压力增加，反作用控制器 PC 的输出减小，即 OP 减小，从而导致 SP_1 和 SP_2 同时减小。但 SP_1 受 HS_1 限幅，最大减幅为 K_2，SP_2 受 HS_2 限幅，最大减幅为 K_3。设置 $K_2>K_3$，使 SP_2 的减小不如 SP_1 明显，从而达到减量时先减少燃料量，后减少送风量的控制目的。

双交叉限幅的作用是使送风量和燃料量的变化交叉进行，即送风量增大后，PV_2 增大，经 K_1 后，使 LS_1 的低限限幅值增大，即设定值 SP_1 也随 PV_2 增大而增大。但燃料量增大则反过来，燃料量增大后，PV_1 增大，经 K_4 后，使 LS_2 的低限限幅值增大，即设定值 SP_2 也随 PV_1 增大而增大，即送风量增大。这种交叉的限幅值增加，使动态过程中也能保持燃料量和送风量的比值接近最佳值。

3. 烟气含氧量闭环控制系统

燃烧过程控制保证了燃料量和送风量的比值关系，但并不保证燃料在整个生产过程中始终保持完全燃烧。燃料的完全燃烧与燃料的质量（灰分、含水量等）、热值等因素有关。不同的锅炉负荷下，燃料量与送风量的最佳比值也是不同的。因此，需要有一个检验燃料完全燃烧的控制指标，并根据该指标控制送风量的大小。衡量锅炉燃烧的热效率的常用控制指标是烟气中含氧量。

根据燃烧方程式可以计算出燃料完全燃烧所需的空气量（即送风量），称为理论空气量 Q_T。但是，使燃料完全燃烧所需的实际空气量 Q_P 要超过理论空气量，即要有一定的过剩空气量。过剩空气量常用过剩空气系数 α 来表示，即实际空气量 Q_P 与理论空气量 Q_T 之比为

$$\alpha = \frac{Q_P}{Q_T} = \frac{Q_P}{Q_P - (Q_P - Q_T)} = \frac{Q_P}{Q_P - \Delta Q} = \frac{1}{1 - \dfrac{\Delta Q}{Q_P}} \tag{11-4}$$

式中：ΔQ 为过剩空气量。

过剩空气量大时，烟气热损失大；过剩空气量小时，不完全燃烧损失大。对于煤粉燃料，最优过剩空气系数 α 为 1.08～1.15。

过剩空气系数 α 很难直接测量，但 α 与烟气中的含氧量 β（通常用百分数表示）的关系式为

$$\alpha = \frac{21}{21 - \beta} \tag{11-5}$$

这样，可以得出烟气最佳含氧量值为 1.6%～2.9%。

烟气含氧量控制系统与锅炉燃烧控制系统一起实现锅炉的经济燃烧，如图 11－13 所示。

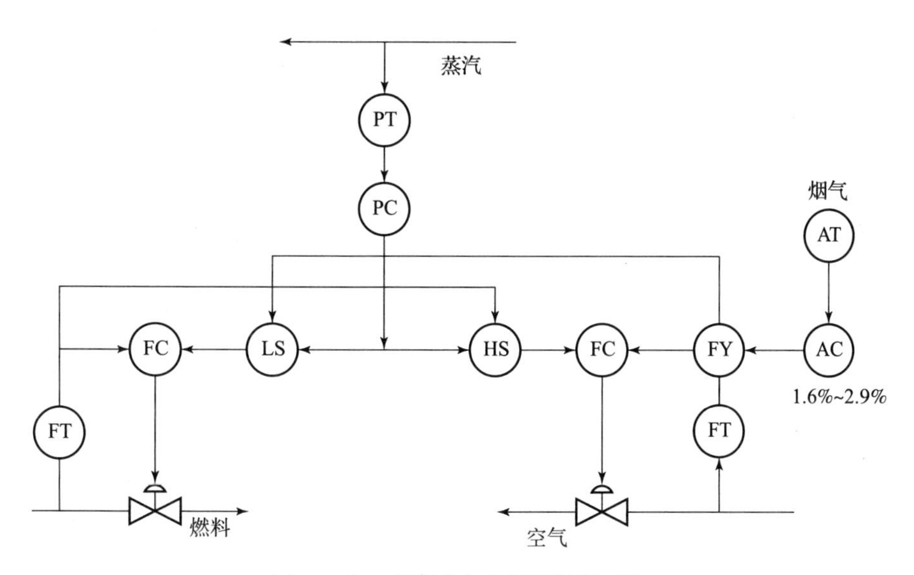

图 11－13　烟气含氧量闭环控制系统

实施时应注意，为快速反应烟气含氧量，对烟气含氧量的检测变送装置应正确选择。目前，常选用氧化锆氧量仪表检测烟气中含氧量。

4. 炉膛压力控制系统

炉膛压力一般通过控制引风量来保持在一定范围内。但当锅炉负荷变化较大时，采用单回路控制系统就比较难以保持。因为负荷变化后，燃料及送风量控制器控制燃料量和送风量与负荷变化相适应。由于送风量变化，引风量只有在炉膛压力产生偏差时才由引风量控制器去控制，这样引风量的变化落后于送风量的变化，必然造成炉膛压力的较大波动。为此，可

设计成如图 11－14 所示的炉膛压力前馈－反馈控制系统。在图 11－14（a）中用送风量控制器输出作为前馈信号，而在图 11－14（b）中用蒸汽压力控制器输出作为前馈信号。这样可使引风量控制器随着送风量协调动作，使炉膛压力保持恒定。

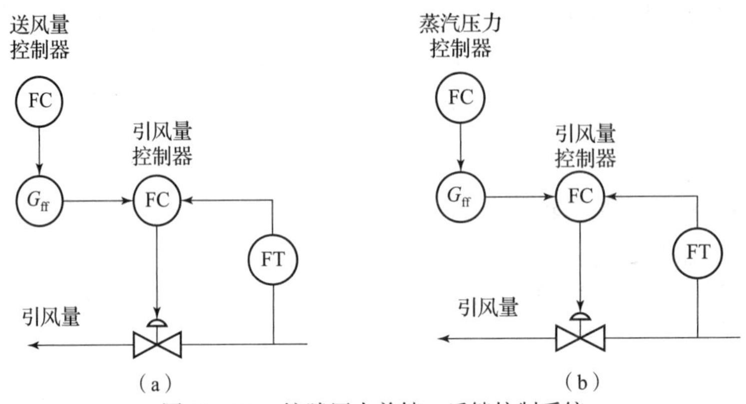

图 11－14　炉膛压力前馈－反馈控制系统

5. 安全联锁控制系统

如果燃料控制阀阀后压力过高，可能会使燃料流速过高，而造成脱火危险，此控制器 P_2C 通过低选器 LS 来控制燃料控制阀，以防止脱火的发生，如图 11－15（a）所示。燃料供应不足时，燃料管道的压力就有可能低于锅炉燃料室的压力，这时就会发生回火事故，这是非常危险的。为此，可设置联锁保护控制系统，当燃料压力低于产生回火的压力下限设定值时，由压力控制开关 PSA 系统带动联锁保护控制系统，将燃料控制阀的上游阀切断，以避免回火事故的发生，如图 11－15（b）所示。

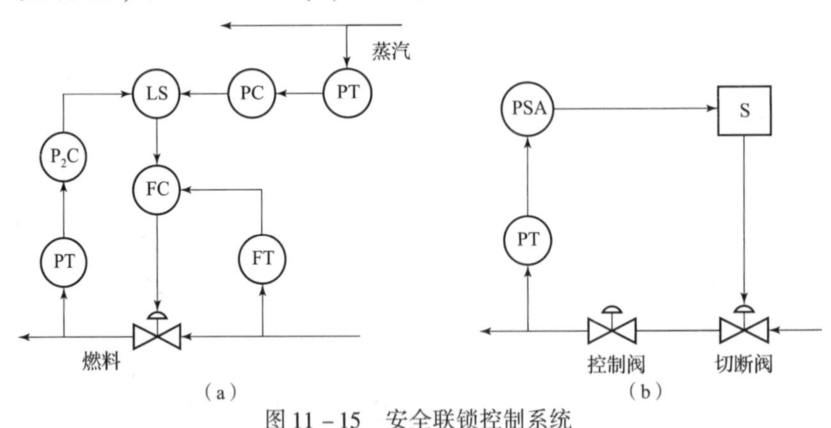

图 11－15　安全联锁控制系统

11.1.3　锅炉过热蒸汽温度控制系统

过热蒸汽温度是火力发电厂锅炉设备的重要参数，在热电厂生产过程中，整个汽水通道中温度最高的是过热蒸汽温度，过热器正常工作时的温度一般要接近于材料允许的最高温度。如果过热蒸汽温度过高，则过热器易损坏，也会使汽轮机内部引起过度的热膨胀，从而严重影响生产运行的安全；过热蒸汽温度偏低，则设备的效率将会降低，同时使通过汽轮机最后几级的蒸汽湿度增加，引起叶片的磨损。因此，必须控制过热器出口蒸汽温度。锅炉过热蒸汽温度控制系统的控制任务，就是为了维持过热器出口蒸汽温度在允许的范围内，并保护过热器管壁温度不超过允许的工作温度。

大型锅炉的过热器一般布置在炉膛上部和高温烟道中，过热器往往分成多段，中间设置喷水减温器，减温水由锅炉给水系统供给，如图 11－1 所示。

造成过热蒸汽温度变化的扰动因素有以下 3 点。

1）蒸汽流量的变化

蒸汽负荷变化会引起蒸汽流量变化，从而使得沿过热器管道长度方向上的各点温度几乎同时变化，表现出具有比较小的惯性和迟延，同时还具有自平衡特性。

2）烟气方面热量的变化

燃料量的增减、燃料种类的变化、送风量和引风量的改变都会引起烟气流速和烟气温度的变化，从而改变传热情况，导致过热器出口蒸汽温度的变化。由于烟气传热量的改变是沿着整个过热器长度方向上同时发生的，因此气温变化的延迟很小，一般在 10~20 s 之间。

3）减温水流量的变化

采用减温水控制蒸汽温度是目前最广泛采用的方式，此时喷水量波动就是基本扰动。过热器是具有分布参数的对象，可以把管内的蒸汽和金属管壁看作无穷多个单容对象串联组成的多容对象。当喷水量发生变化后，需要通过这些串联单容对象，最终引起出口蒸汽温度的变化。因此，系统响应具有很大的迟延，减温器离过热器出口越远，迟延越大。

考虑到在入口蒸汽温度及减温水一侧的扰动作用下，主蒸汽温度 T_1 有较大的容积迟延，而减温器出口处蒸汽温度 T_2 却有明显的提前感知扰动的作用，故可以取过热蒸汽温度为主参数，选择过热器前的蒸汽温度为辅助参数，组成串级控制系统（或称双冲量气温控制系统），如图 11－16 所示。该系统可大大减小基本扰动对出口蒸汽温度的影响，提高控制品质。对应该气温串级控制系统的方框图如图 11－17 所示。

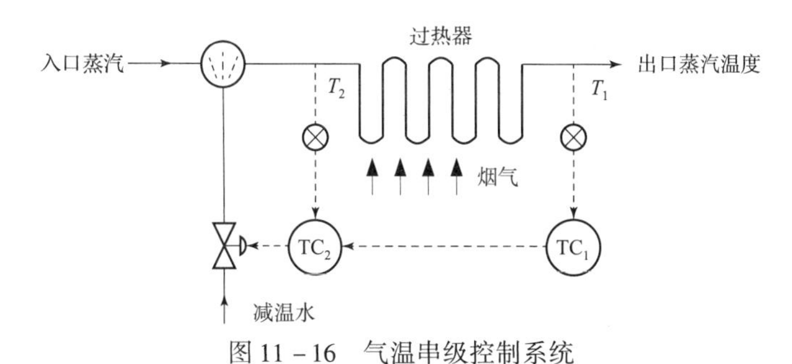

过热器
入口蒸汽
出口蒸汽温度
T_2
T_1
烟气
TC_2
TC_1
减温水

图 11－16　气温串级控制系统

减温水温度与压力
蒸汽流量及温度
蒸汽流量及温度
烟气传热量
T_{1SP}
主控制器
T_{2SP}
副控制器
调节阀
减温器
T_2
过热器
T_1
−
−
中间温度测量变送装置
主汽温度测量变送装置

图 11－17　气温串级控制系统的方框图

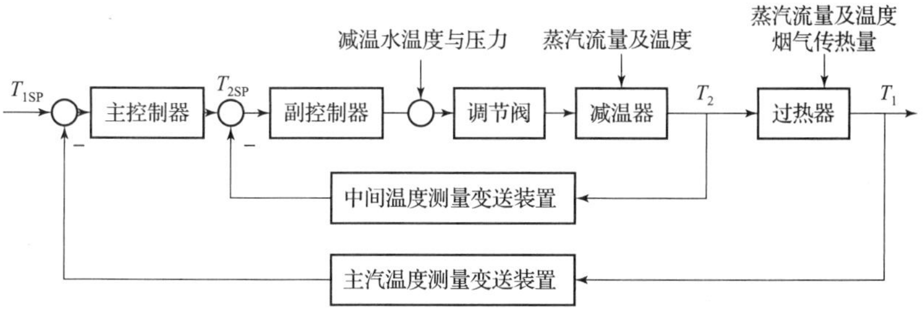

11.2 连铸二冷配水系统的控制

11.2.1 连铸工艺简介

钢铁工业是我国的支柱产业之一。钢铁生产流程包括炼铁、炼钢（包括精炼）、连铸和轧钢4个阶段。其中，连铸是中间一个环节，也是决定终端产品质量的关键环节。连铸过程是把钢水由液态经过冷却变成固态的过程。控制铸坯质量是一个综合工程，涉及多个因素和控制环节，其中二冷控制又是决定铸坯质量和产量的关键环节。连铸机的结构示意图如图11－18所示。

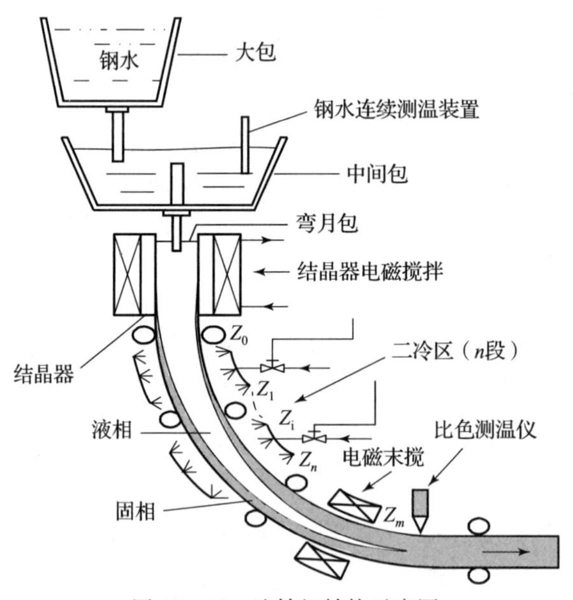

图11－18　连铸机结构示意图

铸坯质量的好坏主要取决于钢水在结晶器和二冷区的传热速率，即铸坯凝固过程温度控制得是否合理。在实际生产中，温度控制是通过控制连铸机拉速和二冷区配水量来实现的。常规的二冷配水技术主要是拉速相关的前馈控制，这种控制方式要求建立合理的配水制度，即需要进行连铸机稳定状态下的配水优化，这也是获得好的铸坯质量的基础。但这种配水控制方式在连铸机非稳态时，往往产生不均匀的铸坯凝固速度，这是铸坯的裂纹、中心偏析和中心缩孔等缺陷形成的主要原因。连铸机在运行过程中的稳态是相对的，动态是绝对的。因此，进行连铸二冷动态控制对提升连铸控制水平、提高产品质量具有积极的推动作用。

进行连铸过程动态控制也存在许多难题，这是由连铸过程本身的复杂性决定的，其复杂性主要体现在以下5个方面：

（1）存在着可测或不可测的扰动和未建模动态问题；

（2）具有时变性和非线性特性；

（3）过程本身存在较大的滞后；

（4）用于过程测量的传感器常常受到高频测量噪声等恶劣环境的影响；

（5）连铸过程各环节之间的相互耦合。

因此，对连铸二冷动态控制技术进行系统研究，掌握动态配水的核心技术，实现二冷配水动态控制，对开发新品种、提高铸坯质量具有现实意义，这也是二冷配水技术的发展方向。

连铸机二冷区温度控制是保证铸坯质量的重要环节。

连铸自动化包括基础自动化级、过程自动化级和管理自动化级。

基础自动化级是利用各种检测元件、仪表和控制系统，包括各种调节器、可编程逻辑控制器（PLC），分散型控制系统（DCS）或称“集散系统”，以及执行器来控制一单体设备、机组或生产线。这是生产过程自动化的基础，因此叫作基础自动化级，有时也称为设备控制级及检测驱动级。

过程自动化级是用计算机以通信方式连接基础自动化级各设备、机组或生产线的控制系统，对其进行设定、管理、优化控制以及监控，实现多工序、多机组生产过程的自动化。

管理自动化级是用计算机实现全车间、工厂，乃至公司各级对生产过程的各项管理工作。

11.2.2　连铸二冷控制方法

钢水在连铸机上凝固是一个热量释放和传递的过程。坯壳边运行边放热边凝固，形成了液相穴相当长的铸坯。如图 11－18 所示，连铸机可分为一次冷却区（结晶器冷却）、二次冷却区（简称二冷区）和空冷区（二冷区后），其中铸坯在二冷区通过喷水冷却使坯壳完全凝固。二冷区冷却的合理与否直接影响连铸机产量和铸坯质量。连铸过程的被控变量包括浇注过程的拉速、浇注钢水温度和冷却水量等。通过数值模拟发现，拉速是确定连铸二冷配水量的主要因素，下面介绍几种连铸二冷控制方法。

连铸过程中优化方法应用最为活跃的领域是二冷区配水的动态控制。随着计算机技术、智能优化控制技术的发展和广泛应用，连铸二冷配水经历了人工控制、基于拉速的自动控制和二级动态优化控制 3 个发展阶段。目前，国内外连铸二冷配水常采用以下 4 种方法。

1）等比水量的比例控制法

等比水量的比例控制法是一种传统的控制方法，根据经验模型确定比水量，建立基于拉速的前馈控制模型，以水表形式给出拉速与水量的直线对应关系。但这种方法具有明显缺点：当拉速急剧变化时会引起铸坯表面温度大幅度回升和滞后变化，容易产生热裂纹。

2）参数控制法

参数控制法根据钢种不同，按离线确定的水量与拉速之间的优化关系来计算配水量。当拉速变化时，根据预先设定在控制系统中的相应参数来控制各段水量。基于拉速的流量前馈控制系统的方框图如图 11－19 所示。

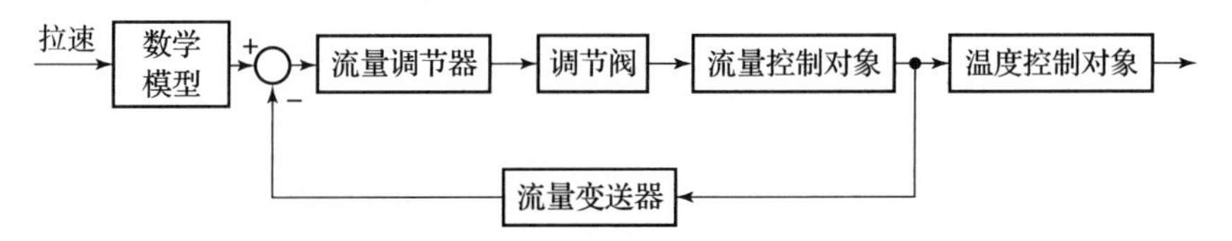

图 11－19　基于拉速的流量前馈控制系统的方框图

这种控制方式中水量随拉速的变化是二次曲线的变化趋势，优于比例控制。根据这种方法计算出的水流密度分布，可适用于二次冷却段（简称二冷段），并可确定各段的水量 Q_i。对于满足目标表面温度分布同时又满足液芯长度准则的拉速 V 与水量的各对应值，一种常用的做法是进行数学回归，得到不同钢种、不同断面在各二冷段优化的水量 Q_i 与拉速 V 的关系式为

$$Q_i = A_i V^2 + B_i V + C_i \tag{11-6}$$

式中：Q_i 为二冷区各段喷水量，t/h；V 为拉速，m/min；A_i、B_i、C_i是常数；i 为冷却段号。

3）基于实测铸坯表面温度的前馈－反馈控制法

基于实测铸坏表面温度的前馈－反馈控制法是在参数控制法基础上建立的前馈－反馈串级控制方法。串级控制系统的方框图如图 11－20 所示。

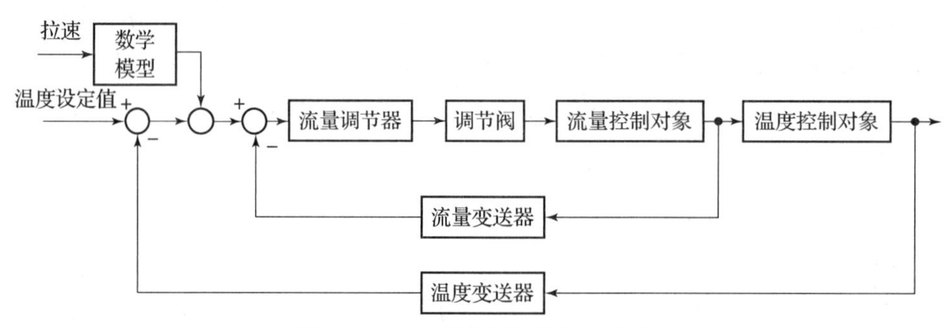

图 11－20　串级控制系统的方框图

此方案以前馈控制为主、反馈控制为辅，由二者的输出之和共同决定各冷却段的流量设定值。在二冷区每个冷却段安装高温计测量铸坯表面温度，根据目标表面温度与实测温度的差值来调节控制水量。但由于二冷区高温多湿，铸坯表面有冷却水形成的水膜和氧化铁皮，周围又有二冷水汽化后形成的雾状蒸汽，影响着铸坯表面温度测量的精确度，因此表面温度的准确测量较难实现，从而在应用上受到限制。通常，在二冷区靠近出口的冷却段安装测温仪表实现反馈控制，因此反馈控制为辅助方式。

考虑到常规的 $Q-V$ 曲线法在理论计算时考虑了钢种的塑性温度曲线及铸坯内部的热应力，并以此作为确定铸坯目标表面温度的依据，但是对于中间包钢水温度等操作参数的忽略，使得浇铸过程中不能确保铸坯表面温度与目标温度一致。由于实际生产过程中，中间包钢水温度是连续变化的，钢水温度的高低对拉速的控制和凝固进程都有影响，钢水连续测温仪表得到了广泛应用，使得基于拉速和钢水过热度的动态前馈控制成为可能。前馈控制采用了 $Q-V$ 关系和过热度补偿相结合的方法，由于靠前的二冷区温度难以测量，只在后部分冷却段加反馈控制，因此反馈控制只起到辅助控制作用，前馈控制模型为

$$Q_i = (1 + \beta_i \Delta T)(A_i V^2 + B_i V + C_i) \tag{11-7}$$

式中：β_i为待定的二冷区各段的动态配水系数；ΔT 为钢水过热度。

前馈－反馈串级控制系统的方框图如图 11－21 所示。

4）基于软测量模型的铸坯表面温度的二冷配水动态控制法

基于有效拉速和钢水过热度的二冷配水动态前馈控制方式在拉速稳定时可以取得较好的控制结果；在拉速突变时，也可以通过合理控制水量变化斜坡，消除各段因拉速突变引起的铸

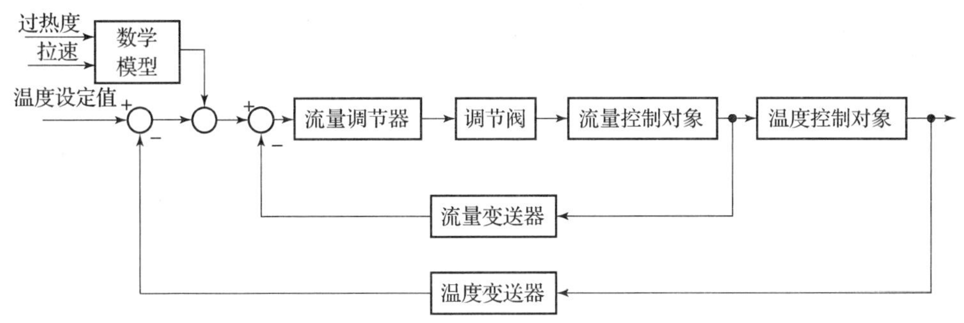

图 11-21　前馈-反馈串级控制系统的方框图

坯表面温度尖峰。但这种控制方式只考虑本冷却段内的控制效果，没有考虑不同冷却段间的耦合作用，使得铸坯运行过程中，经过不同冷却段时的控制点温度会偏离目标值；另外，在拉速突变时，可能引起铸坯表面温度偏离目标温度较大。

二冷配水动态控制就是在动态前馈控制配水的基础上，根据各冷却段控制点目标温度与实际计算温度的差值来调整冷却水量，使控制点温度更快接近目标温度，减少超调量和系统振荡，即解决控制的实时性和稳定性问题，从本质上讲这是一种反馈控制。由于二冷过程具有非线性、强耦合特点，因此必须采用一适宜的控制算法才能取得满意的控制效果。PID 控制算法是最简单、应用最广泛的控制算法，但仿真及实际控制效果表明：采用恒定参数的 PID 控制器无法满足控制的要求，系统会出现振荡，不同拉速条件下在某些控制段的目标温度附近会出现反复振荡或计算时间过长等不稳定现象。基于上述结果，本书提出了自整定神经元的多变量 PID 控制算法，并应用于二冷的动态控制。根据温差大小及温差的变化率，动态调整 PID 系数，使控制系统能及时调整冷却水量，控制铸坯表面温度始终控制在设定范围内。

二冷配水动态控制法运用凝固传热模型结合在线实际拉速、二冷水量、结晶器传热和钢水温度等数据，实时模拟铸坯温度场，并根据水量控制模型动态调节水量。水量控制模型计算新水量以缩小模型计算的实际温度和目标表面温度的差异。这种控制方式目前在板坯连铸机上应用较多，传热模型可采用一维传热模型或二维传热实时模拟模型。其中，一维传热模型计算的应用较多，该方法在浇铸条件变化的情况下可控制铸坯表面温度在较小的范围内波动，有效地减少了铸坯裂纹缺陷，提高了铸坯质量。但这种方法对于连铸开始和结束阶段以及连铸中拉速急剧变化的情况不能准确控制，铸坯表面温度与目标表面温度有较大的差距，对铸坯质量不利。二维传热实时模拟模型能更有效地模拟急剧变化的浇铸条件下的连铸传热，应用该模型的主要优点是：铸坯表面温度在各种浇铸温度条件下保持恒定，铸坯表面温度与目标表面温度偏差小。这种方法是目前最先进、有效的二冷配水控制方法。

二冷配水动态控制系统由两级构成，即基础自动化级和过程控制级。两级系统通过以太网实现现场数据和控制数据的实时交换，系统结构如图 11-22 所示。

第一级是基础自动化级，采用 PLC 控制，确定基于有效拉速和中间包钢水过热度的动态前馈控制冷却水量 Q_{fi}，其中各冷却段的前馈控制冷却水量由式（11-7）计算得到。同时，接收过程控制级确定的反馈水量 Q_{bi}，并根据式（11-8）计算各冷却段总的冷却水量 Q_{ri}，i 为冷却段号。

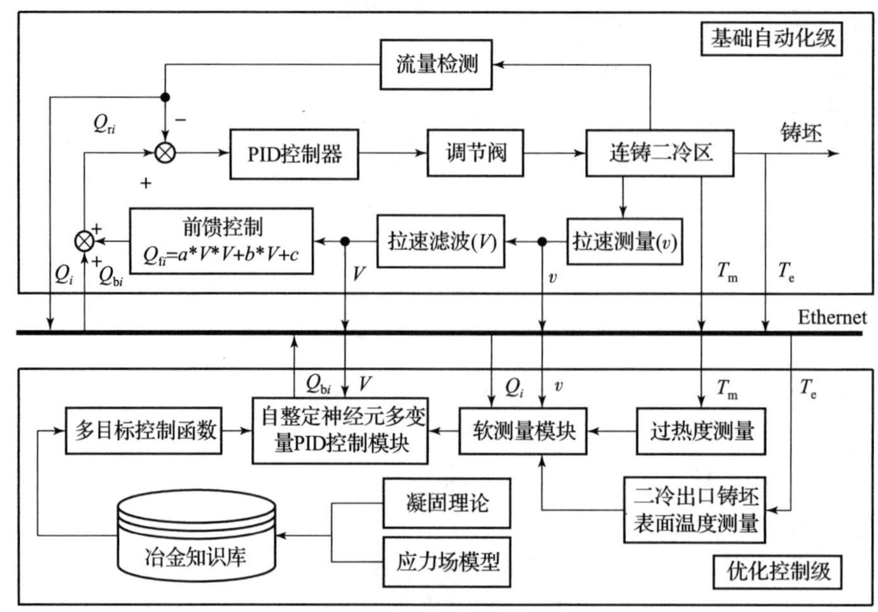

图 11－22　控制系统结构图

$$Q_{ri} = Q_{fi} + Q_{bi} \tag{11-8}$$

第二级是优化控制级。由于基础自动化级确定的前馈冷却水量是基于拉速和过热度来确定的，且各冷却段水量是单独控制的，没有考虑各冷却段之间的耦合作用，这将导致在拉速突变时铸坯表面温度会产生较大的波动而偏离目标温度值。为使铸坯表面温度始终稳定在目标值附近，需要进行二冷水动态优化控制，即实现二冷配水的"闭环控制"。其控制思路是基于铸坯凝固过程软测量模型在线计算铸坯表面温度，并根据二冷区各控制点目标温度和实际温度差值，应用基于自整定神经元的多变量 PID 控制算法动态确定冷却段反馈控制水量为 Q_{bi}，通过以太网传送至基础自动化级 PLC。

11.2.3　连铸二冷控制模型

二冷控制模型的建立主要是确定前馈控制模型的系数，即确定式（11－6）和式（11－7）中的系数 A_i、B_i、C_i和 β_i。根据连铸机结构参数、坯型、钢种不同，以质量模型为目标函数，在冶金准则约束条件下，采用多目标优化算法，在各个拉速下对二冷水量进行寻优确定合适的二冷配水参数。优化过程包括建立铸坯凝固传热过程数学模型、目标函数和确定优化方法。

1. 凝固传热模型

连铸冷却过程的凝固传热模型是用来模拟铸坯凝固过程、指导操作和优化参数的有效工具。本书采用控制容积法建立连铸过程铸坯凝固传热模型，预测连铸过程铸流温度场和凝固坯壳厚度。

对铸坯凝固传热过程采用切片微元体法进行研究，坐标系与连铸机保持固定，z 方向即为拉坯方向，x、y 为铸坯横截面的长和宽。简化后方坯凝固传热的二维偏微分方程为

$$\rho c \frac{\partial T}{\partial t} = \frac{\partial}{\partial x}\left(k \frac{\partial T}{\partial x}\right) + \frac{\partial}{\partial y}\left(k \frac{\partial T}{\partial y}\right) + S \tag{11-9}$$

式中：ρ、c、k、T、S 分别为钢液的密度（$kg \cdot m^{-3}$）、比热容（$J \cdot kg^{-1} \cdot K^{-1}$）、热导率（$W \cdot m^{-1} \cdot K^{-1}$），铸坯的温度（℃）和源项。

求解铸坯凝固传热偏微分方程需要给出相应的初始条件和边界条件。

1）初始条件

若忽略中间包到结晶器弯月面的温降，则初始条件为

$$T(x,y,t=0)=T_c \tag{11-10}$$

式中：T_c为浇注温度，即中间包钢水温度。

2）边界条件

铸坯凝固过程所经历的边界条件包括结晶器区、二冷区和空冷区。

（1）结晶器区。

气隙是影响结晶器传热的主要因素。在结晶器区，考虑随着冷却的进行，坯壳向内收缩，铸坯与结晶器热面之间的气隙自上而下逐渐形成，热流密度逐渐减小，因此通常采用如下关系计算结晶器区热流密度，即

$$-k\frac{\partial T}{\partial n}=A-B\sqrt{t} \tag{11-11}$$

式中：A、B 为待定参数；t 为铸坯切片自弯月面开始在结晶器中运行的时间。

（2）二冷区。

二冷区通过喷水进行冷却，包含与水的对流换热及辐射，即

$$-k\frac{\partial T}{\partial n}=\theta_i(T-T_w)+\varepsilon\sigma(T^4-T_{air}^4) \tag{11-12}$$

式中：θ 为铸坯表面与冷却水之间的传热系数；i 为冷却段号；T_w、T_{air}分别为水温、环境空气温度；ε 为铸坯黑度；σ 为斯蒂芬－波尔兹曼常数。

对于铸坯凝固传热模型，常用数值求解方法包括有限差分法、有限容积法及有限元法。对于方坯，考虑其对称性，应取 1/4 断面进行计算。由于求解过程比较烦琐，本书不再详述。

2. 优化目标函数

二冷配水优化是一个多目标优化问题，优化目标函数如下。

1）表面温度

根据钢种、设备、断面尺寸和工作拉速，确定合理的铸坯表面温度分布 T_i^*，使铸流各控制点表面温度 T_i尽可能接近 T_i^*，相应的目标函数可表示为

$$J_1(\boldsymbol{F})=\sum_{i=1}^{d}l_i(T_i-T_i^*)^2 \tag{11-13}$$

式中：i 为二冷区冷却段号；d 为二冷区总的段数；l_i为各段长度，相应的控制向量，待优化变量 $\boldsymbol{F}$ 有 d 个分量，即 $\boldsymbol{F}=(f_1,f_2,\cdots,f_d)$。

2）铸流冶金长度

为避免横向和内部裂纹，铸坯必须在矫直点之前（L_d）完全凝固，对冶金长度 L_M 进行限制，即

$$J_2(\boldsymbol{F})=\mathrm{Max}(0,L_M-L_d)^2 \tag{11-14}$$

3）铸坯表面温度最大冷却速率和回温速率

表面温度快速变化会在凝固前沿产生热应力，超过允许值将产生裂纹和扩展已产生的裂纹。因此，应避免铸坯从一段到另一段时表面温度过大地回升和下降，沿拉坯方向对温度变化限制，表面回温速率上限为 C_P（℃/m），冷却速率上限为 C_N（℃/m），有

$$J_3(\boldsymbol{F}) = \int_0^L \mathrm{Max}\left(\frac{\partial T(z)}{\partial z} - C_p, 0\right)^2 \mathrm{d}z + \int_0^L \mathrm{Max}\left(C_N - \frac{\partial T(z)}{\partial z}, 0\right)^2 \mathrm{d}z \qquad (11-15)$$

4）矫直点温度

为避免产生横裂纹，矫直时应避开钢种脆性温度区，二冷采用弱冷制度时应使矫直点表面温度高于脆性温度 T_c，即

$$J_4(\boldsymbol{F}) = \mathrm{Max}\,(T_c - T, 0)^2 \qquad (11-16)$$

3. 二冷配水优化

连铸二冷配水优化就是基于凝固传热模型和目标函数，采用智能优化算法确定二冷配水系数，进而确定以拉速、钢水过热度为扰动量的二冷水前馈控制系统。首先，在某一钢水过热度下采用智能优化搜索策略，得到各个拉速下的最优水量，利用最小二乘拟合方法得到相应过热度下的 $Q-V$ 二次曲线；然后，在不同的过热度下重复以上寻优过程就可以得到水量与拉速和过热度的二元关系，即 $Q-V-T$ 关系。鉴于优化方面内容超出本教材范围，这里就不作详细介绍。

11.3 本章小结

本章主要介绍了锅炉设备和连铸二冷配水的控制系统。其中，锅炉设备控制包括锅炉汽包水位控制、锅炉燃烧系统的控制、烟气含氧量闭环控制和蒸汽压力的控制；连铸二冷配水控制包括前馈控制、前馈－反馈控制的二级动态配水控制等。

习　　题

11.1 简述锅炉汽包水位控制的重要性，并比较不同控制方案的特点。

11.2 锅炉设备的主要控制系统有哪些？

11.3 建立和求解铸坯凝固传热软测量模型。

参考文献

[1] 金以慧．过程控制［M］．北京：清华大学出版社，1993.

[2] 方康玲．过程控制系统［M］．2 版．武汉：武汉理工大学出版社，2007.

[3] 俞金寿，蒋慰孙．过程控制工程［M］．3 版．北京：电子工业出版社，2007.

[4] 王正林，郭阳宽．过程控制与 Simulink 应用［M］．北京：电子工业出版社，2006.

[5] 施仁，刘文江，郑辑光．自动化仪表与过程控制［M］．4 版．北京：电子工业出版社，2009.

[6] 齐卫红．过程控制系统［M］．北京：电子工业出版社，2007.

[7] 黄德先，王京春，金以慧．过程控制系统［M］．北京：清华大学出版社，2011.

[8] 李国勇，何小刚，杨丽娟．过程控制系统［M］．3 版．北京：电子工业出版社，2017.

[9] 幕延华，华臻，林忠海．过程控制系统［M］．北京：清华大学出版社，2018.

[10] 潘立登，李大宇，马俊英．软测量技术［M］．北京：中国电力出版社，2009.

[11] 郑辑光，韩九强，杨清宇．过程控制系统［M］．北京：清华大学出版社，2012.

[12] 孙洪程，李大宇，翁维勤．过程控制工程［M］．北京：高等教育出版社，2006.

[13] 陶永华．新型 PID 控制及其应用［M］．2 版．北京：机械工业出版社，2005.

[14] 薛定宇．控制系统计算机辅助设计［M］．3 版．北京：清华大学出版社，2012.

[15] 潘立登．过程控制［M］．北京：机械工业出版社，2008.

[16] 顾德英，罗云林，马淑华．计算机控制技术［M］．北京：北京邮电大学出版社，2006.

[17] BEQUETTE B W. Process Control［M］．北京：世界图书出版公司，2003.

[18] 刘金琨．先进 PID 控制 MATLAB 仿真［M］．4 版．北京：电子工业出版社，2016.

[19] RAJANI K M, CHANCHAL D. Performance improvement of PI controllers through dynamic set－point weighting［J］．ISA Transactions, 2011, 50 (2)：220－230.

[20] HANG C, CAO L. Improvement of transient response by means of variable set point weighting［J］．IEEE Trans Industrial Electronics, 1996, 43 (4)：477－484.

[21] DEY C, MUDI R K, LEE T T. Dynamic set point weighted PID controllers［J］. Control Intelligent System, 2010, 37 (4)：212－219.

[22] 纪振平．连铸二冷动态优化控制与控制系统可靠性研究［D］．沈阳：东北大学，2008.

[23] 干勇，倪满森，余志祥．现代连续铸钢实用手册［M］．北京：冶金工业出版社，2010.